Linux 系统管理

何 明 编著

清华大学出版社

北 京

内 容 简 介

《Linux 系统管理》（何明 编著）是一本 Linux 的入门教材，也可作为 Oracle Linux 认证入门教材。该书使用生动而简单的生活实例来解释复杂的计算机和 Linux 操作系统概念，尽量少使用计算机的例子，读者可以在没有任何计算机专业知识的情况下阅读此书。

该书覆盖了 Oracle 公司官方教程 1Z0-402 和 1Z0-403（Red Hat 公司官方教程 RH033 和 RH133）的几乎全部内容，每一章都附有大量完整的例子，而且这些例子都经不同 Linux 操作系统测试，并且都可在 RHEL 4 或 RHEL 5 上运行。读者可以通过在 Linux 系统上运行这些例子来加深对 Linux 操作系统的理解。

为了适应教学需求，该书在每一章的结尾都附有一些多项选择练习题。这些习题可以帮助读者从不同的视角来理解书中所介绍的内容。为了帮助授课老师和那些想要深入了解 Linux 操作系统的读者，与该书配套出版了一本补充教材，其中不但包括本书的全部习题，还增加了更多的补充习题，而且每一道习题和补充习题都附有答案和详细的解题过程。

图书在版编目（CIP）数据

Linux 系统管理/何明编著. —北京：清华大学出版社，2013（2023.1 重印）

ISBN 978-7-302-30934-5

I. ①L⋯ II. ①何⋯ III. ①Linux 操作系统 IV. ①TP316.89

中国版本图书馆 CIP 数据核字（2012）第 291683 号

责任编辑：赵洛育
封面设计：李志伟
版式设计：文森时代
责任校对：柴 燕
责任印制：丛怀宇

出版发行：清华大学出版社
    网 址：http://www.tup.com.cn，http://www.wqbook.com
    地 址：北京清华大学学研大厦 A 座   邮 编：100084
    社 总 机：010-83470000   邮 购：010-62786544
    投稿与读者服务：010-62776969，c-service@tup.tsinghua.edu.cn
    质量反馈：010-62772015，zhiliang@tup.tsinghua.edu.cn
印 装 者：涿州市般润文化传播有限公司
经 销：全国新华书店
开 本：185mm×260mm   印 张：30.5   字 数：705 千字
版 次：2013 年 7 月第 1 版   印 次：2023 年 1 月第 9 次印刷
定 价：69.80 元

产品编号：050297-02

前 言
Preface

这是一本可以像"小说"一样看的教材。

这是一本看得懂、学得会、用得上的教材。

这是一本源于工作实践的教材。

这本书也适合做 Linux 认证的入门教材。

本书是在我们之前出版的《Linux 培训教程——从实践中学习 Linux》的基础上改编和精炼而成的，是专门为高等院校本科和专科学生量身定做的 Linux 操作系统的通用教材。本书不仅包含了前本书（共 850 多页）中的几乎全部内容，而且为了配合课堂教学的实际需要，对其中的许多内容进行了重新加工和精简，并且加强了概念和理论知识的解释。为了适应高等院校的教学需求，本书在每一章的结尾都附有一些多项选择练习题。这些习题可以帮助读者从不同的视角来理解书中所介绍的内容。

为了帮助授课老师和想要深入了解 Linux 操作系统的读者，与本书配套出版了一本补充教材。这本补充教材不但包括了该教材的全部习题，还增加了更多的补充习题，而且每一道习题和补充习题都附有答案和详细的解题过程。另外，为了帮助有兴趣参加 Oracle Enterprise Linux: Fundamentals（1Z0-402）或 Oracle Enterprise Linux System Administration（1Z0-403）考试的读者，在补充教材中适度地介绍了一些考试中可能使用的解题技巧。

为了方便主讲老师的教学需要，我们专门为本书制作了教学幻灯片，老师可以根据实际教学需要进行适当的裁剪和增补。为了方便老师测验学生的需要，我们还提供了电子版的全部习题和补充习题，这样主讲老师就可以根据实际的教学进度和教学要求方便地重新组合和生成考试或测验的题目。

在 20 世纪 80 年代中期，一个偶然的机会我得到了一本关于 UNIX 的书和一本关于 C 语言程序设计的书（都是英文的）。出于对 UNIX 操作系统和 C 语言的好奇，开始一边查着英语字典一边阅读这两本我的 UNIX 系统和 C 语言的启蒙教程。虽然当时我的英语是"半桶水"，居然发现这两本书很好理解。

正是由于这一经历，使我对 UNIX 系统和 C 语言产生了浓厚的兴趣，并与 UNIX 系统相伴了 20 多个春秋。回首自己学习 UNIX 和 Linux 系统的经历，真是要感谢那两本书的作者，如果我看的 UNIX 系统和 C 语言启蒙教材不是这两本书，也许根本就没有兴趣在这一领域坚持这么久了。

正是由于对 UNIX 系统和 C 语言产生了强烈的兴趣，在读研究生课程时，我选修了高级操作系统技术和高级 C 语言程序设计两门课。在学习期间，在老师的指导下我阅读了不少 UNIX 操作系统命令的 C 语言源程序，并在计算机上编译和运行了这些 C 语言程序。没想到这种完全是出于好奇和好玩的个人经历却为自己的 IT 职业生涯打下了坚实的基础。

20 世纪 90 年代，我开始接触 SUN 公司的 UNIX 操作系统，最早使用的是 Solaris 2.5，之后陆续使用了 Solaris 7、8、9 和 10。由于工作的需要，还学习和使用过惠普公司的 UNIX 操作系统 HP-UX，以及 Tru64 UNIX 5.1B 等不同厂家的 UNIX 操作系统。

1999 年，也是出于好奇，我花了 50 多新西兰元买了一本介绍 Linux 系统的书——*Teach Yourself Linux in 24 Hours*，就此又开始学习和使用 Linux 系统了。之后，学习和使用的 Linux 系统包括 Red Hat Linux 7.3、Red Hat Linux 9。后来由于要将 Oracle 数据库管理系统安装在 Linux 操作系统之上，转而学习和使用了 Red Hat Enterprise Linux 3、4 和 5 以及 Oracle Enterprise Linux 4 和 5。

UNIX 和 Linux 系统被广泛地应用在大中型企业级服务器和 Web 服务器上，它们已经成为当今的主流操作系统，并将继续保持这种引领计算机操作系统潮流的趋势。Linux 操作系统以其稳定、可靠、高效、廉价以及开源等诸多优点受到众多企事业用户的青睐。随着 IBM、惠普以及 Oracle 等 IT 巨人们开始支持或开发他们自己的 Linux 操作系统，目前大中型企事业用户的计算机服务器正在越来越多地转向 Linux 操作系统。Linux 操作系统在服务器领域的领先地位在可以预见的将来会越来越明显。

本书就是要帮助初学者在比较短的时间内系统地掌握 Linux 操作系统并能够管理和维护 Linux 系统。通过与 UNIX 和 Linux 系统 20 多年的朝夕相处，我发现其实与 UNIX 系统一样，Linux 系统是一个变化相当小的操作系统。许多常用的命令（如 cp、rm、mkdir、ls）几乎依旧保持 20 多年前的风采，这样的系统重新学习或升级的成本很低，也就是一旦掌握了这一系统，许多功能可以一直使用许多年，甚至于伴随您的整个 IT 职业生涯。

本书覆盖了 Red Hat 公司官方教程 RH033 和 RH133（Oracle 公司官方教程 1Z0-402 和 1Z0-403）的几乎全部内容。其内容和例题设计由浅入深，为了消除初学者对计算机和操作系统教材常有的畏惧感，本书把难懂而且又不常用的内容尽量放在后面章节里。

与其他同类书籍相比，本书具有如下特点。

（1）本书并不是逐条地简单介绍，而是把相关的命令有机地组合在一起来介绍。例如，在执行一条 Linux 命令之前，先介绍使用什么方法获取目前操作系统相关的信息；接下来介绍怎样执行所学的 Linux 操作系统命令；最后，还要介绍使用什么样的方法来验证所执行的命令是否真的成功等。与其他同类书籍不同，本书中几乎所有的例题基本上都是完整的。

（2）为了消除初学者对 Linux 教材常有的畏惧感，本书使用生动而简单的生活实例来解释复杂的计算机和操作系统概念，避免使用枯燥的计算机例子。

（3）它是自封闭的，即读者在阅读此书时不需要其他参考书。

由于以上的设计，本书对学生的计算机专业知识几乎是没有任何要求的，即本书可以作为读者学习计算机操作系统的起步教材。

本书中的许多概念和例题都给出了商业应用背景，不少例题及其解决方案是企业中的 Linux 系统管理员或开发人员在实际工作中经常遇到的，很多例题不加修改或略加修改后便可应用于实际工作中。

操作系统是一门实践性非常强的学科，如果想真正地掌握 Linux 操作系统，就必须经常使用这一系统。因此，希望读者在学习本书之前，最好安装上 Linux 操作系统并设置好实验环境，在阅读本书时，最好把书上的例题在计算机上练习一两遍。书中例题是经过仔细筛选的，对读者理解书中的文字解释和今后的实际工作非常有帮助。

本书的绝大多数操作都是在 Oracle Enterprise Linux 4 上进行的，Oracle Enterprise Linux（与 RHEL 完全兼容）是一个免费的开源操作系统，可以在 Oracle 的官方网站上免费下载。本书之所以没有使用更高的版本，是为了节省系统资源，而从学习 Linux 系统的角度来看，RHEL 4 与更高的版本几乎没什么差别。之所以使用 Oracle 的 Linux 系统，是因为考虑到将来一些读者在学完 Linux 操作系统之后，可能要在 Linux 系统上安装 Oracle 数据库管理系统，而 Oracle Enterprise Linux 系统的默认安装已经考虑到了安装 Oracle 数据库管理系统的需要，因此将来读者在这一 Linux 操作系统上安装 Oracle 会非常容易。

为了方便读者的学习，本书提供了丰富的配套资源，包括自学视频、素材和源程序、PPT、电子版习题和答案等。读者可以直接登录清华大学出版社网站 www.tup.com.cn，搜索本书书名，找到本书后，在该书的网页下侧单击"网络资源"超链接，即可下载使用。

参与本书编写和资料整理的有何明、何茜颖、王莹、万妍、王逸舟、牛晨、王威、程玉萍、万群柱、王静、范萍英、王洁英、范秀英、王超英、万新秋、王莉、黄力克、万洪英、万节柱、万如更、李菊、万晓轩、赵菁、张民生和杜蘅等，在此对他们辛勤和出色的工作表示衷心的感谢。

如果读者对本书有任何意见或要求，欢迎来信提出。我们的电子邮箱为 sql_minghe@yahoo.com.cn，sql_minghe@aliyun.com，liulm75@163.com。

最后，预祝读者 Linux 操作系统的学习之旅轻松而愉快！

编 者

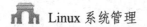

关于 Oracle Linux 认证

Oracle Linux 操作系统管理员认证分为两个级别，分别是 Oracle Linux Certified Implementation Specialist 和 Oracle Enterprise Linux Administrator，Oracle Linux 操作系统管理员认证体系结构如下：

认证种类	需要参加培训的相关课程	考试代码
Oracle Linux Certified Implementation Specialist	Oracle Linux Fundamentals	1Z0-402
Oracle Enterprise Linux Administrator	Oracle Enterprise Linux System Administration	1Z0-403

Oracle Linux Certified Implementation Specialist 和 Oracle Enterprise Linux Administrator 认证的流程如下：

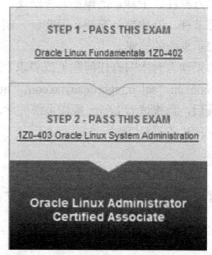

Oracle Enterprise Linux Administrator 认证是 Oracle 公司的有关操作系统管理员方面的认证。通过这个考试，一般表明具备管理和维护企业级 Linux 操作系统的能力，其中也包括了具备管理和维护企业级 Linux 操作系统网络和安全的能力。

Oracle Linux 操作系统培训课程主要内容有：

Oracle Linux: Linux Fundamentals（Oracle Linux 基础）

Oracle Linux: System Administration（Oracle Linux 系统管理）

有关 Oracle Linux 更详细的信息，请登录 www.oracle.com.cn 查询。

目 录

Contents

第 0 章　Linux 的安装及相关配置

　　虽然 Linux 的安装与配置应该放在 Linux 系统管理与维护部分讲解，但是没有 Linux 系统，读者就无法上机操作 Linux 的命令。因此为了使读者能够使用 Linux 系统，将这部分内容放到本书的最前面。如果读者对本章的一些内容理解有困难，请不要着急，因为学完 Linux 系统管理与维护部分后，再回过头来阅读本章就很容易理解了。

　　另外，为了帮助没有计算机专业背景的读者更好地理解计算机操作系统工作原理，在前两节中，将简单地介绍计算机的组成和操作系统原理。

0.1　计算机的主要部件

　　计算机由硬件和软件组成，并通过硬件和软件的协同工作来完成各种操作。计算机的硬件由一些不同的部件组成，其 4 种主要部件为内存（Random Access Memory，RAM）、中央处理器（Central Processing Unit，CPU）、输入/输出部件（Input/Output，I/O）和硬盘（Hard Disk）。如图 0-1 所示为计算机硬件组成的示意图。

　　有人将 RAM 翻译成随机存储器，它就是我们所称的计算机内存，也叫主存。当说一个计算机系统的内存为 1GB 时，就是指该计算机上安装了 1GB 的 RAM。在处理软件程序和数据之前必须先装入内存，之后操作系统才能进行处理。所有软件的运行和数据的处理都是在内存（RAM）中进行的。

　　软件程序是存放在硬盘上的，当运行一个软件程序时，这个程序的一个备份（映像）被装入 RAM。只要需要，这个映像将一直保存在内存中。当映像不再需要时，可以被其

图　0-1

他映像覆盖，即该映像所使用的内存可以被其他程序的映像所使用。如果系统断电或重新启动，内存中所有的映像全部消失。

　　中央处理器是一个计算机逻辑集成电路芯片，用来执行从 RAM 接收到的计算机指令，这些指令是以二进制语言（机器指令）存储的。

　　输入/输出部件从一个设备（如键盘）读入数据并放在内存中，并且将内存中的输出写到一个设备（如终端屏幕）上。主要的输入设备包括键盘和鼠标，主要的输出设备包括显示器、打印机和磁带机等。

　　硬盘是一种磁性存储设备，用来永久地存储数据。所有的文件、目录和应用程序都存

储在硬盘上。

0.2 计算机操作系统简介

计算机只能识别和执行二进制的机器指令，而二进制的机器指令对于绝大多数人来说理解起来相当困难。为了解决这一难题，当然也是为了计算机的普及，人们引入了计算机操作系统。操作系统是一个用来协调、管理和控制计算机硬件和软件资源的系统程序，它位于硬件和应用程序之间，其内核是在计算机启动时立即装入内存的，内核提供计算机的基本功能，它们之间的关系如图 0-2 所示。

操作系统内核是一个管理和控制程序，负责管理计算机的所有物理资源，其中包括文件系统、内存管理、设备管理和进程管理。

那么用户和应用程序又是怎样使用操作系统提供的功能（服务）呢？他们通过接口（用户界面）来使用操作系统的功能。目前主要有两种操作系统用户界面：一种是图形界面，如微软的视窗；另一种是命令行界面，如 UNIX 和 Linux 的 shell 命令行解释器（其

图 0-2

实 UNIX 和 Linux 中也有图形界面）。两种系统各有利弊，将在以后的章节中进行介绍。微软的视窗系统在业界被称为用户友好的操作系统，而 UNIX 和 Linux 则被称为程序员友好的操作系统。

💬 提示：

> 如果读者理解上有困难，也不要紧。相信你一定使用过电视机，计算机操作系统与电视机的遥控器相似。你可以完全不理解电视机和遥控器的工作原理，但是只要会使用遥控器，就可以欣赏电视节目。其实读者在学习本书之前只要有 Windows 图形系统的知识和会使用键盘及鼠标即可。

0.3 虚拟机及安装的准备工作

什么是虚拟机？虚拟机是一种软件，它可以在现有的系统中划分出一个或多个虚拟的计算机。而且这些虚拟的计算机还可以组成虚拟的网络，彼此之间进行通信或交换信息。宿主机（安装虚拟机的计算机系统）也可以与虚拟机之间进行网络通信。

使用虚拟机的好处很多。例如在 Windows 上安装了虚拟机，并在虚拟机上安装了一个 UNIX/ Linux 操作系统，即可使用 Windows 系统通过虚拟网络"远程"登录 UNIX/Linux 操作系统。由于虚拟机是安装在 Windows 操作系统之上的，所有在虚拟机上安装的操作系统的备份与恢复只是 Windows 系统下的文件复制（仅需要非常简单的虚拟机配置）。

读者可能经历过或听说过：在安装 Linux 时，经常需要在网上寻找和下载一些驱动程序。虽然没有多少技术含量，但是却相当的繁琐，有时会令人感到沮丧。使用虚拟机就不

会遇到这样的问题，因为虚拟机把这些驱动程序都做好了。

如果读者参加过 UNIX/Linux 培训，可能已经体会到，在做硬盘分区和格式化的实验时受到了很多限制，因为出于成本考虑，培训机构不可能为每个学生准备很多硬盘来做实验，于是，一些培训机构想出来一种替代的方法，就是在硬盘上留出一些磁盘空间，利用在一个磁盘上划出多个分区的办法来演示硬盘分区和格式化。但是这与真正地对一个磁盘进行分区和格式化还是有一定的差距。例如在安装较大型的 Oracle 数据库时，有时需要十几个硬盘（甚至更多），这样在培训环境中就很难实现。感谢虚拟机技术，在虚拟机上可以虚拟出任意多个硬盘，之后就可以对这些硬盘执行分区、格式化、安装和卸载等操作。是不是相当方便，而且更接近真实的生产环境呢？

在虚拟机上还可以同时安装和运行多个操作系统（这些系统既可以相同，也可以不同），从而组成一个虚拟的计算机网络，这些系统即可通过这个虚拟网络进行通信。

本书最初使用的虚拟机软件是 VMware 公司的 VMware Server 1.0.9。这是一个免费的软件，它有基于 Windows 和 Linux 两个不同的版本，本书使用的是基于 Windows 的版本。该软件的下载网址为 http://www.vmware.com/download/server/。用户需要先进行注册，注册的过程比较简单，之后即可免费下载该软件。笔者也使用过 VMware Server 1.0.3 和 VMware Server 1.0.1 及它们的多个 Workstation 版，感觉差别很小，但是 Workstation 版更好用（Workstation 版是收费的）。在安装之前最好清理一下安装磁盘和收集一些磁盘碎片，随书光盘上有如何安装 VMware Workstation 6.5.1 和创建虚拟计算机的教学视频，限于本书的篇幅这里不再重述。

0.4　安装 Linux 系统的准备工作

在本书中将使用 Red Hat Enterprise-R4-U4 Linux。之所以选择 Red Hat Linux，是因为它是所有 Linux/UNIX 系统中最容易安装，同时也是应用最广的一种 Linux 操作系统。

之所以使用企业版，是因为 Linux 操作系统多数都是用作服务器的，由于使用 Linux 的成本十分低廉，因此目前许多 Internet 服务器都是使用 Linux 操作系统。还有许多数据库管理系统也是安装在 UNIX/Linux 服务器上的，这样读者学完了本书的内容之后就可以直接在 Linux 或 UNIX 服务器上工作了。其实不同版本之间的差别并不大。

本书实际使用的是 Oracle Linux，它与 Red Hat Linux 完全兼容。这套 Linux 操作系统是免费的，下载网址为 http://edelivery.oracle.com/EPD/LinuxWelcome/get_form。可以根据所使用计算机和操作系统的现状来决定下载 Linux 操作系统的版本。

之所以选择 Oracle Linux，除了因为它是免费的以外，还因为将来要在这个 Linux 操作系统上安装 Oracle 数据库管理系统非常方便。Oracle 把安装 Oracle 数据库系统所需的所有操作系统软件包都包括在了它的 Linux 安装盘中，同时 Oracle Linux 的默认配置也基本上满足了安装 Oracle 数据库系统的需要。相信有些读者将来会在 Linux 或 UNIX 系统上使用 Oracle 数据库。

在 Oracle 网站上下载的是压缩包，因此要先解压缩成 ISO 映像文件之后才能使用。在这里并不需要把这些 ISO 映像文件制作成光盘，而是修改虚拟机上的设置，将这些 ISO 映像文件直接虚拟成光盘。其具体操作步骤请参阅随书光盘中的相关教学视频。

0.5 在 PC 机上直接安装 Linux 操作系统

如果是直接在 PC 机上安装 Linux 操作系统，建议最好先安装 Windows 操作系统（如果想安装双操作系统）。这时，必须先将所有 Linux 操作系统的 ISO 映像文件制作成光盘。另外，在安装之前可能要修改计算机的 BIOS，将 CD-ROM 改为第 1 个启动（Boot）设备。其修改的具体操作步骤如下：

（1）开机后立即按 Delete 键，之后将进入 CMOS Setup 应用程序。

（2）选择 Advanced BIOS Feature 选项。

（3）将 First Boot Device 设置为 CD-ROM。

（4）按 F10 键，将弹出"Save to CMOS and EXIT (Y/N)?y"提示。

（5）接受默认 Y，按 Enter 键退出。

这里需要指出的是，不同的计算机修改 BIOS 的方法会有一些微小的差别。修改完 BIOS 后即可将 Linux 操作系统的第 1 张光盘放入光驱，然后重新启动计算机即可进行 Linux 操作系统的安装。其后面的安装过程除了更换光盘以外，与在虚拟机上的安装方法完全相同，这里不再赘述。

🔊提示：

> 建议读者在学习 Linux 操作系统期间，最好是在虚拟机上安装。因为这样可以在 Windows 和 Linux 系统之间方便地进行切换。还可以把 Windows 系统当成一个远程终端，通过虚拟网络连接到 Linux 操作系统，这样就可以真实地体验远程操作计算机的感觉了。使用虚拟机的另一个好处是在虚拟机上可以虚拟出许多个硬盘，这是直接在 PC 机上安装无法比拟的。因为你不可能为了学习 Linux 系统在 PC 机上装很多硬盘，特别是 SCSI 硬盘。而在虚拟机上就很方便，可以根据需要虚拟出多个硬盘（而且可以是 SCSI 硬盘），之后可以随意对它们进行硬盘分区和格式化等操作。虽然在本书中使用的是 Red Hat Enterprise Linux 4 操作系统，笔者也使用过 Red Hat Enterprise Linux 5、Red Hat Enterprise Linux 3、Red Hat Linux 7.3 和 Red Hat Linux 9 等操作系统，对于这一级别来说，从学习的角度来看它们之间的差别是非常微小的。

0.6 安装 Linux 操作系统

在 VMware 虚拟机上安装 Linux 操作系统的操作过程比较简单，具体的安装步骤如下：

（1）双击桌面上的 VMware Server Console 图标，单击 Start this virtual machine 链接进行 Linux 操作系统的安装，如图 0-3 所示。

🔊提示：

> 在安装 Linux 时，可以使用 Ctrl+Alt+Enter 键（即同时按下这 3 个键）切换到全屏，也可以使用 Ctrl+Alt 键（即同时按下这两个键）切换回原来的方式。

（2）稍等片刻，将出现如图 0-4 所示的安装界面，在这里为了简单起见选择图形化安装，因此直接按 Enter 键。

图　0-3

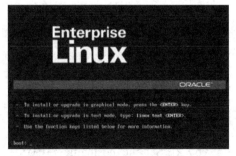

图　0-4

（3）之后将出现如图 0-5 所示的界面，询问是否要检查 CD，为了减少安装时间，这里不进行检查，因此按 Tab 键使光标跳到 Skip 按钮上，按 Enter 键继续安装，如图 0-6 所示。接下来将出现如图 0-7 所示的 Linux 欢迎界面，继续单击 Next 按钮。在语言选择列表框中选择 English (English)选项，单击 Next 按钮，如图 0-8 所示。接下来，按照安装屏幕上的提示信息继续安装，详情请查阅教学视频。

图　0-5

图　0-6

图　0-7

图　0-8

（4）为了修改网络配置，单击 Network Devices 栏中的 Edit 按钮，如图 0-9 所示。

（5）取消选中 Configure using DHCP 复选框，输入 IP Address 和 Netmask，最后单击 OK 按钮，如图 0-10 所示。在这里网络地址（IP Address）最好与 VMnet8(NAT)的网址在一个网段，因为这样可以使用 Windows 系统与 Linux 系统通过虚拟网络进行通信。

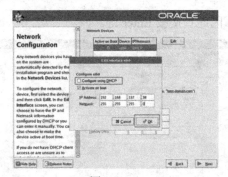

图 0-9　　　　　　　　　　　　　图 0-10

（6）在 Set the hostname 栏中选中 manually 单选按钮并输入 dog.super.com，然后在
Gateway 文本框中输入 192.168.137.1，在 Primary DNS 文本框中输入 192.168.137.38，单击
Next 按钮，如图 0-11 所示。

🔊提示：

> 在一个计算机网络中，每一台计算机都有唯一的网络地址（如 192.168.137.38），实际上计算机之间
> 的通信就是使用这个网址来进行的。如果读者没有网络基础，可以将网址想象为街道的门牌号，而
> 网段就相当于整个街道（即包括了该街道的所有门牌号）。Gateway 等其他名词将在以后的章节中详
> 细介绍。

图 0-11

（7）当出现完成设置界面时，单击 Next 按钮，如图 0-12 所示。

（8）之后将出现 Linux 系统的登录界面，在 Username 文本框中输入 root，之后按 Enter
键，如图 0-13 所示。

图 0-12　　　　　　　　　　　　　图 0-13

（9）在 Password 文本框中输入 root 用户的密码，按 Enter 键，如图 0-14 所示。如果没有错误，将出现 Linux 操作系统的桌面，如图 0-15 所示。现在已经成功地安装了 Linux 操作系统。

图　0-14

图　0-15

0.7　telnet 和 ftp 服务的启动与连接

其实即使不使用 telnet 和 ftp 服务也可以继续学习后面的章节，但是读者可以通过利用 telnet 服务来感受使用 Windows 系统与远程 Linux 操作系统的操作过程，利用 telnet 还可以轻松地在 Windows 和 Linux 两个不同的操作系统之间通过复制或粘贴进行数据的传送，这样会很方便。

利用 ftp 服务，读者可以方便地在 Windows 和 Linux 两个不同的操作系统之间交换大量的数据。检查和启动这两个服务的具体操作步骤如下：

（1）在 Linux 的桌面上选择 Applications →System Tools→Terminal 命令，如图 0-16 所示。

（2）之后将开启一个终端窗口，终端上的 #是 root 用户的提示符。输入例 0-1 的 Linux 命令来检查 telnet 服务是否启动（现在读者只需照做即可，这些命令以后将详细介绍）。

图　0-16

【例 0-1】

```
[root@dog ~]# chkconfig telnet --list
telnet          off
```

约定 1：

[root@dog ~]#为 Linux 系统提示，后边的部分是读者输入的，阴影部分是操作系统显示的输出结果。

从例 0-1 的显示结果可知，在刚刚安装 Linux 后，telnet 服务并未启动，于是使用例 0-2 的 Linux 命令启动这一服务。

【例 0-2】

```
[root@dog ~]# chkconfig telnet on
```

系统不会有任何显示。这也是 Linux 和 UNIX（Oracle 也是这样）的一个特点。在许多情况下，Linux 和 UNIX 系统假设用户都是专家，用户应该知道自己在干什么。这与 Windows 的设计理念完全相反，读者在以后的学习中要注意这一点。为此下面使用例 0-3 的 Linux 命令重新检查一下 telnet 服务当前的状态。

【例 0-3】

```
[root@dog ~]# chkconfig telnet --list
telnet          on
```

例 0-3 的显示结果表示 telnet 服务当前的状态已经为 on。接下来要检查 ftp 服务的状态。注意在这一版的 Linux 系统中所使用的 ftp 进程名为 vsftpd，因此使用例 0-4 的 Linux 命令来检验 ftp 服务的当前状态。

【例 0-4】

```
[root@dog ~]# service vsftpd status
vsftpd is stopped
```

从例 0-4 的显示结果可知，在刚刚安装 Linux 之后，ftp 服务并未启动，于是使用例 0-5 的 Linux 命令启动这一服务。

【例 0-5】

```
[root@dog ~]# service vsftpd start
Starting vsftpd for vsftpd:    OK   ]
```

接下来，为了确认 ftp 服务已经启动，使用例 0-6 的 Linux 命令重新检查一下 ftp 服务当前的状态。

【例 0-6】

```
[root@dog ~]# service vsftpd status
vsftpd (pid 3537) is running...
```

例 0-6 的显示结果表明 ftp 服务已经开启，现在即可继续下面的工作。为了能够使用 Windows 通过虚拟网络访问 Linux 系统，要重新配置网络的本地连接。可以使用如下方法开启网络连接：

（1）选择 start→"连接到"→"显示所有连接"命令，打开如图 0-17 所示的窗口，双击"本地连接"图标。

（2）打开"本地连接 属性"对话框，选中"Internet 协议（TCP/IP）"复选框，单击"属性"按钮，如图 0-18 所示。

（3）修改 IP 地址和子网掩码，这里要注意，IP 地址一定要和 VMnet8(NAT)在一个网段，即一定要在 192.168.137 范围之内，修改之后单击"确定"按钮，如图 0-19 所示。

图　0-17　　　　　　　　　　　图　0-18

（4）按如下方法启动 DOS 界面（窗口）：选择 start→"运行"命令，打开"运行"对话框，在"打开"文本框中输入 cmd，单击"确定"按钮，如图 0-20 所示。

图　0-19　　　　　　　　　　　图　0-20

（5）启动 DOS 窗口，为了与远程的 Linux 操作系统进行 telnet 的连接，在 DOS 提示符下输入 telnet 192.168.137.38 之后按 Enter 键，如图 0-21 所示。

（6）在 Linux 系统的登录页面输入用户名（这里不能是 root 用户，以后会详细解释）和密码，如图 0-22 所示。

图　0-21　　　　　　　　　　　图　0-22

（7）如果没有错误，将成功地远程登录 Linux 操作系统，接下来就可以使用 Linux 系统的命令开始工作了。

在这么短的时间内不但成功地安装了 Linux 服务器，而且还能远程登录和操作这一服务器，没想到吧？也许有读者会想 Linux 操作系统也太复杂了，只是安装与配置就折腾了这么长的时间。其实，最艰苦的时光已经过去。一旦成功地安装了 Linux/UNIX 操作系统，之后的学习和上机实践就简单多了。

0.8　在 Windows 7 上启动 telnet 服务

如果使用的是 Windows 7 操作系统，telnet 服务默认并未启动。此时，在 DOS 窗口中使用 telnet 连接远程 Linux 系统（这里使用的是另一台安装了 Windows 7 的笔记本电脑，所以 IP 与之前的不同），会显示系统不识别 telnet 命令的出错信息，如图 0-23 所示。因此应该使用如下方法来启动 Windows 7 操作系统上的 telnet 服务：

（1）选择 start→All Programs→Control Panel 命令，如图 0-24 所示。

图　0-23

图　0-24

（2）在打开的 Control Panel 窗口中单击 Programs 图标，如图 0-25 所示。

（3）在打开的 Programs 窗口中单击 Turn Windows features on or off 链接，如图 0-26 所示。

（4）在打开的 Windows Features 窗口中选中 Telnet Client 复选框（为了安全起见，最好不要选中 Telnet Server 复选框），单击 OK 按钮，如图 0-27 所示。

图　0-25

图　0-26

（5）重新在 DOS 窗口中使用 telnet 连接远程 Linux 系统。这次系统会提示输入登录的用户名（login），输入 dog，之后输入 dog 的密码，即可登录 Linux 系统。登录后就可以使用 Linux 命令来操作 Linux 系统了，如图 0-28 所示。

图　0-27

图　0-28

Windows 7 操作系统之所以默认不启动 telnet 服务，主要是出于安全的考虑。当用户需要时由用户自己启动 telnet 这个方便但不那么安全的服务，其实启动 Windows 7 操作系统上的 telnet 服务也比较简单。

操作系统（数据库管理系统也一样）是一个操作性非常强的系统，要想真正掌握 Linux/UNIX 操作系统，就必须不断地使用它。

其实现实生活中也一样，当人们没有真正地见到或体验到某一事物时，是很难理解它的。如对月亮的理解，我们的祖先费尽心机，经过了不知多少代精英的毕生努力才研究出来嫦娥奔月、广寒宫、玉兔和天蓬元帅等与月球有关的理论，但现代科学证明这些只能是美好的传说而已。

另一个例子就是我们生活的宇宙到底是什么样？古埃及和古印度的精英们前仆后继不知经过了多少代人的艰苦奋斗终于为世人描绘出他们心目中的宇宙模型，如图 0-29 和图 0-30 所示。

图　0-29

图　0-30

许多顶尖的科学家和专家认为：人类在最近的 200 多年里突然变得聪明起来的最重要原因是望远镜和显微镜的发明和应用。利用高倍望远镜人类看到了几十亿甚至上百亿光年的宇宙深处，推翻了所有古老的传说和理论，发现宇宙起源于一次大爆炸，并且还一直在不停地扩张。利用高倍显微镜人类看到了微观世界，终于发现每个生命都是由基因所组成的，生命的过程几乎完全由基因控制。利用基因工程，科学家们已经证明现在世界上的所有人都是一个女性的后代，她是十几万年前生活在非洲的一位名副其实的"老妈妈"（一位真正的女娲或夏娃）。

　　读者在学习 Linux 操作系统时，一定不要重蹈古代精英们的覆辙。不要只是看书和听课，一定要反复地实践。在结束本章之前，再强调一遍，Linux 和 UNIX 的专业人员是实践出来的，而不是想出来的。只有不断地实践，才能保证你在正确的道路上前行，而不是像古代的那些中外精英们，耗尽了毕生的心血给后人留下的只能是传奇或神话。

第 1 章　UNIX 和 Linux 操作系统概述

一谈到 Linux 就不得不谈到 UNIX，因为 Linux 是从 UNIX 发展而来的。Linux 本身也是 UNIX 系统大家族中的一员。毫无疑问，UNIX 和 Linux 在目前和可以预见的将来都是最有影响的计算机操作系统。UNIX 和 Linux 系统被广泛地应用到大中企业级服务器和 Web 服务器上，它们已经成为了当今的主流操作系统。

1.1　什么是 UNIX

UNIX 是一个计算机操作系统，一个用来协调、管理和控制计算机硬件和软件资源的控制程序。UNIX 操作系统是一个多用户和多任务操作系统：多用户表示在同一时刻可以有多个用户同时使用 UNIX 操作系统而且他们互不干扰；多任务表示任何用户在同一时间可以在 UNIX 操作系统上运行多个程序。

与 Windows 操作系统不同的是 UNIX 主要的用户界面是命令行界面（UNIX 也有图形界面），用户通过 UNIX 系统提供的命令来操作计算机系统。UNIX 一共有大约 250 多个命令，但是常用的很少。Windows 被称为用户友好的操作系统，因为普通用户很容易学习和使用。UNIX 被称为程序员友好的操作系统，因为程序员可以方便地重新配置 UNIX 操作系统使之适应于自己的工作环境。

UNIX 系统不但可以使用在大中型计算机、小型计算机、工作站上，随着微型机的功能不断提高和 Internet 的发展，UNIX（特别是 Linux）系统也越来越多地使用在微机上。UNIX 得到企业的广泛应用的主要原因是该系统的功能强大、可靠性高、技术成熟、网络功能强大、开放性好等特点。Linux 被广泛地应用于 Web 服务器的另一个非常重要的原因是其成本非常低廉（应该是最低的），因为绝大多数 Linux 软件是免费的。

1.2　UNIX 的简要发展史

UNIX 操作系统的诞生本身就是一个传奇。事情可以追溯到 20 世纪 60 年代末期，当时美国麻省理工学院（MIT）、AT&T 公司的贝尔（Bell）实验室和通用电气公司（GE）联合研发一个叫做 Multics（Multiplexed Information and Computing System）的操作系统。Multics 被设计运行在 GE-645 大型计算机上，由于系统目标过于庞大，糅合了太多的特性，许多专家把它称之为 Monster（怪物），以至于该系统的研发人员都不知道最终该把它做成什么样。

到 1969 年，贝尔实验室已经对 Multics 不抱任何幻想了，最终撤出了投入该项目的所有资源。其中一个开发者，肯•汤姆森（Ken Thompson）则继续为 GE-645 开发软件，并最终编写了一个太空旅行游戏，这个游戏模拟太阳系主要天体的运动，由玩家来指挥飞船，并试着在不同的行星和它们的卫星上登陆。游戏运行并不顺畅而且耗费昂贵——每次运行要花费约 100 美元。

Thompson 后来找了一台没什么人用的 DEC（数字仪器公司）的 PDP-7 小型计算机。在他的同事丹尼斯·里奇（Dennis Ritchie）的帮助下，Thompson 用 PDP-7 的汇编语言重写了这个游戏，并使其在 DEC PDP-7 上运行起来。这次经历加上 Multics 项目的经验，促使 Thompson 开始了一个 DEC PDP-7 上的新操作系统项目。Thompson 和 Ritchie 领导一组开发人员，开发了一个新的多任务操作系统。这个系统包括命令解释器和一些实用程序，这个项目称为 UNICS（Uniplexed Information and Computing System），以表示它源自 Multics 的同时又比它的前身简单，后来这个名字被改为 UNIX。

最初的 UNIX 是用汇编语言编写的，一些应用是由叫做 B 语言的解释型语言和汇编语言混合编写的，Ritchie 在 1971 年发明了 C 语言。1973 年 Thompson 和 Ritchie 用 C 语言重写了 UNIX，此举是极具大胆创新和革命意义的。用 C 语言编写的 UNIX 代码简洁紧凑、易移植、易读、易修改，为此后 UNIX 的发展奠定了坚实的基础。

在 20 世纪 70 年代，AT&T 公司还没有被拆分，受当时反垄断法的限制，AT&T 不能进入计算机操作系统市场。因此它以十分低廉甚至免费的许可将 UNIX 源码授权给学术机构做研究或教学之用，许多机构在此源码基础上加以扩充和改进，形成了所谓的 UNIX "变种（Variations）"，这些变种反过来也促进了 UNIX 的发展，其中最著名的变种之一是由加州大学 Berkeley 分校开发的 BSD 产品。AT&T 的这一举措本身也培养了大量的 UNIX 人才，为 UNIX 的普及铺平了道路。尽管 UNIX "变种" 众多，但是多数专家认为对 UNIX 操作系统的发展贡献最大的是它的两个分支——加州大学 Berkeley 分校的 BSD 和 AT&T 公司的 System V，正是它们成就了 UNIX 操作系统今日的辉煌！

尽管 UNIX 一开始就得到了学术界的一片赞扬，但并未受到商界的重视。因为以往的经验告诉他们："受到学术界高度好评的东西，多数是不实用的。"但是这次商界依靠他们过往经验做出的 "英明" 判断却大错特错了。有人估计商界为此次错误判断付出了近 10 年的时间，也就是 UNIX 系统在商界的普及比应该的晚了近 10 年。

由于 AT&T 公司注册了 UNIX 商标，因此后来其他公司开发出来的 "UNIX 操作系统" 就不能再使用 UNIX 这个名称，如 SUN 公司的 UNIX 操作系统叫 Solaris，而 IBM 的 UNIX 操作系统叫 AIX。但是它们之间的差别是很微小的。

有专家用 "有心栽花花不开，无心插柳柳成荫" 来形容 UNIX 的成功与发展。UNIX 的成功也验证了 "失败乃成功之母" 这句名言。但是，随着岁月的流逝，人们已经渐渐地遗忘了促使 UNIX 成功的 Multics 和太空旅行游戏这两位失败的 "妈"，而只记住了 UINX 这个成功的 "孩"。

1.3 UNIX 的设计理念

UNIX 操作系统所秉持的设计理念的宗旨就是简单、通用和开放。为此它的设计原则包括如下几个方面：

（1）在 UNIX 系统中所有的东西都是文件，其中也包括了硬件。这样使得系统的管理和维护更加一致和简单。UNIX 的文件系统是层次结构的，如图 1-1 所示。它像一棵倒置的树，其中"/"是根节点（目录），以下的既可以是目录也可以是文件。这一部分的内容在以后的章节中将详细介绍。其实，UNIX 的目录就对应 Windows 的文件夹。

图　1-1

（2）所有的操作系统配置数据都存储在正文文件中。因为正文文件是最通用的接口，许多 UNIX 操作系统应用程序都可以维护正文（许多其他的系统也一样，如 Oracle 数据库管理系统）。以正文方式存储系统配置信息允许操作系统管理员轻松地将一组配置信息从一台计算机移到另一台计算机。这样可以减少操作系统管理员管理计算机系统的工作负担。

（3）每一个操作系统命令或应用程序都很小，而且只完成单一的功能。UNIX 操作系统提供了许多小的应用程序，每个应用程序都能够很好地执行单一的功能。当需要一个新功能时，UNIX 的通用原则是为此创建一个单独的程序而不是扩展一个已经存在的应用程序的功能。

（4）避免使用俘获用户的接口。在 UNIX 操作系统中很少有交互（问答式）的命令。用户在 UNIX 系统上发出命令之后，命令在通常情况下可能产生输出或者产生错误信息或者什么也不产生。交互的特性留给了应用程序，如正文编辑器 vi。

（5）可以将多个程序串接在一起来完成复杂的任务。UNIX 操作系统的一个核心特性就是可以将一个程序的输出变成另一个程序的输入。这就使用户可以灵活地将许多小程序组合在一起来完成较大和较复杂的任务。

1.4　GNU 项目与自由软件

GNU（革奴）计划，是由 Richard Stallman 在 1983 年 9 月 27 日公开发起的，它的目标是创建一套完全自由的操作系统。GNU 是 "GNU's Not UNIX" 的递归缩写。Stallman 宣布 GNU 的发音为 Guh-NOO，以避免与 new 这个单词混淆（Gnu 在英文中原意为非洲牛羚，发音与 new 相同）。GNU 计划采用了部分当时已经可自由使用的软件，例如 TeX 排版系统和 X Window 视窗系统等。不过 GNU 计划也开发了大批其他的自由软件。

为保证 GNU 软件可以自由地使用、复制、修改和发布，所有 GNU 软件都有一份在禁止其他人添加任何限制的情况下授予所有权利给任何人的协议条款——GNU 通用公共许可证（GNU General Public License，GPL）来达到这一目的。这也就是被称为"反版权"（或称 Copyleft）的概念。

1985 年 Richard Stallman 又创立了自由软件基金会（Free Software Foundation，FSF）来为 GNU 计划提供技术、法律以及财政支持。尽管 GNU 计划大部分时候是由个人自愿无偿奉献，但 FSF 有时还是会聘请专业程序员帮助编写软件。当 GNU 计划开始逐渐获得成功时，一些商业公司开始介入开发和技术支持。当中最著名的就是之后被 Red Hat 兼并的 Cygnus Solutions 公司。

到了 1990 年，GNU 计划已经开发出的软件包括了一个功能强大的文字编辑器 emacs、

C 语言编译器 gcc，以及大部分 UNIX 系统的程序库和工具。唯一没有完成的重要组件就是操作系统的内核。

"自由软件"（Free Software）这一术语有时被错误地理解，其实它与价格无关。自由软件的定义为对你，一个特定的用户，一个程序是自由软件，就意味着：

（1）你有自由以任何目的来运行该程序。

（2）你有修改该程序满足自己需求的自由（为使该自由实际上可实施，你必须可接触源代码，因为没有源代码的情况下，在一个程序中做修改是非常困难的）。

（3）你有权利重新发布副件，既可以白送也可以收取一定费用。

（4）你有权利发布该程序修改过的版本，从而让其他人得益于你的改进。

由于"自由的"涉及自由，未涉及价格，卖副件与自由软件之间没有矛盾。事实上，卖副件的自由是至关重要的：收藏 CD-ROMS 上的自由软件对社团是重要的，同时，出售它们是为自由软件发展筹集资金的重要方法。

1.5 Linux 简介

Linux 是一种类似于 UNIX 的计算机操作系统，它诞生于 1991 年的 10 月 5 日（这是第一次正式向外公布的时间）。以后借助于 Internet 网络，并经过全世界各地计算机爱好者的共同努力，现已成为世界上使用最多的一种 UNIX 类型的操作系统，并且使用人数还在迅猛增长。

1991 年，芬兰赫尔辛基大学的一名大学生李纳斯·托瓦兹（Linus Torvalds）编写出了与 UNIX 兼容的 Linux 操作系统内核并在 GPL 条款下发布。Linux 之后在网上广泛流传，许多程序员参与了开发与修改。1992 年 Linux 与其他 GNU 软件结合，完全自由的操作系统正式诞生。该操作系统往往被称为 "GNU/Linux" 或简称 Linux。

Linux 的标志和吉祥物是一只名字叫做 Tux 的企鹅，标志的由来是因为 Linus 在澳洲时曾被动物园里的一只企鹅咬了一口，便选择了企鹅作为 Linux 的标志。Linux 操作系统是自由软件和开放源代码发展中最著名的和最成功的系统。现在 Linux 内核支持从个人计算机到大型主机甚至包括嵌入式系统在内的各种硬件设备。

在开始的时候，Linux 只是个人狂热爱好的一种产物。1994 年 3 月，Linux 1.0 版正式发布，Marc Ewing 成立了 Red Hat 软件公司，成为最著名的 Linux 分销商之一。现在，Linux 已经成为一种受到广泛关注和支持的操作系统，包括 IBM、惠普和 Oracle 公司在内的一些计算机界巨头也开始支持 Linux。很多人认为，和其他的商用 UNIX 系统以及微软 Windows 相比，作为自由软件的 Linux 具有低成本、安全性高、更加可信赖的优势。

Linux 用户往往比其他操作系统如微软 Windows 和 Mac OS 的用户更有经验。这些用户有时被称作"黑客"或是"极客"（geek）。然而随着 Linux 越来越流行，越来越多的原厂委托制造（OEM）开始在其销售的计算机上预装上 Linux，Linux 的用户中也有了普通计算机用户，Linux 系统也开始慢慢抢占桌面计算机操作系统市场。同时 Linux 也是最受欢迎的服务器操作系统之一。Linux 也在嵌入式计算机市场上拥有优势，低成本的特性使 Linux 深受用户欢迎。使用 Linux 主要的成本为移植、培训和学习的费用，早期由于会使用 Linux 的人较少，这方面费用较高，但这方面的费用已经随着 Linux 的日益普及和 Linux 上的软件越来越多、越来越方便而降低。

KDE 和 GNOME 等桌面系统使 Linux 更像是一个 Mac 或 Windows 之类的操作系统，提供完善的图形用户界面，而不同于其他使用命令行界面（Command Line Interface，CLI）的类 UNIX 操作系统。

Linux 作为较早的源代码开放操作系统，将引领未来软件发展的方向。基于 Linux 开放源码的特性，越来越多的大中型企业及政府投入更多的资源来开发 Linux。现今世界上，很多国家逐渐把政府机构内部的计算机转移到 Linux 上，这种情况还会一直持续。Linux 的广泛使用为政府机构节省了不少经费，也降低了对封闭源码软件潜在的安全性的忧虑。

1.6　Oracle Enterprise Linux 的特点

Linux 操作系统与 UNIX 极为相似，几乎任何在其他 UNIX 操作系统上可以使用的功能都可以在 Linux 操作系统上使用，只可能有少许的差异。Linux 也同样是多用户和多任务操作系统，是一个非常适用于企业服务器的操作系统，而且其成本十分低廉。

Oracle Enterprise Linux 与 Red Hat Enterprise Linux 完全兼容。与 Red Hat Enterprise Linux 一样，Oracle Linux 支持绝大多数 x86 兼容的硬件。在 Oracle Linux 安装软件中，除了包含 Red Hat Enterprise Linux 所包含的常用软件包之外，还包括了安装、管理和维护 Oracle 数据库管理系统所需的软件包。Oracle Linux 默认安装的配置基本上满足了 Oracle 数据库管理系统所需要的环境，这无疑为将来想继续学习和使用 Oracle 的读者提供了便利。

虽然本书使用 Oracle Enterprise Linux 来讲授，但是由于不同 Linux/UNIX 之间的差别很小，所以本书中的几乎全部命令或操作都可以在不加修改或略加修改的情况下运行在其他 Linux/UNIX 操作系统上。

☞ 指点迷津：

> 现在网上人气很高的一个 Linux 操作系统是 Fedora 系统，Fedora 是由 Red Hat 公司赞助的一个开源项目，但是 Red Hat 公司对 Fedora 操作系统并不提供正式的技术支持。用 Red Hat 公司自己的说法：Fedora 操作系统是个人使用的 Linux 系统。考虑到 Linux 操作系统主要用于服务器，特别是网络服务器这一趋势，所以本书使用的是企业版的 Linux 系统，即与 Red Hat Enterprise（企业）Linux 系统完全兼容的 Oracle Enterprise Linux 系统。

1.7　启动和关闭 Linux 系统

如果 Linux 操作系统直接安装在计算机上，启动 Linux 将没有以下的第（1）步和第（2）步，下面是在虚拟机上启动 Linux 的具体操作步骤：

（1）启动 VMware Server，出现 VMware Server Console 的链接界面。选中 Local host 单选按钮，单击 OK 按钮，如图 1-2 所示（如果是 VMware Workstation 将直接出现图 1-3）。

（2）选择虚拟机（有时可能安装了多个虚拟计算机），单击 Start this virtual machine

链接，如图 1-3 所示。

图 1-2

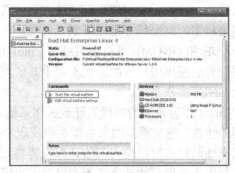
图 1-3

（3）可能出现操作系统选择界面，选择要使用的 Linux 操作系统，如图 1-4 所示。可以同时按 Ctrl+Alt+Enter 键切换到全屏幕，再同时按 Ctrl+Alt 键即可切换回原来的方式。

（4）出现 Linux 系统启动界面，启动会持续一会儿，这些界面都是临时的，如图 1-5 所示。

图 1-4

图 1-5

（5）出现如图 1-6 所示的登录界面，这就表示 Linux 操作系统已经成功启动。注意，画面的最底部是启动的日期和时间，倒数第二行为该主机的名称（是安装 Linux 操作系统时设定的），上边是几个方便操作的菜单。

（6）如选择 Shut Down 菜单，将弹出关闭系统的窗口，如图 1-7 所示。此时如果单击 Shut Down 按钮，系统就会正常关闭。当然也可以单击 Cancel 按钮以返回 Linux 系统的登录页面。到此为止，相信读者应该清楚如何利用图形界面启动和关闭系统了。

图 1-6

图 1-7

1.8　登录和退出 Linux

本节介绍用户如何登录 Linux 系统，首先介绍使用图形界面登录 Linux 系统，其具体操作步骤如下：

（1）如果某个用户想登录 Linux，只需在 Username 文本框中输入用户名（如 root），按 Enter 键，如图 1-8 所示。

（2）在 Password 文本框中输入该用户的密码，如图 1-9 所示。

 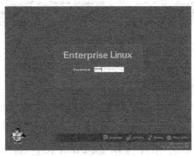

图　1-8　　　　　　　　　　　　　　　图　1-9

（3）出现 Linux 操作系统的桌面，此时就可以像在 Windows 系统上那样，使用鼠标单击或拖动来完成所需的操作，如图 1-10 所示。

（4）为了开启终端窗口，选择 Applications→System Tools→Terminal 命令，如图 1-11 所示。

图　1-10　　　　　　　　　　　　　　　图　1-11

（5）等一会儿将出现图形终端窗口，如图 1-12 所示。在这个终端窗口用户就可以输入 Linux 的命令了。如果要关闭 Linux 系统，可以输入 init 0 命令（这是一个关闭系统的命令，当然还有其他的命令可以关闭系统，在以后的章节中将详细介绍）。

（6）如果要退出 Linux 操作系统，选择 Actions→Log Out 命令即可，如图 1-13 所示。

介绍完使用图形界面登录和退出 Linux 系统之后，再介绍使用命令行界面登录和退出 Linux 系统。由于 Linux 默认是启动图形界面的，因此需要切换到命令行界面。Linux 系统提供了 6 个虚拟控制台（终端），要同时按 Ctrl+Alt+F[1～6]这 3 个键来切换到相应的虚拟终端。切换虚拟终端和以命令行界面登录操作的具体操作步骤如下：

图 1-12

图 1-13

（1）如果想切换到第二号虚拟终端，则同时按 Ctrl+Alt+F2 3 个键，如图 1-14 所示。出现 Linux 的登录界面。

（2）在 login 处输入用户名（这里输入 dog，也可以是其他已经创建的用户），按 Enter 键，在 Password 处输入该用户的密码，按 Enter 键，如图 1-15 所示。

图 1-14

（3）在登录成功之后，Linux 的系统提示符是$而不是#，这是因为 dog 是普通用户，使用普通用户登录后系统的提示符为$，使用 root 用户登录后系统的提示符为#。可以输入 Linux 的 tty 命令来验证当前所使用的虚拟终端，系统的显示是/dev/tty2，确实是第二号虚拟终端，如图 1-16 所示。

图 1-15

图 1-16

（4）如果想退出 Linux 系统，可以输入 exit 命令，如图 1-17 所示。

（5）重新出现 Linux 系统的命令行登录界面，这表示已经成功地退出 Linux 系统，如图 1-18 所示。

（6）如果想要返回图形终端，同时按 Ctrl+Alt+F7 3 个键即可，如图 1-19 所示。

（7）如果想使用 telnet "远程" 连接到 Linux 操作系统，首先启动 DOS 窗口，在命令行提示符下输入 telnet 192.168.137.38（这是安装 Linux 系统时设置的），按 Enter 键进行连接，如图 1-20 所示。

（8）出现 Linux 系统的登录界面，输入登录的用户名（这里输入 dog），按 Enter 键，输入密码并按 Enter 键，如图 1-21 所示。

图　1-17

图　1-18

图　1-19

图　1-20

（9）进入 Linux 系统，其身份是 dog 用户。由于 dog 是普通用户，所以系统提示符是 $。如果要退出 Linux 系统，可以输入 exit 命令，如图 1-22 所示。

图　1-21

图　1-22

（10）如果还在终端上，可以输入 init 0 命令来关闭 Linux 系统，如图 1-23 所示。

（11）Linux 系统关闭后回到 VMware Server（或 VMware Workstatation）的控制界面，选择 File→Exit 命令退出 VMware，如图 1-24 所示。

图　1-23

图　1-24

经过以上详细的介绍，相信读者已经掌握了如何启动与关闭 Linux 系统，以及怎样登录 Linux 操作系统。在以后的各章节中，在讲解 Linux 命令时为了节省篇幅，只给出命令行和必要的显示输出，不再给出与上面类似的图形显示细节。

1.9 练 习 题

1．在 UNIX 大家族的以下分支中，哪两个分支对成就 UNIX 的辉煌起到了至关重要的作用（选择两个）？

A．MIT   B．GNU   C．BSD

D．POSIT   E．BESYS   F．System V

2．为什么 Linux 操作系统总是在一个被称为 Linux Standard Base（LSB）的通用标准下开发和颁布？

A．防止互用性（interoperability）   B．防止服从 POSIX 标准

C．确保应用一级的多样性   D．确保不同发布之间的兼容性

第 2 章　运行 Linux 命令及获取帮助

虽然 Linux 操作系统也提供了与 Windows 操作系统类似的图形界面，但多数 Linux 用户还是更喜欢使用传统的命令来操作系统，特别是在进行服务器的管理和维护时。其原因一是命令比图形操作稳定，二是在远程操作服务器时图形操作会使网络的流量大增。本章将介绍 Linux 命令的格式、运行方式以及如何获取命令的使用说明（帮助）。

2.1　Linux（UNIX）命令的格式

其实 Linux（UNIX）命令的语法并不像许多初学者想象中的那样复杂，它们与英语口语十分相似，其命令的语法格式如下：

命令 [选项] [参数]　 (command [options] [arguments])

命令行中的每一项之间使用一个或多个空格分割开，以方括号括起来的部分是可选的，即可有可无。在命令行中每一部分的具体含义如下。

- 命令：告诉 Linux（UNIX）操作系统做（执行）什么。
- 选项：说明命令运行的方式（可以改变命令的功能）。选项部分是以"-"字符开始的。
- 参数：说明命令影响（操作）的是什么（如一个文件、一个目录或一段正文文字）。

在命令行中，命令相当于英语的动词，选项相当于英语的形容词，参数相当于英语的名词，而整个命令行就相当于英语的语句。相信只要读者学习过英语，学会 Linux（UNIX）命令的使用肯定不成问题。

当读者已经了解了 Linux（UNIX）的命令语法之后，接下来将开始介绍一些简单常用的 Linux(UNIX)命令。在进行以下操作之前，必须使用第 1 章中介绍的方法之一登录 Linux。为了模拟远程登录 Linux 服务器，这里使用 telnet 登录。

首先启动 Linux 系统，之后在 Windows 操作系统上启动 DOS 界面。在 DOS 提示符下输入命令 telnet 192.168.137.38（在不同计算机的系统中 IP 可能不同），之后按 Enter 键，如图 2-1 所示。随后将出现 Linux 系统的登录界面，在 login 处输入用户名 dog（在不同计算机的系统上可能为不同的用户名）并按 Enter 键，在 Password 处输入密码 w_wang（在不同计算机的系统上可能是不同的密码），如图 2-2 所示。

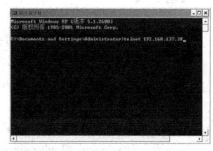

图　2-1

随后将登录 Linux 操作系统，并出现如图 2-3 所示的界面。其中$字符是 Linux 的普通用户提示符。现在即可在 Linux 操作系统提示符下输入并运行各种 Linux 的命令了。

图　2-2　　　　　　　　　　　　　　　　　　　　图　2-3

2.2　whoami 命令

当一个用户登录 Linux 系统之后，也许他想知道自己是以哪个用户登录的。此时可以使用 whoami 命令，该命令也是 Linux（UNIX）系统中最简单的命令之一。可以在 Linux 的提示符下输入例 2-1 的命令。

【例 2-1】

[dog@dog ~]$ whoami
dog

其中[dog@dog ~]$为 Linux 系统的提示信息，在以后的章节中将详细介绍[dog@dog ~]的含义。阴影部分的 dog 为命令的显示结果，即用户名。

whoami 命令的功能就是列出你目前登录 Linux 系统所使用的用户名（账户）。可能有读者会问："我自己怎么能不知道我使用的是哪个用户登录的呢？"实际上，一个人可能有多个用户名。有时由于工作的需要，一个人可能同时使用多个用户名登录 Linux 系统。在这种情况下，不记得目前使用的是哪个用户也就很正常了。

接下来试着在 Linux 系统中输入 who am i 命令并运行，将发现同样也会得到所需的信息而且更多，如例 2-2 所示。

【例 2-2】

[dog@dog ~]$ who am i
dog　　　　pts/1　　　　　　　　Nov 11 23:04 (192.168.137.1)

who am i 命令除了显示用户名之外，还会显示登录的终端（pts/1）、当前的日期和时间（Nov 11 23:04）以及所使用的计算机的 IP 地址（192.168.137.1）。

对于多数 Linux（UNIX）命令，如果在命令的单词之间加入空格或标点符号，该命令会照常执行。

如果读者对 whoami 和 who am i 命令还是感到不完全理解，可以想象一下你刚刚到一个新的公司或机构上班。你是不是要首先知道你的职位（相当于用户）、隶属的部门（相当于终端）、上班时间（相当于登录时间）、公司的名称（相当于计算机 IP 地址）等，也就是说上班时一定要搞清楚自己是谁（who am I）。你要想彻底了解这些信息还是要下一番工夫的，相比之下，在 Linux 或 UNIX 系统上反倒容易多了，因为只需要一个命令即可。

2.3　who、w、users 和 tty 命令

知道了我是谁之后，当然也想知道目前有哪些用户在系统上工作。此时可以使用 who 命令来获取这方面的信息，如例 2-3 所示。

【例 2-3】

```
[dog@dog ~]$ who
dog        pts/1        Nov 11 23:04 (192.168.137.1)
root       :0           Nov 11 23:18
root       pts/2        Nov 11 23:19 (:0.0)
```

从例 2-3 的显示结果可以看出，who 命令显示的内容与 who am i 命令相比，只是多了系统上工作的其他用户而已。

与 who 命令类似的一个命令是 w，但是使用 w 命令所获得的信息要比 who 命令多一些。在 Linux 系统提示符下输入 w 并按 Enter 键，如例 2-4 所示。

【例 2-4】

```
[dog@dog ~]$ w
```

00:09:39	up	1:10,		3 users,	load average: 0.66, 0.58, 0.46		
USER	TTY	FROM	LOGIN@	IDLE	JCPU	PCPU	WHAT
dog	pts/1	192.168.137.1	23:04	0.00s	0.17s	0.01s	w
root	pts/2	:0.0	23:49	48.00s	0.09s	0.09s	bash

接下来解释例 2-4 命令的显示结果。首先看显示结果的第 1 行从左到右的每一项的含义：当前的时间是上午 00:09:39，系统已经启动（up）了 1h10min，目前有 3 个用户登录，系统在过去 1min 内平均提交 0.66 个任务（或启动程序），在过去 10min 内平均提交 0.58 个任务，在过去 15min 内平均提交 0.46 个任务（load average 为平均负载，之后的 3 个数字分别表示过去 1min 内的负载、过去 10min 内的负载和过去 15min 内的负载）。

下面解释显示结果的第 3 行从左到右的每一列的含义：其中前 3 列与 who am i 命令的显示结果相同，因此就不再解释了。第 4 列（LOGIN@）表示 dog 用户于 23:04 登录系统，第 5 列（IDLE）表示 dog 用户是一个正在活动的用户（IDLE 为 0.00s 即没有空闲），第 6 列中（JCPU）表示 dog 用户到目前为止一共使用了 0.17s 的 CPU 时间，第 7 列（PCPU）表示 dog 用户当前所运行的程序使用了 0.01s 的 CPU 时间，第 8 列（WHAT）表示 dog 用户当前所运行的程序是 w。

利用这个只有一个字符的不起眼的 w 命令竟然能获取这么多有用的信息，出乎意料吧？这也正是 Linux 或 UNIX 系统设计的独到之处。看来使用 Linux 命令并不难，但是要读懂命令显示的结果是需要经过一定时间的训练的。

如果只想知道目前有哪些用户登录了 Linux 系统，有一个更简单的命令，那就是 users 命令。在 Linux 系统提示符下输入 users 并按 Enter 键，如例 2-5 所示。

【例 2-5】

[dog@dog ~]$ users
dog root root

如果只想知道目前登录 Linux 系统所使用的终端，又该怎么办呢？也同样有一个简单的命令，那就是 tty 命令。在 Linux 系统提示符下输入 tty 并按 Enter 键，如例 2-6 所示。

【例 2-6】

[dog@dog ~]$ tty
/dev/pts/1

☞ 指点迷津：

> tty 是一个历史遗产，它既可以表示一台计算机也可以表示一条终端线。因为最早的 UNIX 系统是使用美国数据仪器公司（Digital Equipment Corporation，DEC）的电传打字机（teletypewriter）作为与终端交互的设备。很快就有人给这种电传打字机起了一个绰号 tty 并一直沿用至今。

还是以到一个新公司或机构上班为例，本节所介绍的命令就相当于了解你所在公司的所有同事的信息。有了这些信息，你才能更好地规划未来。在现实中，要获取这些信息坑非易事。但是在 Linux 或 UNIX 系统上只需运行几个命令即可。这样看来学习 Linux 是不是比面对真实的生活更容易些？

2.4 uname 命令及其选项

知道了 Linux 系统上的用户信息之后，读者可能也想知道所登录的系统的信息，本节将介绍获取系统本身信息的命令 uname。默认情况下，当执行 uname 命令时，终端上会显示当前的操作系统。这里 u 应该是 UNIX 的缩写，因此 uname 应该是 UNIX name 的缩写。

要显示操作系统的信息，可以执行如例 2-7 所示的 Linux 命令。显示的结果表明所使用的操作系统是 Linux。

【例 2-7】

[dog@dog ~]$ uname
Linux

使用 uname 命令还可以获得其他有关系统的信息，但是必须在命令中加入选项。在命令中加入选项将改变所显示的信息类型，需要注意的是，命令选项是大小写相关的，而且选项前要冠以 "-"。

要显示所使用系统的主机名，使用带有-n（n 是 nodename 的第 1 个字符）选项的 uname 命令，如例 2-8 所示。

【例 2-8】

[dog@dog ~]$ uname -n
dog.super.com

显示的结果表明目前所使用的系统的主机名是 dog.super.com，该名称是在安装 Linux 操作系统时设置的。

    如果想同时获得所使用系统的主机名和硬件平台名，可以使用带有-n 和-i 组合的 uname 命令，如可使用例 2-9 或例 2-10 的命令。

【例 2-9】

```
[dog@dog ~]$ uname -n -i
dog.super.com i386
```

【例 2-10】

```
[dog@dog ~]$ uname -ni
dog.super.com i386
```

    从例 2-9 和例 2-10 的显示结果可以清楚地看出，命令显示的结果与选项的先后次序无关，即无论怎样组合-n 和-i 这两个选项，最终的显示结果都相同，即 dog.super.com i386。

    下面再介绍几个可能会用到的选项，这些选项可以帮助读者获取系统更详细的信息。

- -r（release 的第 1 个字符）：显示操作系统发布的版本信息。
- -s（system 的第 1 个字符）：显示操作系统名。
- -m（machine 的第 1 个字符）：显示机器硬件名。
- -p（processor 的第 1 个字符）：显示中央处理器的类型。
- -a（all 的第 1 个字符）：显示所有的信息。

    如果想同时获得所使用系统的操作系统名、版本信息、机器硬件名和中央处理器的类型，可以使用带有-r、-s、m 和 p 组合的 uname 命令，可以使用类似例 2-11 的命令。

【例 2-11】

```
[dog@dog ~]$ uname -pmrs
Linux 2.6.9-42.0.0.0.1.ELsmp i686 athlon
```

    如果想同时获得所使用系统的很多信息，其实有一种更简单的方法，就是使用带有-a 选项的 uname 命令，可以使用例 2-12 的命令。

【例 2-12】

```
[dog@dog ~]$ uname -a
Linux dog.super.com 2.6.9-42.0.0.0.1.ELsmp #1 SMP Sun Oct 15 14:02:40 PDT 2006 i686 athlon i386 GNU/Linux
```

    Linux 操作系统对传统的 UNIX 系统命令进行了一些改进使之更简单易学，其中之一就是一些选项可以使用完整的英语单词，但是此时在选项之前要冠以 "--" 而不是 "-"。如可以使用例 2-13 的带有--all 选项的 uname 命令来获取所使用系统的全部信息。

【例 2-13】

```
[dog@dog ~]$ uname --all
Linux dog.super.com 2.6.9-42.0.0.0.1.ELsmp #1 SMP Sun Oct 15 14:02:40 PDT 2006 i686 athlon i386 GNU/Linux
```

    如果读者想知道 uname 命令可以使用的全部选项，可以使用带有--help 选项的 uname

命令，如例 2-14 所示。为了节省篇幅，这里只显示了少量的输出结果。

【例 2-14】

```
[dog@dog ~]$ uname --help
Usage: uname [OPTION]...
Print certain system information.    With no OPTION, same as -s.

  -a, --all                          print all information, in the following order:
  -s, --kernel-name                  print the kernel name
……
```

例 2-14 显示的结果列出了 uname 命令的所有选项及简单的介绍。在许多 Linux 命令中都可以使用这样的--help 选项来获取命令的帮助信息，这也是 Linux 操作系统对 UNIX 系统的又一扩充。

其实在现实中也极为相似，继续以到一个新公司或机构上班为例，本节所介绍的命令就相当于了解你所在公司的相关信息，如需要知道公司的运营现状、产品或服务在市场上的地位、公司的大股东的信息等。

2.5　date、cal 和 clear 命令及带有参数的命令

清楚了 Linux 系统本身的信息之后，接下来可能想知道有关系统的日期和时间的信息，可以使用 date 和 cal 命令来获取这些信息。

date 命令用于显示系统当前的日期和时间。要想获取当前的日期和时间，可以在 Linux 系统上运行如例 2-15 所示的命令。

【例 2-15】

```
[dog@dog ~]$ date
Sun Mar 25 11:27:49 CST 2012
```

cal（为 calendar 的前 3 个字符）命令用来显示某月的日历。要显示本月的日历，可以在 Linux 系统上运行如例 2-16 所示的命令。

【例 2-16】

```
[dog@dog ~]$ cal
    January 2012
Su  Mo  Tu  We  Th  Fr  Sa
 1   2   3   4   5   6   7
 8   9  10  11  12  13  14
15  16  17  18  19  20  21
22  23  24  25  26  27  28
29  30  31
```

参数能够使用户准确地定义想用一个命令来做什么。例 2-17 带有两个参数，第 1 个参数为 8，表示要显示的月份；第 2 个参数为 2008，表示要显示的年份。

【例 2-17】

```
[dog@dog ~]$ cal 8 2008
      August 2008
Su  Mo  Tu  We  Th  Fr  Sa
                     1   2
3   4   5   6   7   8   9
10  11  12  13  14  15  16
17  18  19  20  21  22  23
24  25  26  27  28  29  30
31
```

也可以只显示某一年的全年日历（12 个月），如例 2-18 将显示 2012 年的日历。在本例中 cal 命令只使用了一个参数 2012。为了节省篇幅，这里省略了显示结果。

【例 2-18】

```
[dog@dog ~]$ cal 2012
```

经过前一段的工作，你已经看到所使用的终端屏幕上显示了太多的信息，怎样才能将屏幕上的信息清除掉呢？答案是使用 clear 命令，该命令将清除终端窗口中的显示。因此，可以使用例 2-19 的命令清除屏幕。

【例 2-19】

```
[dog@dog ~]$ clear
```

继续以到一个新公司或机构上班为例，本节所介绍的命令就相当于要了解你所在公司的作息时间信息。例如，需要知道公司上、下班时间，休息时间，哪些月份是公司的繁忙季节？哪些月份是公司的淡季？

2.6 su 和 passwd 命令

su 命令放在后面的章节介绍会更容易一些，但本节的操作要使用到该命令，所以就提前介绍了。如果读者觉得理解上有困难，也不要紧，因为后面还会进一步解释。

首先解释为什么需要 su 这个命令。默认情况下，如果用户利用 telnet 进行远程登录，是不能使用 root 用户的。也就是在使用 telnet 时，必须以普通用户来登录 Linux 系统。如果要使用 root 用户在远程对操作系统进行维护工作，就必须先以一个普通用户登录 Linux（UNIX），之后再切换到 root 用户。

正是 su 命令提供了这一功能，su（switch user 的缩写）命令将从当前的用户切换到一个指定的其他用户。如可以先使用普通用户登录 Linux（UNIX）系统，之后再使用 su 命令切换到 root 用户。如果现在是在 dog 用户下（如果还没有登录 Linux，要先使用 dog 登录），可以使用例 2-20 的命令切换到 root 用户。

【例 2-20】

[dog@dog ~]$ su - root
Password:
[root@dog ~]#

当在 Password 处输入 root 的正确密码之后，系统会出现 root 用户的提示符"#"。其实从系统的提示符已经可以断定当前的用户为 root。如果还不放心，可使用 whoami 命令来验证。如果现在又想退回到 dog（普通）用户，该怎么办呢？可以使用 exit 命令，如例 2-21 所示。

【例 2-21】

[root@dog ~]# exit
[dog@dog ~]$

之后，系统将会出现普通用户的提示符"$"。从系统的提示符已经可以断定当前的用户为 dog。如果还不放心，可以使用 whoami 命令来验证。

☞ **指点迷津：**

如果读者读过其他 Linux 或 UNIX 的书，会发现一些书在介绍命令时使用的是 root 用户。建议读者在练习时，最好像本书一样尽量使用普通用户。在操作系统（或数据库管理系统）的管理或维护中有一个系统管理员应该奉行的金科玉律，即最小化原则。该原则是在能够完成工作的情况下尽量使用权限最低的用户。这样一旦操作失误对系统所造成的危害最小。现实中也是一样，氢弹是目前世界上最恐怖的大规模杀伤武器，但是自从这种超级核武器诞生以来还没有任何国家的领导人敢按下它的发射按钮。

使用 su 命令不但可以从普通用户切换到 root 用户，还可以从一个普通用户切换到另一个普通用户，也可以从 root 用户切换到一个普通用户，但是在由 root 用户切换到一个普通用户时，Linux（UNIX）系统并不要求输入 Password，而是直接返回了普通用户的提示符。

接下来介绍 passwd（为 password 的缩写）命令。可以使用 passwd 命令来修改用户（既可以是普通用户，也可以是 root 用户）的密码、查看用户的密码状态等。

出于安全的考虑，有些公司要求用户在第一次登录 Linux（UNIX）系统时必须修改自己的密码。还有些公司要求用户每隔一段时间（如 3 个月）必须修改密码以防止用户密码泄密。此时，用户就可以使用 passwd 命令来修改其密码。如果现在是在 dog 用户下，以下的操作将演示如何修改 dog 的密码。

在系统的普通用户提示符下输入 passwd 命令，在系统的（current）UNIX password 提示处输入现在 dog 用户的密码 W_wang，在系统的 New UNIX password 提示处输入 dog 用户的新密码 wang，之后系统会显示 BAD PASSWORD: it is too short 并重新显示 New UNIX password 提示，要求用户输入新密码，如例 2-22 所示。此时可以按几次 Enter 键退出 passwd 命令，因为目前我们并不想修改 dog 的密码。

【例 2-22】

[dog@dog ~]$ passwd
Changing password for user dog.

```
Changing password for dog
(current) UNIX password:
New UNIX password:
BAD PASSWORD: it is too short
New UNIX password:
```

接下来使用 su 命令切换到 root 用户，下面就演示怎样修改 root 用户的密码。为了以后的操作方便，本书将 root 用户的密码改成一个少于 6 个字符的简单密码，这里改为 ming（这个密码显然是不安全的）。现在即可使用例 2-23 的命令来修改 root 用户的密码。因为现在是 root 用户，所以 Linux 系统并没有要求输入当前的密码。在 New UNIX password 处输入 ming（新密码），之后系统会提示 BAD PASSWORD: it is too short，即提示该密码太短。但系统还是继续提示重新输入新的密码，在 Retype new UNIX password 处继续输入 ming，之后系统将会显示密码已经成功修改的信息。

【例 2-23】

```
[root@dog ~]# passwd
Changing password for user root.
New UNIX password:
BAD PASSWORD: it is too short
Retype new UNIX password:
passwd: all authentication tokens updated successfully.
```

通过例 2-23，读者可以知道 root 用户即使将密码修改成不安全的很短的密码，系统也照样执行，只是给出警告信息而已。因为 root 用户有至高无上的权利。

☞**指点迷津：**

> 出于安全的考虑，用户的口令（密码）要大小写混写，最好至少包含一个字符、一个数字和一个特殊字符。但是这样安全的口令是很难记忆的，因此有人发明了如下的记忆方法：使用特殊字符替换单词之间的空格；使用数字 0 替代字符 o；使用数字 9 替代字符 q；使用数字 1 替代字符 l 或 I；使用数字 2 替代单词 to；使用数字 4 替代单词 for 等。

现在即可使用 root 这个超级用户来将 dog 用户的密码修改成 wang，如例 2-24 所示。尽管还会出现警告信息，但是修改照样会成功。

【例 2-24】

```
[root@dog ~]# passwd dog
Changing password for user dog.
New UNIX password:
BAD PASSWORD: it is too short
Retype new UNIX password:
passwd: all authentication tokens updated successfully.
```

passwd 命令的另一个功能就是查看某一用户密码的状态，这是通过在命令中使用-S 选项来完成的。如可以使用例 2-25 的命令来获取 dog 用户的密码状态，其中-S 为选项，dog 为参数。

【例 2-25】

```
[root@dog ~]# passwd -S dog
Password set, MD5 crypt.
```

例 2-25 显示的结果表明系统已经为 dog 用户设置了密码,即用户登录时必须使用密码,而且这个密码是使用 MD5 算法加密的。

☞ **指点迷津:**

> Linux 和 UNIX 的设计理念与微软完全不同。微软是假设用户都是傻子,所以微软的系统帮助用户做尽可能多的工作。而 Linux 和 UNIX 是假设用户是猴子,用户做了什么自己应该清楚。这可能也是 Linux 和 UNIX 系统高效和稳定的原因之一。

也可以在 passwd 命令中使用--status 选项,该选项的功能与-S 相同,需要注意当选项是单词时前面要冠以 "--" 而不是 "-",如可以使用例 2-26 的命令来获取 dog 用户的密码状态。

【例 2-26】

```
[root@dog ~]# passwd --status dog
Password set, MD5 crypt.
```

又回到那个到新公司上班的例子,其中 su 命令相当于在公司变换工作岗位。在普通用户之间切换就相当于同级调动,当然一般人都是想干些既轻松又收入高的工作。要调到这样的肥缺上,当然必须得知道其中的套路(相当于知道了密码)。如果你想升迁,那就需要知道公司内部的运作和人事关系了(相当于知道了 root 的密码)。使用 passwd 命令就相当于你可以修改和制定公司的游戏规则,即大权在握了。

2.7 whatis 命令与命令的--help 选项

由于 Linux 或 UNIX 操作系统的命令和命令中的选项及参数实在太多了,因此 Linux 和 UNIX 系统的作者们建议用户不要试图记住所有命令的用法,实际上也不可能记住。而是借助于 Linux 或 UNIX 提供的多种帮助工具。

首先介绍 whatis 命令,该命令显示所查询命令的简单说明。whatis 命令的用法非常简单,例如,如果想知道 uname 命令的用法,可以使用例 2-27 的 whatis 命令。

【例 2-27】

```
[dog@dog ~]$ whatis uname
uname              (1)  - print system information
uname              (2)  - get name and information about current kernel
```

例 2-27 显示的结果说明 uname 命令有两种功能,分别如下:

↳ 列出系统的信息。

↳ 获取当前内核的名字和信息。

介绍完怎样使用 whatis 命令获取 Linux 命令的帮助信息之后,下面介绍另一种在 Linux 系统中获取帮助信息的方法,就是在 Linux 命令之后使用--help 选项。该选项可以用于绝大多数 Linux 命令,但不是所有的命令。--help 选项显示命令的简要说明和选项列表。

如果想知道 uname 命令的用法,可以使用例 2-28 的带有--help 选项的命令。

【例 2-28】

```
[dog@dog ~]$ uname --help
Usage: uname [OPTION]...
Print certain system information.    With no OPTION, same as -s.

 -a, --all                print all information, in the following order:
 -s, --kernel-name        print the kernel name
 ......
Report bugs to <bug-coreutils@gnu.org>.
```

例 2-28 显示结果的前两行就是 uname 命令的简要说明,也叫使用摘要,接下来的部分是选项列表。

2.8　怎样阅读命令的使用摘要

当获得了一个命令的使用摘要之后,接下来的问题就是如何理解这些信息。其实不只是命令的--help 选项,还有 man 命令和其他的一些说明文件都会产生命令的使用摘要。如果使用例 2-29 的带有--help 选项的 date 命令就会获得 date 命令的帮助信息,使用例 2-30 的 man date 命令也会获得 date 命令的帮助信息。为了节省篇幅,这里只截取了使用摘要部分。

【例 2-29】

```
[dog@dog ~]$ date --help
Usage: date [OPTION]... [+FORMAT]
  or:   date [-u|--utc|--universal] [MMDDhhmm[[CC]YY][.ss]]
```

【例 2-30】

```
[dog@dog ~]$ man date
SYNOPSIS
        date [OPTION]... [+FORMAT]
        date [-u|--utc|--universal] [MMDDhhmm[[CC]YY][.ss]]
```

对比例 2-29 获得的 date 命令的使用摘要与例 2-30 通过 man 命令获得的 date 命令的使用摘要,可以发现结果完全相同。下面将解释在使用摘要说明部分所列出的命令的语法。

- ☛ 在[]中的选项或参数为可选的,即可有可无。
- ☛ a|b|c 表示或者使用 a,或者使用 b,或者使用 c,即只能使用 abc 中的一个。在 date 命令语法中,只能或者使用-u,或者使用--utc,或者使用--universal。
- ☛ 在<>中的选项或参数为变量,即这个选项或参数是可变的。

-efg 表示 e、f、g 这 3 个选项或参数的任意组合，既可以是-e、-f、-g，也可以是-ef、-eg、-fg，甚至也可以是-efg。需要指出的是选项的排列次序的不同不会影响命令执行的结果，即使用-ef 和-fe 命令的执行结果是相同的。

2.9　利用 man 命令来获取帮助信息

本节将介绍如何使用 man 命令来获取某个 Linux（UNIX）命令的使用说明。Linux（UNIX）命令的 Man Pages（页）是又一种获取命令语法帮助的来源，这里的 man 是 manual（手册）的前 3 个字符。在 Linux（UNIX）中每一个命令都有相对应的说明文件，而这些说明文件就叫做 Man Pages。Man Pages 中有像书一样的结构，其内容分为不同的章节。所有 Man Pages 的集合就称为 Linux（UNIX）的联机手册（操作说明），该手册提供了每一个 Linux（UNIX）命令的详细描述和使用方法。man 命令的格式如下：

man [<option | number>] <command | filename>

其中，option 是要显示的关键字，number 是要显示的章节号，command 是要了解的命令，filename 为文件名。

每个命令的 Man Pages 包括 8 个不同的章节，例 2-31 的 ls 命令列出了/usr/share/man 目录的全部内容（为了节省篇幅，这里只显示了极少量的输出结果）。ls 命令将在第 3 章中详细介绍。

【例 2-31】

```
[dog@dog ~]$ ls   -l /usr/share/man
drwxr-xr-x  4 root root     4096 Oct   7  2006 ko
drwxr-xr-x  2 root root     4096 Oct   8 17:41 man0p
drwxr-xr-x  2 root root    61440 Oct   8 18:11 man1
drwxr-xr-x  2 root root     4096 Oct   8 17:41 man1p
drwxr-xr-x  2 root root    16384 Oct   8 17:57 man2
drwxr-xr-x  2 root root   151552 Oct   8 18:03 man3
……
```

例 2-31 显示结果的 man1～man8 的目录中就存放着相应的 Man Pages。图 2-4 列出了 Man Pages 中每一部分所对应内容的简单描述（命令行中的 chapter 为章节号）。

其中经常使用的有第 1、5 和 8 部分。下面进一步解释这 3 部分中每一部分的用法。

第 1 部分为用户命令，它包括了一般用户可以使用的命令的说明。如在 Linux 系统提示符下输入 man su 命令，如例 2-32（为了节省篇幅，这里对显示的结果进行了裁剪，只保留了相关的内容），因为命令显示结果中 SU 后面的标号是 1，所以 su 命令是一个普通用户可以使用的命令，如果要离开 Man Pages，输入字母 q 即可。

图　2-4

【例 2-32】

```
[dog@dog ~]$ man su
SU(1)                         User Commands                         SU(1)
NAME
       su - run a shell with substitute user and group IDs
SYNOPSIS
       su [OPTION]... [-] [USER [ARG]...]
DESCRIPTION
       Change the effective user id and group id to that of USER.
```

第 5 部分是文件的说明，用来查询命令的文件说明。如使用例 2-33 的命令指定要查看 passwd 命令中编号为 5 的 Man Pages，之后就能看到 password（口令）文件的文件说明。

【例 2-33】

```
[dog@dog ~]$ man 5 passwd
```

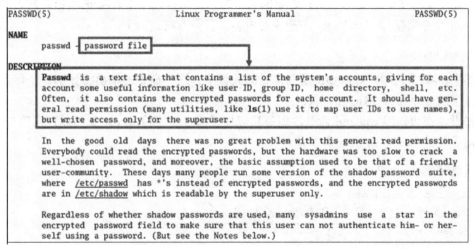

第 8 部分为管理命令，即查询只有 Linux 系统的管理员 root 用户可以使用的命令说明，如使用例 2-34 的命令来查看 lvm 命令的使用说明，因为命令显示结果中 LVM 后面的编号是 8，所以 lvm 命令是一个只有管理员用户可以使用的命令。

【例 2-34】

```
[dog@dog ~]$ man lvm
LVM(8)                                                              LVM(8)
NAME
       lvm - LVM2 tools
SYNOPSIS
       lvm [command | file]
DESCRIPTION
       lvm    provides the command-line tools for LVM2.    A separate manual page
       describes each command in detail.
```

2.10 浏览 Man Pages 和利用关键字搜寻 Man Pages

通过 2.9 节的介绍，相信读者已经可以解读 Man Pages 中的信息了。接下来介绍如何快速方便地浏览 Man Pages 说明文件中的信息。当使用 man 命令进入一个命令的 Man Page 之后，可以使用以下方式来浏览 Man Pages 中的内容（其具体操作参见视频）：

- 按上、下、左、右箭头键在 Man Pages 中移动。
- 按 PgUp 或 PgDn（也可以是空格）键来上移一页或下移一页。
- 按 Home 键移到第一页，按 End 键移到最后一页。
- 在终端屏幕底部的 ":" 处输入/string 向下搜索 string 字符串。
- 在终端屏幕底部的 ":" 处输入? string 向前搜索 string 字符串。
- 按 q 键将退出所在的 Man Pages。

当要使用一个命令而又无法确定它的名字时，就可以使用带有-k 选项和要搜寻的关键字的 man 命令来搜寻 Man Pages 中相关的内容。其命令格式如下：

man -k keyword

其中，-k 是选项，keyword 是要搜寻的关键字。这一命令的输出将显示一个包含了搜寻关键字的命令和命令描述的列表。

如果现在想使用 whoami 命令，但是只记住了前 3 个字符 who，就可以使用例 2-35 的带有搜寻关键字 who 的 man 命令。

【例 2-35】

```
[dog@dog ~]$ man -k who
ldapwhoami        (1)    - LDAP who am i? tool
whoami            (1)    - print effective userid
[dog@dog ~]$ man -k who
at.allow [at]     (5)    - determine who can submit jobs via at or batch
at.deny [at]      (5)    - determine who can submit jobs via at or batch
jwhois            (1)    - client for the whois service
ldapwhoami        (1)    - LDAP who am i? tool
rusers            (1)    - who is logged in to machines on local network
rwho              (1)    - who is logged in on local machines
rwhod             (8)    - system status server
w                 (1)    - Show who is logged on and what they are doing
who               (1)    - show who is logged on
whoami            (1)    - print effective userid
```

例 2-35 显示结果的最后一行 whoami 命令就是要找的命令。如果只知道某个 Linux 命令的名字，但是想进一步了解该命令的功能，就可以使用带有-f 选项的 man 命令。其命令格式如下：

man -f <command>

其中，-f 为选项，command 为命令，<>表示命令是可以变化的，即根据实际需要可以选择不同的命令。如果想了解 who 命令的功能，可以使用例 2-36 带有-f 选项的 man 命令。

【例 2-36】

```
[dog@dog ~]$ man -f who
who                        (1)    - show who is logged on
```

之后，可以在 Linux 系统提示符下输入例 2-37 的 whatis 命令来重新获取 who 命令的相关信息。

【例 2-37】

```
[dog@dog ~]$ whatis who
who                        (1)    - show who is logged on
```

仔细观察例 2-36 和例 2-37 的显示结果，很快就会发现它们的输出显示完全相同。其实带有-f 选项的 man 命令与 whatis 命令的功能是一样的。在 Linux 或 UNIX 系统中，常常可以使用不同的命令（方法）来获取同样的信息。

如果想知道 man 命令本身的使用说明，那又该怎么办呢？其实很简单，只需要输入例 2-38 的 man 命令即可（为了节省篇幅，已经对该命令的显示结果进行了裁剪）。之后，就可以慢慢地读 man 命令的使用说明了。

【例 2-38】

```
[dog@dog ~]$ man man
man(1)                                                                    man(1)
NAME
       man - format and display the on-line manual pages
SYNOPSIS
       man   [-acdfFhkKtwW]   [--path]   [-m   system] [-p string] [-C config_ file] [-M pathlist] [-P
       pager] [-S section_list] [section] name ...
DESCRIPTION
       man formats and displays the on-line manual pages.   If you specify
```

2.11　利用 info 命令来获取帮助

尽管在所有的 UNIX 系统和 Linux 系统中都可以使用 man 命令来获取命令的帮助信息，但是作为一个初学者要看懂 Man Pages 中的命令或文件使用说明并不是一件易事。因此 Linux 系统提供了另外一种在线帮助的方法，那就是使用 info 实用程序（命令）。如果 Info Pages 存在，它们通常提供了比 Man Pages 更好的文档。info 命令的语法格式如下：

info <command>

info 命令与 man 命令相似，但是它提供的信息更详细并且用法更简单（至少 Linux 的设计者们这样认为）。info 实用程序也是一种基于正文的帮助系统，该系统将 info 命令显示的信息组织成不同的章节。使用 info 命令产生的输出显示叫 Info Pages，它是以网页的结构来显示其正文内容的，而且每一页都使用不同的小结来区分不同的主题，如输入例 2-39 的 info 命令，就可以看到现在显示的是 20.6 节，这一小节介绍 who 命令的使用方法。

【例 2-39】

```
[dog@dog man]$ info who
File: coreutils.info, Node: who invocation, Prev: users invocation, Up: User information
20.6 `who': Print who is currently logged in
========================================================

`who' prints information about users who are currently logged on.
Synopsis:
     `who' [OPTION] [FILE] [am i]
```

如果按 p 键，之后将显示 20.5 节的内容，而这一小节介绍的是 users 命令的使用方法。如果显示的正文之前冠以 "*"，表示这是一个超链接，利用这个超链接可以转到其他章节。

接下来介绍如何浏览 Info Pages。浏览 Info Pages 的方法与浏览 Man Pages 十分相似。当使用 info 命令进入一个命令的 Info Pages 之后，可以使用以下方式来浏览 Info Pages 中的内容（其具体操作参见视频）：

- 按上、下、左、右箭头键在 Info Pages 中移动。
- 按 PgUp 或 PgDn（也可以是空格）键来上移一页或下移一页。
- 按 Tab 键可以跳到下一个 "*"，即超链接。
- 当光标停在某个超链接上（停在 "*" 上）时，只要按 Enter 键将跳转到该链接所指向的网页。
- 按 p（为 Previous 的第 1 个字符）键将转到上一个小节。
- 按 n（为 Next 的第一个字符）键将转到下一个小节。
- 按 u 键将跳转到上层的小节。
- 在 Info Pages 中输入 s 之后，屏幕底部将出现 "Search for string []:" 的提示，此时即可输入要查找的字符串。
- 当操作完成之后，按 q 键将退出 Info Pages 并回到 Linux 系统提示符下。

2.12 其他获取帮助的方法

除了上面所介绍的获取帮助的方法之外，Linux 还提供了众多额外的说明文件，这些文件就存放在/usr/share/doc/目录下，可以使用例 2-40 的命令列出该目录中的所有目录和文件（为了节省篇幅，这里已经对命令的输出进行了大规模的裁剪）。

【例 2-40】

```
[dog@dog ~]$ ls -l /usr/share/doc
total 3884
drwxr-xr-x    2 root root    4096 Oct    8 17:44 a2ps-4.13b
drwxr-xr-x    2 root root    4096 Oct    8 17:41 acl-2.2.23
drwxr-xr-x    2 root root    4096 Oct    8 17:43 alchemist-1.0.34
```

用户可以进入感兴趣的目录，之后打开相应的说明文件即可查找所需的信息。如果这些信息不能满足需求，还可以通过互联网来搜寻所需的信息。通过以下的两个网址，可以分别获取 Redhat 和 Oracle 的 Linux 文档。

➽　http://www.redhat.com/docs。

➽　http://www.oracle.com/technology/tech/linux/index.html。

将计算机连接到互联网上，启动网络浏览器，在地址栏中输入网址 http://www.redhat.com/docs，之后将转到如图 2-5 所示的页面。在地址栏中输入网址 http://www.oracle.com/technology/tech/linux/index.html，之后将转到如图 2-6 所示的页面。

图　2-5

图　2-6

📢提示：

> 尽管通过以上求助方法可以获取所需命令的使用说明信息，但是初学者要理解这些信息并不容易。其实，多数文档并不是为读者学习设计的，而是为专业人士在需要时查找有用的信息设计的，因此在没有掌握一定数量的命令和对系统有相当了解之前是不容易读懂这些文档的。这与字典和辞海有些类似，在没有一定单词量和一定的语言水平之前是看不懂的。因此建议读者在学习 Linux 的初期不要过分地依赖这些帮助文档。

2.13　练　习　题

1. 如果在 Linux 操作系统提示符下输入了 who 命令，请问 Linux 终端窗口将产生如下的哪一个输出结果？

　　A. 将显示当前的日期和时间

　　B. 将列出当前登录的所有用户

　　C. 将显示当前登录的所有用户，以及当前的日期和时间

　　D. 将没有任何显示

2. 如果想检查哪个用户消耗了大量的 CPU，应该使用以下哪个命令来检查一个用户所使用的 CPU？

　　A. w　　　　　B. who　　　　　C. free　　　　　D. users　　　　　E. finger

第 3 章 目录和文件的浏览、管理及维护

本章将首先介绍 Linux 文件系统的结构，之后将进一步介绍如何浏览目录和文件，最后介绍怎样创建目录和文件。

🔊提示：

读者如果在学习 3.1～3.3 节内容的过程中，对有些内容理解有困难，请不用担心，因为一些内容在以后的章节中还要详细介绍。

3.1 Linux 文件系统的层次结构

在 Linux 或 UNIX 操作系统中，所有的文件和目录都被组织成以一个根节点开始的倒置的树状结构，如图 3-1 所示。

其中，目录相当于 Windows 中的文件夹，目录中存放的既可以是文件，也可以是其他的子目录。而文件中存储的是真正的信息。

图　3-1

文件系统的最顶层是由根目录开始的，系统使用"/"来表示根目录。在根目录之下的既可以是目录，也可以是文件，而每一个目录中又可以包含（子）目录或文件。如此反复就可以构成一个庞大的文件系统。

☞指点迷津：

其实 Linux 使用这种树状的具有层次的文件结构主要目的是方便对文件系统的管理和维护。可以想象如果所有的文件都放在一个目录下，其文件系统的管理和维护工作将变成一场噩梦。

现实中也有许多类似的例子，例如行政管理体制。村民就相当于文件，他们住在一个村庄中，村庄就是存储村民的目录。许多村又组成了一个乡，这个乡就相当于存储村的目录，依此类推，可以构建出一个庞大的行政区域管理结构图。

目录名或文件名都是区分大小写字符的，如 dog、DOG 和 Dog 是 3 个不同的目录或文件。完整的目录或文件路径是由一连串的目录名所组成的，其中每一个目录由"/"来分隔。如 cat 的完整路径是/home/cat。

在 Linux 文件系统中有两个特殊的目录，一个是用户所在的工作目录，也叫当前目录，可以使用一个点"."来表示；另一个是当前目录的上一层目录，也叫父（parent）目录（其实叫父目录是不够精确的，因为这里英文 parent 的原义是父母亲），可以使用两个点".."来表示。

如果一个目录或文件名以一个点开始，表示这个目录或文件是一个隐藏目录或文件。即以默认方式查找时，不显示该目录或文件。

3.2 Linux 系统中一些重要的目录

为了方便管理和维护，Linux 系统采用了文件系统层次标准（Filesystem Hierarchy Standard，FHS）的文件结构。实际上，FHS 只定义了根目录（/）之下各个主要目录应该存放的文件（或子目录）。该标准一共定义了两层规范，第一层为根目录（/）下的各个目录应该存放哪些类型的文件（或子目录），如在/bin 和/sbin 目录中存放的应该是可执行文件；而第二层是针对/usr 和/var 这两个目录的子目录定义的，如在/usr/share 目录中存放的应该是共享数据。

在 Linux 系统中一共有 3 个 bin 目录。在 bin 目录下存放的是常用的可执行文件，即命令或程序，如之前介绍过的 date 或 su 命令，用户可以使用 ls -l /bin 命令来验证这一点。在根目录和/usr 目录下都有 bin 目录，它们是/bin 和/usr/bin。这两个目录下存放的内容大体相同。在/usr/local 目录下也有一个 bin 目录，即/usr/local/bin，在默认情况下这个目录中没有任何内容，即该目录是空的，如图 3-2 所示。

sbin 目录用来存放系统的可执行文件，如 fdisk。在根目录和/usr 目录下都有 sbin 目录，它们是/sbin 和/usr/sbin。在/usr/sbin/local 下也有一个 sbin 目录，即/usr/sbin/local/sbin，在默认情况下这个目录中也没有任何内容，即该目录也是空的，如图 3-3 所示。

图 3-2

图 3-3

Linux 文件系统中另一个非常重要的目录，也是用户使用最多的目录应该是用户的家目录。家目录用来存放用户自己的文件或目录，每当用户登录 Linux 系统时就自动进入家目录。其中，超级用户 root 的家目录是/root，而普通用户的家目录被存放在/home 目录下，并使用用户名作为最后一级目录（家目录）的名称，如 cat 用户的家目录为/home/cat，如图 3-4 所示。

在 Linux 文件系统中还有另一个重要的目录，那就是挂载点（mount points）。当 Linux 操作系统监测到可移除式硬件被加入到文件系统中时，就会自动产生一个挂载点（目录），通常这些可移除式硬件会被挂载在/media 或/mnt 目录之下。如光盘会挂载在/media/CDRom 之下，而软盘会挂载在/media/floppy 之下，如图 3-5 所示。用户可以使用例 3-1 中的 Linux 命令来验证这一点。

【例 3-1】

```
[dog@dog ~]$ ls -l /media
total 8
drwxr-xr-x    2 root root 4096 Nov 28 06:19 cdrom
drwxr-xr-x    2 root root 4096 Nov 28 06:19 floppy
```

除了以上所介绍的 Linux 文件系统的重要目录之外，在 Linux 中还有另外一些常用的目录，如图 3-6 所示。下面按图 3-6 中由上至下的顺序来解释这些目录。

图 3-4

图 3-5

图 3-6

➡ /etc：系统的一些主要配置文件几乎全部放在该目录之下，如口令文件 passwd。在这个目录下的文件基本都是 ASCII 码的正文文件，普通用户一般可以查看这些文件，但是只有 root 用户可以修改这些文件。

➡ /tmp：普通用户或程序可以将临时文件存入这一目录，以方便与其他用户或程序交换信息。该目录是任何用户都可以访问的，因此重要的信息不应该存放在此目录中。

➡ /boot：存放 Linux 操作系统的内核和系统启动时所使用的文件。其中，以 vmlinuz 开头的就是 Linux 的内核。如果引导程序（loader）选择了 grub，在该目录中还会有一个 grub 的子目录（/boot/grub）。

➡ /dev：存放的是这台计算机中所有的设备。第 1 章的 1.3 节中曾经介绍过，在 UNIX 或 Linux 系统中所有的东西都被看成文件，其中也包括硬件。

➡ /usr：存放系统的应用程序和与命令相关的系统数据，其中包括系统的一些函数库及图形界面所需的文件等。有些类似 Windows 系统的 C:\Program Files 文件夹。这里需要指出的是，usr 为 unix system resources 的缩写，而不是像有些书上说的 user 的缩写。

➡ Lost+Found：当系统异常关机、崩溃或出现错误时，系统会将一些遗失的片段存放在该目录中，这个目录会在需要时由系统自动产生。

➡ /var：存放的是系统运行过程中经常变化的文件，如 log 文件和 mail 文件。

➡ /srv：存放的是所有与服务器相关的服务，即一些服务启动之后，这些服务需要访问的目录。

➡ /proc：是一个虚拟的文件系统，它是常住在内存中的，不占用任何磁盘空间。这样可以明显改进系统的效率。在该目录下存放了系统运行所需要的信息，这些信息反映了内核的环境。在该目录中存放了内存中所有的信息，它有些类似 Oracle 数据库管理系统中的以 v$ 开头的数据字典。

➡ /lib，/usr/lib，/usr/local/lib：存放的是 libraries，即系统使用的函数库。许多程序在运行的过程中都会从这些函数库中调用一些共享的库函数，如/lib/modules 目录下包括了内核的相关模块。

3.3　目录和文件的命名以及绝对和相对路径

介绍完 Linux 系统中常用的目录之后，读者一定想知道怎样为一个目录或文件命名。与其他系统相比，Linux 操作系统对文件或目录命名的要求是比较宽松的。在 Linux 系统中目录和文件的命名原则如下：

（1）除了字符/之外，所有的字符都可以使用。但是在目录名或文件名中使用某些特殊字符并不是明智之举，如应该避免使用<、>、?、*和非打印字符等。如果一个文件名中包含了特殊字符，如空格，那么在访问这个文件时就需要使用引号将文件名括起来。

（2）目录名或文件名的长度不能超过 255 个字符。

（3）目录名或文件名是区分大小写的，如 DOG、dog、Dog 和 DOg 是不同的目录名或文件名。使用字符大小写来区分不同的文件或目录也是不明智之举。

（4）文件的扩展名对 Linux 操作系统没有特殊的含义，这与 Windows 操作系统不一样。如 dog.exe 只是一个文件，其扩展名.exe 并不代表可执行文件。

因为文件是存放在目录中的，而目录又可以存放在其他的目录中，所以用户（或程序）就可以通过目录名和文件名从文件树中的任何地方开始搜寻并定位所需的目录或文件。说明目录或文件名位置的方法有两种，分别是（目录或文件的）绝对路径和相对路径。

一个绝对路径必须以一个正斜线（/）开始。绝对路径包括从文件系统的根节点开始到要查找的对象（目录或文件）所必须遍历的每一个目录的名字，它是文件位置的完整路标，因此在任何情况下都可以使用绝对路径找到所需的文件。

相对路径不是以正斜线（/）开始，它可以包含从当前目录到要查找的对象（目录或文件）所必须遍历的每一个目录的名字。相对路径一般比绝对路径短，这也是为什么许多用户喜欢使用相对路径的原因。

图　3-7

如果用户的当前目录是 cat，如图 3-7 所示，而此时要切换到 dog 目录。既可以使用绝对路径/home/dog，也可以使用相对路径../dog 来完成。3.4 节将介绍目录切换的命令。

3.4　使用 pwd 和 cd 命令来确定和切换目录

由于 Linux 文件系统中有许多目录，而当用户执行一条 Linux 命令又没有指定该命令或参数所在的目录时，Linux 系统就会首先在当前目录（目前的工作目录）搜寻这个命令或其参数。因此用户在执行命令之前常常需要确定目前所在的工作目录，即当前目录。当用户登录 Linux 系统之后，其当前目录就是它的家目录。

那么怎样确定当前目录呢？可以使用 Linux 系统的 pwd 命令来显示当前目录的绝对路径。pwd 是 print working directory（打印工作目录）的缩写。pwd 命令的用法非常简单，下面通过一些例子来演示该命令的具体用法。

如可以使用例 3-2 的 pwd 命令来确定现在所在的工作目录。例 3-2 的显示结果表明 dog 用户的当前目录就是它的家目录/home/dog。

【例 3-2】

```
[dog@dog ~]$ pwd
/home/dog
```

接下来可以使用 su 命令切换到 root 用户。等切换成功之后，即可使用例 3-3 的 pwd 命令来确定现在所在的工作目录。例 3-3 的显示结果表明 root 用户的当前目录就是它的家目录/root。

【例 3-3】

```
[root@dog ~]# pwd
/root
```

确定当前目录的命令 pwd 的用法是不是很简单？其实 Linux 和 UNIX 的命令并不像许多人想象的那么复杂。

知道怎样确定自己目前工作的目录（当前目录）之后，自然也想知道怎样切换（进入）到其他目录。切换当前目录的命令也很简单，即 cd 命令，cd 是 change directories 的缩写。在 cd 命令中可以使用如下路径表示法：

（1）使用绝对路径。如例 3-4 使用 cd 命令切换到/home 目录。这条命令执行后系统没有任何形式的显示。这就是 Linux 或 UNIX 的工作方式，它们总是认为用户是专家，用户应该知道自己在做什么。

【例 3-4】

```
[root@dog ~]# cd /home
```

因此，在学习 Linux 或 UNIX 系统时要养成一个习惯，就是在执行完命令之后自己测试一下，看看命令执行的结果是否正确。现在使用例 3-5 的 pwd 命令显示当前目录，例 3-5 的显示结果表明现在的当前目录已经为/home。

【例 3-5】

```
[root@dog home]# pwd
/home
```

也许你觉得/home 太短，也太简单了，没关系，下面使用 ls 命令（这个命令以后将详细介绍）列出/home 下的所有内容，如例 3-6 所示。

【例 3-6】

[root@dog home]# ls
cat　dog　lost+found

在/home 目录下有一个 dog 目录，于是可以使用例 3-7 的 cd 命令进入/home/dog。同样这条命令执行后系统没有任何形式的显示，所以还需要测试一下。

【例 3-7】

[root@dog home]# cd /home/dog

接下来可以使用例 3-8 的 pwd 命令显示当前目录，例 3-8 的显示结果清楚地表明当前目录已经为/home/dog。为了节省篇幅，以后的例子将全部省略验证命令。

【例 3-8】

[root@dog dog]# pwd
/home/dog

（2）使用 ".." 进入上一级目录。例 3-9 中使用 cd 命令可以重新退回到/home 目录。这条命令执行后系统也是没有任何形式的显示。

【例 3-9】

[root@dog dog]# cd ..

（3）使用相对路径。可以使用例 3-10 的 cd 命令进入/home/dog。同样这条命令执行后系统没有任何形式的显示。

【例 3-10】

[root@dog home]# cd dog

（4）使用 "~" 或空白切换到用户的家目录。可以使用例 3-11 的 cd 命令切换到 root 的家目录/root。同样这条命令执行后系统没有任何形式的显示。

【例 3-11】

[root@dog dog]# cd ~

为了演示使用空白切换到用户的家目录，首先使用例 3-12 的 cd 命令切换回/home/dog 目录。同样这条命令执行后系统没有任何形式的显示。

【例 3-12】

[root@dog ~]# cd /home/dog

接下来，使用例 3-13 的 cd 命令切换回 root 的家目录/root，注意这次在 cd 命令之后没有任何参数。

【例 3-13】

[root@dog dog]# cd

通过以上的例子可以看出，cd~和 cd 命令的结果完全相同，似乎这两种方法没有任何差别。通过下面的例子来说明它们之间细微的差异。首先使用例 3-14 的 ls 命令列出/root 目录中所有的内容，在/root 目录下存在一个名为 Desktop 的子目录。

【例 3-14】

```
[root@dog ~]# ls -l
total 136
-rw-r--r--    1 root root      1435 Oct    8 18:15 anaconda-ks.cfg
drwxr-xr-x 2 root root      4096 Oct    8 18:41 Desktop
-rw-r--r--    1 root root     54184 Oct    8 18:15 install.log
-rw-r--r--    1 root root     50673 Oct    8 18:15 install.log.syslog
```

接下来使用例 3-15 的 cd 命令切换回/home/dog 目录。同样这条命令执行后系统没有任何形式的显示。

【例 3-15】

```
[root@dog ~]# cd /home/dog
```

从系统的提示符#可以看出，目前的用户仍然是 root，如果现在想进入/root/Desktop 目录，即 root 家目录下的 Desktop 子目录，此时使用带有 "~" 符号的 cd 命令就非常方便了，如例 3-16 所示。

【例 3-16】

```
[root@dog dog]# cd ~/Desktop
```

（5）使用 "-" 切换到用户之前的工作目录。可以使用例 3-17 的 cd 命令切换到 root 用户之前的工作目录/home/dog。

【例 3-17】

```
[root@dog ~]# cd -
/home/dog
```

例 3-17 的显示结果清楚地表明当前目录又回到了/home/dog。再次使用 cd -命令切换回用户之前的工作目录，即/root/Desktop，如例 3-18 所示。

【例 3-18】

```
[root@dog dog]# cd -
/root/Desktop
```

例 3-18 的显示结果清楚地表明当前目录又回到了/root/Desktop。其实使用 cd -目录可以在用户刚刚使用过的目录之间交替地切换。

除了以上介绍的方法之外，用户还可以使用一个名为$HOME 的 Linux 系统变量切换回用户的家目录。

☞指点迷津：

实际上，cd 命令使读者能够在 Linux 系统中闲逛，而 pwd 命令就是帮助读者确定当前所在的位置。

3.5 使用 ls 命令列出目录中的内容

通过 3.4 节的学习，相信读者已经能够在庞大的 Linux 文件系统中随心所欲地游荡并确定自己所在的方位了。接下来，读者可能感兴趣的是如何知道某个目录中存放了哪些宝贝。Linux 的 ls（list 的缩写）命令正是完成这一使命的最好选择。ls 命令的功能是列出当前目录（默认为当前目录）或指定目录中的内容，该命令的语法格式如下：

ls [options] [directories|files]

➥ options：以 "-" 开始的选项，注意这里的英语单词 option（选项）用的是复数，表示可以同时使用多个选项。

➥ directories|files：目录或文件，这里的英语单词 directory（目录）和 file（文件）用的也都是复数，表示可以同时使用多个目录或文件。

为了以后演示方便，首先以 dog 用户登录 Linux 系统（如果没有登录），之后使用例 3-19 的命令在当前目录下创建一个 babydog 子目录。再分别使用例 3-20 和例 3-21 的命令在当前目录中创建两个文件，文件名分别为 lists 和 cal2009。

📢 提示：

读者此时不必理解这些命令的含义，只要照做即可，这些命令将在以后的章节中详细介绍。

【例 3-19】

[dog@dog ~]$ mkdir babydog

【例 3-20】

[dog@dog ~]$ ls -l / > lists

【例 3-21】

[dog@dog ~]$ cal 2009 > cal2009

接下来即可使用例 3-22 所示的最简单的 ls 命令列出当前目录，也就是 dog 的家目录中的所有文件和目录。

【例 3-22】

[dog@dog ~]$ ls
babydog   cal2009   lists

例 3-22 显示的结果就是刚刚创建的一个目录 babydog 和两个文件 cal2009 和 lists，其中目录在屏幕上显示为蓝色。

如果想在显示当前目录的所有内容的同时显示当前目录上一级目录（父目录）中的所有内容，那又该怎么办呢？还记得可以使用 "."来表示当前目录，使用 ".."来表示当前目录上一级目录吗？因此可以使用例 3-23 的 ls 命令来同时显示这两个目录中的内容。

【例 3-23】

```
[dog@dog ~]$ ls . ..
.:
babydog   cal2009   lists

..:
cat   dog   lost+found
```

可以使用例 3-24 的 ls 命令来显示根目录中的所有内容。从例 3-24 显示的结果可以看出根目录下的内容全是目录，因为在屏幕上均显示为蓝色。

【例 3-24】

```
[dog@dog ~]$ ls /
bin   dev  home   lib       media   mnt   proc   sbin      srv   tmp  var
boot  etc  initrd lost+found misc    opt   root   selinux   sys   usr
```

如果想知道所显示的文件类型，可以在 ls 命令中使用-F 选项，文件类型符号所代表的文件类型如下。

- /：表示目录。
- *：表示可执行文件。
- 什么也没有：表示纯文本文件或 ASCII 码文件。
- @：表示符号链接（将在以后的章节中详细介绍）。

如果想列出当前目录中的所有内容，同时给出每个文件的文件类型（目录本身就是一种特殊的文件，目录中存放的是有关文件的信息），可以使用例 3-25 的带有-F 选项的 ls 命令。

【例 3-25】

```
[dog@dog ~]$ ls -F
babydog/   cal2009   lists
```

例 3-25 的显示结果表明在当前目录（也就是 dog 的家目录）中有一个名为 babydog 的目录和两个纯文本或 ASCII 码文件。

如果想列出/bin 目录中所有的内容，并且同时给出每个文件的文件类型，可以使用例 3-26 中带有-F 选项的 ls 命令。为了节省篇幅，对显示的结果进行了裁剪，省略了大部分的输出显示结果。

【例 3-26】

```
[dog@dog ~]$ ls -F /bin
alsaunmute*      dnsdomainname@    keyctl*     ping*     touch*
arch*            doexec*           kill*       ping6*    tracepath*
ash*             domainname@       ksh*        ps*       tracepath6*
ash.static*      dumpkeys*         link*       pwd*      traceroute*
aumix-minimal*   echo*             ln*         red@      traceroute6*
awk@             ed*               loadkeys*   rm*       true*
```

| basename* | egrep@ | login* | rmdir* | umount* |
| bash* | env* | ls* | rpm* | uname* |

从例 3-26 的显示结果可知，在/bin 目录中不但存有许多符号链接，还存放着大量的可执行文件。其中包括 pwd、uname 和 ls 命令等。

通过以上对 ls 命令的介绍读者可能已经发现，当一个用户在刚刚创建之后，它的家目录中并没有任何文件。如 dog 用户在创建之初并没有任何文件，后来使用命令创建了目录和文件之后，在它的家目录中才能看到所创建的一个目录和两个文件。其实不然，在每个用户的家目录下，Linux 系统都创建了一些隐藏文件。那么怎样才能找到这些隐藏文件呢？可以使用带有-a（a 为 all 的第 1 个字母）选项的 ls 命令，如例 3-27 所示。

【例 3-27】

```
[dog@dog ~]$ ls -a
```

| . | babydog | .bash_logout | .bashrc | .emacs | lists | .zshrc |
| .. | .bash_history | .bash_profile | cal2009 | .gtkrc | .viminfo | |

例 3-27 结果中所显示的文件很多，其实所谓的隐藏文件就是文件名以"."开始的文件。也可以使用例 3-28 中带有--all 选项的 ls 命令获取同例 3-28 的命令完全相同的信息。

【例 3-28】

```
[dog@dog ~]$ ls --all
```

| . | babydog | .bash_logout | .bashrc | .emacs | lists | .zshrc |
| .. | .bash_history | .bash_profile | cal2009 | .gtkrc | .viminfo | |

下面演示一个稍微复杂的 ls 命令，这个命令同时显示多个目录下的所有文件，其中也包括隐藏文件。为此首先使用 su 命令切换到 root 用户，随后使用例 3-29 中带有-a 选项的 ls 命令列出/home/dog 和/home/cat 目录中的所有文件，包括隐藏文件。

【例 3-29】

```
[root@dog ~]# ls -a /home/dog /home/cat
```

/home/cat:

| . | .. | .bash_logout | .bash_profile | .bashrc | .emacs | .gtkrc | .zshrc |

/home/dog:

| . | babydog | .bash_logout | .bashrc | .emacs | lists | .zshrc |
| .. | .bash_history | .bash_profile | cal2009 | .gtkrc | .viminfo | |

如果想要列出某个目录中每一个文件的详细资料，可以使用带有-l（l 为 long 的第 1 个字母）选项的 ls 目录，如例 3-30 就是列出/home/dog 目录中所有非隐藏文件的细节。

【例 3-30】

```
[root@dog ~]# ls -l /home/dog
total 12
drwxrwxr-x    2 dog dog 4096 Dec    1 08:29 babydog
-rw-rw-r--    1 dog dog 1972 Dec    1 08:29 cal2009
-rw-rw-r--    1 dog dog 1040 Dec    1 08:29 lists
```

细心的读者可能已经注意到例 3-30 显示结果中第 5 列的数字，它们表示文件的大小，单位是字节。这样的文件大小并不好理解，特别是文件很大时。于是 Linux 在 ls 命令中又加入了另外一个选项，那就是-h（h 为 human 的缩写），使用-h 选项之后，文件的大小就变成了人们熟悉的方式，如例 3-31 就是以人们容易阅读的方式列出/home/dog 目录中所有非隐藏文件的细节。

【例 3-31】

```
[root@dog ~]# ls -lh /home/dog
total 12K
drwxrwxr-x     2 dog dog 4.0K Dec   1 08:29 babydog
-rw-rw-r--     1 dog dog 2.0K Dec   1 08:29 cal2009
-rw-rw-r--     1 dog dog 1.1K Dec   1 08:29 lists
```

例 3-31 显示结果中的文件和目录的大小是不是要清楚很多？在带有-l 选项的 ls 命令长列表（显示结果）中还有一些其他的列，将在以后的章节中详细介绍，如只想知道目录本身的属性，可以使用带有-d 的 ls 命令。

☞指点迷津：

> 其实，ls 命令就是帮助用户确定有多少家当（包括文件和目录等）。ls 是一个使用频率相当高的 Linux 或 UNIX 命令，曾有同行开玩笑说："会使用 ls 命令就可以说会使用 UNIX 系统了。"

3.6 使用 cp 命令复制文件和目录

使用 cp（copy 的缩写）命令可以将一个文件或目录从一个位置复制到另一个位置。cp（复制）命令的功能就是将文件（可以是多个）复制成一个指定的目的文件或复制到一个指定的目标目录中。目的文件或目录一定是 cp 命令中的最后参数。

☞指点迷津：

> cp 命令是一个具有破坏性的命令，如果使用不当，可能会导致灾难性的后果。

可以使用 cp 命令将一个文件中的内容复制到另一个文件，也可以一次复制多个文件。使用带有选项的 cp 命令可以改变该命令的功能，如可以使用带有-r 选项的 cp 命令来递归地复制一个目录（复制目录及目录中的所有内容，包括子目录及其内容）。cp 命令的语法格式如下：

cp [-option(s)] source(s) target

↘   source（源）：可以是一个或多个文件，也可以是一个或多个目录名。

↘   target（目的）：可以是一个文件或一个目录。

-option（选项）为 cp 命令的选项，其中 cp 命令常用的选项有以下几种。

（1）-i（interactive，交互的）：防止不小心覆盖已经存在的文件或目录，在覆盖之前给出提示信息。

（2）-r（recursive，递归的）：递归地复制目录。当复制一个目录时，复制该目录中所有的内容，其中也包括子目录的全部内容。

（3）-p（preserve，维持）：保留一些特定的属性，如时间戳（timestamp）等。

（4）-f（force，强制）：若目标文件已经存在，系统并不询问而是强制复制，即直接覆盖掉原有的文件。

最简单的 cp 命令就是将一个文件复制成同一目录中的一个新文件。此时，在 cp 命令中必须同时指定源文件名和目的文件名。为此，以 dog 用户登录 Linux 系统后，使用例 3-32 的 ls 命令列出 dog 家目录中的所有文件和子目录。

【例 3-32】

```
[dog@dog ~]$ ls -l
total 12
drwxrwxr-x       2 dog dog 4096 Dec    1 08:29 babydog
-rw-rw-r--       1 dog dog 1972 Dec    1 08:29 cal2009
-rw-rw-r--       1 dog dog 1040 Dec    1 08:29 lists
```

根据例 3-32 显示的结果可知，在 dog 家目录中有两个文件，分别为 cal2009 和 lists。例 3-33 是将原来的 cal2009 文件复制为新的 cal2038，当这一命令执行完之后，Linux 系统不会出现任何提示信息。

【例 3-33】

```
[dog@dog ~]$ cp cal2009 cal2038
```

为了验证以上复制命令是否成功，可以使用例 3-34 的带有-l 选项的 ls 命令列出当前目录中所有内容的详细信息。

【例 3-34】

```
[dog@dog ~]$ ls -l
total 16
drwxrwxr-x       2 dog dog 4096 Dec    1 08:29 babydog
-rw-rw-r--       1 dog dog 1972 Dec    1 08:29 cal2009
-rw-rw-r--       1 dog dog 1972 Dec    2 05:02 cal2038
-rw-rw-r--       1 dog dog 1040 Dec    1 08:29 lists
```

例 3-34 的显示结果清楚地表明 cal2038 文件已经生成，它的大小与 cal2009 文件相同，都是 1972 字节，但是它们的时间戳（日期和时间）是不同的。

那么，能否使复制后生成的新文件的时间戳与原文件相同呢？Linux 系统当然可以做到这点，就是使用带有-p 选项的 cp 命令。

如果 cp 命令的目标文件已经存在，那么复制命令的结果又该如何呢？例 3-35 的 cp 命令将 lists 文件复制为 cal2038，当按 Enter 键后系统立即执行了这条命令，虽然 cal2038 这个文件已经存在了，系统仍然没有任何警示信息。

【例 3-35】

```
[dog@dog ~]$ cp lists cal2038
```

可以通过使用例 3-36 的 ls 命令列出当前目录中所有内容的详细信息来检查 Linux 系统到底是怎样执行例 3-35 中的 cp 命令的。

【例 3-36】

```
[dog@dog ~]$ ls -l
```

total 20				
drwxrwxr-x	2 dog dog 4096 Dec	1 08:29 babydog
-rw-rw-r--	1 dog dog 1972 Dec	1 08:29 cal2009
-rw-rw-r--	1 dog dog 1040 Dec	2 06:49 cal2038
-rw-rw-r--	1 dog dog 1972 Dec	1 08:29 cal3009
-rw-rw-r--	1 dog dog 1040 Dec	1 08:29 lists

例 3-36 的显示结果清楚地表明 cal2038 的大小已经从 1972 字节变成了 1040 字节，与 lists 文件的大小相同，这说明 cal2038 文件中原有的内容已经被 lists 文件覆盖。

指点迷津：

以上 cp 命令的执行方式与一些 Linux 书上的解释有细微的差异。某些书中的解释是：当使用 cp 命令时，如果目标文件已经存在，系统要询问是否覆盖原来的文件，其实这就是 cp -i 的工作方式。而我们使用的 Oracle Linux 操作系统中，cp 命令默认的执行方式与 cp -f 相同，这种方式在进行 Oracle 数据库系统的文件维护时非常方便。如果是以 root 用户执行 cp 命令，这时系统就以 cp -i 的方式工作了。

当不确定要生成的目的文件是否存在时，可以使用带有 -i 的 cp 命令来进行复制，如例 3-37 所示。由于 cal3009 已经存在，所以当按 Enter 键后，系统会出现提示信息询问是否要覆盖 cal3009，如果回答 n，就表示不覆盖；如果回答 y，就表示覆盖。

【例 3-37】

```
[dog@dog ~]$ cp -i lists cal3009
cp: overwrite `cal3009'? n
```

接下来通过使用例 3-38 的 ls 命令列出当前目录中所有内容的详细信息来检查 Linux 系统到底是怎样执行例 3-37 中的 cp 命令的。

【例 3-38】

```
[dog@dog ~]$ ls -l
```

total 20				
drwxrwxr-x	2 dog dog 4096 Dec	1 08:29 babydog
-rw-rw-r--	1 dog dog 1972 Dec	1 08:29 cal2009
-rw-rw-r--	1 dog dog 1040 Dec	2 06:50 cal2038
-rw-rw-r--	1 dog dog 1972 Dec	1 08:29 cal3009
-rw-rw-r--	1 dog dog 1040 Dec	1 08:29 lists

从例 3-38 的显示结果可以清楚地看出文件 cal3009 没有任何变化，这也就说明了例 3-37 中的 cp 命令并未覆盖原来的 cal3009 文件。

也可以使用 cp 命令将一个或多个文件复制到一个指定的目录中。如使用例 3-39 的 cp 命令将 lists 和 cal2009 两个文件同时复制到 babydog 目录中。

【例 3-39】

[dog@dog ~]$ cp lists cal2009 babydog

为了验证 cp 命令的执行情况，使用例 3-40 的 ls 命令再次列出当前目录下的 babydog
子目录中所有的内容。

【例 3-40】

[dog@dog ~]$ ls -l babydog
total 8
-rw-rw-r--　1 dog dog 1972 Dec　2 07:06 cal2009
-rw-rw-r--　1 dog dog 1040 Dec　2 07:06 lists

在例 3-40 的显示结果中确实多了 lists 和 cal2009 这两个文件。也可以通过在文件名中
使用通配符（*）的方法一次复制多个文件。

在 cp 命令中，源和目标可以都是目录，即将一个目录复制到另一个目录中。为了演示
cp 命令的这一功能，先使用 su 命令切换到 root 用户。接下来，可以试着使用例 3-41 的 cp
命令将/home/dog 目录中的内容全部复制到目录/home/cat（该目录原来为空的）中。

【例 3-41】

[root@dog ~]# cp /home/dog /home/cat
cp: omitting directory `/home/dog'

看到例 3-41 显示结果中的系统提示信息不用着急，因为/home/dog 是一个目录，要复
制目录需要在 cp 命令中加入-r 选项。于是可以在所发过的命令中加入-r 选项，如例 3-42
所示。

【例 3-42】

[root@dog ~]# cp -r /home/dog /home/cat

Linux 系统没有任何提示。Linux 和 UNIX 系统就是这么伟大，做对了不吭声（甘愿做
无名英雄），做错了才给出提示。

虽然英雄（Linux）任劳任怨地埋头工作，但是作为领导的你还是必须了解下属到底做
了些什么工作。可以使用例 3-43 的 ls 命令列出/home/cat 目录中的所有内容，也包括子目
录中的所有内容。为了节省篇幅，这里省略了输出结果。

【例 3-43】

[root@dog ~]# ls -lR /home/cat

从例 3-43 显示的结果可以看出，例 3-42 中带有-r 的 cp 命令不但复制了 dog 目录中的
所有内容，而且还同时复制了 dog 子目录 babydog 的全部内容。你会发现所有文件和目录
的时间戳都是刚刚复制时的日期和时间。如果想要在复制时保留原有的日期和时间，那又
该怎么办呢？可能你已经想到了在原来的 cp 命令中加上-p 选项，其实还有另一种更简单的
办法，就是使用-a 选项。

通过以上学习，读者应该对 cp 命令的功能和适用范围有了一定的了解。在复制的过程

中由于目标的不同，cp 的执行方式也会有所不同。下面对 cp 命令的执行方式做一个小结。

（1）如果指定的目标并不存在，系统将创建一个同名的文件并将源文件中的内容复制进来。

（2）如果指定的目标已经存在并且是一个文件，系统将用指定的文件覆盖掉原来的目标文件。

（3）如果指定的目标已经存在并且是一个目录，系统将把指定的文件放在这个目录中，并且文件名与源文件同名。

☞ 指点迷津：

> cp 命令是一个使用频率很高的命令，文件备份就可以通过该命令来完成。所谓使用备份或冗余保护系统文件（如 Oracle 系统）的方法就是将一个文件的多个备份放在不同的地方（如磁盘或磁带上）。这样当一个文件出了问题（包括磁盘坏了），用户还有其他的备份文件。
>
> 如果读者读过操作系统或数据库管理系统的书，就会发现这些系统都不约而同地使用了备份或其他冗余的方法来保护系统文件。

3.7 使用 mv 命令移动及修改文件和目录名

使用 mv（move 的缩写）命令，既可以在不同的目录之间移动文件和目录，也可以重新命名文件和目录。mv（移动）命令并不影响被移动或改名的文件或目录中的内容，其语法格式与 cp 命令相同，因此在这里不再介绍。

☞ 指点迷津：

> mv 命令也是一个具有破坏性的命令，如果使用不当，可能会导致灾难性的后果。

在演示 mv 命令的用法之前，首先做些准备工作。如果当前目录不是 dog 的家目录，要先进入 dog 的家目录中。在当前目录（dog 的家目录）中使用例 3-44 的 rm 命令（这个命令将在 3.10 节中介绍）删除 babydog 子目录中所有的文件。

【例 3-44】

[dog@dog ~]$ rm babydog/*

使用 mv 命令可以将一个文件从一个目录移到另一个目录中，如例 3-45 的 mv 命令将当前目录（dog 的家目录）中的 lists 文件移到 dog 的子目录 babydog 中。

【例 3-45】

[dog@dog ~]$ mv lists babydog

为了检验例 3-45 的 mv 命令的执行是否成功，使用例 3-46 的 ls 命令列出 babydog 子目录中所有的内容。

【例 3-46】

[dog@dog ~]$ ls -l babydog
total 4
-rw-rw-r-- 1 dog dog 1040 Dec 1 08:29 lists

从例 3-46 的显示结果可以看出 lists 文件确实已经被移到了 babydog 子目录中。使用 mv 命令也可以一次搬移多个文件，而且目录不但可以是相对路径，也可以是绝对路径。

还可以使用 mv 命令改变一个文件的文件名，如例 3-47 的 mv 命令将 babydog 子目录中的 lists 文件名改为 new_lists（仍然存放在 babydog 子目录中）。

【例 3-47】

[dog@dog ~]$ mv babydog/lists babydog/new_lists

为了检验例 3-47 的 mv 命令的改名操作是否成功，可以使用 ls 命令再次列出 babydog 子目录中所有的内容。

如果此时使用 ls 命令重新列出当前目录（dog 的家目录）中的所有内容，会发现在这个目录中所剩文件无几，因为那些文件都被用 mv 命令搬移到了 babydog 子目录中去。

可以利用 mv 命令移动文件的同时修改文件名，也可以利用 mv 命令移动目录，还可以利用 mv 命令修改目录名，如可以使用例 3-48 的 mv 命令将名为 babydog 的子目录名改为 boydog。

【例 3-48】

[dog@dog ~]$ mv babydog boydog

为了检验例 3-48 中利用 mv 命令为目录改名的操作是否成功，可以使用 ls 命令再次列出当前目录（dog 的家目录）及其子目录中的所有内容。

通过以上学习，读者应该对 mv 命令的功能和适用范围有了一定的了解。在移动的过程中，由于目标的不同，mv 的执行方式也会有所不同。下面对 mv 命令的执行方式做一个小结。

（1）如果指定的目标并不存在，系统将把源文件和目录更名为目标文件或目录。

（2）如果指定的目标已经存在，并且是一个文件，系统将把指定的文件更名为目标文件的名称并覆盖掉原来的目标文件中的内容。

（3）如果指定的目标已经存在，并且是一个目录，系统将把指定的文件移动到这个目录中并且文件名与源文件同名。

3.8 使用 mkdir 命令创建目录

在之前的操作中，主要使用 Linux 系统的一些默认目录。其实用户完全可以根据自己的需要在文件系统的目录层次中加入（创建）新的目录和文件。创建一个新目录的 Linux 命令为 mkdir（make directory 的缩写）。该命令非常简单，其最简单的语法格式为：

mkdir 目录名

其中，目录名既可以是相对路径名，也可以是绝对路径名。

以下的例子演示如何在 dog 的家目录下创建一个名为 daddog 的子目录。首先要确认当前目录是否为 dog 的家目录，如果不是，要使用 cd 命令切换到 dog 的家目录。之后，使用

ls 命令查看当前目录中的所有内容（文件和目录）。

接下来就可以使用例 3-49 的创建目录命令来创建 daddog 子目录，系统执行完这条命令之后不会有任何提示信息。

【例 3-49】

[dog@dog ~]$ mkdir daddog

为了检验例 3-49 中创建目录命令的操作是否成功，可以使用例 3-50 的带有-F 选项的 ls 命令再次列出当前目录中所有的内容。

【例 3-50】

[dog@dog ~]$ ls -F
babydog/ boydog/ daddog/ lists lists200

从例 3-50 的显示输出可以看出已经在当前目录下成功地创建了 daddog 子目录。以上操作在 mkdir 命令中使用的是相对路径，当然也可以使用绝对路径。

接下来将当前目录切换到/home/dog/daddog，随后可以试着使用例 3-51 的创建目录命令在当前目录下创建一个名为 mumdog/girldog/babydog 的子目录。

【例 3-51】

[dog@dog daddog]$ mkdir ~/mumdog/girldog/babydog
mkdir: cannot create directory '/home/dog/mumdog/girldog/babydog': No such file or directory

系统所产生的提示信息表明无法创建目录。这是因为在 mumdog 目录中并没有 girldog 子目录。可以使用带有-p（p 为 parents 的第 1 个字母）选项的 mkdir 命令，当加入了-p 选项之后，mkdir 命令会创建在指定路径中所有不存在的目录。例如可以使用例 3-52 的带有-p 选项的 mkdir 命令来重新创建所需的所有目录。

【例 3-52】

[dog@dog daddog]$ mkdir -p ~/mumdog/girldog/babydog

为了检验例 3-52 中创建目录命令的操作是否成功，还应该使用带有-F 选项的 ls 命令再次列出当前目录中 mumdog 子目录下所有的内容。

3.9 使用 touch 命令创建文件

知道了在 Linux 系统中怎样创建目录，接下来可能也想在这些目录中创建一些文件。可以使用 touch 命令来轻松地完成这一工作。使用 touch 命令可以创建一个空文件，也可以同时创建多个文件。touch 命令的语法非常简单，其语法格式如下：

touch 文件名

其中，文件名既可以使用绝对路径名，也可以使用相对路径名，而且可以是多个文件，文件名之间用空格隔开。

假设当前目录是/home/dog/daddog（如果不是，可以使用 cd 命令切换一下）。接下来，即可使用例 3-53 的 touch 命令在当前目录中创建一个名为 babydog1 的文件。

【例 3-53】

[dog@dog daddog]$ touch babydog1

接下来使用带有-1 选项的 ls 命令列出当前目录中的所有文件，如例 3-54 所示。

【例 3-54】

[dog@dog daddog]$ ls -l
total 0
-rw-rw-r--　1 dog dog 0 Dec　4 16:06 babydog1

例 3-54 的显示结果表明已经成功地创建了一个空文件。注意，文件的大小部分的显示为 0。

下面可以使用例 3-55 的 touch 命令一次创建 3 个文件：babydog2、babydog3 和 babydog4。

【例 3-55】

[dog@dog daddog]$ touch babydog2　babydog3　babydog4

接下来，还是使用带有-1 的 ls 命令再次列出当前目录中的所有文件，如例 3-56 所示。

【例 3-56】

[dog@dog daddog]$ ls -l
total 0
-rw-rw-r--　1 dog dog 0 Dec　4 16:06 babydog1
-rw-rw-r--　1 dog dog 0 Dec　4 16:08 babydog2
-rw-rw-r--　1 dog dog 0 Dec　4 16:08 babydog3
-rw-rw-r--　1 dog dog 0 Dec　4 16:08 babydog4

如果在使用 touch 命令创建文件时，将要创建的文件已经存在了，接下来又会发生什么呢？如果文件名或目录名已经存在，touch 命令将把该文件或目录的时间戳（上一次修改时间）改为当前访问时间的日期和时间。

提示：

有些公司利用程序监测员工经常使用的文件的时间变化来推测员工上班时是否偷懒，因为如果某个员工经常使用的文件的时间戳很少变化，就说明这个员工可能偷懒了。公司中的一些老油条就用 touch 命令来掩盖他们偷懒的事实，因为使用 touch 命令之后文件的时间戳已经是当前的时间了。

3.10　使用 rm 命令删除文件

当一个系统运行了很长时间之后，随着时间的推移，系统中可能会有一些已经没用的文件（即垃圾）。这些文件不但会消耗宝贵的磁盘空间，也会降低系统的效率。因此需要及时地清理，可以使用 rm（remove 的缩写）命令永久地在文件系统中删除文件或目录。在使用 rm 命令删除文件或目录时，系统不会产生任何提示信息。rm 命令的语法格式如下：

rm [-option(s)]　　files|directories

其中，files 表示一个或多个文件，directories 表示一个或多个目录，-option（选项）为 rm 命令的选项，其中常用的选项有如下几个。

- ➯ -i（interactive，交互的）：防止不小心删除有用的文件，在删除之前给出提示信息。
- ➯ -r（recursive，递归的）：递归地删除目录。当删除一个目录时，删除该目录中所有的内容，其中也包括子目录中的全部内容。
- ➯ -f（force，强制）：系统并不询问而是强制删除，即直接删除原有的文件。

☞ 指点迷津：

> rm 命令是一个具有破坏性的命令，因为 rm 命令将永久地删除文件或目录，如果没有备份，将无法恢复。

为了演示方便，首先使用 cd 命令切换到当前目录下的 daddog 子目录，之后使用 ls 命令列出该目录中的所有内容。接下来，使用例 3-57 的 rm 命令删除当前目录中的 babydog1 文件。该命令执行之后系统将不会有任何提示。

【例 3-57】

[dog@dog daddog]$ rm babydog1

为了查看以上 rm 命令执行的结果，可以使用例 3-58 的 ls 命令再次列出当前目录中的所有内容。

【例 3-58】

[dog@dog daddog]$ ls -F
babydog2　babydog3　babydog4

从例 3-58 的显示结果发现 babydog1 文件已经不见了，这说明例 3-57 的 rm 命令已经成功地删除了文件 babydog1。

使用 rm 命令也可以一次删除多个文件，如例 3-59 的 rm 命令将删除当前目录中所有以 ba 开头的文件。

【例 3-59】

[dog@dog daddog]$ rm ba*

为了查看 rm 命令执行的结果，可以使用 ls 命令再次列出当前目录中的所有内容。从显示结果可以发现当前目录中所有的文件都已经不见了，这说明例 3-59 的 rm 命令已经成功地删除了所有以 ba 开头的文件。

☞ 指点迷津：

> 上述 rm 命令的执行方式与一些 Linux 书上的解释有细微的差异。某些书中的解释是：当使用 rm 命令时，系统要询问是否删除原来的文件，其实这就是 rm -i 的工作方式。而在使用的 Oracle Linux 操作系统中，rm 命令默认的执行方式与 rm -f 相同，这种方式在进行 Oracle 数据库系统的文件维护时非常方便。但是如果以 root 用户执行 rm 命令，系统就会以 rm -i 的方式工作。

3.11   使用 rmdir 或 rm -r 命令删除目录

介绍完了怎样删除文件，本节将介绍怎样删除目录。在 Linux 系统中有两种方法可以用来删除目录。第 1 种方法就是使用 rmdir（remove directories 的缩写）命令删除空目录，第 2 种方法就是使用带有-r 选项的 rm 命令删除包含文件和子目录的目录。

要删除正在工作的目录（当前目录），则必须切换到该目录的父目录（上一级目录）。rmdir 命令的语法格式非常简单，如下所示：

rmdir 目录名

为了演示 rmdir 命令的用法，首先要切换到 dog 的家目录，之后，使用带有-F 选项的 ls 命令列出 dog 家目录中所有的文件和目录（其中，以斜线（/）结尾的为目录）。

在 dog 的家目录中有一个 mumdog/girldog/babydog，而且这个 babydog 目录是空的。现在就可以使用例 3-60 的 rmdir 命令来删除这个空目录。系统执行 rmdir 命令之后不会显示任何信息。因此为了确认这个目录确实已经被删除，还要使用 ls 命令确认。

【例 3-60】

[dog@dog ~]$ rmdir mumdog/girldog/babydog

如果要使用 rmdir 命令直接删除 mumdog，Linux 操作系统又会怎样处理呢？可以使用例 3-61 的 rmdir 命令试一下。

【例 3-61】

[dog@dog ~]$ rmdir mumdog
rmdir: `mumdog': Directory not empty

例 3-61 的显示结果表明 mumdog 目录不是空的，因为在 mumdog 目录中还有一个名为 girldog 的子目录。使用 rmdir 命令只能删除一个空目录，所以必须在删除 mumdog 目录中的 girldog 子目录之后，再删除 mumdog 目录。

如果一个目录中只存有文件而不包括任何子目录，rmdir 命令又是怎样执行的呢？使用 rmdir 命令只能删除一个空目录，即在要删除的目录中既不能包括目录，也不能包括文件。

你现在可能又想起 rm 命令了，可以使用例 3-62 的 rm 命令试着删除 mumdog 目录。

【例 3-62】

[dog@dog ~]$ rm mumdog
rm: cannot remove `mumdog': Is a directory

看了例 3-62 的显示结果，你一定会再一次感到失望，因为即使是使用 rm 命令也无法删除 mumdog 的目录。其实也不用惊慌，只要在 rm 命令中加入-r 选项即可，如例 3-63 所示。

【例 3-63】

[dog@dog ~]$ rm -r mumdog

Linux 系统执行完例 3-63 的 rm 命令后不会给出任何提示信息，因此为了确认这个目录确实已经被删除，还要使用 ls 命令确认一下。

☞ 指点迷津：

创建时，是先创建目录，之后在目录中创建文件。删除时，是先删除文件，之后再删除目录。这与现实生活中一样，如必须先盖楼房，之后住户才能住进去。而在拆楼时，必须要所有的住户都搬出来之后才能拆楼。否则可能要出现法律纠纷，甚至要出人命的。

3.12 Linux 系统图形界面操作简介

其实用户也可以通过 Linux 系统提供的图形界面来进行系统文件的管理和维护工作。UNIX 或 Linux 系统中的图形化用户界面（Graphical User Interface，GUI）称为 X-Windows。X-Windows 独立于任何操作系统平台，最初是运行在 UNIX 系统上的，在 1984 年由美国麻省理工学院（MIT）开发出来，要比微软的视窗系统早很多。

虽然两者都是图形化用户界面，但是它们的内部机制是完全不同的。微软的 Windows 系统的图形支持是在内核级的，而 X-Windows 只是 Linux 或 UNIX 操作系统下的一个应用程序。因此从理论上来讲微软的 Windows 图形界面的性能要比 X-Windows 的好，这也许就是微软的 Windows 系统独霸桌面市场的原因。也正是由于图形功能没有放在操作系统之内（这只是部分原因），Linux 或 UNIX 系统的服务器的性能和稳定性都远远高于微软的 Windows。

Linux 操作系统中的默认桌面环境是 Gnome（GNU's network object model environment 的缩写），Gnome 的文件管理器为 nautilus（鹦鹉螺）。为了进行后面的操作，首先使用 dog 用户以图形方式登录 Linux 系统，下面演示如何使用这一图像工具来管理或维护 Linux 的文件系统。有 3 种不同的方法可以启动 nautilus，下面先介绍第 1 种方法，即直接双击桌面上的图标。

（1）双击 Computer 或用户的 Home 图标来启动 nautilus，如图 3-8 所示。可以先双击 Computer 图标，之后会弹出 Computer 窗口。

（2）再双击 Filesystem 图标，接着依次在弹出的根（/）目录、home 目录窗口中分别双击 home、dog 图标，最后弹出 dog 目录的窗口，如图 3-9 所示。

图 3-8

图 3-9

🔔 **注意：**

> 凡是标有 ⛔ 的目录是不允许用户访问的，当然如果是 root 用户就不会出现这种情况。为了方便后面的操作，现在要关闭所有打开的窗口。

（3）双击用户的 home 图标再次启动 nautilus，之后会弹出 dog 目录的窗口。继续双击 dog 窗口中的 boydog 图标，就会弹出 boydog 子目录的窗口，如图 3-10 所示。以上操作是使用自己的视窗开启每一个目录，其实这些操作与 ls 的功能是一样的，只不过是以图形的方式来进行的。

（4）单击 dog 目录的图标来选择这个目录，选择 File→Browse Folder 命令，如图 3-11 所示。有关图形界面的具体操作可以参阅视频，为了节省篇幅，这里就不重复了。

图 3-10

图 3-11

3.13 练 习 题

1. 要想访问与某些正在系统中运行的进程相关的数据，请问以下哪个目录包含描述自从系统启动以来系统和进程的信息（如 PID 文件）？

    A．/sys   B．/srv   C．/proc   D．/var/run   E．/var/lock

2. 试着使用创建目录命令在当前目录下创建一个名为 mumdog/girldog/babydog 的目录层次结构，而系统显示了如下的错误信息：

`mkdir: cannot create directory '/home/dog/mumdog/girldog/babydog': No such file or directory`

请问，在以下命令中，可以使用哪个命令来成功地创建这个目录层次结构？

    A．mkdir   ~/mumdog/girldog/babydog

    B．mkdir -r ~/mumdog/girldog/babydog

    C．mkdir -p ~/mumdog/girldog/babydog

    D．mkdirhier ~/mumdog/girldog/babydog

3. 在如下有关文件扩展名的陈述中，哪些是正确的？（选择所有正确的答案）

    A．文件扩展名仅仅是文件名的一部分

    B．文件扩展名全部由应用程序来照料

C. 文件的内容依赖于文件扩展名

D. 文件扩展名并不总是与文件中的内容一致

E. 文件扩展名对于 Linux 内核没有任何特殊的含义

4. 用户 dog 登录了 Linux 系统，而当前的工作目录并不是他的家目录，请问他可以使用如下的哪些命令切换回他的家目录？（选择全部正确的答案）

A. cd   B. cd ..   C. cd ~

D. cd /home   E. cd ../~   F. cd $HOME

5. 用户 dog 在 Linux 操作系统上使用了命令 cp -f   ~/girldog   /tmp/girldog，请问在以下有关这一命令的陈述中，哪些是正确的？（选择全部正确的答案）

A. /dog/girldog 文件被复制到/tmp/girldog 目录中

B. 如果/tmp/girldog 已经存在并是一个文件，它将被覆盖

C. dog 用户家目录中的 girldog 文件将被复制到/tmp/girldog 中

D. 如果/tmp/girldog 不存在，~/girldog 文件将被复制为/tmp/girldog

第 4 章　不同系统之间传输文件
及文件的浏览

有时可能需要在不同的系统（甚至不同类型的操作系统）之间传输文件，如将微软的 Windows 系统中的文件传给 Linux 或 UNIX 系统，或反过来将 Linux 或 UNIX 系统中的文件传给微软的 Windows 系统。本章将首先介绍怎样使用 FTP（File Transfer Protocol，文件传输协议）在不同的系统之间传输文件。可以使用 ftp 命令在网络上将一台计算机上的文件复制到另一台计算机上。

4.1　ftp 简介

ftp 命令（服务）是使用标准的 FTP 协议在不同的系统之间传输文件，这些系统既可以是相似的也可以是不相似的操作系统。在使用 ftp 传输文件时，既可以利用正文模式也可以使用二进制模式。ftp 命令的语法非常简单，其语法格式如下：

ftp 主机名或 IP 地址

在进一步介绍 ftp 之前，先做一些准备工作。首先在 Windows 系统上启动 DOS 窗口，在 DOS 提示符下输入切换硬盘的命令，如例 4-1 就是切换到 F 盘（可以根据需要切换到不同的硬盘）。

【例 4-1】

C:\Documents and Settings\Administrator>f:

接下来在该盘上创建一个名为 ftp 的文件夹（目录）以存放将来在使用 ftp 命令时将用到的文件，如例 4-2 所示。

【例 4-2】

F:\>md ftp

之后使用 DOS 的 dir 命令查看 F 盘中所有的目录和文件以验证 ftp 目录是否已经建立，如例 4-3 所示。这里为了节省篇幅，省略了该命令的输出显示。

【例 4-3】

F:\>dir

之后将随书的 DVD 中 ftp 目录中的所有文件复制到刚刚创建的 ftp 目录中，接下来使用例 4-4 的 cd 命令进入 F 盘上的 ftp 目录。

【例 4-4】

F:\>cd ftp

之后，可以使用例 4-5 的 dir 命令列出 F 盘上 ftp 目录中所有的目录和文件。

【例 4-5】

```
F:\ftp>dir
 驱动器 F 中的卷没有标签。
 卷的序列号是 F07D-CFA6
 F:\ftp 的目录
2009-12-10   09:49    <DIR>          .
2009-12-10   09:49    <DIR>          ..
2005-01-18   13:10         2,990,289 dog.JPG
2008-11-08   04:32         1,097,294 flowers.JPG
2009-12-10   09:24             1,950 game.txt
2009-12-10   09:15             4,720 learning.txt
2008-10-11   04:02           674,610 NewZealand.JPG
               5 个文件      4,768,863 字节
               2 个目录 133,059,158,016 可用字节
```

接下来可以使用例 4-6 的命令与远程的名为 superfox 计算机（也可以使用 IP 地址，该计算机的 IP 为 192.168.137.38）进行 ftp 的连接。

【例 4-6】

```
F:\ftp>ftp superfox
ftp: connect :未知错误号
```

如果出现了例 4-6 的结果所显示的错误信息，则可能是远程计算机的 ftp 服务没有启动。此时要以 root 用户登录 Linux 操作系统，之后使用例 4-7 的 Linux 命令查看 ftp 服务的状态（这里 vsftpd 为 ftp 服务所对应的进程名）。

【例 4-7】

```
[root@dog ~]# service vsftpd status
vsftpd is stopped
```

例 4-7 的显示结果表明，ftp 服务确实没有启动。于是可以使用例 4-8 的 Linux 命令启动该计算机上的 ftp 服务。

【例 4-8】

```
[root@dog ~]# service vsftpd start
Starting vsftpd for vsftpd:      OK   ]
```

现在切换回 ftp 所在的 DOS 窗口，如果仍然在 ftp>的提示符下，可以输入 bye 命令退出 ftp，如例 4-9 所示。

【例 4-9】

```
> ftp: connect :未知错误号
ftp> bye
```

现在即可使用例 4-10 的命令利用 ftp 来远程登录 IP 地址为 192.168.137.38（也可以使

用主机名 superfox，这里使用 IP 地址的目的主要是为读者演示不同的 ftp 登录方法）的计算机。在 User 处输入用户名 dog，在 Password 处输入 dog 用户的密码 wang，之后系统会显示登录成功的信息。

【例 4-10】

```
F:\ftp>ftp 192.168.137.38
Connected to 192.168.137.38.
220 (vsFTPd 2.0.1)
User (192.168.137.38:(none)): dog
331 Please specify the password.
Password:
230 Login successful.
```

在使用 ftp 访问远程的 Linux 或 UNIX 操作系统时，可以继续在 ftp>提示符下使用一些与文件操作相关的 Linux 命令，如 ls 和 cd 等命令。

现在，可以使用例 4-11 的 ls 命令列出当前目录（ftp 正在操作的工作目录）中所有的目录和文件。

【例 4-11】

```
ftp> ls -F
200 PORT command successful. Consider using PASV.
150 Here comes the directory listing.
Desktop/
babydog/
boydog/
cal3009
lists
lists200
226 Directory send OK.
ftp: 收到 55 字节，用时 0.03Seconds 1.77Kbytes/sec.
```

如果用户有查看一个目录内容的权限，就可以使用 ls 命令列出该目录中的内容。如果没有访问一个目录或文件的权限，那么 ftp 将产生一个 "Permission denied" 的出错提示信息。

也可以使用 cd 命令改变在远程系统上的当前工作目录，如例 4-12 的 cd 命令将远程的当前工作目录切换为 dog 目录的子目录 boydog。

【例 4-12】

```
ftp> cd boydog
250 Directory successfully changed.
```

例 4-12 的显示结果说明改变目录的操作已经成功，但是并未指出当前目录的具体位置（路径）。可以使用例 4-13 的 pwd 命令来确认当前工作目录的绝对路径。

【例 4-13】

```
ftp> pwd
257 "/home/dog/boydog"
```

为了下面的演示方便，这里在 F 盘的 ftp 目录中创建一个名为 ftpdog 的子目录（其具体做法读者可以参阅例 4-1～例 4-5，或使用 Windows 的资源管理也可以）。

如果想改变本地系统的当前工作目录，可以在 ftp>提示符下使用 lcd 命令（其中 l 应该是 local 的第 1 个字符）。如果现在想知道所在的本地系统的当前工作目录的绝对路径，可以使用例 4-14 的 lcd 命令。

【例 4-14】

```
ftp> lcd
Local directory now F:\ftp.
```

例 4-14 的显示结果清楚地表明所在的本地系统的当前工作目录为 F:\ftp。如果现在想将本地系统的当前工作目录切换为 F:\ftp 的子目录 ftpdog，就可以使用例 4-15 的 lcd 命令进行切换。

【例 4-15】

```
ftp> lcd F:\ftp\ftpdog
Local directory now F:\ftp\ftpdog.
```

如果现在想将本地系统的当前工作目录切换回原来的 F:\ftp，即使用 ftp 进行远程连接时所在的目录，只需简单地输入 lcd 命令即可，如例 4-16 所示。

【例 4-16】

```
ftp> lcd
Local directory now F:\ftp.
```

如果想要结束 ftp 会话（退出 ftp），可以在 ftp>提示符下输入 bye 或 quit 命令，如例 4-17 所示（这里使用了 quit，因为之前已经使用过了 bye）。

【例 4-17】

```
ftp> quit
421 Timeout.
F:\ftp>
```

看到例 4-17 的显示输出，就表示 ftp 会话已经结束，并已经返回到 DOS 操作系统。

4.2 利用 ftp 将文件从本地传送到远程系统

要利用 ftp 将存在本地计算机系统中的文件传送到一台远程计算机系统上，首先要建立本地与远程系统的 ftp 连接（会话）。

为此，在 Windows 系统上开启 DOS 窗口，在 DOS 提示符下输入盘符切换到存放发送或接收文件的目录（文件夹），接下来就可以使用 ftp 命令来与远程的系统建立 ftp 的连接。当看到登录成功的信息之后，即可进行后面的操作，登录后的当前目录就是用户的家目录。

ftp 有两种发送（传输）文件的模式（方式），一种是用来传输纯文本文件的 ASCII 模式，另一种是传输二进制文件的 bin 模式。下面首先演示如何将正文文件（纯文本文件）从本地发送到远程计算机系统，因此要使用例 4-18 的命令切换到 ASCII 模式。

【例 4-18】

```
ftp> ascii
200 Switching to ASCII mode.
```

之后使用例 4-19 的 put 命令将正文文件 game.txt 由本地的 Windows 系统发送到远程 Linux 系统。

【例 4-19】

```
ftp> put game.txt
200 PORT command successful. Consider using PASV.
150 Ok to send data.
226 File receive OK.
ftp: 发送 1950 字节，用时 0.00Seconds 1950000.00Kbytes/sec.
```

为了验证发送是否成功，可以再开启一个 DOS 窗口，之后使用 telnet 以 dog 用户登录。登录后使用例 4-20 的 ls 命令列出 dog 家目录中所有的文件和目录。

【例 4-20】

```
[dog@dog ~]$ ls -F
babydog/  boydog/  cal3009  Desktop/  game.txt  lists  lists200
```

例 4-20 显示的结果表明在 dog 的家目录中确实多了一个名为 game.txt 的文件，这表示发送操作是没有问题的。为了以后的操作方便，要使用 rm 命令删除 game.txt 文件。

还可以使用 ftp 的 mput 命令一次发送多个文件到远程系统，如例 4-21 的 mput 命令可以将 game.txt 和 learning.txt 文件一起从本地的 Windows 系统发送到远程的 Linux 系统。ftp 默认是运行在交互方式，即 ftp 在发送每一个文件之前都要显示询问信息，如果输入 y，ftp 就发送这个文件。

【例 4-21】

```
ftp> mput game.txt learning.txt
mput game.txt? y
200 PORT command successful. Consider using PASV.
150 Ok to send data.
226 File receive OK.
ftp: 发送 1950 字节，用时 0.00Seconds 1950000.00Kbytes/sec.
mput learning.txt? y
200 PORT command successful. Consider using PASV.
150 Ok to send data.
226 File receive OK.
ftp: 发送 4720 字节，用时 0.00Seconds 4720000.00Kbytes/sec.
```

下面演示如何将二进制的图像文件从本地发送到远程计算机系统，因此要使用例 4-22 的命令切换到二进制模式。

【例 4-22】

ftp> bin
200 Switching to Binary mode.

之后要使用例 4-23 的 prompt 命令关闭交互的提示信息，prompt 命令可以在交互提示信息的开启（on）和关闭（off）之间进行切换。因为下面要一次传输多个文件并且不希望对每个文件进行乏味的回答。

【例 4-23】

ftp> prompt
Interactive mode Off .

现在就可以使用例 4-24 的 mput 命令将所有以.jpg 结尾的二进制图像文件从本地 Windows 系统发送到远程的 Linux 系统。

【例 4-24】

ftp> mput *.jpg
200 PORT command successful. Consider using PASV.
150 Ok to send data.
226 File receive OK.
ftp: 发送 2990289 字节，用时 0.17Seconds 17487.07Kbytes/sec.
200 PORT command successful. Consider using PASV.
150 Ok to send data.
226 File receive OK.
ftp: 发送 1097294 字节，用时 0.09Seconds 11673.34Kbytes/sec.
200 PORT command successful. Consider using PASV.
150 Ok to send data.
226 File receive OK.
ftp: 发送 674610 字节，用时 0.05Seconds 14353.40Kbytes/sec.

之后，应该检验一下发送是否成功。这次使用图形界面来检验。使用鼠标左键双击桌面上 dog's Home 目录的图标，之后就会发现所发送的所有图像文件。用鼠标左键双击任意一个图形文件，如 dog.jpg 文件，将会看到所希望的图像。可以看到 Linux 操作系统的图形界面与 Windows 操作系统类似。

4.3 利用 ftp 将文件从远程系统传输到本地

介绍完利用 ftp 将存在本地计算机系统中的文件传送到一台远程计算机系统上之后，下面接着介绍如何将文件从远程系统传输到本地系统。

下面将远程系统的文件发送到本地 Windows 系统的 F:\ftp\ftpdog 目录。首先要确认该目录中没有相关的文件，用户既可以再启动一个 DOS 窗口，然后使用 DOS 的命令 dir 来确认，也可以使用 Windows 系统的资源管理器来确认。

如果现在还保持着本地与远程系统的 ftp 连接（否则要重新连接），可以使用例 4-25 的 lcd 命令确定一下本地的当前目录。

【例 4-25】

ftp> lcd
Local directory now F:\ftp.

例 4-25 显示的结果表明本地的当前目录是 F:\ftp，所以使用例 4-26 的 lcd 命令将本地的当前目录置为 F:\ftp\ftpdog。

【例 4-26】

ftp> lcd F:\ftp\ftpdog
Local directory now F:\ftp\ftpdog.

由于接下来要传输的是正文文件，所以使用例 4-27 的 ascii 命令将传输的模式转换成 ASCII 模式。

【例 4-27】

ftp> ascii
200 Switching to ASCII mode.

之后，使用例 4-28 的 get 命令将远程系统上当前目录中的 game.txt 文件传输到本地系统的当前目录中。

【例 4-28】

ftp> get game.txt
200 PORT command successful. Consider using PASV.
150 Opening BINARY mode data connection for game.txt (1950 bytes).
226 File send OK.
ftp: 收到 1950 字节，用时 0.01Seconds 130.00Kbytes/sec.

为了验证传输是否成功，切换到之前打开的 DOS 窗口，使用例 4-29 的 dir 命令列出本地 Windows 系统上 F:\ftp\ftpdog 目录中的所有内容。

【例 4-29】

F:\ftp\ftpdog>dir
 驱动器 F 中的卷没有标签。
 卷的序列号是 F07D-CFA6
 F:\ftp\ftpdog 的目录
2009-12-11　11:05　　<DIR>　　　　　　.
2009-12-11　11:05　　<DIR>　　　　　　..
2009-12-11　11:05　　　　　　1,950 game.txt
　　　　　　1 个文件　　　　1,950 字节
　　　　　　2 个目录 133,357,670,400 可用字节

例 4-29 显示的结果表明 F:\ftp\ftpdog 目录已经不再是空的，出现了一个新的 game.txt

文件。这表明所做的文件传输操作是成功的。如果愿意，可以使用 DOS 的 more 命令来查看 game.txt 文件中的详细内容。

也可以使用 mget 命令从远程传输多个文件，如使用例 4-30 的 mget 命令将远程系统上当前目录中所有以.txt 结尾的文件、lists 文件以及所有以 cal 开头的文件都传输到本地系统的当前目录中。

【例 4-30】

ftp> mget *.txt lists cal*

200 Switching to ASCII mode.

200 PORT command successful. Consider using PASV.

150 Opening BINARY mode data connection for game.txt (1950 bytes).

226 File send OK.

……

需要注意的是，尽管 game.txt 已经在本地系统的当前目录中存在了，以上命令照样执行。实际上原来已经存在的文件被同名的新文件覆盖了，而且系统没有任何提示信息。所以在进行以上操作之前，一定要保证不会把真正有用的文件给覆盖了。

为了验证传输是否真正成功，再次切换到之前打开的 DOS 窗口，使用 DOS 操作系统的 dir 命令重新列出本地 Windows 系统上 F:\ftp\ftpdog 目录中的所有内容。

接下来将演示如何将二进制的图像文件从远程的 Linux 系统传输到本地的 Windows 系统，因此要使用例 4-31 的命令切换到二进制模式。

【例 4-31】

ftp> bin
200 Switching to Binary mode.

之后可以试着使用例 4-32 的 mget 命令将所有的以.jpg 结尾的二进制的图像文件从远程的 Linux 系统传输到本地的 Windows 系统。

【例 4-32】

ftp> mget *.jpg
200 Switching to Binary mode.

该命令运行的结果可能会使你感到失望，因为并没有任何文件传输到本地系统中。其实原因很简单，与 Windows 系统不同，Linux 系统的文件名是区分大小写的。因此将文件名的结尾部分改为.JPG 即可，如例 4-33 所示。

【例 4-33】

ftp> mget *.JPG

200 Switching to Binary mode.

200 PORT command successful. Consider using PASV.

150 Opening BINARY mode data connection for NewZealand.JPG (674610 bytes).

226 File send OK.

……

当完成所有的操作之后，即可使用例 4-34 的 bye 命令退出 ftp（结束 ftp 会话）。

【例 4-34】

```
ftp> bye
221 Goodbye.
```

最后在 DOS 提示符下输入 DOS 命令 dir 以列出 F:\ftp\ftpdog 目录中所有的文件和目录。

☞ 指点迷津：

常说的启动 ftp 服务（打开 ftp 口）就是指之前用过的 service vsftpd start 命令（在系统中可能 ftp 的进程名会有所不同）；停止 ftp 服务（关闭 ftp 口）就是指 service vsftpd stop 命令；看看 ftp 服务是否启动（ftp 口是否打开）就是指 service vsftpd status 命令。

其实，使用 ftp 不但可以在 Windows 操作系统和 Linux 操作系统之间传输文件，也可以在 Linux（UNIX）与 Linux（UNIX）系统之间传输文件。

4.4　在虚拟机上添加一个 USB 控制器

通过 4.3 节的学习，读者不但可以使用 telnet 在自己的 Windows 操作系统上访问"远程"的 Linux 或 UNIX 系统，还可以使用 ftp 在不同的系统之间传输各类文件。但是，如果由于某种原因，虚拟网络（也可能是物理网络）没有搭建好，或有问题，那又怎样将 Windows 系统的文件传送给 Linux 系统呢（也可能是反过来传）？可以使用 USB 接口的闪存盘。

USB 是英文 Universal Serial BUS 的缩写，中文含义是"通用串行总线"。它不是一种新的总线标准，而是应用在 PC 领域的接口技术。USB 是在 1994 年底由英特尔、康柏、IBM 和 Microsoft 等多家公司联合提出的。

要使用闪存，首先就要在虚拟机上添加一个 USB 控制器，这里需要指出的是在虚拟机上添加 USB 控制器之前一定要关闭虚拟机的电源。如果 Linux 系统已经启动，切换到 root 用户，之后再使用 Linux 的 poweroff 命令关闭系统。其添加和使用操作的具体步骤请参阅随书光盘中的视频。

4.5　使用 file 命令确定文件中数据的类型

在 Linux 或 UNIX 系统中查看一个文件之前，要先确定该文件中数据的类型，之后再使用适当的命令或方法打开该文件。

与微软系统不同的是：在 Linux 或 UNIX 系统中文件的扩展名（即后缀）并不代表文件的类型，也就是说扩展名与文件的类型没有关系。因此在打开一个文件之前就要先确定该文件的类型，确定文件类型的命令是 file 命令。下面使用一些例子来演示 file 命令的用法。

首先使用例 4-35 的带有 -F 选项的 ls 命令列出 dog 家目录（也是当前目录）中所有的文件和目录及其类型。

【例 4-35】

```
[dog@dog ~]$ ls -F
babydog/    cal3009      dog.JPG       game.txt       lists        NewZealand.JPG
boydog/     Desktop/     flowers.JPG   learning.txt   lists200
```

接下来使用例 4-36 的 file 命令确定由 Windows 操作系统发送过来的 game.txt 文件的类型。

【例 4-36】

```
[dog@dog ~]$ file game.txt
game.txt: ISO-8859 English text, with very long lines, with CRLF line terminators
```

例 4-36 显示的结果表明 game.txt 是一个内容为英语的正文文件。其显示结果比较多，这是因为该文件是在微软的操作系统上生成的。

现在，可以使用例 4-37 的 file 命令确定由 Linux 操作系统生成的文件 lists 的类型，以与 Windows 操作系统中的文件进行简单的比较。

【例 4-37】

```
[dog@dog ~]$ file lists
lists: ASCII text
```

例 4-37 显示的结果表明 lists 文件中的内容是 ASCII 码的正文。从例 4-36 和例 4-37 显示结果之间的差别，可以推测在 Windows 操作系统中的正文文件和 Linux 操作系统中的正文文件之间是存在某种细微差别的。这一点以后将会进一步介绍。

接下来可以使用例 4-38 的 file 命令确定由 Windows 操作系统发送过来的图像文件 flowers.JPG 的文件类型。

【例 4-38】

```
[dog@dog ~]$ file flowers.JPG
flowers.JPG: JPEG image data, EXIF standard 2.2
```

例 4-38 显示的结果表明 flowers.JPG 文件中的内容是 JPEG 的图像数据。接下来也可以使用例 4-39 的 file 命令确定当前目录下 babydog 的文件类型。

【例 4-39】

```
[dog@dog ~]$ file babydog
babydog: directory
```

例 4-39 显示的结果表明 babydog 是一个目录。为了进一步演示使用 file 命令确定其他的文件类型的例子，可以使用例 4-40 的 file 命令确定/bin 目录下 pwd 的文件类型。该命令在之前已经介绍过，下面介绍其具体的使用。

【例 4-40】

```
[dog@dog ~]$ file /bin/pwd
/bin/pwd: ELF 32-bit LSB executable, Intel 80386, version 1 (SYSV),
for GNU/Linux 2.2.5, dynamically linked (uses shared libs), stripped
```

例 4-40 的结果表明 pwd 是一个可执行文件，原来 Linux 的一些命令就是以可执行文件的形式放在系统中的。

最后可以使用例 4-41 的 file 命令确定/bin 目录下 awk 的文件类型。这个命令以后会详细地介绍。

【例 4-41】

```
[dog@dog ~]$ file /bin/awk
/bin/awk: symbolic link to `gawk'
```

例 4-41 的结果表明 awk 是一个符号链接。仔细回忆一下，会发现其实 file 显示的结果与带有-F 的 ls 命令的显示结果基本一致，只不过 file 命令的结果显示的信息更详细而已。

4.6　使用 cat 命令浏览正文文件的内容

下面学习如何查看文件中的内容。如果这个文件是一个正文文件，就可使用 cat（Concatenate 的缩写）命令查看。cat 命令将一个或多个文件的内容显示在屏幕上，该命令会不停地以只读的方式显示整个文件的内容。如果是显示多个文件，所有的文件会连续地显示在屏幕上。cat 命令的用法也很简单，其语法格式如下：

cat [options] [files]

其中，options 是选项，files 为一个或多个文件，它们的含义与之前介绍的命令类似，这里不再赘述。下面通过一些例子来演示该命令的各种使用方法。

因为已经知道了当前目录中的 game.txt 文件是一个英语的正文文件，所以可能想浏览该文件的全部内容，可以使用例 4-42 的 cat 命令来完成这一操作。为了节省篇幅，这里只截取了命令显示的部分内容，其中显示结果中最后一行的...表示省略了后面的内容。

【例 4-42】

```
[dog@dog ~]$ cat game.txt
How important is gaming in teaching to become an expert?

An old Chinese proverb, "Tell me and I will forget, show me and I will remember,
involve me and I will understand" (Danchak, Jennings, Johnson & Scalzo, 1999,
 p. 4).

Learning is an integration of insight, experience, cognition, and actions (Kolb,1984; Lainema, 2009). …
```

以上的内容摘自作者之一何茜颖的一篇有关金融管理的联机学习系统的论文。其中所提到的那个古老的中国名言应该出自两千多年前的荀子《荀子·修身》："不闻不若闻之，闻之不若见之，见之不若知之，知之不若行之。学至于行而止矣。行之，明也。"

如果在 cat 命令中加入-A 选项，则在显示文件内容的同时还将显示原来看不见的换行字符，如例 4-43 所示。

【例 4-43】

```
[dog@dog ~]$ cat -A game.txt
How important is gaming in teaching to become an expert? ^M$
^M$
An old Chinese proverb, M-!M-0Tell me and I will forget, show me and I will reme
mber, involve me and I will understandM-!M-1 (Danchak, Jennings, Johnson & Scalzo, 1999, p. 4).^M$
……
```

例 4-43 的显示结果表明微软的 Windows 操作系统生成的正文文件的换行字符是^M$，而 Linux 操作系统生成的正文文件的换行字符为$。

如果想要在显示结果中将没用的空行压缩掉，可以在 cat 命令中加入-s 选项。该选项的功能是将两个或更多个相邻的空行合并成一个空行。

cat 命令的另一个可能会经常用到的选项就是-b，该选项的功能是在显示的每一行的最前面（最左面）放上行号，要注意的是空行是不参与行的编号的。对比较大的文件的内容进行编号，会为文件的管理和维护提供便利。

除了以上介绍的用法，cat 命令的另外一种用法就是可以创建新文件，在 cat 命令和文件名之间要加上 "＞"，如例 4-44 就是使用 cat 命令创建一个名为 news 的新文件。命令执行之后，光标将停在下一行的开始处，此时输入方框中的 3 行文字（可以输入不同的内容）。

【例 4-44】

```
[dog@dog ~]$ cat > news
The newest scientific discovery shows that God exists.
He is a super programmer,
and he creates our life by writing programs with life codes (genes) !!!
```

在新的一行的开始处，同时按 Ctrl+D 键（保存文件并退出），这样就使用 cat 命令创建了一个名为 news 的新文件，而文件中的内容就是刚刚输入的正文文字。

这里需要指出的是，如果当一个命令执行的时间太长，强制中断该命令的执行，可以同时按 Ctrl+C 键来立即终止该命令的执行。

随后，可以使用例 4-45 的 cat 命令浏览 news 文件的内容以确定创建的文件是否正确。

【例 4-45】

```
[dog@dog ~]$ cat news
The newest scientific discovery shows that God exists.
He is a super programmer,
and he creates our life by writing programs with life codes (genes) !!!
```

news 文件的内容说 "一项最新的科学发现表明上帝是存在的。他是一位超级程序员，他用生命的代码（基因）编写程序的方法创造了我们的生命！！！"你觉得是真的吗？

☞**指点迷津：**

不要使用 cat 命令浏览二进制文件，否则可能会造成终端窗口突然停止工作（英语使用了 freeze 这个动词）。如果发生了这种情况，可以关闭该终端窗口，之后再开启一个新的终端窗口。

4.7　使用 head 命令浏览文件中的内容

如果只想查看某一文件中大概存了些什么信息而不关心其中的全部内容，可以使用 head 命令，head 命令默认将显示一个文件的前 10 行。用户可以使用-n 选项来改变显示的行数，-n 选项显示的行数是从文件的开始处算起。这里需要指出的是，实际上 head 命令在计算行数时是以换行字符为标准的。

在/etc 目录下有一个 passwd 文件，在该文件中存放了该系统上所有用户的用户名、家目录等信息。可以使用例 4-46 的 head 命令来查看/etc/passwd 文件中前 10 行的详细信息。

【例 4-46】

```
[dog@dog ~]$ head /etc/passwd
root:x:0:0:root:/root:/bin/bash
bin:x:1:1:bin:/bin:/sbin/nologin
daemon:x:2:2:daemon:/sbin:/sbin/nologin
……
```

看了例 4-46 所显示的/etc/passwd 文件中前 10 行的内容，应该清楚该文件中存放了些什么信息。如果觉得 10 行太多了，可以使用-n 选项来改变要显示的行数，如例 4-47 的 head 命令就只显示/etc/passwd 文件中前 5 行的内容。

【例 4-47】

```
[dog@dog ~]$ head -n 5 /etc/passwd
root:x:0:0:root:/root:/bin/bash
bin:x:1:1:bin:/bin:/sbin/nologin
daemon:x:2:2:daemon:/sbin:/sbin/nologin
adm:x:3:4:adm:/var/adm:/sbin/nologin
lp:x:4:7:lp:/var/spool/lpd:/sbin/nologin
```

也可以使用带有--line 选项的 head 命令来改变要显示的行数，如例 4-48 的 head 命令就只显示/etc/passwd 文件中前 6 行的内容。为了节省篇幅，这里省略了输出显示结果。

【例 4-48】

```
[dog@dog ~]$ head --line 6 /etc/passwd
```

也可以在 head 命令的选项中不使用-n 或--line 选项而直接在"-"之后使用数字，如例 4-49 的 head 命令就只显示/usr/share/dict/words 文件中前 15 行的内容。words 文件实际上是 Linux 自带的一个英语字典，例 4-49 的 head 命令就是显示了该字典中的前 15 个单词。

【例 4-49】

```
[dog@dog ~]$ head -15 /usr/share/dict/words
&c
'd
```

'em

......

4.8 使用 tail 命令浏览文件中的内容

在 Linux 或 UNIX 操作系统上，除了可以显示一个文件的头几行，也可以显示一个文件的最后几行。显示一个文件最后几行的命令是 tail，该命令默认显示一个文件最后 10 行的内容。可以通过在 tail 命令中使用-n 或+n 选项来改变显示的行数，-n 选项显示从文件末尾算起的 n 行，而+n 选项显示从文件的第 n 行算起到文件结尾的内容。

仿照例 4-46 的 head 命令，可以使用例 4-50 的 tail 命令来查看/etc/passwd 文件中最后 10 行的详细信息。

【例 4-50】

[dog@dog ~]$ tail /etc/passwd
apache:x:48:48:Apache:/var/www:/sbin/nologin
......
dog:x:500:500:dog:/home/dog:/bin/bash
cat:x:501:501::/home/cat:/bin/bash

tail 命令有时更有用，例如，在 Linux 系统中添加了一个新用户，之后想查看这个用户的相关信息，就可以通过使用 tail 命令浏览/etc/passwd 文件来获取这些信息，因为刚刚创建的用户数据就追加到了该文件的最后面。

在例 4-49 中使用 head 命令显示了 words 字典中的前 15 个单词，现在可以使用例 4-51 的 tail 命令显示该字典中最后 12 个单词。

【例 4-51】

[root@dog ~]# tail -12 /usr/share/dict/words
zymotechnics
......
zyzzyva
zyzzyvas

tail 命令的另一个比较有用的选项是-f 或--follow，其含义是当一个正文文件的内容发生变化时，tail 命令将把这些变化的信息显示在屏幕上。使用-f 或--follow 选项非常适合监视日志系统的（log）文件。

下面可以使用例 4-52 的带有-f 选项的 tail 命令监视（查看）/var/log/messages 文件。当该命令执行完毕后，光标会停在最后一行之后的空白行的开始处。在你的系统上显示内容可能会有所不同。为了节省篇幅，在以下的例子中都省略了输出显示结果。

【例 4-52】

[root@dog ~]# tail -f /var/log/messages

之后再开启一个终端窗口（一定是在 root 用户下），使用例 4-53 的命令重新启动网卡。

【例 4-53】

[root@dog ~]# service network restart

例 4-53 的命令一开始执行，切换到 tail 命令所在的窗口，就会发现不断有新的信息产生。实际上，系统会一直显示/var/log/messages 这个日志文件的变化信息。最后，按 Ctrl+C 键即可退出 tail 命令。如果在 Linux 系统上安装了 Oracle 数据库管理系统，也可以使用同样的方法监督 Oracle 的报警（alert）文件。

4.9　使用 wc 命令显示文件行、单词和字符数

另一个经常用到的查看文件的 Linux 命令就是 wc（word count 的缩写），用来显示一个文件中的行数、单词数和字符数。wc 命令的语法格式如下：

wc -options　文件名

其中，-options 为选项，可以在 wc 命令中使用的选项如下。

➜　-l：仅显示行数，l 是 line 的第 1 个字符。

➜　-w：仅显示单词数，w 是 word 的第 1 个字符。

➜　-c：仅显示字符数，c 是 character 的第 1 个字符。

如果使用没有任何选项的 wc 命令，将显示文件中所包含的行数、单词数和字符数。如果要显示 learning.txt 文件中所包含的行数、单词数和字符数，可以使用例 4-54 的 wc 命令。

【例 4-54】

[dog@dog ~]$ wc learning.txt

wc: learning.txt:6: Invalid or incomplete multibyte or wide character

……

  18　670 4720 learning.txt

尽管在例 4-54 的显示结果中有许多错误提示信息（这也再一次证明了微软的 Windows 系统上的文件与 Linux 系统的文件确实有差别），但是在最后一行还是给出了 learning.txt 文件中包含了 18 行、670 个单词和 4720 个字符的信息。

如果现在要显示 Linux 系统上生成的文件 lists200 中所包含的行数、单词数和字符数，可以使用例 4-55 的 wc 命令。

【例 4-55】

[dog@dog ~]$ wc lists200

  22　191 1040 lists200

这次什么错误信息也没有，而是直接显示 lists200 文件中包含了 22 行、191 个单词和 1040 个字符的内容。

在 wc 命令的所有选项中，-l 选项的使用最频繁。还记得前面曾使用 who、w、whoami、users 等 Linux 命令来获取有关 Linux 用户的信息吗？但是如果想知道 Linux 系统上一共有

多少个用户（既包括联机也包括脱机的用户），这些命令就无能为力了。因为每一个用户都在/etc/passwd 文件中存有一行（而且只有一行）的记录，所以/etc/passwd 文件的行数就是该系统中所有的用户数。因此，可以使用例 4-56 的带有-l 选项的 wc 命令获取该文件的行数，即用户数。

【例 4-56】

```
[dog@dog ~]$ wc -l /etc/passwd
40 /etc/passwd
```

例 4-56 的显示结果表明/etc/passwd 文件内总共有 40 行的记录，即所在的 Linux 系统上一共有 40 个用户。

在 4.7 节和 4.8 节中曾经介绍了一个 Linux 系统的联机英语字典/usr/share/dict/words，现在可以使用例 4-57 的带有-l 选项的 wc 命令查看这个联机字典中到底有多少个单词。

【例 4-57】

```
[dog@dog ~]$ wc -l /usr/share/dict/words
483523 /usr/share/dict/words
```

例 4-57 的显示结果表明/usr/share/dict/words 文件内总共有 483523 行的记录，即这个 Linux 的联机英语字典里总共有 483523 个单词。

4.10   使用 more 命令浏览文件

如果一个文件很大，使用前面所介绍的 Linux 命令来浏览该文件还是不太方便。能不能让文件中的内容在屏幕上每次只显示一页，在需要时再翻到下一页或上一页呢？当然能，只有你想不到的，没有 Linux 系统做不到的。那就是使用 more 命令。

当进入 more 命令之后，每次在屏幕上显示一屏（一页）的文件内容，并且在屏幕的底部将会出现 "--More--(n%)" 的信息，其中，n%是已经显示文件内容的百分比，此时可以使用键盘上的如下常用键进行操作。

➭ 空格键：向前（向下）移动一个屏幕。

➭ Enter 键：一次移动一行。

➭ b：往回（向上）移动一个屏幕。

➭ h：显示一个帮助菜单。

➭ /字符串：向前搜索这个字符串。

➭ n：发现这个字符串的下一个出现。

➭ q：退出 more 命令并返回操作系统提示符下。

➭ v：在当前行启动/usr/bin/vi（vi 是 Linux 或 UNIX 自带的正文编辑器）。

下面通过浏览 dog 家目录中的 learning.txt 文件来演示 more 命令和它的选项的具体功能。最好以 dog 用户使用图形界面登录 Linux 系统，之后开启一个终端窗口，因为 telnet 的终端窗口有些操作不太顺畅。

◀)) 提示：

> learning.txt 文件的内容也是摘自何茜颖的论文，这部分是介绍认知学习的。这部分内容从认知科学的角度讨论了怎样有效地学习和获取新的知识，同时也再一次强调了实践和经历的重要性，感兴趣的读者可以阅读一下。之后，可能会发现本书的风格基本上遵循了认知学习的理念，如将一个大而难的问题分拆成几个小而简单的问题来介绍、由浅入深、循序渐进、强调实践等。

以下是使用 more 命令浏览 dog 家目录中 learning.txt 文件内容的具体操作步骤（其中也包括了一些预备操作）：

（1）使用例 4-58 的带有-F 选项的 ls 命令列出当前目录（dog 家目录）中的所有文件和目录，如图 4-1 所示。

【例 4-58】

```
[dog@dog ~]$ ls -F
babydog/    Desktop/      for_more        lists       news
boydog/     dog.JPG       game.txt        lists~      NewZealand.JPG
cal3009     flowers.JPG   learning.txt    lists200
```

（2）使用例 4-59 的 more 命令浏览 learning.txt 文件，该命令执行后将进入 more 命令的窗口，如图 4-2 所示。

【例 4-59】

```
[dog@dog ~]$ more learning.txt
```

图　4-1

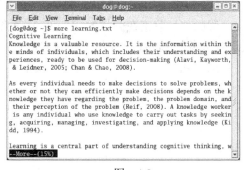

图　4-2

接下来，可以使用我们已经介绍的那些常用操作来自由地浏览这个正文文件了。在 Linux 操作系统上还有一个与 more 类似的命令 less，less 命令比 more 命令更方便、灵活。感兴趣的读者可以试一下，如可以使用 less learning.txt 命令来浏览文件 learning.txt。

☞ 指点迷津：

> 本书之所以介绍 more，是因为 more 命令在所有的 UNIX 系统上是必备的，连 DOS 系统上都有这个命令，但是 less 命令只是 Linux 系统引入的。学会了使用 more，将来读者在其他 UNIX 系统平台上工作时就不会遇到麻烦。其实，在 Linux 系统上 ftp 也有不少变种，而这些变种比标准的 ftp 要更灵活和更方便，但本书介绍的也是标准的 ftp。之所以这样做，就是使读者在不同的 UNIX 或 Linux 平台上都可以顺利地工作，也将减少读者再学习或再培训的时间。本书将一直坚持这样的原则，即把重点放在通用的命令和功能上。

4.11 练 习 题

1．如果想知道 Linux 系统上一共有多少个用户（既包括联机也包括脱机的用户），应该使用如下的哪一个命令？

A．w
B．wc -c /etc/passwd
C．wc -w /etc/passwd
D．wc -l /etc/passwd

2．在如下有关 Oracle Enterprise Linux 或 Red Hat Linux 中 ftp 服务的陈述中，哪一个是正确的？

A．ftp 服务是默认安装并自动启动的
B．ftp 服务是默认安装但并不启动
C．ftp 服务默认不安装，但是如果安装将会自动启动
D．ftp 服务默认不安装，即使安装了也不会自动启动

3．当使用 ftp 命令与远程的一个 Linux 系统连接成功之后，就可以使用命令进行操作。在如下有关这些命令的陈述中，哪一个是正确的？

A．可以使用所有的 Linux 命令
B．不能使用任何 Linux 命令
C．可以使用部分 Linux 命令，因为 ftp 服务并没有自己的命令
D．只能使用部分 Linux 命令

4．假如你目前正在微软的 Windows 系统上工作，你想将一些文件从目前工作的系统上发送到远程的 Linux 计算机上的 dog 用户，请问应该使用以下哪一个应用程序？

A．ssh
B．telnet
C．ftp
D．rlogin

第 5 章　Bash Shell 简介

在解释 Bash Shell 之前，必须先介绍一下什么是 shell。读者应该都知道计算机是不能识别任何人类语言的，其中也包括英语。计算机只能识别由 0 和 1 所组成的机器码，可是这些机器码对正常智商的人来说实在是太难记忆了。那么人怎样才能与计算机进行交流呢？就是使用命令解释器，人输入类似英语的计算机命令到命令解释器，再由这个命令解释器将这些命令翻译成计算机的机器指令交由计算机执行。在 Linux 或 UNIX 操作系统上，这个命令解释器就叫 shell。

5.1　shell 的工作原理

其实当一个用户以命令行方式登录 Linux 或 UNIX 操作系统之后即进入了 shell 应用程序。例如，以 dog 用户使用 telnet 登录 Linux 系统之后，就会进入 shell 的控制。从此时起 shell 就随时恭候，等待你的差遣（等你输入命令）并为你保质保量地提供服务（执行输入的命令）。如果你是以图形界面登录，当开启一个终端窗口后也将进入 shell 应用程序的控制。是不是与开启 DOS（命令行）窗口很相似？

shell 的功能是将用户输入的命令翻译成 Linux 内核（Kernel）能够理解的语言，这样 Linux 的内核才能真正地操作计算机的硬件，如图 5-1 所示。简而言之，shell 就是人与计算机沟通的桥梁，如图 5-2 所示。

图　5-1　　　　　　　　　　　图　5-2

可以将 shell 看成用户与 Kernel 之间的一个接口。shell 主要是一个命令解释器，它接受并解释用户输入的命令，然后将它们传给 Kernel。最后由 Kernel 来执行这些命令。

如果读者还不能完全理解 shell 的工作原理，可以想象一下许多人拜神的过程。因为人无法与神沟通，那么人又是怎样将自己的请求告诉神的呢？读者可能已经想到了，通过神职人员来与神沟通。人将自己的请求先告诉给能通神的人，之后这个能通神的人再通过一些祭神的仪式将人的请求转告给神，神就会根据实际情况采取相应行动，可能只是给出问题的答案。最后能通神的人再将神的旨意转告给人，其过程如图 5-3 所示。是不是与我们讲的 shell 的工作原理几乎是一模一样？问题是如果那个神是假的，或者那个所谓能通神的家伙是个骗子，又该怎么办呢？那只有靠人的"慧眼"或智慧来识别喽！

凡人　　　　　　祭司（半人半神）　　　　　天神

图　5-3

5.2　bash 的成长历程

在 UNIX 和 Linux 操作系统上存在许多种 shell，这是因为参与 UNIX 开发的人员众多，开发人员根据自己的理解和需要开发出多种不同类型的 shell（它们的基本功能还是相同的，只是做了些不同的扩展），以下简单地介绍这些 shell。

首先凌空出世的就是 Bourn shell，简称 bsh。它是由 AT&T 的 Steven Bourn 开发的，其名字就是为了纪念这位计算机界真正的泰斗。可以这样说，Bourn shell 实际上就是现在所有 shell 的始祖。

之后另一个相当流行的 shell 就是 C shell。C shell 是由当时柏克莱大学的 Bill Joy 开发的，由于其语法与 C 语言相似，所以被称为 C shell，简称 csh。C shell 增加了若干 Bourn shell 没有的特性，如命令行历史、别名和作业控制等。

Korn shell，简称 ksh，是由 AT&T 的 David Korn 开发的。Korn shell 是 Bourn shell 的超集，它具有类似 C shell 的加强功能，如命令的行编辑、命令历史、别名和作业控制等。

🔊提示：

> 尽管有些 Linux 的书籍中说 SUN 公司的 UNIX 系统上 C shell 是默认 shell，但是实际上 SUN 公司的 Solaris 操作系统（SUN 公司的 UNIX）上默认的 shell 是 Korn shell。其实，惠普（HP）公司的 UNIX 操作系统上默认也是使用 Korn shell。

Z shell，简称 zsh，与 Korn shell 极为相似，但是包括了许多其他的加强功能。

TC shell，简称 tcsh，完全与 C shell 兼容，但是包括了一些附加的加强功能。

Bourn-Again shell，简称 bash，是由 GNU 项目开发的，也是实际上的标准 Linux shell。bash 与 Bourn shell 兼容，同时加入了 csh、ksh 和 tcsh 的一些有用的功能，如命令历史、命令行编辑及别名等。可以使用 cat /etc/shells 命令找到 Linux 系统中所有的 shell。

那么，怎样确定一个用户的默认 shell，即该用户登录 Linux 之后所使用的 shell 呢？还记得/etc/passwd 文件吗？在这个文件中每个用户记录的最后一列就是该用户的默认 shell。

接下来的一个问题就是怎样切换到不同的 shell，其实十分简单。例如，可以使用例 5-1 的 sh 命令切换到 Bourn shell。切换之后系统提示符从[dog@dog ~]$变为 sh-3.00$。

【例 5-1】

```
[dog@dog ~]$ sh
sh-3.00$
```

那么，怎样才能确定用户目前用的到底是哪个 shell 呢？这里可以使用个小技巧，就是在 shell 的命令提示符处故意输入一个不存在的命令，如例 5-2 输入 ok。

【例 5-2】

```
sh-3.00$ ok
sh: ok: command not found
```

看来计算机还是没有人狡诈，它就不会耍个鬼心眼儿。你错了我就是啥也不告诉你，让你干着急。要是这样，我们的小把戏也就无用武之地了。接下来为了以后操作方便，再使用 bash 命令切换回 dog 用户默认的 shell，Bourn-Again shell。

🔊提示：

> 本书的例子全部是在 Bourn-Again shell 即 bash 下完成的，因为 Linux 操作系统默认的 shell 就是 bash。如果你喜欢或熟悉其他的 shell，就可以使用上面所介绍的方法方便地切换到你要使用的 shell。既然 Linux 操作系统是一个自由软件，它当然也就不会限制你使用其他 shell 的自由。

5.3　使用 type 识别 bash 的内置命令

Linux 操作系统的命令分为两大类，一类是内部命令即内置在 bash 中的命令，另一类是外部命令（即该命令不是内置在 bash 中的）。外部命令是以可执行文件的方式存储在Linux 的文件系统中的。有时可能需要知道一个命令是内部还是外部命令，如所使用的 Linux 系统的 PATH 变量（将在以后介绍）设置的问题，在执行外部命令时可能就需要给出完整的路径。

那么怎样才能知道哪些命令是内部命令，而哪些命令是外部命令呢？答案是使用 type 命令。可以使用例 5-3 的命令看到哪些命令属于内部命令。为了节省篇幅这里删除了绝大部分无关的显示输出内容。

【例 5-3】

```
[dog@dog ~]$ man type
BASH_BUILTINS(1)                                          BASH_BUILTINS(1)
NAME
    bash,   :, ., [, alias, bg, bind, break, builtin, cd, command, compgen,
    complete, continue, declare, dirs, disown, echo, enable,   eval,   exec,
    exit,   export,   fc, fg, getopts, hash, help, history, jobs, kill, let,
    local, logout, popd, printf, pushd, pwd, read, readonly, return,   set,
```

shift, shopt, source, suspend, test, times, trap, type, typeset,
ulimit, umask, unalias, unset, wait - bash built-in commands, see
bash(1)

BASH BUILTIN COMMANDS

Unless otherwise noted, each builtin command documented in this sec-
tion as accepting options preceded by - accepts -- to signify the end
of the options.

在例 5-3 的显示结果中用方框框起来的都是内部命令，看来这内部命令还真不少。如果除了命令的类型之外，还想知道其他的一些相关信息，就要使用 type 命令了，该命令的语法格式如下：

type [选项] 命令名

其中，常用选项包括以下内容。

➥ -t: 显示文件的类型，其文件类型如下。
  ✓ file: 为外部命令。
  ✓ alias: 为别名。
  ✓ builtin: 为 bash 的内置命令。
➥ -a: 列出所有包含指定命令名的命令，也包括别名（alias）。
➥ -P: 显示完整的文件名（外部命令），或者为内部命令。

例 5-4 是使用不带任何选项的 type 命令来显示 pwd 命令的类型，而例 5-5～例 5-7 分别是使用其中一个选项的 type 命令来显示 pwd 命令的类型。

【例 5-4】

[dog@dog ~]$ type pwd
pwd is a shell builtin

【例 5-5】

[dog@dog ~]$ type -a pwd
pwd is a shell builtin
pwd is /bin/pwd

【例 5-6】

[dog@dog ~]$ type -t pwd
builtin

【例 5-7】

[dog@dog ~]$ type -P pwd
/bin/pwd

例 5-4、例 5-5 和例 5-6 的显示结果都表明 pwd 是一个 shell 的内置命令，但是例 5-5 显示结果第二行也是最后一行告诉我们在/bin 目录中还有一个 pwd 的外部命令，这与例 5-7 的显示结果一致。可以使用例 5-8 的带有-l 选项的 ls 命令来验证这一点。

【例 5-8】

[dog@dog ~]$ ls -l /bin/pwd

-rwxr-xr-x　1 root root 16544 Oct　7　2006 /bin/pwd

例 5-8 的显示结果表明在/bin 目录中确实有一个 pwd 的文件（因为显示结果的第 1 个字符数为-）。可是我们又怎样确定 pwd 是一个外部命令（可执行文件）呢？还记得 file 命令吗？可以使用例 5-9 的 file 命令来确定/bin/pwd 文件的类型。

【例 5-9】

[dog@dog ~]$ file /bin/pwd

/bin/pwd: ELF 32-bit LSB executable, Intel 80386, version 1 (SYSV), for GNU/Linux

2.2.5, dynamically linked (uses shared libs), stripped

例 5-9 的显示结果表明/bin/pwd 确实是一个可执行文件。现在就可以放心了。

其实除了 type 命令之外，还可以使用曾经学过的 which 或 whatis 命令来获取一个命令的类型信息。如使用例 5-10 的 which 命令和例 5-11 的 whatis 命令列出 pwd 命令的类型相关的信息。

【例 5-10】

[dog@dog ~]$ which pwd

/bin/pwd

【例 5-11】

[dog@dog ~]$ whatis pwd

pwd　　　　　　　　　　　　(1)　　- print name of current/working directory

pwd [builtins]　　　　　　　(1)　　- bash built-in commands, see bash(1)

从例 5-10 和例 5-11 的显示结果可以看出使用 which 或 whatis 命令确实也能获取一个命令的类型信息，但是没有 type 命令获取的信息丰富。

5.4　利用通配符操作文件

人的记忆是有限的，有不少东西只能记个大概。如果在操作文件时，只记住了这个文件名中的一部分，或者要一次操作多个文件名相似的文件，那又该怎么办呢？没关系，可以使用 Linux 操作系统提供的通配符。通配符的英文是 wildcard，实际上这个词的原义是扑克牌中可以代替其他任何牌的那张牌，如 2。

在有些 UNIX 书中将通配符称为元字符（metachatacter，所谓的元字符就是描述其他数据的字符），Linux 操作系统提供了如下的通配符。

➥　*: 将匹配 0 个（即空白）或多个字符。

➥　?: 将匹配任何一个字符而且只能是一个字符。

➥　[a-z]: 将匹配字符 a～z 范围内的所有字符。

➥ [^a-z]: 将匹配所有字符但是 a~z 范围内的字符除外。

➥ [xyz]: 将匹配方括号中的任意一个字符。

➥ [^xyz]: 将匹配不包括方括号中的字符的所有字符。

下面通过一些例子来演示以上这些"小 2"（通配符）的具体用法。假设你正在参加一个培养狗的新品种的科研项目。该项目的目的是用家狗和狼杂交，以培育出更好的狗品种。根据项目的要求，现在要为该项目创建一个单独的目录并为每一只繁育的狗狼创建一个单独的文件以记录其成长的细节。

因此，首先使用例 5-12 的 mkdir 命令在 dog 用户的家目录中创建一个名为 wolf 的目录。之后再使用例 5-13 的 cd 命令进入 wolf 目录（将当前目录切换成 wolf）。

【例 5-12】

[dog@dog ~]$ mkdir wolf

【例 5-13】

[dog@dog ~]$ cd wolf

接下来使用例 5-14 和例 5-15 的 touch 命令为每只狗狼创建一个空文件以开始科研资料的记录。

【例 5-14】

[dog@dog wolf]$ touch dog1.wolf dog2.wolf dog3.wolf dog11.wolf dog21.wolf

【例 5-15】

[dog@dog wolf]$ touch dog.wolf.girl dog.wolf.boy dog.wolf.baby

这些 touch 命令执行完后系统不会有任何显示提示，因此需要使用例 5-16 的 ls 命令显示 wolf 目录中的所有内容，为了区分文件和目录使用了-F 选项。

【例 5-16】

```
[dog@dog wolf]$ ls -F
dog11.wolf    dog21.wolf    dog3.wolf       dog.wolf.boy
dog1.wolf     dog2.wolf     dog.wolf.baby   dog.wolf.girl
```

例 5-16 的显示结果清楚地表明所创建的文件确实都已生成。如果想列出所有文件名以".wolf"结尾的文件，就可以使用例 5-17 的 ls 命令。

【例 5-17】

```
[dog@dog wolf]$ ls *.wolf
dog11.wolf  dog1.wolf  dog21.wolf  dog2.wolf  dog3.wolf
```

如果想列出所有文件名中间部分含有".wolf."的文件，就可以使用例 5-18 的 ls 命令。

【例 5-18】

```
[dog@dog wolf]$ ls *.wolf.*
dog.wolf.baby  dog.wolf.boy  dog.wolf.girl
```

如果想列出所有文件名以 dog 开始之后是两个数字（可以是任何两个字符）并以
".wolf"结尾的文件，就可以使用例 5-19 的 ls 命令。

【例 5-19】

[dog@dog wolf]$ ls dog??.wolf

dog11.wolf   dog21.wolf

到此为止，作为一只 Linux 的大虾你已经完成了自己的使命，接下来就是那些动物学
家和科研人员的工作了。

5.5 利用 Tab 键补齐命令行

通过 5.4 节的学习，读者已经知道了如果在操作文件时只记住了这个文件名中的一部
分，就可以通过使用通配符的方法来完成所需的操作。但如果是 Linux 操作系统命令本身
记不清了又该怎么办呢？不要着急，Linux 操作系统的设计者早就高瞻远瞩想到了这一点，
那就是使用键盘上的 Tab 键。

当在键盘上按 Tab 键时，如果光标在命令上，Tab 键将补齐一个命令名；如果光标在
参数上，Tab 键将补齐一个文件名。

如你现在想使用 Linux 系统的 whoami 命令，但是只记得该命令的前 4 个字符，于是在
bash 提示符下输入 whoa。此时光标在字母 a 的后面，当按 Tab 键之后系统会自动补齐这个
命令剩余的字符。

执行完 whoami 命令就会显示当前的用户为 dog。这次可以只输入 wh 试试，按 Tab 键
不会显示任何信息，这是因为以 wh 开头的命令不只一个。再按 Tab 键就会显示出所有以
wh 开头的 Linux 系统命令。此时就可以根据系统的显示输入并补齐所需要的命令了。

如果在 bash 提示符下输入了 file dog，连续按两次 Tab 键就会显示出所有以 dog 开头
的文件名。此时就可以根据系统的显示输入并补齐所需要的文件名了。

看来 Tab 键虽然不起眼，但用起来还是蛮方便的，利用它居然能够弥补万物之灵的人
类的记忆力不太好的缺陷，没想到吧？

5.6 命令行中~符号的使用

实际上~符号的使用在第 3 章的 3.4 节中就简单地介绍过，本节将更进一步地介绍~符
号的用法。~符号的含义如下：

（1）如果~符号后面没有用户名，则该符号代表当前用户的家目录。

（2）如果~符号后面跟一个用户名，则该符号代表这个用户的家目录。

假设目前是在 dog 用户的家目录中。为了使下面的演示方便，可以使用例 5-20 的 cd
命令进入当前目录的子目录 boydog 中。

【例 5-20】

[dog@dog ~]$ cd boydog

这里再做一个假设,你现在已经不知道你在哪个目录中了而且也不记得 pwd 命令。在这种情况下,你要显示 dog 家目录下的 wolf 子目录中所有的内容。其实完全没有必要犯愁,因为可以在目录的路径中使用~符号来完成这一操作,如例 5-21 所示。

【例 5-21】

[dog@dog boydog]$ ls ~/wolf
dog1.wolf   dog2.wolf   dog3.wolf.boy   dog.wolf.boy
dog1.wolf.girl   dog3.wolf   dog.wolf.baby   dog.wolf.girl

下面可以使用例 5-22 的 ls 命令试着列出 cat 用户的家目录下的 dog 子目录中的所有内容。

【例 5-22】

[dog@dog boydog]$ ls ~cat/dog
ls: /home/cat/dog: Permission denied

看到例 5-22 显示的结果,读者应该已经知道了其中的原因,那就是 dog 用户没有权力访问/home/cat/dog 目录。没有关系,你可以切换到具有至高无上权限的 root 用户,之后就可以使用例 5-23 的 ls 命令列出 cat 用户的家目录下的 dog 子目录中的所有内容。

【例 5-23】

[root@dog ~]# ls -F ~cat/dog
cal2009   cal2038   cal3009   lists

一个小小的~符号竟然能使用户在 Linux 操作系统上的工作变得如此简单快捷,没想到吧?

5.7   history 命令与操作曾经使用过的命令

绝大多数 shell 都会保留最近输入命令的历史。这一机制可以使用户能够浏览、修改或重新执行之前使用过的命令。

使用 history 命令将列出用户最近输入过的命令(也包括输入的错误命令),例如,可以使用例 5-24 的 history 命令列出最近曾经使用过的命令。为了减少篇幅这里对显示输出的结果进行了裁剪。

【例 5-24】

[dog@dog wolf]$ history
790   touch dog1.wolf.girl dog3.wolf.boy
791   ls –F
792   ls dog[1-2].*
……

在 history 命令显示结果的最左边是命令编号,可以使用命令号重新执行所对应的命令。如果想要重新执行 798 号命令,可以输入惊叹号之后紧跟着 798 来重新运行命令 ls dog[23].*,如例 5-25 所示。

【例 5-25】

```
[dog@dog wolf]$ !798
ls dog[23].*
dog2.wolf    dog3.wolf    dog3.wolf.boy
```

如果现在想将命令中的 2 改为 1 之后再重新执行刚刚运行过的命令,就可以使用以下的简单方法,如例 5-26 所示。

【例 5-26】

```
[dog@dog wolf]$ ^2^1
ls dog[13].*
dog1.wolf    dog1.wolf.girl    dog3.wolf    dog3.wolf.boy
```

在例 5-26 中所介绍的使用次方符号(^)修改刚刚输入的命令的方法乍看起来用处不大,但有时可能很有用,如果是在一个计算机网络上工作,有时必须使用 ping 命令测试计算机与要操作的计算机之间的网络是不是通的。

此时,使用次方符号就非常方便。如果要首先查看计算机与 IP 为 192.168.137.38 的计算机的网络是否畅通,就可以使用例 5-27 的 ping 命令。

【例 5-27】

```
[dog@dog wolf]$ ping 192.168.137.38
PING 192.168.137.38 (192.168.137.38) 56(84) bytes of data.
64 bytes from 192.168.137.38: icmp_seq=0 ttl=64 time=3.75 ms
……
```

接下来要查看计算机与 IP 为 192.168.137.7 的计算机的网络是否畅通,就可以使用例 5-28 利用次方符号将 38 直接改为 7 并执行 ping 192.168.137.7 命令。这样就不用再输入那么长的 ping 命令了,方便吧?

【例 5-28】

```
[dog@dog wolf]$ ^38^7
ping 192.168.137.7
PING 192.168.137.7 (192.168.137.7) 56(84) bytes of data.
……
```

Linux 操作系统提供的操作历史命令的功能是不是挺方便的?其实除了所介绍的这些功能,Linux 还有更丰富实用的功能。bash 还包含了以下更方便快捷地使用历史命令的功能(也叫快捷键):

- ↪　利用键盘上的上、下箭头键在以前使用过的命令之间移动。
- ↪　按 Ctrl+R 键在命令的历史记录中搜寻一个命令。当按 Ctrl+R 键之后,会出现如下的提示信息,此时即可输入要搜寻的内容。

✓　(reverse-i-search)`':。

➡️　可以使用如下的组合键提取上一个命令最后面的参数。

✓　顺序地按 Esc+.键。

✓　同时按 Alt+.键。

下面通过例子来演示以上的功能。假设当前目录是/home/dog/wolf 目录，如果不是，要使用 cd 命令切换到该目录。使用例 5-29 的 history 命令列出曾经输入过的命令。

【例 5-29】

```
[dog@dog wolf]$ history
871   clear
872   history
873   pwd
……
```

可以不停地按上箭头键直到找到感兴趣的命令为止，如 ls dog[13].*，此时按 Enter 键系统就再次执行这个命令，如例 5-30 所示。

【例 5-30】

```
[dog@dog wolf]$ ls dog[13].*
dog1.wolf   dog1.wolf.girl   dog3.wolf   dog3.wolf.boy
```

如果在按上箭头键时，不小心走过了头也不要紧，只需再按下箭头键往回找就行了。

但是如果历史命令太多使用上、下箭头键的方法就不方便了，在这种情况下可以使用按 Ctrl+R 键的方法进行搜寻。如例 5-31 所示，当按住 Ctrl+R 键之后系统出现(reverse-i- search)`':，此时输入 p，系统就会找到 pwd 命令，按 Enter 键之后系统就会执行这个 pwd 命令并给出结果。

【例 5-31】

```
(reverse-i-search)`':p
(reverse-i-search)`p': pwd
[dog@dog wolf]$ pwd
/home/dog/wolf
```

当出现(reverse-i-search)`':提示时，如果想直接退回到操作系统提示符下，可以直接按 Enter 键。

如果按照类似例 5-31 的操作得到了例 5-31 的显示输出之后发现 pwd 命令并不是所需要的命令又该怎么办呢？可以继续按 Ctrl+R 键，之后就可能会得到例 5-32 的显示输出。如果 ping 192.168.137.7 还不是你所需要的命令，可以继续按 Ctrl+R 键，就会得到例 5-33 的显示输出，如果这回 ping 192.168.137.38 正是你所需要的命令，即可按 Enter 键来执行这个命令。

【例 5-32】

```
(reverse-i-search)`p': ping 192.168.137.7
```

【例 5-33】

(reverse-i-search)`p': ping 192.168.137.38
[dog@dog wolf]$ ping 192.168.137.38
PING 192.168.137.38 (192.168.137.38) 56(84) bytes of data.
……

在实际网络工作环境中，在连接一台计算机之前通常会使用类似例 5-33 的 ping 命令检查一下网络是否是通的，之后再使用如 telnet 建立连接。由于 IP 地址很长，因此这时使用顺序地按 Esc+.键或按 Alt+.键提取之前的 ping 命令的参数（IP 地址）就显得十分方便。

如紧接着例 5-33 的 ping 命令输入例 5-34 的 telnet 加一个空格，顺序地按 Esc+.键（先按 Esc 键，释放后再按.键）。或同时按 Alt+.键（注意，必须是在图形界面中的终端窗口中输入，如果是在 telnet 的终端窗口中使用可能不工作）。

【例 5-34】

[dog@dog wolf]$ telnet

系统会将上一次执行命令的最后参数（即 IP 地址）放在 telnet 和空格之后，如例 5-35 所示，此时就可以按 Enter 键执行这个 telnet 命令。

【例 5-35】

[dog@dog wolf]$ telnet 192.168.137.38
Trying 192.168.137.38...
……
login:

此时即可输入 Linux 的用户名以登录远程的系统。Linux 系统的历史功能强大吧？

5.8　bash 变量简介及大括号{}的用法

在以前的章节中介绍了不少 Linux 命令，为了扩展命令的功能，在命令中还可以使用变量。那么什么是 shell 的变量呢？简单地说，shell 变量就是内存中一个命了名的临时存储区。变量中所存储的信息有以下两种：

- 按用户的习惯定制 shell 所需的信息。
- 使一些进程正常工作所需的信息。

为了方便系统的管理和维护（也是为了系统的正常工作），Linux 系统预定义了一些系统常用的变量。这些变量用户可以直接使用。下面通过几个例子来演示 shell 变量在命令中的使用。

在 Linux 系统中有一个名为 PATH 的预定义变量，在这个变量中存放着执行一个命令时要搜寻的路径，即如果一个命令存储在 PATH 所列出的任何一个路径中，用户就可以只输入命令名来运行这个命令，其中每一个路径用:隔开。如例 5-36 所示的 echo 命令就将列出 PATH 变量的值，要提取一个变量的值，需在变量名前冠以$符号。

【例 5-36】

[dog@dog ~]$ echo $PATH
/usr/kerberos/bin:/usr/local/bin:/bin:/usr/bin:/usr/X11R6/bin:/home/dog/bin

在 Linux 系统中还有另一名为 HOME 的预定义变量，在这个变量中存放着当前用户的家目录，如例 5-37 所示的 echo 命令就将列出 HOME 变量的值。

【例 5-37】

[dog@dog ~]$ echo $HOME
/home/dog

例 5-37 显示的结果表明当前用户的家目录为/home/dog，实际上这与 pwd 命令显示的结果一模一样。

为了进一步演示 HOME 这个预定义变量的用法，先使用 cd 命令切换到当前目录的 wolf 子目录。之后，可以利用 HOME 变量直接切换回当前用户的家目录中，如例 5-38 所示。系统执行了以上命令之后不会有任何提示信息，因此最好使用 pwd 命令验证一下。

【例 5-38】

[dog@dog wolf]$ cd $HOME

初看起来，cd $HOME 命令用处也不大，因为完全可以使用 cd ~或 cd -命令来完成同样的功能。其实不然，如果 Linux（也可以是 UNIX）上安装了 Oracle 数据库，要管理或维护 Oracle 系统的文件，此时使用 cd ~或 cd -命令就没有办法切换到 Oracle 的文件所在的目录，因为 Oracle 文件的安装目录存在于一个叫 ORACLE_HOME 的变量中。此时就可以使用 cd $ORACLE_HOME 切换到 Oracle 的安装目录，是不是很方便？

简单介绍了 shell 变量之后，接着介绍在 Linux 系统中是如何利用大括号来减轻工作负担的。为了讲解方便，首先使用例 5-39 的 mkdir 命令在 dog 的家目录中创建一个 mumdog 的子目录。

【例 5-39】

[dog@dog ~]$ mkdir mumdog

命令执行之后系统不会有任何回应，因此可以使用 ls 命令来测试这个命令是否已经成功。接下来，使用例 5-40 的 cd 命令将当前目录切换为 dog 的家目录下的 mumdog 目录。

【例 5-40】

[dog@dog ~]$ cd mumdog

☞ 指点迷津：

当以上的 cd 命令执行之前，系统提示符在 dog@dog 之后是~，这就表示当前目录为 dog 的家目录。
当以上的 cd 命令执行之后，系统提示符在 dog@dog 之后是 mumdog，这就表示当前目录已经是 dog 家目录之下的 mumdog 目录。

可以使用例 5-41 的 touch 命令创建两个新文件，它们的文件名分别为 dog 和 wolf。

【例 5-41】

[dog@dog mumdog]$ touch {dog,wolf}

使用例 5-42 带有-ls 选项的 ls 命令列出当前目录中所有的内容。注意这里 s 选项是要在显示清单的最左面列出每一个文件或目录的大小（size）。

【例 5-42】

```
[dog@dog mumdog]$ ls -ls
total 0
0 -rw-rw-r--   1 dog dog 0 Dec 14 20:24 dog
0 -rw-rw-r--   1 dog dog 0 Dec 14 20:24 wolf
```

例 5-42 显示的结果表明已经成功地创建了 dog 和 wolf 文件。乍看起来例 5-41 利用{}创建文件的方法并未提供什么方便，因为之前已经看到了在 touch 命令中不使用{}同样也可以创建多个文件，只是将文件名之间的{}改为空格就行了。其实不然，请看下面例 5-43所示的创建文件的例子。Linux 系统是这样处理的，baby.与 dog 组合生成 baby.dog 文件，baby.还要与 wolf 组合生成 baby.wolf 文件。

【例 5-43】

[dog@dog mumdog]$ touch baby.{dog,wolf}

为了验证所创建的文件是否已经生成，可以使用例 5-44 的 ls 命令列出当前目录中的所有内容。

【例 5-44】

```
[dog@dog mumdog]$ ls -ls
total 0
0 -rw-rw-r--   1 dog dog 0 Dec 14 20:25 baby.dog
0 -rw-rw-r--   1 dog dog 0 Dec 14 20:25 baby.wolf
0 -rw-rw-r--   1 dog dog 0 Dec 14 20:24 dog
0 -rw-rw-r--   1 dog dog 0 Dec 14 20:24 wolf
```

例 5-44 显示的结果表明已经成功地创建了 baby.dog 和 baby.wolf 文件。现在知道{}好用了吧？

还可以在第 1 个大括号中使用多个以逗号隔开的字符串，如例 5-45 所示的创建空文件的 touch 命令。Linux 系统是这样处理的，girl.和 boy.要分别与 dog 和 wolf 组合生成 girl.dog、girl.wolf、boy.dog 和 boy.wolf 文件。

【例 5-45】

[dog@dog mumdog]$ touch {girl,boy}.{dog,wolf}

为了验证所创建的文件是否已经生成，可以使用例 5-46 的 ls 命令列出当前目录中的所有内容。

【例 5-46】

```
[dog@dog mumdog]$ ls -ls
total 0
```

```
0 -rw-rw-r--  1 dog dog 0 Dec 14 20:25 baby.dog
0 -rw-rw-r--  1 dog dog 0 Dec 14 20:25 baby.wolf
0 -rw-rw-r--  1 dog dog 0 Dec 14 20:26 boy.dog
0 -rw-rw-r--  1 dog dog 0 Dec 14 20:26 boy.wolf
0 -rw-rw-r--  1 dog dog 0 Dec 14 20:24 dog
0 -rw-rw-r--  1 dog dog 0 Dec 14 20:26 girl.dog
0 -rw-rw-r--  1 dog dog 0 Dec 14 20:26 girl.wolf
0 -rw-rw-r--  1 dog dog 0 Dec 14 20:24 wolf
```

例 5-46 显示的结果表明已经成功地创建了 girl.dog、girl.wolf、boy.dog 和 boy.wolf 文件。

不只在 touch 命令中可以使用{}，在其他的命令中也可以使用{}，如使用例 5-47 所示的 rm 命令删除文件 baby.dog 和 baby.wolf。{}的功能就这么强大，没想到吧？

【例 5-47】

```
[dog@dog mumdog]$ rm baby.{dog,wolf}
```

5.9 将一个命令的输出作为另一个命令的参数

因为 UNIX 的原则是每一个命令都很简单而且只完成单一的功能，因此想要完成比较复杂的工作时可能就需要将一些命令组合在一起。例如，将一个命令的输出结果作为另一个命令的输入参数。

如果想知道目前所使用的系统的主机名，可以使用例 5-48 的 hostname 命令。

【例 5-48】

```
[dog@dog ~]$ hostname
dog.super.com
```

例 5-48 的显示结果告诉我们这个系统的主机名是 dog.super.com。现在想让显示输出更容易阅读，想让显示的输出为 This computer system's name is dog.super.com，于是试着使用例 5-49 所示的 echo 命令来完成这一使命。

【例 5-49】

```
[dog@dog ~]$ echo "This computer system's name is hostname"
This computer system's name is hostname
```

例 5-49 显示的结果却令读者感到有些失望，因为主机名并未出现在显示的结果中，取而代之的是 hostname 字符串本身。

可以使用两个倒引号将要执行的命令括起来，这样就能保证系统执行这个命令。倒引号与~是一个键。现在就可以重新输入刚刚输入的 echo 命令并将 hostname 用倒引号括起来，如例 5-50 所示。

【例 5-50】

[dog@dog ~]$ echo "This computer system's name is `hostname`"
This computer system's name is dog.super.com

例 5-50 显示的结果表明系统确实在执行 echo 命令之前已经执行了 hostname 命令，因为这次在 is 之后显示的已经是 dog.super.com 而不是 hostname 了。

除了使用两个倒引号将要执行的命令括起来之外，还可以使用()将要执行的命令括起来并在左括号之前冠以$符号的方法来执行这个命令。如运行例 5-51 的 echo 命令可以获得与例 5-50 完全相同的输出结果。

【例 5-51】

[dog@dog ~]$ echo "This computer system's name is $(hostname)"
This computer system's name is dog.super.com

最后为了加深印象，我们再做两个类似的例子。可以使用例 5-52 或例 5-53 所示的 echo 命令来显示相同的系统日期和时间的信息。别看``和$()看上去挺简单的，但是还挺管用的，是吧？

【例 5-52】

[dog@dog ~]$ echo "Today is `date`"
Today is Tue Dec 15 14:53:07 CST 2009

【例 5-53】

[dog@dog ~]$ echo "Today is $(date)"
Today is Tue Dec 15 14:53:28 CST 2009

5.10　使用 Linux 命令进行数学运算

有时，可以利用 Linux 系统的 shell 变量进行数学运算，但是首先必须定义要使用的 shell 变量。假设繁育狗的项目已经进行了多年并繁育出许多后代，现在该项目经理让你对该项目狗的数量和年龄进行一些简单的统计。

在下面的例子中，可以使用 year1 代表一岁、year2 代表两岁、year3 代表 3 岁、year4 代表 4 岁、year5 代表 5 岁。使用 n1 代表一岁狗的个数、n2 代表两岁狗的个数、n3 代表 3 岁狗的个数、n4 代表 4 岁狗的个数和 n5 代表 5 岁狗的个数。可以使用例 5-54 的命令定义 shell 变量 year1 的值为 1。

【例 5-54】

[dog@dog ~]$ year1=1;

为了简化定义变量的过程，可以在一行上定义多个变量（输入多个命令），它们之间用分号（;）隔开，如例 5-55 就在一行中定义了 4 个变量。

【例 5-55】

[dog@dog ~]$ year2=2; year3=3; year4=4; year5=5;

接下来可以使用例 5-56 的方法在一行上同时定义 n1~n5 的 5 个 shell 变量。之后可以使用 echo 命令随机测试一下你所定义的一个变量，看看其是否正确。

【例 5-56】

[dog@dog ~]$ n1=99; n2=53; n3=38; n4=8; n5=2

现在，经理要你算一下一岁的狗和两岁的狗到底一共有多少只，就可以使用例 5-57 的 echo 命令。注意，算术表达式$n1+ $n2（其他的表达式也一样）要用方括号括起来之前再冠以$。

【例 5-57】

[dog@dog ~]$ echo $[$n1 + $n2]
152

看来还真不少，一岁和两岁的狗加起来居然有 152 条。接下来，经理又让你算出两岁狗的总狗龄。于是可以使用例 5-58 所示的 echo 命令。

【例 5-58】

[dog@dog ~]$ echo $[$year2 * $n2]
106

这总狗龄可真不短！其实在一些软件公司投标项目时只要标出公司总的开发经验的年限就可以使用类似的方法。

之后，经理要你算一下一岁狗是 5 岁狗的多少倍，你就可以使用例 5-59 的 echo 命令。注意，"/"表示的除法是整除，即舍弃小数点之后的数。

【例 5-59】

[dog@dog ~]$ echo $[$n1 / $n5]
49

不看不知道，一看吓一跳，居然狗的数量 5 年里翻了近 50 番，也是一件蛮恐怖的事，是不是？

但是你还是想知道到底 echo $[$n1 / $n5]的结果中舍弃了多少，于是可以使用例 5-60 所示的 echo 命令。注意，%表示取余数。

【例 5-60】

[dog@dog ~]$ echo $[$n1 % $n5]
1

从例 5-60 的显示结果可以看出一共才舍弃了 1 条狗，问题不大。

5.11　命令行中反斜线（\）的用法

因为在 Linux 命令中有些字符已经赋予了特殊的含义，如$符号表示提取一个变量的值，如果要恢复一个特殊字符的原来含义，要在这个特殊字符之前冠以反斜线（\）。反斜线（\）也叫做逃逸符号，即\之后的特殊字符逃脱其特殊含义而恢复原来的字面意思。

经理发现所繁殖的狗实在太多了，饲养这么多狗每天的开销实在太大了，因此决定将一些狗卖掉。这样既可以节省日常的开销，也可以增加些额外的收入，也好给手下的人多发点奖金。于是使用例 5-61 的命令显示出每只小狗的价格。

【例 5-61】

[dog@dog wolf]$ echo "A baby dog's price is $6839.00"
A baby dog's price is 839.00

例 5-61 显示的结果是不是令你感到困惑，不但$符号没有显示而且还少了这个符号后面的数字 6。少了整整 6000 元！这是因为 Linux 系统将$6 看成了一个 shell 变量，由于之前并未定义过这个变量，所以它的值是空的。

现在对之前的命令做一点小小的修改，在$之前加上反斜线（\），之后重新运行这个命令，如例 5-62 所示，其显示的结果终于正确地给出了每只小狗的标价。

【例 5-62】

[dog@dog wolf]$ echo "A baby dog's price is \$6839.00"
A baby dog's price is $6839.00

在命令行中，反斜线（\）还有另外一种用法。如果将反斜线（\）放在命令行的最后，就表示它是一个续行符号，即命令要在下一行继续。反斜线（\）的这一功能在输入很长的命令时就很有用。下面给出一个简单的例子。

如果现在输入 ls -\之后按 Enter 键，如例 5-63 所示。随后系统将出现>的提示符，可以继续输入命令的剩余部分，如 l *.wolf.*，按 Enter 键就会得到所需的结果。

【例 5-63】

[dog@dog wolf]$ ls -\
> l *.wolf.*
-rw-rw-r--   1 dog dog 0 Dec 12 21:50 dog1.wolf.girl
-rw-rw-r--   1 dog dog 0 Dec 12 21:50 dog3.wolf.boy
-rw-rw-r--   1 dog dog 0 Dec 12 21:46 dog.wolf.baby
-rw-rw-r--   1 dog dog 0 Dec 12 21:46 dog.wolf.boy
-rw-rw-r--   1 dog dog 0 Dec 12 21:46 dog.wolf.girl

最后介绍反斜线（\）另外一种用法，就是放在通配符前以恢复其原来的含义。根据经理指示，使用 echo 命令列出*** We only sell baby dogs ***（我们只卖小狗），如例 5-64 所示。

【例 5-64】

[dog@dog wolf]$ echo *** We only sell baby dogs ***
dog1.wolf dog1.wolf.girl dog2.wolf dog3.wolf dog3.wolf.boy dog.wolf.baby dog.wolf.
boy dog.wolf.girl We only sell baby dogs dog1.wolf dog1.wolf.girl dog2.wolf dog3.
wolf dog3.wolf.boy dog.wolf.baby dog.wolf.boy dog.wolf.girl

读者可能已经看出来问题了，因为***是表示匹配所有字符的通配符，所以例 5-64 的 echo 命令是先列出当前目录中的所有内容，再列出 We only sell baby dogs，最后列出当前目录中的所有内容。

要使*恢复原来的含义而不再作为通配符使用，在 echo 命令中每个*之前加上\\，如例 5-65 所示。

【例 5-65】

[dog@dog wolf]$ echo *** We only sell baby dogs ***
*** We only sell baby dogs ***

也可以只在第 1 个*之前加上\\来达到与例 5-65 完全相同的结果（但是并不一定所有的版本都支持这种用法）。

这回终于如愿以偿了，告诉买狗的客户，你们那里只卖小狗，不卖大狗。可能是怕买大狗的人是为了吃狗肉而买，经理还是蛮有慈悲之心的。

5.12 Linux 命令中引号的用法

Linux 操作系统中的引号分为两种，第一种是单引号（'），第二种是双引号（"）。通过 5.11 节的例 5-65 的练习，读者已经知道如何使用反斜线（\\）来恢复通配符（*）的原本含义。其实，读者可以利用单引号（'）和双引号（"）重做这个例子并产生完全相同的结果，如例 5-66 和例 5-67 所示。

【例 5-66】

[dog@dog wolf]$ echo '*** We only sell baby dogs ***'
*** We only sell baby dogs ***

【例 5-67】

[dog@dog wolf]$ echo "*** We only sell baby dogs ***"
*** We only sell baby dogs ***

例 5-66 和例 5-67 显示的结果是一模一样的，那么在命令中使用单引号（'）和双引号（"）之间到底有什么区别呢？它们的区别如下。

（1）单引号（'）：禁止所有的命令行扩展功能。

（2）双引号（"）：禁止所有的命令行扩展功能但以下特殊符号除外。

➥ 美元符号（$）。

➥ 倒引号（`）。

➥ 反斜线（\\）。

➥ 惊叹号（!）。

以下通过例子来进一步解释单引号（'）和双引号（"）之间的区别，如想在屏幕上显示 Today is `date`的信息，因此试着使用了例 5-68 的 echo 命令。

【例 5-68】

[dog@dog wolf]$ echo Today is `date`
Today is Wed Dec 16 12:25:10 CST 2009

例 5-68 显示的结果并不是想要的而是将`date`变成了系统的日期和时间，这是因为`date`表示要运行 date 这个 Linux 命令。为了要显示`date`这个字符串本身，试着在 echo 命令中将整个要显示的字符串用双引号括起来，如例 5-69 所示。

【例 5-69】

[dog@dog wolf]$ echo "Today is `date`"
Today is Wed Dec 16 12:25:19 CST 2009

例 5-69 显示的结果没有任何变化，这就说明双引号（"）不能禁止倒引号（`）的功能。

于是，又想到了单引号，接下来试着在 echo 命令中将要显示的整个字符串用单引号括起来，如例 5-70 所示。

【例 5-70】

[dog@dog wolf]$ echo 'Today is `date`'
Today is `date`

例 5-70 显示的结果已经是字符串 Today is `date`了，这就说明单引号（'）可以禁止倒引号（`）的功能。

5.13　gnome 终端的一些快捷操作

所谓 gnome 终端（gnome-terminal）就是 Linux 系统的图形界面中的终端仿真器，在 gnome 终端上可以通过选项卡来同时启动或操作多个 shells。gnome 终端提供了更多快捷的操作（快速键）功能。在开启 gnome 终端之后，即可使用这些强大的操作功能，其中包括以下内容。

- Shift+Ctrl+T: 开启（创建）一个新的选项卡（终端窗口）。
- Ctrl+PgUp/PgDn: 切换到上一个/下一个选项卡。
- Alt+N: 切换到第 N 个选项卡。
- Shift+Ctrl+C: 复制所选的正文。
- Shift+Ctrl+V: 把正文粘贴到提示处。
- Shift+Ctrl+W: 关闭一个选项卡（所在的终端窗口）。

提示：

> 在以上部分中 "键 1" + "键 2" + "键 3" 表示同时按下这 3 个键，如 Shift+Ctrl+T 表示同时按下 Shift、Ctrl 和 T 3 个键。

以图形界面登录 Linux 系统之后，选择 Applications→System Tools→Terminal 命令，将开启一个 gnome 终端窗口，如图 5-4 所示。

或者使用鼠标右键单击 Linux 系统的桌面空白处，在弹出的快捷菜单中选择 Open Terminal 命令也同样可以开启一个 gnome 终端窗口，如图 5-5 所示。

图 5-4　　　　　　　　　　　　　　　　　　　　　　图 5-5

在进行了以上之一的操作之后就会打开如图 5-6 所示的窗口。现在即可使用刚刚介绍的快捷键进行操作。同时按 Shift、Ctrl 和 T 3 个键，如图 5-7 所示，即将开启（创建）一个新的选项卡。

图 5-6　　　　　　　　　　　　　　　　　　　　　　图 5-7

继续不断地同时按 Shift、Ctrl 和 T 3 个键，将陆续开启（创建）多个新的选项卡，如图 5-8 所示（为了后面的操作方便，用鼠标左键单击第 1 个选项卡以切换回第 1 个 gnome 终端）。

按 Ctrl+PgUp 键，切换到上一个选项卡，此时会显示如图 5-9 所示的错误信息，因为目前已经在第 1 个终端窗口了。

有兴趣的读者可以继续测试所介绍的其他快捷键，另外也可以在不同的终端窗口进行复制与粘贴操作。在本节中所介绍的快捷操作（快捷键）功能可以提高在 Linux 系统中的工作效率，也可以减少发生错误的频率。

除了以上介绍的快捷键之外，Linux 系统还提供了以下快捷键以加快和方便命令编辑工作。它们包括以下内容。

图　5-8

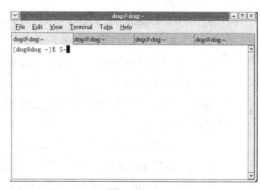

图　5-9

- Ctrl+A：将光标移到命令行的开始处。
- Ctrl+E：将光标移到命令行的结尾处。
- Ctrl+U：删除到命令行的开始处的所有内容。
- Ctrl+K：删除到命令行的结尾处的所有内容。
- Ctrl+箭头：向左或向右移动一个字。

为了节省本书的篇幅，这里不再给出具体的例子，感兴趣的读者可以自己在系统上试一试。这里需要说明的是在进行这些快捷键的练习时，最好使用图形界面的终端窗口。因为有些快捷键在 telnet 窗口并不总是正常工作。

5.14　练　习　题

1．在以下有关 shell 的解释中，哪一个最符合 shell 的定义？

    A．shell 是 Linux 操作系统的一部分　　　　B．shell 是 Linux 内核的一部分

    C．shell 是一个应用程序　　　　　　　　　D．shell 是一个命令解释器

2．在 UNIX 和 Linux 操作系统上存在许多种 shell，在以下 shell 中，哪一个是 UNIX 操作系统最原始的 shell？

    A．C shell　　　　　　B．Korn shell　　　　　C．Bourn shell

    D．Z shell　　　　　　E．TC shell　　　　　　F．Bourn-Again shell

3．在 UNIX 和 Linux 操作系统上存在许多种 shell，在以下 shell 中，哪一个是 Linux 操作系统的默认 shell？

    A．C shell　　　　　　B．Korn shell　　　　　C．Bourn shell

    D．Z shell　　　　　　E．TC shell　　　　　　F．Bourn-Again shell

4．将如下 shell 特殊字符与所列出的用法重新正确地匹配起来：

1）\　　　a）经常成对使用，用于把一些特殊字符括起来，以便 shell 不解释这些特殊字符或嵌入空格

2）'　　　b）变量替换

3）{}　　　c）用来去掉（escape）随后的下一个字符的特殊含义

4）$ d）以通配符（wildcard）方式进行文件名扩展

在以下答案中，请问哪一个是正确的？

    A．1-c, 2-b, 3-a, 4-d   B．1-b, 2-d, 3-c, 4-a   C．1-c, 2-a, 3-d, 4-b

    D．1-c, 2-a, 3-b, 4-d   E．1-d, 2-a, 3-c, 4-b   F．1-d, 2-c, 3-b, 4-a

5．如果要获取这样的输出结果：Date 03/12/2007, Time 12:00:01 AM，请问将使用如下所列出的哪一个命令？

    A．echo "Date date +%x , Time date +%r "

    B．echo "Date `date +%x`, Time `date +%r` "

    C．echo "Date `date +%r`, Time `date +%x` "

    D．echo "Date `time +%x`, Time `time +%r` "

第6章 输入/输出和管道（|）及相关的命令

在系统默认情况下，shell 从键盘读（接收）命令的输入，并将命令的输出显示（写）到屏幕上，其 shell 的标准命令输入（Standard Input）或输出（Standard Output）如图 6-1 所示。

图 6-1

可以在命令行中或 shell 脚本（以后将介绍）中指示 shell 将命令的输入或输出重定向到文件。输入重定向强迫命令从文件中读输入而不是从键盘。输出重定向将命令的输出送到一个文件而不是送到屏幕。当命令产生错误信息时，这些错误信息将被送到标准错误（显示），通常错误信息被送到终端的屏幕上。

6.1 文件描述符与标准输入/输出

shell 创建的每一个进程都要与文件描述符打交道。其实文件描述符就是 Linux 系统内部使用的一个文件代号。文件描述符决定从哪里读入命令所需的输入和将命令产生的输出及错误显示送到什么地方。以下是文件描述符的进一步解释，其中，0、1 和 2 为文件描述符的号码。

- ➥ 0：标准输入，文件描述的缩写为 stdin。
- ➥ 1：标准输出，文件描述的缩写为 stdout。
- ➥ 2：标准错误（信息），文件描述的缩写为 stderr。

☞指点迷津：

如果读者不清楚什么是进程也不要紧，可以把一个进程看成一段在内存中运行的程序。

所有处理文件内容的命令都是从标准输入读入数据并将输出结果写到标准输出。可能会有读者问："怎么知道文件描述符号和它们的缩写之间的对应关系的？"其实方法很简单，答案就在你的手下。可以使用例 6-1 的带有-l 选项的 ls 命令获得想要的这些信息。

【例 6-1】

```
[dog@dog ~]$ ls -l /dev/std*
lrwxrwxrwx    1 root root 15 Dec 18    2009 /dev/stderr -> /proc/self/fd/2
lrwxrwxrwx    1 root root 15 Dec 18    2009 /dev/stdin -> /proc/self/fd/0
lrwxrwxrwx    1 root root 15 Dec 18    2009 /dev/stdout -> /proc/self/fd/1
```

一个简单的 ls 命令就获取了如此重要的信息，在例 6-1 的显示结果中每行最后面的 fd 是 file descriptor（文件描述符）的缩写。

下面再通过一个例子来进一步解释标准输入/输出。在例 6-2 中首先在系统提示符下输入 cat 命令并按 Enter 键。其中，没有阴影的字是输入的，阴影部分是系统显示的，Ctrl+D 表示同时按 Ctrl+D 键，同时按这两个键之后就会退出 cat 命令（控制）。#及其之后的文字都是注释（解释）信息。

【例 6-2】

[dog@dog ~]$ **cat**	#从标准输入（即键盘）读入信息
Do you sell an adult dog?	#从标准输入（即键盘）读入信息
Do you sell an adult dog?	#将输出写到标准输出（即终端窗口）
No, we just sell a baby dog.	#从标准输入（即键盘）读入信息
No, we just sell a baby dog.	#将输出写到标准输出（即终端窗口）
Ctrl+D	#从标准输入（即键盘）读入信息

现在，你对标准输入/输出的理解是不是更深刻了？如果还没有完全理解也没有关系。可以使用例 6-3 的 ls 命令列出 dog 用户当前目录中所有的目录和文件。

【例 6-3】

[dog@dog ~]$ ls -F

babydog/	Desktop/	for_more	lists	mumdog/	unixsql
boydog/	dog.JPG	game.txt	lists~	news	winsql
cal3009	flowers.JPG	learning.txt	lists200	NewZealand.JPG	wolf/

←标准输出

例 6-3 在终端屏幕上显示的结果就是标准输出。接下来使用例 6-4 的 ls 命令列出 dog 用户当前目录中所有以 dog.wolf.开始的文件名（也包括目录名）。

【例 6-4】

[dog@dog ~]$ ls -F dog.wolf.*
ls: dog.wolf.*: No such file or directory ←标准错误信息

例 6-4 在终端屏幕上显示的结果就是标准错误信息，因为在 dog 用户当前目录中就没有以 dog.wolf.开始的文件名或目录。

通过运行例 6-3 和例 6-4 的 Linux 命令，读者应该清楚了什么是标准输出和什么是标准错误信息了。

6.2　使用 find 命令搜索文件和目录

在继续讲解文件描述符的应用之前，先介绍一个在 Linux 或 UNIX 系统中经常要用到的一个命令——find，因为 6.3 节就会用到这个命令。

可以使用 find 命令在命令的层次结构中定位（找到）所需的文件和目录。find 命令可以使用诸如文件名、文件大小、文件属主、修改时间和类型等条件进行搜寻。find 命令在路径名列表中递归地向下遍历（搜索）目录树以寻找与搜寻条件相匹配的文件。当 find 命令找到了那些与搜寻条件相匹配的文件时，系统将把满足条件的每一个文件显示在终端的屏幕上。find 命令的语法格式如下：

find pathnames expressions actions

其中，各选项的含义如下。

- pathnames：搜寻起始的绝对路径或相对路径。
- expressions：由一个或多个选项定义的搜寻条件。如果定义了多个选项，find 命令将使用它们逻辑与（and）操作的结果，因此将列出所有满足全部条件的表达式。
- actions：当文件被定位之后需要进行的操作。默认操作是将满足条件的所有路径打印在屏幕上。

在 find 命令中，可以使用如下的表达式（expressions）。

- -name 文件名：查找与指定文件名相匹配的文件。在文件名中可以使用元字符（通配符），但是它们要放在双引号之内（""）。
- -size [+|-]n：查找大小（尺寸）大于+n，或小于-n，或正好等于 n 的文件。在默认情况下，n 代表 512 字节大小的数据块的个数。
- -atime [+|-]n：查找访问时间已经超过+n 天，低于-n 天，或正好等于 n 天的文件。
- -mtime [+|-]n：查找更改时间是在+n 天之前，不到-n 天，或正好在 n 天之前的文件。
- -user loginID：查找属于 loginID 名（用户）的所有文件。
- -type：查找某一类型的文件，如 f（文件）或 d（目录）。
- -perm：查找所有具有某些特定的访问许可位的文件（以后将介绍）。

在 find 命令中，可以使用如下的动作表达式（actions）。

- -exec 命令{} \;：在每一个所定位的文件上运行指定的命令。大括号{}表明文件名将传给前面表达式所表示的命令。一个空格、一个反斜线（\）和一个分号（;）表示命令的结束。在反斜线（\）与大括号之间必须有一个空格。
- -ok 命令{} \;：在 find 命令对每个定位的文件执行命令之前需要确认。这实际上就是-exec 命令的交互方式。
- -print：指示 find 命令将当前的路径名打印在终端屏幕上，这也是默认方式。
- -ls：显示当前路径名和相关的统计信息，如 i 节点（inode）数、以 K 字节为单位的大小（尺寸）、保护模式、硬连接和用户。

下面通过一些例子来进一步解释 find 命令的具体用法。例 6-5 的 find 命令是从 dog 用户的家目录（也是当前用户）开始搜寻名为 dog.wolf.baby 的文件。

【例 6-5】

[dog@dog ~]$ find ~ -name dog.wolf.baby
/home/dog/wolf/dog.wolf.baby

例 6-5 的显示结果表明 dog.wolf.baby 这个文件是存在的，并且存在于 dog 用户的家目录之下的子目录 wolf 中。

如果想寻找文件名以 dog.开头并以.baby 结尾的文件（搜寻的起始点还是 dog 用户的家

目录），就可以使用例 6-6 的 find 命令。注意由于在文件名中使用了通配符*，所以可以使用双引号将整个文件名括起来。

【例 6-6】

[dog@dog ~]$ find ~ -name "dog.*.baby"
/home/dog/wolf/dog.wolf.baby

需要指出的是，在文件名中含有通配符加不加双引号或加在不同的地方，find 命令查找到的结果都是相同的。不过这里需要指出的是读者最好使用例 6-6 的方法，因为这是标准的语法。其他的方法并不保证在所有的 UNIX 或 Linux 系统上都能正常工作。

为了后面的演示方便，可以使用例 6-7 的 touch 命令在/home/dog/wolf 目录中创建一个名为 disable_dog.wolf.baby（disable 意思是残疾的）的空文件。

【例 6-7】

[dog@dog ~]$ touch /home/dog/wolf/disable_dog.wolf.baby

以上命令执行之后系统不会有任何提示。为了确定这个文件确实生成了，可以使用例 6-8 的 ls 命令列出/home/dog/wolf 目录中的所有内容。

【例 6-8】

[dog@dog ~]$ ls -F ~/wolf

disable_dog.wolf.baby	dog2.wolf	dog.wolf.baby
dog1.wolf	dog3.wolf	dog.wolf.boy
dog1.wolf.girl	dog3.wolf.boy	dog.wolf.girl

项目经理认为这个残疾的狗崽子对项目没有任何的用处，于是将这个小生命卖给了一个火烧店。之后他叫你将它的所有记录从系统中删除，此时你就可以使用例 6-9 的 find 命令来完成领导的重托。

【例 6-9】

[dog@dog ~]$ find ~ -name disable_dog.wolf.baby -exec rm {} \;

以上命令执行之后系统还是不会有任何提示。为了确定这个文件确实被删除了，可以使用 ls 命令再次列出/home/dog/wolf 目录中的所有内容。

为了继续演示带有 "-ok rm {} \;" 参数的 find 命令，可以再次使用 touch 命令在/home/dog/wolf 目录中重新创建名为 disable_dog.wolf.baby 的空文件。之后，就可以使用例 6-10 的 find 命令再次删除这一文件。这次系统会给出提示信息询问是否确实要删除/home/dog/wolf/dog1.wolf.girl 文件，回答 y 之后按 Enter 键即完成了 disable_dog.wolf.baby 文件的删除操作。

【例 6-10】

[dog@dog ~]$ find ~ -name dog1.wolf.girl -ok rm {} \;
< rm ... /home/dog/wolf/dog1.wolf.girl > ? y

为了确定这个文件确实被删除了，可以使用 ls 命令再次列出/home/dog/wolf 目录中的

所有内容。

为了更好地理解后面 find 命令的演示，首先切换到/home/dog/wolf 目录。之后使用例 6-11 带有-1 的 ls 命令列出当前用户（即 dog 家目录下的 wolf 目录）中所有文件和目录的详细信息，其中也包含日期和时间的信息。

【例 6-11】

```
[dog@dog wolf]$ ls -l
total 0
-rw-rw-r--  1 dog dog 0 Dec 12 21:45 dog1.wolf
-rw-rw-r--  1 dog dog 0 Dec 12 21:45 dog2.wolf
-rw-rw-r--  1 dog dog 0 Dec 12 21:45 dog3.wolf
-rw-rw-r--  1 dog dog 0 Dec 12 21:50 dog3.wolf.boy
-rw-rw-r--  1 dog dog 0 Dec 12 21:46 dog.wolf.baby
-rw-rw-r--  1 dog dog 0 Dec 12 21:46 dog.wolf.boy
-rw-rw-r--  1 dog dog 0 Dec 12 21:46 dog.wolf.girl
```

使用例 6-12 的 date 命令确认一下当前的日期和时间，以方便进行后面的比较。

【例 6-12】

```
[dog@dog wolf]$ date
Fri Dec 18 18:10:49 CST 2009
```

如果想搜寻在过去的 3 天之内没有修改过的文件，也就是修改的时间大于 3 天的文件，而且是从当前目录开始搜寻的，可以使用例 6-13 的 find 命令。

【例 6-13】

```
[dog@dog wolf]$ find . -mtime +3
./dog2.wolf
./dog3.wolf.boy
./dog3.wolf
./dog.wolf.girl
./dog.wolf.baby
./dog1.wolf
./dog.wolf.boy
```

例 6-13 显示的结果表明当前目录中所有的文件在过去 3 天内都没有修改过，这与例 6-11 和例 6-12 的显示结果是一致的，因为文件的修改时间都是 6（18-12=6）天之前。

如果想搜寻文件尺寸小于两个数据块的文件，而且是从 dog 的家目录开始搜寻的，可以使用例 6-14 的 find 命令。

【例 6-14】

```
[dog@dog wolf]$ find ~ -size -2
/home/dog/wolf/dog2.wolf
/home/dog/wolf/dog3.wolf.boy
……
```

/home/dog/.gconf/apps/nautilus/preferences/%gconf.xml

从例 6-14 的显示结果可以看出满足搜寻条件的文件相当多，其中有许多以.开头的文件，它们都是系统自动生成的隐含文件。为了节省篇幅，这里省略了绝大部分的输出显示。

6.3 将输出重定向到文件中

默认情况下，如果同时产生了标准输出和标准错误信息，它们会同时显示在终端的屏幕上。

为了进一步解释以上说明的含义，首先保证是以普通用户登录 Linux 系统，如 dog 用户。使用例 6-15 的 find 命令从/etc 目录开始搜寻名为 passwd 的文件。

【例 6-15】

[dog@dog ~]$ find /etc -name passwd

```
/etc/passwd
/etc/pam.d/passwd                                              ← 标准输出
find: /etc/Pegasus: Permission denied
find: /etc/httpd/conf/ssl.crt:  Permission denied
find: /etc/httpd/conf/ssl.crl:  Permission denied
find: /etc/httpd/conf/ssl.prm: Permission denied
find: /etc/httpd/conf/ssl.key: Permission denied          ← 标准错误信息
find: /etc/httpd/conf/ssl.csr:  Permission denied
find: /etc/racoon/certs: Permission denied
find: /etc/cups/certs: Permission denied
```

例 6-15 的显示结果既包括了标准输出信息也包括了标准错误信息，这是因为普通用户（如 dog 用户）无权访问/etc 下的某些文件或目录造成的。所有的标准输出和标准错误信息同时都显示在终端的屏幕上，看上去是不是有点眼晕？那么有没有办法解决这一问题呢？当然有，其实 Linux 系统早就想到了。那就是使用输出重定向。输出重定向的符号如下。

- ➥ >: 覆盖原文件的内容。
- ➥ >>: 在原文件之后追加内容。

下面还是使用例子来解释以上两个输出重定向符号的用法。以下例子假定你在 dog 的家目录中（只要看到提示信息中的 dog ~就可以确定当前目录是 dog 的家目录）。

项目经理觉得现在狗狼越来越多，其对应的文件也急剧地增加，因此他叫你将所有狗狼的文件的详细目录放到一个文件中，这样他查起来就方便了。为了完成经理交给的重任，首先应该使用 ls 命令列出当前目录下 wolf 子目录中的所有文件。

确定了 wolf 目录中的文件列表正是你的项目经理所需要的信息之后，使用例 6-16 的命令将 wolf 目录中的文件列表写入（重定向输出）到当前目录的 dog_wolf（狗狼）文件中，命令行中的>就是输出重定向符号。

【例 6-16】

[dog@dog ~]$ ls -l wolf/* > dog_wolf

以上命令执行完之后系统不会给出任何信息，因此要使用例 6-17 的 cat 命令在屏幕上显示 dog_wolf（狗狼）文件中的所有内容。

【例 6-17】

[dog@dog ~]$ cat dog_wolf

```
-rw-rw-r--    1 dog dog 0 Dec 12 21:45 wolf/dog1.wolf
-rw-rw-r--    1 dog dog 0 Dec 12 21:45 wolf/dog2.wolf
-rw-rw-r--    1 dog dog 0 Dec 12 21:45 wolf/dog3.wolf
-rw-rw-r--    1 dog dog 0 Dec 12 21:50 wolf/dog3.wolf.boy
-rw-rw-r--    1 dog dog 0 Dec 12 21:46 wolf/dog.wolf.baby
-rw-rw-r--    1 dog dog 0 Dec 12 21:46 wolf/dog.wolf.boy
-rw-rw-r--    1 dog dog 0 Dec 12 21:46 wolf/dog.wolf.girl
```

例 6-17 的显示结果表明 wolf 目录中的文件列表的详细信息确实已经写入了 dog_wolf 文件中。当将所生成的 dog_wolf 文件和其中的内容显示给经理时，他非常高兴。他认为这个文件中的信息已经足够了，但是他让你在这个文件的底部加入生成这些信息的时间，这样会使将来的项目管理变得更加容易，例如可以判断在生成这个文件之后是否又有新的小狗出生等。因此试着使用例 6-18 的命令将当前系统的日期和时间添加到这个 dog_wolf 文件中。

【例 6-18】

[dog@dog ~]$ date >> dog_wolf

以上命令执行完之后系统照样不会给出任何信息，因此再次使用例 6-19 的 cat 命令在屏幕上显示 dog_wolf 文件中的所有内容。

【例 6-19】

[dog@dog ~]$ cat dog_wolf

```
-rw-rw-r--    1 dog dog 0 Dec 12 21:45 wolf/dog1.wolf
-rw-rw-r--    1 dog dog 0 Dec 12 21:45 wolf/dog2.wolf
-rw-rw-r--    1 dog dog 0 Dec 12 21:45 wolf/dog3.wolf
-rw-rw-r--    1 dog dog 0 Dec 12 21:50 wolf/dog3.wolf.boy
-rw-rw-r--    1 dog dog 0 Dec 12 21:46 wolf/dog.wolf.baby
-rw-rw-r--    1 dog dog 0 Dec 12 21:46 wolf/dog.wolf.boy
-rw-rw-r--    1 dog dog 0 Dec 12 21:46 wolf/dog.wolf.girl
Sat Dec 19 13:28:34 CST 2009
```

例 6-19 的显示结果表明输出重定向符号>>确实是在文件的末尾处添加上了当前系统的日期和时间（date 命令的结果），而且文件中原有的内容依然完好无损。

6.4　重定向标准输出和标准错误（输出信息）

读者应该还记得本章 6.3 节中例 6-15 命令的显示结果将标准输出信息和标准错误信息都显示在了终端的屏幕上。现在你想在屏幕上只显示标准错误信息，而将标准输出重定向输出到一个叫 output.std 的文件中（在当前目录）。于是，使用了例 6-20 的 find 命令。这里的 1 就是标准输出的文件描述符，所以 1>output.std 就是将标准输出重定向导出到文件 output.std 中，而且这个文件中原有的内容会被覆盖掉。

【例 6-20】

[dog@dog ~]$ find /etc -name passwd 1> output.std

find: /etc/Pegasus: Permission denied

find: /etc/httpd/conf/ssl.crt: Permission denied

……

find: /etc/cups/certs: Permission denied

例 6-20 的显示结果中只有错误信息并没有正常的标准输出信息，那么标准输出信息哪里去了呢？它们已经存储到 output.std 文件中了，可以使用例 6-21 的 cat 命令来验证这一点。

【例 6-21】

[dog@dog ~]$ cat output.std

/etc/passwd

/etc/pam.d/passwd

其实，输出重定向符号左边的标准输出的文件描述符 1 是可以省略的，省略了这个文件描述符并不影响命令的结果，因为 Linux 系统默认的文件描述符就是 1（标准输出）。也就是说，即使在输出重定向操作中不使用标准输出文件描述符，也会将标准输出的信息导出到指定的文件中。

熟悉了将标准输出信息导出到文件之后，也许想将标准错误信息导出到一个文件中。相信你可能已经猜到了其操作的方法，就是将例 6-20 中的数字 1 改成 2。因此可以使用例 6-22 的命令将 find 命令的错误信息导出到 errors.std 文件中（在当前目录）。这里的 2 就是错误信息的文件描述符。

【例 6-22】

[dog@dog ~]$ find /etc -name passwd 2> errors.std

/etc/passwd

/etc/pam.d/passwd

例 6-22 的显示结果只包含了 find 命令搜寻的结果，并未包含错误信息。其实，读者可能已经想到了那就是错误信息已经存放到 errors.std 文件中了。因此使用例 6-23 的 cat 命令来显示 errors.std 文件中存放的所有内容。

【例 6-23】

[dog@dog ~]$ cat errors.std

find: /etc/Pegasus: Permission denied

find: /etc/httpd/conf/ssl.crt: Permission denied

……

find: /etc/cups/certs: Permission denied

例 6-23 的显示结果表明果真在 errors.std 文件中保存了以上 find 命令的所有错误信息。可能会有读者问，能不能使用一个命令将标准输出和标准错误信息同时导出到两个文件中。当然可以。你可以使用例 6-24 的命令同时将标准输出导出到文件 output 中，而将标准错误信息导出到文件 errors 中。

【例 6-24】

[dog@dog ~]$ find /etc -name passwd 2> errors 1> output

以上命令执行完之后系统不会给出任何信息，因此需要分别使用例 6-25 和例 6-26 的 cat 命令来验证一下。为了节省篇幅，这里省略了显示输出结果。

【例 6-25】

[dog@dog ~]$ cat errors

【例 6-26】

[dog@dog ~]$ cat output

现在你可能又改主意了，你想使用一个命令就将标准输出和标准错误信息同时导出到一个文件中而不是两个文件。那又该怎么办呢？你可以使用例 6-27 的命令。下面解释一下这个命令。由于在第 1 个>的左边没有任何数字，所以使用默认的 1，因此> output_errs 也就是将标准输出导出到 output_errs 文件中。2>&1 表示将 2 导出到 1 所指向的文件，也就是将标准错误信息也导出到 1 所指向的文件 output_errs 中。

【例 6-27】

[dog@dog ~]$ find /etc -name passwd > output_errs 2>&1

系统执行完以上命令后还是不会给出任何信息，因此可以使用 cat 命令列出 output_errs 文件中的所有内容以检验以上命令是否正确执行。

现在又改主意了，想能不能再简单点，在命令中只使用一个>。当然没问题，可以使用例 6-28 的命令同样将标准输出和标准错误信息同时导出到一个名为 output_errs2 的文件中。这里的&符号代表了所有的文件描述符号（包括了 0、1 和 2）。所以&> output_errs2 就是将所有的信息都导出到 output_errs2 文件中。

【例 6-28】

[dog@dog ~]$ find /etc -name passwd &> output_errs2

系统执行完以上命令后还是不会给出任何信息，因此可以使用 cat 命令列出 output_errs2 文件中的所有内容以检验以上命令是否正确执行。

☞ **指点迷津：**

> 建议不要使用例 6-28 的&>表示法而使用例 6-27 的表示法，因为使用&>表示法可能会在文件中包含了一些不需要的信息。

6.5　输入重定向及 tr 命令

介绍完输出重定向和错误（输出信息）重定向之后，接下来介绍输入重定向。重定向标准输入的符号是<。Linux 系统的一些命令只能使用标准输入,如 tr 命令。

tr 是 translate 的前两个字符。该命令的功能是转换、压缩和/或删除来自标准输入的字符并将结果写到标准输出上。tr 命令不接受文件名形式的参数,该命令要求它的输入被重定向为某个地方。下面通过一个例子来解释 tr 命令和输入重定向的用法。

在随书的光盘中有 3 个文件,它们分别是 winsql.sql、dept.data 和 emp.data。读者可以使用 ftp 命令将这些文件发送到 dog 的家目录中,或者使用 cat 命令直接在 Liunx 操作系统上创建这个文件。以下是 winsql.sql 文件中的内容,其实这个文件是在 Windows 系统上写的一个 Oracle 脚本文件(如果读者没有学习过 Oracle,也没关系,可以完全不用理解这个 SQL 语句的含义)。

```
SELECT EMPNO, ENAME, JOB, SAL, DEPTNO
FROM EMP
WHERE SAL >= 1200
AND JOB <> UPPER('CLERK');
```

由于许多长期在 Windows 系统工作的人倾向于使用大写字母,但是在 UNIX 或 Linux 系统上工作的大虾们有偏爱小写字母倾向。因此读者可以使用 tr 命令将类似的 Windows 上开发的脚本文件中的内容直接转换成小写字母,这样看上去就更专业了,因为在 IT 行业内普遍的看法是 UNIX 或 Linux 系统上开发的东西技术含量比 Windows 上的高,尽管有时功能上并没有任何差别。

可以使用例 6-29 的 tr 命令将 winsql.sql 文件中所有的大写字母(A~Z)转换成小写字母(a~z)。

【例 6-29】

```
[dog@dog ~]$ tr 'A-Z' 'a-z' < winsql.sql
select empno, ename, job, sal, deptno
from emp
where sal >= 1200
and job <> upper('clerk');
```

原来这么容易就成了 UNIX 大虾了,只需要写一条 tr 命令。要注意例 6-29 的 tr 命令是将输出结果直接显示在终端屏幕上(即标准输出)。如果今后要使用这些 Oracle 的 SQL 语句,读者可以使用例 6-30 的 tr 命令将转换后的结果存入 unixsql.sql 文件中。

【例 6-30】

```
[dog@dog ~]$ tr 'A-Z' 'a-z' < winsql.sql > unixsql.sql
```

系统执行完以上命令后还是不会给出任何信息,因此可以再次使用 cat 命令列出 unixsql.sql 文件中的所有内容以检验以上命令是否正确执行。

tr 命令的另一个用法是将 DOS 格式的正文文件(以回车符(\r)和换行符(\n)结束一行)转换成 Linux 格式的文件(只用换行符(\n)来结束一行)。可以使用例 6-31 带有-A 选项的 cat 命令显示 dept.data 文件中的所有内容。

【例 6-31】

```
[dog@dog ~]$ cat -A dept.data
deptno,dname,location^M$
10,ACCOUNTING,NEW YORK^M$
20,RESEARCH,DALLAS^M$
30,SALES,CHICAGO^M$
40,OPERATIONS,BOSTON^M$
```

从例 6-31 的显示结果可以看出 dept.data 文件的行结束符确实是 DOS 的结束符。现在，可以使用例 6-32 的 tr 命令删除 dept.data 文件中每行结束符中的 \r 符号，并将结果存入 dept.data.unix 文件中。

【例 6-32】

```
[dog@dog ~]$ tr -d "\r" < dept.data > dept.data.unix
```

系统执行完以上命令后还是不会给出任何信息，因此可以使用例 6-33 的 cat 命令列出 dept.data.unix 文件中的所有内容以检验以上命令是否正确执行。

【例 6-33】

```
[dog@dog ~]$ cat -A dept.data.unix
deptno,dname,location$
10,ACCOUNTING,NEW YORK$
20,RESEARCH,DALLAS$
30,SALES,CHICAGO$
40,OPERATIONS,BOSTON$
```

在 tr 命令的参数部分也可以使用 ascii 码字符的八进制表示的数字，如 \007 表示警铃。可能有读者问怎样才能知道一个 ascii 码字符所对应的数字呢？可以使用例 6-34 的 man 命令来获取。为了节省篇幅，这里省略了例 6-34 的显示结果。

【例 6-34】

```
man ascii
```

6.6　cut 命令

可以使用 cut（剪切）命令从一个文件中剪切掉某些正文字段（fields，也就是列）并将它们送到标准输出显示。实际上 cut 命令是一个文件维护的命令，其语法格式如下：

cut [选项]...[文件名]...

其中的主要选项包括如下内容。

- ➥ -f: 说明（定义）字段（列）。
- ➥ -c: 要剪切的字符。
- ➥ -d: 说明（定义）字段的分隔符（默认为 Tab）。

下面还是通过一些例子来讲解 cut 命令的具体使用方法。首先，使用例 6-35 的 cat 命令列出 emp.data 文件中的全部内容，为了减少篇幅对输出结果进行了裁剪和压缩。

【例 6-35】

```
[dog@dog ~]$ cat emp.data
7369    SMITH    CLERK    800         17-DEC-80
7499    ALLEN    SALESMAN    1600     20-FEB-81
7521    WARD     SALESMAN    1250     22-FEB-81
......
```

例 6-35 显示的结果表明 emp.data 文件共有 5 个字段（列），它们之间使用 Tab 字符分隔。如果要进一步确信分隔符是 Tab 字符，可在例 6-35 的 cat 命令中加入-A 参数，在 Linux 系统中 Tab 字符用^I 表示，如果读者感兴趣可以自己试一下。

假设 emp.data 文件中存放的是参与项目的员工信息。现在项目经理要求你将参与该项目所有人的名单列出来，他要在即将发表在国际一流学术杂志上的一篇论文列出参与工作的人员名单。可以使用例 6-36 的 cut 命令来完成经理交给你的重任，其中-f2 表示文件中的第 2 个字段（列）即人名。

【例 6-36】

```
[dog@dog ~]$ cut -f2 emp.data
SMITH
ALLEN
WARD
......
```

虽然例 6-36 的 cut 命令已经完成了经理交给你的任务，但是这些人名是显示在终端屏幕上。这样以后用起来不方便，于是可以使用例 6-37 的 cut 命令将所获得的人名导到一个名为 name.txt 的正文文件中。

【例 6-37】

```
[dog@dog ~]$ cut -f2 emp.data > name.txt
```

系统执行完以上命令后不会给出任何信息，因此可以使用 cat 命令列出 name.txt 文件中的所有内容以检验以上命令是否正确执行。

☞ 指点迷津：

在例 6-36 和例 6-37 的 cut 命令中并未使用-d 参数指定字段的分隔符，因为 emp.data 中的字段是使用 Tab 字符分隔的，而这正是默认的分隔符。

接下来使用例 6-38 的 cat 命令列出 dept.data 文件中的全部内容（实际上这个文件中的内容是从 Oracle 数据库的默认用户 scott 的 dept 表中导出来的）。

【例 6-38】

```
[dog@dog ~]$ cat dept.data
deptno,dname,location
```

```
10,ACCOUNTING,NEW YORK
20,RESEARCH,DALLAS
30,SALES,CHICAGO
40,OPERATIONS,BOSTON
```

例 6-38 显示的结果表明 dept.data 文件共有 3 个字段（列），它们之间使用逗号分隔。如果只想获取部门名（第 2 列），可以使用例 6-39 的 cut 命令。注意，这个命令中必须使用 -d 选项，因为逗号不是字段的默认分隔符。

【例 6-39】

```
[dog@dog ~]$ cut -f2 -d, dept.data
Dname
ACCOUNTING
RESEARCH
SALES
OPERATIONS
```

如果只想显示 dept.data 文件中部门名的前 4 个字符，可以使用例 6-40 的 cut 命令试一下。这里-c4-7 表示从第 4 个字符开始取一直取到第 7 个字符（总共 4 个字符）。

【例 6-40】

```
[dog@dog ~]$ cut -c4-7 dept.data
tno,
ACCO
RESE
SALE
OPER
```

☞指点迷津：

其实 Linux 系统的 cut 命令就相当于 Windows 系统的剪切操作。Windows 系统的剪切操作是将剪切的内容放在了剪贴板上，而 Linux 系统的 cut 命令默认是将剪切的内容放在了标准输出上。只不过 Linux 系统的 cut 命令更强大，但是 Windows 系统的剪切操作更简单。

6.7 paste 命令

当掌握了 cut 命令之后，可能会想在 Linux 操作系统中是否也有支持粘贴操作的命令？当然有，那就是 paste（粘贴）命令。该命令的语法格式如下：

paste [选项]...[文件名]...

paste 命令的功能是将每一个文件中的每一行用 Tab 字符分割开并顺序地写到标准输出上。如果命令中没有文件名，或文件名使用了-，paste 命令将从标准输入读入。可以使用 paste 命令将多个文件合并成一个文件。如果在 paste 命令中使用了-d 选项将更改输出的分隔符（默认分隔符是 Tab 字符）。

经理要给手下人发工资了，他要你做一个工资的清单，列出所有员工的人名和工资。你此时想到了刚刚学过的 paste 命令，不过在使用这一命令之前，还需要做点准备工作。之前你已经生成了一个存放员工人名清单的文件 name.txt，现在要使用类似的方法生成一个只包含每个员工工资的文件 salary.txt，如例 6-41 所示。

【例 6-41】

```
[dog@dog ~]$ cut -f4 emp.data > salary.txt
```

系统执行完以上命令后不会给出任何信息，因此可以使用例 6-42 的 cat 命令列出 salary.txt 文件中的所有内容以检验以上命令是否正确执行。为了节省篇幅，这里省略了部分输出。

【例 6-42】

```
[dog@dog ~]$ cat salary.txt
800
1600
1250
……
```

如果没有错误，就可以使用例 6-43 的 paste 命令生成所需的清单 emplist.txt（即将人名和工资两个文件合并成一个文件）。

【例 6-43】

```
[dog@dog ~]$ paste name.txt salary.txt > emplist.txt
```

系统执行完以上命令后同样不会给出任何信息，因此可以使用例 6-44 的 cat 命令列出 emplist.txt 文件中的所有内容以检验以上命令是否正确执行。为了节省篇幅，这里省略了部分输出。

【例 6-44】

```
[dog@dog ~]$ cat emplist.txt
SMITH    800
ALLEN    1600
WARD     1250
……
```

如果想在人名和工资之间使用逗号作为分隔符，可以在 paste 命令中加入 -d 选项，如例 6-45 所示。因为没有给出输出重定向的文件，所以这个命令的结果将直接写到终端的显示屏上。同样为了节省篇幅，这里还是省略了部分输出。

【例 6-45】

```
[dog@dog ~]$ paste -d, name.txt salary.txt
SMITH,800
ALLEN,1600
WARD,1250
……
```

细心的读者可能已经发现了 paste 命令实际上进行的是横向合并操作，即合并后的文件宽度增加。那么又怎样进行文件的纵向合并呢？其实你已经做过了，那就是使用>>输出重定向符号进行的文件添加操作。

☞指点迷津：

其实 Linux 系统的 paste 命令就相当于 Windows 系统的粘贴操作。只不过 Linux 系统的 paste 命令更强大，但是 Windows 系统的粘贴操作更简单。

通过把两个不同的系统进行比较，从中发现它们的共同或相似之处，这是一种很重要的学习方法。通过这种类比和外推的方法，可以更容易地掌握以前不知道或不理解的知识。

☞指点迷津：

在类比和外推之前，一定要画出边界，因为超出了适用范围的边界的外推可能得出荒谬的结论。

6.8　使用 sort 命令进行排序

sort 命令是对正文数据进行排序并将结果送到标准输出，但是原始文件中的数据不会发生任何改变。其正文数据既可以来自一个文件，也可以来自另一个命令的输出。sort 命令的语法格式如下：

sort [选项]... [文件名]...

其中常用的选项包括以下内容。

- -r: 进行反向排序（降序），r 是 reverse 的第 1 个字母。
- -f: 忽略字符的大小写，f 是 folds 的第 1 个字母。
- -n: 以数字的顺序进行排序，n 是 numeric 的第 1 个字母。
- -u: 去掉输出中的重复行，u 是 unique 的第 1 个字母。
- -t: -t c 表示以字符 c 作为分隔符。
- -k: -k N 表示按第 N 个字段排序。
- -k N1, N2 表示先按第 N1 个字段排序，当第 1 个字段重复时再按第 N2 个字段排序。

为了进一步详细解释 sort 命令的具体使用方法，需要使用例 6-46 的 cat 命令创建一个名为 test.sort 的文件（可以按个人的兴趣输入一些不同的信息，输入所有的字符之后，在最后一行的开始处按 Ctrl+D 键存盘并退出 cat 命令）。

【例 6-46】

```
[dog@dog ~]$ cat > test.sort
A
C
b
x
d
A
E
```

f
a
S
u
t
T
S
s

接下来，可以使用例 6-47 的 sort 命令对 test.sort 文件中的内容（字母）进行反向（-r选项的功能）排序并忽略大小写（-f 选项的功能）和去掉重复行（-u 选项的功能）。

【例 6-47】

[dog@dog ~]$ sort -rfu test.sort
x
u
t
S
f
E
d
c
b
A

为了演示 sort 命令中-t 选项和-k 选项的用法，将使用系统的口令文件/etc/passwd。首先使用例 6-48 的 cat 命令显示该文件中的内容。为了节省篇幅，这里省略了部分输出。

【例 6-48】

[dog@dog ~]$ cat /etc/passwd
root:x:0:0:root:/root:/bin/bash
bin:x:1:1:bin:/bin:/sbin/nologin
daemon:x:2:2:daemon:/sbin:/sbin/nologin
……
uucp:x:10:14:uucp:/var/spool/uucp:/sbin/nologin
operator:x:11:0:operator:/root:/sbin/nologin
games:x:12:100:games:/usr/games:/sbin/nologin
gopher:x:13:30:gopher:/var/gopher:/sbin/nologin

从例 6-48 的显示结果可以知道/etc/passwd 中的每个列的分隔符是:，而且第 3 列是数字。于是，使用例 6-49 的 sort 命令对/etc/passwd 中的内容按第 3 列排序（-k3 选项的功能）。其中-t:表示列（字段）之间的分隔符是:。为了节省篇幅，这里完全省略了输出结果。

【例 6-49】

[dog@dog ~]$ sort -t: -k3 /etc/passwd

118

从例 6-49 的显示结果可以发现 sort 命令是以 ASCII 码字符的顺序排序的，因此 100、10 和 11 等都排在了 2 的前面。可以使用例 6-50 的带有-n 参数的 sort 命令来重新按数字的顺序排序。为了节省篇幅，这里也省略了部分输出。

【例 6-50】

```
[dog@dog ~]$ sort -t: -k3 -n /etc/passwd
root:x:0:0:root:/root:/bin/bash
bin:x:1:1:bin:/bin:/sbin/nologin
daemon:x:2:2:daemon:/sbin:/sbin/nologin
......
uucp:x:10:14:uucp:/var/spool/uucp:/sbin/nologin
operator:x:11:0:operator:/root:/sbin/nologin
games:x:12:100:games:/usr/games:/sbin/nologin
gopher:x:13:30:gopher:/var/gopher:/sbin/nologin
ftp:x:14:50:FTP User:/var/ftp:/sbin/nologin
squid:x:23:23::/var/spool/squid:/sbin/nologin
```

6.9　使用 uniq 命令去掉文件中相邻的重复行

介绍完 sort 命令之后，下面接着介绍一个相关的命令 uniq。uniq 命令删除掉一个文件中的相邻重复行。uniq 命令中经常使用的一些选项如下。

- ➥ -c：在显示的行前冠以该行出现的次数。
- ➥ -d：只显示重复行。
- ➥ -i：忽略字符的大小写。
- ➥ -u：只显示唯一的行，即只出现一次的行。

可以使用例 6-51 的 uniq 命令对 test.sort 文件的内容进行 uniq 操作。操作的结果与 cat 命令显示的结果一样，因为 uniq 命令只删除一个文件中的相邻重复行，虽然在 test.sort 文件中有相同的行但它们都是不相邻的。为了节省篇幅，这里完全省略了输出结果。

【例 6-51】

[dog@dog ~]$ uniq test.sort

接下来，使用例 6-52 的 sort 命令对 test.sort 文件中的内容进行排序并将结果写入 test.sorted 文件中。

【例 6-52】

[dog@dog ~]$ sort test.sort > test.sorted

系统执行完以上命令后不会给出任何信息，因此可以使用 cat 命令列出 test.sorted 文件中的所有内容以检验以上命令是否正确执行。现在，可以使用例 6-53 的 uniq 命令来对 test.sorted 文件的内容进行 uniq 操作了。

【例 6-53】

[dog@dog ~]$ uniq test.sorted
```
a
A
b
c
d
E
f
s
S
t
T
u
x
```

例 6-53 的显示结果表明 uniq 命令已经去掉了 test.sorted 文件的内容中相邻的重复行。也可以使用例 6-54 的 uniq 命令只显示 test.sorted 中重复的行和重复的次数。其中-d 参数表示只显示重复行。

【例 6-54】

[dog@dog ~]$ uniq -c -d test.sorted
```
     2 A
     2 S
```

还可以使用例 6-55 的 uniq 命令只显示 test.sorted 中重复的行和重复的次数的同时忽略大小写。其中-i 参数表示忽略字符的大小写。

【例 6-55】

[dog@dog ~]$ uniq -cid test.sorted
```
     3 a
     3 s
     2 t
```

如果读者认真回忆一下 sort 命令，实际上 uniq 命令与 sort -u 命令的结果十分类似。在以上的介绍中，有时为了完成所需的操作，我们不得不创建一个中间文件。有读者可能会问能不能不使用中间文件，将前一个命令的输出结果直接输入给后一个命令？当然可以，这就是 6.10 节将要介绍的管道（|）操作。

6.10　管道（|）操作

可以使用管道（|）操作符连接两个（或多个）Linux（或 UNIX）操作系统命令，其语法格式如下：

命令 1 | 命令 2 ...

系统会将命令 1 的标准输出重定向为命令 2 的标准输入。可以在任何两个命令之间插入一个管道操作符，管道操作符之前的命令将把输出写到标准输出上，而管道符之后的命令将把这个标准输出当作它的标准输入来读入。

其实管道的概念就是来自生活中的自来水管接头，如图 6-2 所示。所谓的使用管道符号将两个命令组合起来就相当于使用水管（接头）将水龙头与洗车的高压水枪接在一起。如果现在是冬天，可以先将水龙头来的水送到热水炉加温后再送到高压水枪，其操作如图 6-3 所示。使用水管接头将 3 个现有的正常工作器械（系统）组合成一个新的功能更强的器械（系统）。

图　6-2　　　　　　　　　图　6-3

在图 6-3 中水龙头、热水炉和高压水枪就相当于 Linux 系统的命令，水管（接头）就相当于 Linux 系统中的管道操作符（|）。现在应该清楚管道操作符的概念和工作原理了吧？

☞ 指点迷津：

> 标准错误信息（stderr）并不通过管道传播，即第 1 个命令的错误信息不会传给第 2 个命令，当然第 2 个命令的错误信息也同样不会传给下一个命令等。

如果你是一个 Linux 操作系统的管理员，有时可能需要知道现在正在系统上工作（已经登录）的用户有多少，就可以使用例 6-56 的方式利用管道操作符将 who 与 wc 两个命令组合起来以获取所需的信息。

【例 6-56】

[dog@dog ~]$ who | wc -l
2

可能有读者想其实也没有必要使用管道操作符，直接使用 who 命令将所有的上机用户都列出来，之后数一下不就行了，何必那么麻烦？实际情况并不像想象的那么简单，因为在实际的生产系统上可能有几百个用户，怎么数？但是使用例 6-56 的方式来获取相应的信息就十分简单了。

如果你现在想知道在 Linux 系统上一共创建了多少用户（包括目前没有登录的用户），那又该怎么办呢？还记得以前介绍的口令文件/etc/passwd 吗？因为在这个文件里每一个用户占一行的记录（也包括系统自动创建的系统用户），所以该文件的记录行数就是用户数。因此，可以使用例 6-57 的方式利用管道操作符将 cat 与 wc 两个命令组合起来以获取所需的信息。

【例 6-57】

[dog@dog ~]$ cat /etc/passwd | wc -l
40

如果想知道 Linux 操作系统上的英语字典的词汇量有多少，可以使用例 6-58 的组合命令来获取准确的数字。

【例 6-58】

```
[dog@dog ~]$ cat /usr/share/dict/words | wc -l
483523
```

另外，如果想使用带有-l 选项的 ls（命令）列出/bin 目录下所有的文件和目录细节，你会发现显示的内容会很多，一屏根本装不下，所以浏览起来很困难。此时就可以使用例 6-59 的命令将 ls 的显示结果通过管道直接送到 more 命令的输入，more 命令的功能就是分屏地显示输出的内容。之后就可以使用之前学习过的方法来浏览整个 ls 命令的显示结果了，当浏览完之后按 q 键退出 more 命令。为了节省篇幅，这里省略了显示输出结果。

【例 6-59】

```
[cat@dog ~]$ ls -lF /bin | more
```

还记得在 6.9 节中使用例 6-52 的 sort 命令和例 6-53 的 uniq 命令完成的操作吗（不但使用了两个命令还生成了一个中间文件 test.sorted）？现在有了管道操作符，就方便多了，只需使用例 6-60 的一个组合命令就行了，而且也不需要中间文件。是不是方便多了？

【例 6-60】

```
[dog@dog ~]$ sort test.sort | uniq -cid
      3 a
      3 s
      2 t
```

如果想获得一张反向排列的所有用户（在系统上已经创建的用户）的清单，可以使用例 6-61 的命令。其中 cut 命令从/etc/passwd 取出第 1 列（字段），字段的分隔符为:。系统将 cut 命令的执行结果通过管道送给 sort 命令，sort 命令对这些数据进行反向排序。之后系统再将 sort 命令执行的结果通过管道送给 more 命令，more 命令一屏一屏地显示这些结果。为了节省篇幅，这里省略了输出结果。

【例 6-61】

```
[dog@dog ~]$ cut -f1 -d: /etc/passwd | sort -r | more
```

除了以上介绍的管道功能外，还可以在管道操作中加入 xargs 命令，它可以将管道导入的数据转换成后面命令的输入参数列表。这里先解释一下 xargs 的含义，x 是算术运算中的乘号，args 就是 arguments 的缩写，所以 xargs 的含义是产生某个命令的参数。

下面通过例子来进一步解释 xargs 命令的用法。假设项目已经与某烧饼店建立了战略合作伙伴关系，现在项目经理要将那些残疾的小狗和小狼都卖给该店做成狗肉火烧和狼肉火烧。他让你在系统中删除它们的全部记录。为了演示后面的操作，首先将当前目录切换到/home/dog/wolf 目录，之后使用例 6-62 和例 6-63 的 touch 命令创建 4 个文件。

【例 6-62】

```
[dog@dog wolf]$ touch disable_babyboy.dog disable_babygirl.dog
```

【例 6-63】

[dog@dog wolf]$ touch disable_babyboy.wolf disable_babygirl.wolf

系统执行完以上两个命令后不会给出任何信息，因此可以使用例 6-64 的 ls 命令列出当前目录中所有以 dis 开头的文件以检验以上命令是否正确执行。

【例 6-64】

[dog@dog wolf]$ ls dis*
disable_babyboy.dog   disable_babygirl.dog
disable_babyboy.wolf   disable_babygirl.wolf

使用例 6-65 的 cat 命令创建一个名为 delete_disable 文件，当进入 cat 命令的控制之后分别在 4 行上输入刚刚创建的文件名，之后按 Ctrl+D 键盘退出。

【例 6-65】

[dog@dog wolf]$ cat > delete_disable
disable_babyboy.dog
disable_babygirl.dog
disable_babyboy.wolf
disable_babygirl.wolf

系统执行完以上命令后也不会给出任何信息，因此可以使用 cat 命令列出 delete_disable 中的所有内容以检验以上命令是否正确执行。当一切准备就绪之后，就可以使用例 6-66 的命令一次删除所创建的 4 个文件，效率高吧？

【例 6-66】

[dog@dog wolf]$ cat delete_disable | xargs rm -f

例 6-66 命令的执行过程大致如下：首先 cat 命令列出 delete_disable 中的 4 个文件名，每行一个；之后通过管道送入下一个命令，xargs 命令将由管道得来的内容即 4 个文件名转换成下一个命令 rm -f 的参数列表，系统执行 rm -f 命令（-f 表示强制删除，即在删除时不会询问是否删除）。实际上，经过 xargs 命令的转换，最后一个命令就变成了如下 4 个命令：

（1）rm -f disable_babyboy.dog。

（2）rm -f disable_babygirl.dog。

（3）rm -f disable_babyboy.wolf。

（4）rm -f disable_babygirl.wolf。

系统执行完例 6-66 命令后还是不会给出任何信息，因此可以使用 ls 命令列出当前目录中的所有内容以检验以上命令是否正确执行。

6.11　使用 tee 命令分流输出

如果想将前一个命令的输出结果直接输入给后一个命令，同时还要将前面命令的结果存入一个文件，那又该怎么办呢？可以使用 tee 命令。tee 命令的功能就是将标准输入复制给每一个指定的文件和标准输出。也有人称 tee 命令为 T 型管道。

其实 T 型管道的概念就是来自生活中的自来水管的 T 型接头，如图 6-4 所示。假设 6.10 节说的洗车店是个小本生意，店老板为了节省水钱，在一个公厕的水管阀门上接了一个 T 型接头将免费的水进行了分流同时接入了洗车的高压水枪和抽水马桶，如图 6-5 所示。

图 6-4   图 6-5

接下来，可以使用 tee 命令来进一步扩充 6.10 节例 6-61 组合命令的功能，如例 6-67 通过在 sort -r 命令之前和之后加入管道符和 tee 命令的方式将排序之前和之后的数据分别存入 passwd.cut 和 passwd.sort 文件。为了节省篇幅，这里对输出结果进行了裁剪。下面对这个例子中与 tee 命令有关的操作进行一些解释。首先 tee passwd.cut 命令将由管道送过来的数据（/etc/passwd 文件中的第 1 列，即用户名）存入 passwd.cut 文件，同时还通过管道将这些数据送给下一个命令进行处理（sort -r 命令进行反向排序）。tee passwd.sort 命令将由管道送过来的数据（反向排序后的用户名）存入 passwd.sort 文件，同时还通过管道将这些数据送给下一个命令进行处理（more 命令进行分页显示）。

【例 6-67】

```
[dog@dog ~]$ cut -f1 -d: /etc/passwd | tee passwd.cut | sort -r | tee passwd.sort | more
xfs
webalizer
vcsa
uucp
shutdown
rpc
root
pcap
operator
news
mailnull
--More--
```

进入 more 命令的控制之后，就可以使用曾经学习过的 more 命令的操作来浏览所有的用户名。当操作完成之后，可以按 q 键退出。

使用例 6-68 的 ls 命令列出在当前目录中所有以 pass 开头的文件。当确认了 passwd.cut 和 passwd.sort 两个文件已经存在之后，可以使用 cat 命令分别浏览 passwd.cut 和 passwd.sort 这两个文件，你会发现：passwd.cut 文件中的用户名是没有次序的，因为该文件的数据是在排序之前存入的，但是 passwd.sort 文件中的用户名是按降序排列的，因为该文件的数据是在降序排序之后存入的。为了节省篇幅，这里不再给出具体的操作及结果。感兴趣的读者可以自己试一下。

【例 6-68】

```
[dog@dog ~]$ ls -l pass*
-rw-rw-r--  1 dog dog 233 Dec 23 01:12 passwd.cut
-rw-rw-r--  1 dog dog 233 Dec 23 01:12 passwd.sort
```

接下来将介绍怎样利用管道将从 Linux 系统所获取的信息直接以电子邮件的方式发给其他用户。但是在讲解这一功能之前，首先要介绍如何发送电子邮件。

6.12　发送电子邮件

在 Linux 系统上收发邮件都使用一个命令，即 mail 命令。假设你目前是在 dog 用户的家目录（否则要切换到该目录）。下面通过例 6-69 的 mail 命令来解释如何使用 mail 命令发送一个电子邮件给 fox 用户。在 mail 命令中-s（subject 的第 1 个字母）表示有设定邮件的主题，主题就是放在-s 之后双引号括起来的部分，这部分可以根据需要随便输入。fox 为邮件的收件人，他既可以是本机上的用户账号（用户名），也可以是一般邮件地址的格式。在这个例子中 fox 用户是本机用户。按 Enter 键之后光标会停留在下一行的开始处，此时即可输入邮件的内容（从 Hi my little brother 开始一直到 From your big brother 是你要输入的）。如果要结束邮件的内容，按 Enter 键并在新的一行中输入一个点（这个点就表示要结束邮件的内容）并按 Enter 键。之后会出现 Cc:，Cc 为 Carbon copy 的缩写，意思是复写本（副本），如果在冒号后面输入另一个用户，该邮件副本就可以再寄给这个用户。在这里只要按 Enter 键即可退出 mail 程序（mail 是 Linux 的外部命令，也就是以程序，或叫可执行文件的方式存在的）并返回 Linux 系统。实际上，此时 dog 用户已经将这个主题为 An Urgent Notice 的电子邮件发送给了 fox 用户，如图 6-6 所示。

【例 6-69】

[dog@dog ~]$ mail -s "An Urgent Notice" fox
Hi my little brother,
Water price will be up very soon. Please wash and clear your clothes
as many as possible now, and store water as much as possible.

strickly confidential
From your big brother

.
Cc:

主题的大意是紧急通知。邮件内容部分的大意是：嗨，老弟，水费很快就要涨了。赶紧把能洗的都洗了，尽可能多存点水。最后落款是高度机密，你大哥。看来这对狐朋狗友是生活在社会底层的草根一族，要是有钱佬关心的应该是股价或房价。可真是一对难兄难弟，有啥办法呀！没有钱能省点算点。

图　6-6

除了使用刚刚介绍的直接输入邮件内容的方法发送邮件之外，还可以将一个文件的内容以电子邮件直接发送给其他用户。为此，你要先找到要发送的文件。首先要切换回 dog 用户，可以使用类似例 6-70 的 ls 命令列出以 ne 开始的全部文件。

【例 6-70】

```
[dog@dog ~]$ ls -l ne*
-rw-rw-r--   1 dog dog 159 Dec   9 13:47 news
```

找到了 news 文件之后，可以使用例 6-71 的 cat 命令浏览该文件中所存放的内容，看看是不是你所需要的最伟大发现。

【例 6-71】

```
[dog@dog ~]$ cat news
A newest scientific discovery shows that the god is exist.
He is a super programmer,
and he creates our life by written programs with life codes (genes) !!!
```

现在 dog 用户就可以使用例 6-72 的 mail 命令将这一有史以来最伟大的发现发给 fox 用户了。

【例 6-72】

```
[dog@dog ~]$ mail -s "A Great News" fox < news
```

当按 Enter 键之后系统不会显示任何信息，但是这封主题为 A Great News 的电子邮件已经发送给了 fox 用户，邮件的内容就是文件 news 的内容。

在前面的几个例子中，读者已经发出去了好几封电子邮件，现在一定想知道怎样来阅读这些电子邮件吧？

6.13　阅读电子邮件

为了阅读自己的电子邮件，可以使用例 6-73 的 ls 命令来列出所有用户的邮件箱（存放电子邮件内容的文件）。

【例 6-73】

```
[dog@dog ~]$ ls -l /var/spool/mail
total 104
-rw-rw----   1 cat    mail        0 Nov 13 14:22 cat
-rw-rw----   1 dog    mail      747 Dec 23 13:19 dog
-rw-rw----   1 fox    mail     2233 Dec 23 13:19 fox
-rw-------   1 root   root    92575 Dec 23 04:02 root
```

从例 6-73 的显示结果可知 Linux 操作系统为每一个用户准备了一个邮箱（文件）以存放用户的电子邮件，其文件名（邮箱）就是用户名，它存放的目录为/var/spool/mail。接下来就可以使用例 6-74 的 cat 命令来浏览 dog 邮箱中的全部电子邮件了。

【例 6-74】

```
[dog@dog ~]$ cat /var/spool/mail/dog
From cat@dog.super.com    Wed Dec 23 13:19:19 2009
Return-Path: cat@dog.super.com
Received: from dog.super.com (dog.super.com [127.0.0.1])
          by dog.super.com (8.13.1/8.13.1) with ESMTP id nBN5JJHr003732;
          Wed, 23 Dec 2009 13:19:19 +0800
Received: (from cat@localhost)
          by dog.super.com (8.13.1/8.13.1/Submit) id nBN5JJ8M003731;
          Wed, 23 Dec 2009 13:19:19 +0800
Date: Wed, 23 Dec 2009 13:19:19 +0800
From: cat@dog.super.com
Message-Id: 200912230519.nBN5JJ8M003731@dog.super.com
To: dog@dog.super.com
Subject: Water Price Up
Cc: fox@dog.super.com

Hi my little brother,
Water price will be up very soon. Please wash and clear your clothes
as many as possible now, and store water as much as possible.

strickly confidential
>From your big brother
```

例 6-74 显示的结果清楚地表明/var/spool/mail/dog 确实是 dog 用户的邮箱。为了下面的解释方便，我们将要解释的部分用黑框括起来了。显示的第 1 行表明这个邮件是从 cat@dog.super.com（其中@符号之后的是主机名）这个邮件地址发来，时间是 2009 年 12 月 23 日星期三 13 点 19 分 19 秒。带黑框的第 2 行表示这个邮件是发给 dog.super.com 主机上的 dog 用户的，带黑框的第 3 行表示这个邮件的主题是 Water Price Up（水价上调），带黑框的第 4 行表示还将这个邮件的副本发给了 dog.super.com 主机上的 fox 用户。接下来的部分就是电子邮件的内容了。

以上是使用 cat 命令浏览自己的邮箱，我们是否可以使用同样的方法浏览其他用户的邮箱呢？可以使用例 6-75 的 cat 命令试一下（你现在在 dog 用户下）。

【例 6-75】

```
[dog@dog ~]$ cat /var/spool/mail/fox
cat: /var/spool/mail/fox: Permission denied
```

例 6-75 显示的结果告诉我们，普通用户不能使用 cat 命令浏览其他用户的邮箱（但是 root 用户可以）。尽管狗与狐狸是患难与共的难兄难弟，无话不说，但还是不能浏览这位狐朋邮箱中的任何信息。Linux 系统总是铁面无私忠实地执行自己的职责，什么亲朋好友裙带关系，Linux 系统全都不认，就是按规则（或法律）办事，跟包公转世差不多！

尽管使用 cat 命令可以浏览用户自己的邮箱，但是感觉不太方便，因为每次都要输入长长的文件路径名。那么有没有更简单快捷的方法来查看邮件呢？Linux 操作系统总是想到你的前头，答案是有的，那就是使用 mail 命令。为了演示方便清晰，使用例 6-76 的 su 命令切换到 fox 用户，在系统的 Password 提示处输入 fox 用户的密码（如果忘了，可以先切换到 root 用户，使用 passwd fox 命令强行修改 fox 用户的密码）。

【例 6-76】

```
[dog@dog ~]$ su - fox
Password:
```

输入例 6-77 的 mail 命令，系统就会显示该用户（fox 用户）的全部邮件。为了解释方便，我们重新列出邮件 3 的相关信息。

| N | 3 cat@dog.super.com | Wed Dec 23 13:19 | 22/747 | "Water Price Up" |
| 邮件编号 | 寄件人 | 寄信的时间 | | 邮件的主题 |

【例 6-77】

```
[fox@dog ~]$ mail
Mail version 8.1 6/6/93.    Type ? for help.
"/var/spool/mail/fox": 3 messages 3 new
>N   1 dog@dog.super.com    Wed Dec 23 01:46    21/765    "An Urgent Notice"
 N   2 dog@dog.super.com    Wed Dec 23 01:50    18/721    "A Great News"
 N   3 cat@dog.super.com    Wed Dec 23 13:19    22/747    "Water Price Up"
& 3
Message 3:
From cat@dog.super.com   Wed Dec 23 13:19:19 2009
Date: Wed, 23 Dec 2009 13:19:19 +0800
From: cat@dog.super.com
To: dog@dog.super.com
Subject: Water Price Up
Cc: fox@dog.super.com

Hi my little brother,
Water price will be up very soon. Please wash and clear your clothes
as many as possible now, and store water as much as possible.

strickly confidential
>From your big brother

& q
Saved 1 message in mbox
Held 2 messages in /var/spool/mail/fox
```

从例 6-77 的显示结果可以知道该用户的邮箱中一共有 3 封电子邮件。如果想阅读第 3

封邮件，输入 3 并按 Enter 键，之后系统就会显示第 3 封邮件中的详细内容。当阅读完这封邮件中的内容之后，可以使用两种方式中的一种退出 mail 程序的控制，一个是按 q 键之后按 Enter 键，另一个是按 x 键之后按 Enter 键。

如果这次你使用 q 键退出，当退出 mail 程序后系统将显示在 mbox 中存入了一条消息，而在 fox 的邮箱中还有两条消息（因为使用 q 键退出时已经删除了阅读过的第 3 封邮件）。那么这个 mbox 又是什么东西呀？mbox 实际上就是邮件的垃圾桶，当用户阅读过的邮件在使用 q 键退出 mail 时就会丢到这个垃圾桶中。有读者可能要问这个垃圾桶又在什么地方呢？它是用户家目录中的一个文件。

为了找到 mbox 这个垃圾桶，首先使用例 6-78 的 pwd 命令确定当前目录就是 fox 用户的家目录。之后使用例 6-79 的 ls 命令列出 fox 用户的家目录中所有的文件和目录。

【例 6-78】

```
[fox@dog ~]$ pwd
/home/fox
```

【例 6-79】

```
[fox@dog ~]$ ls -l
total 4
-rw------- 1 fox fox 758 Dec 23 14:55 mbox
```

下面就可以使用例 6-80 的 cat 命令来浏览 mbox 这个垃圾桶中所有被丢弃的电子邮件了。为了节省篇幅，这里省略了输出显示结果。

【例 6-80】

```
[fox@dog ~]$ cat mbox
```

6.14　利用管道发送邮件

假设狗友（dog 用户）的狐朋（fox 用户）对项目也产生了兴趣，他让 dog 用户帮忙将这个项目的清单发给它。为了演示后面的操作，你要首先切换回 dog 用户，使用例 6-81 的 cd 命令将当前目录切换到/home/dog/wolf 目录。

【例 6-81】

```
[dog@dog ~]$ cd wolf
[dog@dog wolf]$
```

接下来，可以使用例 6-82 带有-l 选项的 ls 命令。其实，这个 ls 命令的显示结果就是 fox 用户所需的项目清单，可以利用管道操作符直接将这个清单发送给 fox 用户。

【例 6-82】

```
[dog@dog wolf]$ ls -l
```

```
total 4
-rw-rw-r--   1 dog dog 84 Dec 22 19:07 delete_disable
-rw-rw-r--   1 dog dog  0 Dec 12 21:45 dog1.wolf
-rw-rw-r--   1 dog dog  0 Dec 12 21:45 dog2.wolf
-rw-rw-r--   1 dog dog  0 Dec 12 21:45 dog3.wolf
-rw-rw-r--   1 dog dog  0 Dec 12 21:50 dog3.wolf.boy
-rw-rw-r--   1 dog dog  0 Dec 12 21:46 dog.wolf.baby
-rw-rw-r--   1 dog dog  0 Dec 12 21:46 dog.wolf.boy
-rw-rw-r--   1 dog dog  0 Dec 12 21:46 dog.wolf.girl
```

狐朋

其操作也比较简单，可以使用例 6-83 的组合命令直接将 ls -l 命令列出的清单通过管道发送给狐朋（fox 用户），邮件的主题是 Dog Project List。

【例 6-83】

[dog@dog wolf]$ ls -l | mail -s "Dog Project List" fox

当按 Enter 键之后这封邮件即寄出去，但是系统不会给出任何提示信息。于是可以使用 su 命令切换到 fox 用户（也可以再开启一个终端窗口）。

进入 fox 用户之后，使用 mail 命令查看 fox 用户的邮件。可以发现在邮箱里确实多了一封编号为 3 的新邮件，邮件的主题就是 Dog Project List。如果想阅读第 3 封邮件，输入 3 并按 Enter 键，之后系统就会显示第 3 封邮件中的详细内容，果然邮件的内容就是 fox 用户所需要的项目清单。当阅读完这封邮件中的内容之后，就可以输入小写的 q 或者 x 退出 mail 命令。利用管道来发送邮件方便吧？

6.15 练 习 题

1．在如下有关 UNIX 或 Linux 操作系统的文件描述符的叙述中，哪些是正确的？（选择 3 个正确的答案）

　　A．0 为标准的命令输入　　　　　　　　B．1 为标准的命令输出

　　C．2 为标准的命令错误（信息）　　　　D．3 为标准的打印输出

2．如果要在一个正文文件的最后追加内容，将使用如下的哪一个输出重定向操作符号？

　　A．>　　　　　　　　B．->　　　　　　　　C．>>　　　　　　　　D．|

3．在 Linux 操作系统中，所有用户的邮件箱（存放电子邮件内容的文件）都存放在了如下的哪一个目录中？

　　A．/var/mail　　　B．/spool/mail　　　C．/var/spool　　　D．/var/spool/mail

4．要将系统中所有用户的名字在去掉重名之后以字母顺序存放在一个名为 names.user 的文件中，应该使用如下哪一个命令？

　　A．cut -f1 -d: /etc/passwd | sort | uniq | > names.user

　　B．cut -f1 -d: /etc/passwd | sort -d | uniq > names.user

　　C．cut -f1 -d: /etc/passwd | sort -a | uniq | names.user

　　D．cut -f1 -d: < /etc/passwd | sort | uniq | less < names.user

第7章 用户、群组和权限

本章将介绍 Linux 系统的用户、群组和文件的访问权限等概念，并讲解怎样浏览和变更文件的访问权限。在本章中还要介绍默认权限的概念。

7.1 Linux 系统的安全模型

首先，作为一个安全系统的重要功能之一就是只允许那些授权的用户登录该系统，而阻止那些未经授权的用户登录（进入）这一系统。其次，登录该系统的用户只能访问（操作）那些他有权访问（操作）的文件和资源。那么在 Linux 操作系统中又是怎样做到这些的呢？Linux 操作系统采用了如下措施：

- 用户登录系统时必须提供用户名和密码（用户是由 root 用户创建的，最初的密码也是 root 用户设定的）。
- 使用用户和群组来控制使用者访问文件和其他资源的权限。
- 系统上的每一个文件都一定属于一个用户（一般该用户就是文件的创建者）并与一个群组相关。
- 每一个进程（处理程序）都会与一个用户和群组相关联。可以通过在所有的文件和资源上设定权限来只允许该文件的所有者或者某个群组的成员访问它们。

虽然主要由系统管理员（root 用户）来维护一个系统的安全，但是普通用户在保证系统安全方面也扮演着重要的角色。

7.2 用户及 passwd 文件

用户（Users）的概念是在计算机发展的早期引入的，当时计算机是非常庞大和昂贵的系统。在计算机系统上创建用户的目的就是允许许多人可以共享这一十分昂贵的计算机系统。Linux 系统继承了 UNIX 操作系统的传统，继续使用用户这一机制来进行系统的管理和维护。在 Linux 操作系统中，用户具有如下特性：

- 系统中的每一个用户都有一个唯一的用户标识符（号码），即 uid（user identifier 的缩写），uid 0 为 root 用户的标识符（号码）。
- 所有的用户名和用户标识符都被存放在根目录下的/etc/passwd（口令）文件中。
- 在口令文件中还存放了每个用户的家目录，以及该用户登录后第一个执行的程序（通常是 shell，在 Linux 系统中默认是 bash。但是在 SUN 的 Solaris 上默认为 ksh）。
- 如果没有相应的权限就不能读、写或执行其他用户的文件。

下面解释/etc/passwd（口令）文件中所存信息的具体含义，为此使用例 7-1 的 more 命令一屏一屏地显示这个文件中的内容。为了节省篇幅，这里只截取了部分的显示输出。

【例 7-1】

```
[dog@dog ~]$ more /etc/passwd
root:x:0:0:root:/root:/bin/bash
bin:x:1:1:bin:/bin:/sbin/nologin
shutdown:x:6:0:shutdown:/sbin:/sbin/shutdown
......
dog:x:500:500:dog:/home/dog:/bin/bash
cat:x:501:501::/home/cat:/bin/bash
fox:x:502:502::/home/fox:/bin/bash
```

在这个口令文件中，第一个记录就是 root 用户的。文件的最后存储了曾经创建的 dog、cat 和 fox 3 个用户的信息。/etc/passwd 文件存储了所有用户的相关信息，该文件也被称为用户信息数据库（Database）。读者不要一见到数据库就感到紧张，其实任何存放数据的东西都可以称为数据库（甚至文件柜、装卡片的盒子等）。在文件中，每一个用户都占用一行记录，并且利用冒号分隔成 7 个字段（列），如图 7-1 所示。

图 7-1

下面顺序地解释每个字段（列）的具体含义：

（1）第 1 个字段（列）记录的是这个用户的名字（在创建用户时 root 用户起的）。

（2）第 2 个字段（列）如果是 x，表示该用户登录 Linux 系统时必须使用密码；如果为空，则该用户在登录系统时无须提供密码。

（3）第 3 个字段（列）记录的是这个用户的 uid。

（4）第 4 个字段（列）记录的是这个用户所属群组的 gid。

（5）第 5 个字段（列）记录的是有关这个用户的注释信息（如全名或通信地址）。

（6）第 6 个字段（列）记录的是这个用户的家目录的路径。

（7）第 7 个字段（列）记录的是这个用户登录后，第一个要执行的进程。

下面详细解释/etc/passwd 文件中第 2 个字段（列）的功能。如果用正文编辑器将这个文件中 cat 用户记录的第 2 列 x 去掉，则 cat 用户登录 Linux 系统时将不再需要密码而可以直接登录。

7.3 shadow 文件

通过 7.2 节的学习读者对/etc/passwd 文件已经很熟悉了，但是可能还是有疑惑，那就是真正的密码存放在什么地方？显然没有存放在/etc/passwd 文件中，因为在该文件中，有关密码的第 2 列只能表示在一个用户登录时需要提供密码（x）或不需要提供密码（空）。为了系统的安全，Linux 系统将真正的密码存在了另一个名为/etc/shadow 的文件中，与/etc/passwd

文件不同的是，普通用户无权访问/etc/shadow 文件。

　　/etc/shadow 文件存储了所有用户的密码，每一个用户占用一行记录，该文件实际上就是存放用户密码的数据库（Database）。

　　以 root 用户登录 Linux 系统或切换到 root 用户，接下来使用例 7-2 的 tail 命令来浏览/etc/shadow 文件。

【例 7-2】

```
[root@dog ~]# tail -5 /etc/shadow
pegasus:!!:14525:0:99999:7:::
htt:!!:14525:0:99999:7:::
dog:$1$FLAQ3m6z$h0LSBoVSwpyQhQkaJfPsW0:14561:0:99999:7:::
cat:$1$wgjVOCA2$ggKjUQtmqA/7WTjtToAw4.:14561:0:99999:7:::
fox:$1$iMj6Ei8G$jy0V8FRrdl7rkyZ6slVyx/:14600:0:99999:7:::
```

　　在/etc/shadow 文件中，每个字段（列）也是由冒号分隔，其中第 1 个字段（列）也是用户名，它是与/etc/passwd 文件中的内容相对应的。第 2 列则是密码，这个密码是经过 MD5 加密算法加密过的密码。如果密码以1开头，则表示这个用户已经设定了密码；如果密码以!!开头，则表示这个用户还没有设定密码。许多 Linux 书上也是这么解释的。

　　细心的读者可能已经发现了有点不对劲，按以上的说法又怎么解释 cat 用户呢？因为之前经过修改，cat 用户登录 Linux 系统已经不需要密码了。为了使读者进一步了解其中的奥秘，这里通过一组例子来详细地解释其中的原委。

　　首先，要使用例 7-3 的 useradd 命令（该命令以后将详细介绍）在 Linux 系统中添加一个名为 pig 的新用户。

【例 7-3】

```
[root@dog ~]# useradd pig
```

　　系统不会给出任何有关该命令执行成功与否的信息，因此需要使用例 7-4 的 tail 命令浏览/etc/passwd 文件以确定 pig 用户是否已经存在于系统中。接下来，再使用例 7-5 的 tail 命令查看/etc/shadow 文件。

【例 7-4】

```
[root@dog ~]# tail -3 /etc/passwd
cat::501:501::/home/cat:/bin/bash
fox:x:502:502::/home/fox:/bin/bash
pig:x:503:503::/home/pig:/bin/bash
```

【例 7-5】

```
[root@dog ~]# tail -3 /etc/shadow
cat:$1$wgjVOCA2$ggKjUQtmqA/7WTjtToAw4.:14561:0:99999:7:::
fox:$1$iMj6Ei8G$jy0V8FRrdl7rkyZ6slVyx/:14600:0:99999:7:::
pig:!!:14602:0:99999:7:::
```

　　对比例 7-5 显示结果中 cat 记录和 pig 用户第 2 列的信息，会发现 pig 用户的密码才符合我们对在/etc/shadow 文件中密码字段的解释。实际上，应该理解成 cat 用户的密码是空值，这样更准确一些。

为了进一步加深理解，可以分别使用例 7-6 和例 7-7 的带有-S（注意，S 是大写）选项的 passwd 命令先后列出 cat 和 pig 用户密码的状态。

【例 7-6】

```
[root@dog ~]# passwd -S cat
Password set, MD5 crypt.
```

【例 7-7】

```
[root@dog ~]# passwd -S pig
Password locked.
```

例 7-6 的显示结果清楚地表明 cat 是使用了 MD5 的加密算法设置了密码（只不过现在是空的而已）。而例 7-7 的显示结果告诉我们 pig 的密码是锁住的，即目前 pig 用户是无法登录 Linux 系统的。为了能使 pig 用户登录 Linux 系统，使用例 7-8 的 passwd 命令试着将 pig 用户解锁。

【例 7-8】

```
[root@dog ~]# passwd -uf pig
Unlocking password for user pig.
passwd: Success.
```

既然 pig 用户的锁已经解开，就可以使用 pig 用户登录 Linux 系统了，当在 login 处输入 pig 并按 Enter 键之后就立即登录了 Linux 系统，系统不会要求输入 pig 用户的密码。

其实这样做是非常危险的，因为任何知道 pig 用户名的用户都可以登录 Linux 系统并与其他普通用户一样可以在系统上进行操作。一般没有极为特殊的需要，任何用户都必须设定密码。那么如果需要某个用户不使用密码就可以登录，作为操作系统管理员（root 用户）必须对该用户的操作进行严格的限制，以防止危害整个系统的安全。

7.4　群组及 group 和 gshadow 文件

与其他 UNIX 系统相同，为了方便用户共享文件或其他资源，在 Linux 操作系统中也引入了群组（groups）的功能，Linux 系统中群组具有如下特性：

➡ Linux 系统中，每一个用户都一定隶属于至少一个群组，而每一个群组都有一个 group（群组）标识符（号码），即 gid。

➡ 所有的群组和对应的 gids 都存放在根目录下的/etc/group 文件中。

➡ Linux 系统在创建用户时为每一个用户创建一个同名的群组，并且把这个用户加入到该群组中，也就是说每个用户至少会加入一个与他同名的群组中，并且也可以加入到其他群组中。加入其他群组的目的是为了获取适当的权限来访问（存取）特定的资源。

↪ 如果有一个文件属于某个群组，那么这个群组中所有的用户都可以存取这个文件。

接下来进一步解释 group 和 gshadow 文件。这两个文件都存放在根目录下的/etc 子目录中。首先要使用 su 命令切换到 root 用户（或是以 root 用户登录），可以使用 more 命令（也可以使用 less 命令）列出/etc/group 文件中的全部内容，如例 7-9 所示。为了节省篇幅，这里只保留了相关部分的输出。

【例 7-9】

```
[root@dog ~]# more /etc/group
root:x:0:root
bin:x:1:root,bin,daemon
daemon:x:2:root,bin,daemon
sys:x:3:root,bin,adm
adm:x:4:root,adm,daemon
tty:x:5:
…
fox:x:502:
pig:x:503:
```

/etc/group 文件中的第 1 行记录就是 root 群组的，之后有很多系统预设群组的记录。在该文件的最后是之前创建的几个普通群组，也包括 pig 群组。

/etc/group 文件存放了 Linux 系统中所有群组的信息，它实际上就是一个存放群组信息的数据库（Database）。在/etc/group 文件中，每一个群组占用一行记录。每一个记录被冒号分隔成 4 个字段（列）。

下面顺序地解释每个字段（列）的具体含义：

（1）第 1 个字段是这个群组的名字。

（2）第 2 个字段中的 x 表示这个群组在登录 Linux 系统时必须使用密码。

（3）第 3 个字段记录的是这个群组的 gid。

（4）第 4 个字段记录的是这个群组里还有哪些成员（以后将详细介绍）。

与处理用户密码的方式如出一辙，为了系统的安全，Linux 系统将真正的群组密码存放在另一个名为/etc/gshadow 的文件中，与/etc/group 文件不同的是，普通用户无权访问/etc/gshadow 文件。现在，可以使用 more 命令（也可以使用 less 命令）列出/etc/gshadow 文件中的全部内容，如例 7-10 所示。为了节省篇幅，这里只保留了相关部分的输出。

【例 7-10】

```
[root@dog ~]# more /etc/gshadow
root:::root
bin:::root,bin,daemon
daemon:::root,bin,daemon
disk:::root
…
pegasus:x::
htt:x::
```

```
dog:!::
cat:!::
fox:!::
pig:!::
```

在/etc/gshadow 文件中，每一个群组都占用一行记录，每一列用冒号分隔，其中第 1 列就是群组名，这个文件中的内容是与/etc/group 文件中一一对应的，第 2 列是经过 MD5 加密算法加密过的密码。

☞指点迷津：

在 Linux 或 UNIX 的实际应用中，一般很少为群组设定密码。

为了后面操作的方便，现在应该使用命令切换到 pig 用户（也可以再开启一个终端窗口，之后以 pig 用户登录 Linux 系统）。切换成功（或登录）之后，使用例 7-11 带有-l 的 ls 命令列出 pig 的家目录中所有文件（也包括目录）的详细信息。

【例 7-11】

```
[pig@dog ~]$ ls -l
total 8
-rw-r--r--  1 root root 4720 Dec 25 06:08 learning.txt
```

使用 cp 命令在当前目录中生成一个名为 test.txt 的新文件，其内容与 learning.txt 完全相同。随后，使用例 7-12 带有-l 的 ls 命令再次列出 pig 的家目录中所有文件（也包括目录）的详细信息。

【例 7-12】

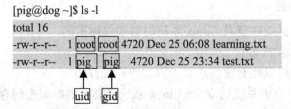

```
[pig@dog ~]$ ls -l
total 16
-rw-r--r--  1 root root 4720 Dec 25 06:08 learning.txt
-rw-r--r--  1 pig  pig  4720 Dec 25 23:34 test.txt
            uid  gid
```

在 ls -l 命令的显示列表中，第 3 列表示这个文件的所有者（uid），第 4 列表示这个文件所属的群组（gid）。由于第 1 个文件 learning.txt 是由 root 用户使用 cp 命令生成的，所以该文件的所有者为 root 用户并且所属的群组是 root 群组。而 test.txt 是由 pig 用户使用 cp 命令生成的，所以该文件的所有者为 pig 用户并且所属的群组是 pig 群组。

7.5　root 用户及文件的安全控制

在每个 Linux 系统上一定有一个特殊用户的账户，那就是 root 用户。root 用户也经常被称作超级用户，它可以完全不受限制地访问任何用户的账户和所有的文件及目录。加在文件和命令上的权限并不能限制 root 用户，root 用户在 Linux 系统中具有至高无上的权限。

由于 root 用户的权限过大，如果使用不当或操作失误就可能对系统造成灾难性的损失。因此一般不是绝对需要的话，尽量不要使用 root 用户登录 Linux 系统，而是尽可能地使用普通用户在 Linux 系统上工作。这样一旦出现了失误，对系统造成的损失要比使用 root 用户小。这也是为什么在本书的例子中，绝大多数都是使用普通用户完成的，其目的是为了让读者在一开始接触 Linux 或 UNIX 系统时就养成一个良好的习惯，所谓习惯成自然。

☞ **指点迷津：**

> 一般在系统管理中采用的一个原则是"最小化原则"。其原理是在能完成工作的前提下，使用权限最低的用户。这样万一有失误，对系统所造成的破坏是最小的。其实，现实生活中也是使用同样的原理。氢弹是大家知道的最强大的杀伤武器，但是自从这种超级武器诞生以来，还没有哪个国家的领导人敢按下发射的按钮。

　　读者可能还记得在 Linux 上所有的资源都被看作文件，包括物理设备和目录。在 Linux 系统上可以为每一个文件（或目录）设定 3 种类型的权限，这 3 种类型的权限详细地规定了谁有权访问这个文件（或目录），它们分别是：

　　（1）这个文件（或目录）的所有者（owner）的权限。

　　（2）与所有者用户在同一个群组的其他用户的权限。

　　（3）既不是所有者，也不与所有者在同一个群组的其他用户的权限。

　　根据以上说明，其实 Linux 系统是将系统中的所有用户分成了 3 类：第 1 类是所有者，第 2 类是同组用户，第 3 类是非同组的其他用户。因此可以为这 3 类用户分别设定所需的文件操作权限。这些文件操作权限包括读（read）、写（write）和执行（execute）。Linux 操作系统在显示权限时，使用如下 4 个字符来表示文件操作权限。

- ❧ r：表示 read 权限，也就是可以阅读文件或者使用 ls 命令列出目录内容的权限。
- ❧ w：表示 write 权限，也就是可以编辑文件或者在一个目录中创建（如使用 touch 命令创建）和删除（如使用 rm 命令删除）文件的权限。
- ❧ x：表示 execute 权限，也就是可以执行程序（可执行文件）或者使用 cd 命令切换到这个目录以及使用带有-l 选项的 ls 命令列出这个目录中详细内容的权限等。
- ❧ -：表示没有相应的权限（与所在位置的 r、w 或 x 相对应）。

　　系统上的每一个文件都一定属于一个用户（一般该用户就是文件的创建者）并与一个群组相关。一般地，一个用户可以访问（操作）属于他自己的文件（或目录），也可以访问其他同组用户共享的文件，但是一般不能访问非同组的其他用户的文件。不过 root 用户并不受这个限制，该用户可以不受限制地访问 Linux 系统上的任何资源。

　　也许一些读者对 Linux（UNIX）操作系统为什么引入群组和群组权限感到有些困惑，其实即使没有群组，Linux 系统也可以照样工作，如 DOS 操作系统就没有群组这一概念。群组在项目开发和管理上非常有用，因为可以将同一个项目的用户放在同一个群组中，这样该项目中那些大家都需要的资源就可以利用 group 权限来共享了。其他用户和其他用户权限的概念也很有用，因为有时一个用户可能需要鼓励系统中的所有用户（公众）访问它的某些资源，如广告。

　　其实，如果读者留意一下我们的现实生活就可以发现许多类似的例子。如每一个家庭就是一个 group，夫妻可以分享家中一切共有的（资源）财产，当然最重要的财产就是孩子，但是有些资源就很难或不愿分享，这些信息（资源）是属于一个用户（所有者）的私有资源。另外这对夫妻也可以为孩子请一个家庭教师，此时他们就赋予这位家庭教师教育和照顾他们孩子的权限，但是他们不大可能将孩子送人或卖掉的权限赋予家庭教师。

📢提示：

> 可以认为家庭教师是属于另外一个 group，通过授予这个 group 教育和照顾孩子的权限来完成以上的需求。一般家庭教师不可能与夫妻属于同一个 group，如果属于同一个 group，那她/他与这对夫妻的关系就不一般了。

其他用户和其他用户权限的概念在现实中的例子也很多。例如，一些明星为了增加人气故意将自己的一些"私隐"或绯闻让媒体曝光，就是赋予了公众共享他/她们"私隐"或绯闻的权限。

7.6 怎样查看文件的权限

已经讨论了半天的权限，可能一些读者要问怎样才能知道一个文件上到底具有哪些权限呢？其实方法很简单，那就是使用带有-l 选项的 ls 命令来查看文件上所设定的权限。这个命令会在显示结果的第 1 列（字段）中列出一组具有 10 个字符的字符串，其中包括文件的类型（如是文件还是目录）和该文件的存取权限。

如以 dog 用户登录 Linux 系统，之后使用例 7-13 的带有-l 的 ls 命令列出 dog 用户的家目录中的所有内容（包括文件和目录）。

【例 7-13】

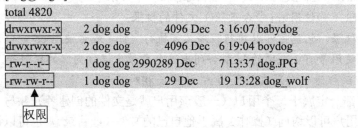

```
[dog@dog ~]$ ls -l
total 4820
drwxrwxr-x    2 dog dog      4096 Dec   3 16:07 babydog
drwxrwxr-x    2 dog dog      4096 Dec   6 19:04 boydog
-rw-r--r--    1 dog dog   2990289 Dec   7 13:37 dog.JPG
-rw-rw-r--    1 dog dog        29 Dec  19 13:28 dog_wolf
```

权限

ls -l 命令的显示结果中的第 1 列的第 1 个字符表示文件的类型，如果是 d（directory）就表示是目录，如果是-就表示是文件。紧接其后的 9 个字符是这个文件或目录的权限。接下来将详细介绍每个字符所代表的具体含义。

Linux 或 UNIX 系统将 ls -l 命令的显示结果中的第 1 列分成 4 组，如图 7-2 所示，其中：

（1）第 1 个字符为第 1 组，代表这是一个文件（-）或是一个目录（d），也可能是其他的资源（以后将会介绍）。

（2）第 2、3、4 个字符为第 2 组，定义了文件或目录的所有者（owner）所具有的权限，使用 u 代表所有者（owner）对文件的所有权限。

（3）第 5、6、7 个字符为第 3 组，定义了文件或目录的所有者所在的群组中其他成员（用户）所具有的权限，使用 g 代表这一组（group）权限。

（4）第 8、9、10 个字符为第 4 组，定义了所有既不是 owner 也不和 owner 在同一群组的其他用户对文件或目录所具有的权限。使用 o 代表这一组（other）权限。

在第 2、3、4 组中，每一组的第 1 个字符都是 r（可读），表示具有 r 这个权限，或者是-，表示没有读权限，如图 7-3 所示。

图　7-2　　　　　　　　　　　　　　　图　7-3

在第 2、3、4 组中，每一组的第 2 个字符都是 w（写），表示具有写这个权限，或者是-，表示没有写权限，如图 7-4 所示。

在第 2、3、4 组中，每一组的第 3 个字符都是 x（执行），表示具有执行这个权限，或者是-，表示没有执行权限，如图 7-5 所示。

图　7-4　　　　　　　　　　　　　　　图　7-5

下面利用两个例子来演示如何查看目录或文件的类型及权限等信息。首先使用例 7-14 带有-ld 选项的 ls 命令列出 dog 用户的家目录的 wolf 子目录的相关信息。

【例 7-14】

```
[dog@dog ~]$ ls -ld wolf
drwxrwxr-x  2 dog dog 4096 Dec 22 19:08 wolf
```

在例 7-14 的显示结果中只给出了 wolf 目录的详细信息而并未列出该目录中所包含的内容，这就是 ls 命令的-d 选项的功能。由于显示结果的第 1 个字符是 d，所以表示 wolf 是一个目录。后面的 3 组权限告诉我们这个目录的 owner（dog）可以对它进行读、写和执行的全部操作，与 dog 同组的用户也可以对它进行读、写和执行操作，但是除此之外的用户只能对该目录进行读和执行操作，而不能进行写操作。

接下来，使用例 7-15 的只带有-l 选项的 ls 命令列出 dog 用户的家目录的 wolf 子目录中所有内容的细节。

【例 7-15】

```
[dog@dog ~]$ ls -l wolf
total 4
-rw-rw-r--  1 dog dog  84 Dec 22 19:07  delete_disable
-rw-rw-r--  1 dog dog   0 Dec 12 21:45  dog1.wolf
-rw-rw-r--  1 dog dog   0 Dec 12 21:46  dog.wolf.girl
……
```

由于例 7-15 显示结果中每一行的第 1 个字符都是-，所以表示它们都是文件。后面的 3

组权限告诉我们这些文件的 owner（dog）可以对它们进行读、写操作，与 dog 同组的用户也可以对它们进行读、写操作，但是除此之外的其他用户只能对这些文件进行读操作。

7.7　Linux 系统的安全检测流程

在知道了怎样查看文件和目录的权限之后，本节将介绍当一个用户要求存取某一个文件或目录时，Linux 操作系统验证与授权给这个用户（使用者）的工作流程。

当有一个用户要求访问某个文件或目录时，Linux 操作系统会依照如图 7-6 所示的流程验证这个用户或群组是否有权限存取这个文件或目录。

（1）Linux 系统会判断这个用户是否是 root 用户，如果是 root 用户就可以直接存取（访问）文件（或目录）而不受文件（或目录）本身的权限限制。

图　7-6

（2）如果不是 root 用户，系统会比较这个用户的 uid 和文件上的 uid。如果用户的 uid 与文件上的 uid 相同，表示这个用户是该文件的所有者（owner），那么系统就会按这个文件上所有者权限的设定来让这个用户存取该文件。

（3）如果也不是 owner，系统就会继续比对这个用户的 gid 和文件上的 gid。如果用户的 gid 与文件上的 gid 相同，表示这个用户与该文件的 owner 是同一个 group 的成员，那么系统就会按这个文件上 group 权限的设定来让这个用户存取该文件。

（4）如果这个用户与这个文件的 owner 也不是同一个 group 的成员，那么系统就会按这个文件上 other 权限的设定来让这个用户存取该文件。

如果是一个女强人的单亲妈妈带一个孩子，她为了工作请来一个全职保姆。现在这个孩子就相当于文件，单亲妈妈就相当于 owner，而小保姆就相当于同组的一个成员。孩子上学的小学规定：为了安全起见，每天放学孩子必须有人接。现在可以把小学看成系统。当放学时，如果是孩子的妈妈接，当然没有问题，这就相当于系统发现她与孩子（文件）的 uid 相同。如果是保姆接也没问题，因为这就相当于系统发现她与孩子（文件）的 gid 相同。

那么又该怎样理解系统对 root 用户的操作过程呢？设想一下，某一天这个家庭出了一件大事，孩子的妈妈和小保姆都无法来接这个孩子，但是公安局的警察来接他了，此时学校（系统）当然要放行。现在应该了解 Linux 系统的安全检测流程了吧？

7.8　使用符号表示法设定文件或目录上的权限

本节将介绍怎样使用符号表示法设定或更改文件或目录上的权限。要使用 chmod 这个 Linux 命令来设定或更改文件或目录上的权限，chmod 命令的语法格式如下：

chmod [-R] mode 文件或目录名

其中，-R（R 是 Recursive 的第 1 个字母，中文意思是递归的）表示不但要设置（或更改）该目录权限，而且还要递归地设置（或更改）该目录中所有文件和子目录的权限。mode 为存取（访问）的模式（状态），符号表示法是指使用几个特定的符号来设定权限的状态（模式），表 7-1 是权限状态的一个汇总表。权限状态可以分成 3 个部分。

第 1 部分，也就是表 7-1 中的第 1 栏，表示要设定或更改谁的权限状态。其中的具体表示如下。

- u: 表示所有者（owner）的权限。
- g: 表示群组（group）的权限。
- o: 表示既不是 owner 也不与 owner 在同一个 group 的其他用户（other）的权限。
- a: 表示以上 3 组，也就是所有用户（all）的权限。

权限状态的第 2 部分，也就是表 7-1 中的第 2 栏，是运算符（operator），也有人称其为操作符，其中的具体表示如下。

- +: 表示加入权限。
- –: 表示去掉权限。
- =: 表示设定权限。

权限状态的第 3 部分，也就是表 7-1 中的第 3 栏，表示权限（permission），其中的具体表示如下。

- r: 表示 read（读）权限。
- w: 表示 write（写）权限。
- x: 表示 execute（执行）权限。

表7-1

mode		
who	operator	permission
u	+	r
g	–	w
o	=	x
a		

接下来通过几个例子来演示怎样使用符号表示法设定或更改文件或目录上的权限。首先还是以 dog 用户登录 Linux 系统，之后使用例 7-16 带有-l 选项的 ls 命令列出当前目录中所有文件和目录的细节。为了节省篇幅，这里省略了大部分的显示输出结果。

【例 7-16】

```
[dog@dog ~]$ ls -l
total 4820
drwxrwxr-x   2 dog dog      4096 Dec   3 16:07 babydog
drwxrwxr-x   2 dog dog      4096 Dec   6 19:04 boydog
```

```
-rw-r--r--        1 dog dog 2990289 Dec    7 13:37 dog.JPG
-rw-rw-r--        1 dog dog        29 Dec 19 13:28 dog_wolf
```

例 7-16 显示的结果表明 babydog 是一个目录，因为这一行记录的第 1 个字符是 d，这个目录的所有者（dog）和与 dog 同组的用户对该目录是可读、可写还可以执行。但是除此之外的其他用户对该目录是可读和可执行但不可写。

例 7-16 显示的结果还表明 dog_wolf 是一个文件，因为这一行记录的第 1 个字符是-，这个文件的所有者（dog）和与该用户同组的用户对该文件是可读和可写但是不可以执行。而除此之外的其他用户对该目录只有读权限。

现在，可以使用例 7-17 的 chmod 命令在 dog_wolf 文件上添加所有者和同组用户的可执行权限。

【例 7-17】

```
[dog@dog ~]$ chmod ug+x dog_wolf
```

当 Linux 系统执行完以上命令后不会给出任何信息，需要使用例 7-18 的 ls 命令重新列出 dog_wolf 文件相关的详细信息以验证例 7-17 的命令是否正确执行。

【例 7-18】

```
[dog@dog ~]$ ls -l dog_wolf
-rwxrwxr--   1 dog dog 29 Dec 19 13:28 dog_wolf
```

接下来，使用例 7-19 的 chmod 命令在 babydog 目录上为其他用户添加写权限。

【例 7-19】

```
[dog@dog ~]$ chmod o+w babydog
```

当 Linux 系统执行完以上命令后还是不会给出任何信息，因此需要使用例 7-20 的 ls 命令重新列出 babydog 目录相关的详细信息以验证例 7-19 的命令是否正确执行。

【例 7-20】

```
[dog@dog ~]$ ls -ld babydog
drwxrwxrwx   2 dog dog 4096 Dec    3 16:07 babydog
```

注意在例 7-20 的命令中使用了-d 参数，该参数会使 ls 命令只列出 babydog 目录本身的信息而不是该目录中的文件和目录信息。接下来，还要使用例 7-21 带有-l 的 ls 命令列出 babydog 目录中所有文件和目录的详细信息。

【例 7-21】

```
[dog@dog ~]$ ls -l babydog
total 12
-rw-rw-r--  1 dog dog 1972 Dec    2 07:06 cal2009
-rw-rw-r--  1 dog dog 1040 Dec    2 07:06 cal2038
-rw-rw-r--  1 dog dog 1972 Dec    2 07:06 lists
```

从例 7-21 的显示结果可以发现 babydog 目录中的任何文件的权限都完全没有变化。这是为什么呢？还记得 chmod 命令中有一个-R 选项吗？在 chmod 命令中，使用-R 选项可以递归地设置（或更改）一个目录本身的权限以及该目录中所有文件和子目录的权限。这里需要指出的是，在 Linux 系统上只有 root 用户才能使用带有-R 选项的 chmod 命令。

7.9 使用数字表示法设定文件或目录上的权限

通过 7.8 节的学习，相信读者已经能够使用字符表示法来设定或更改文件或目录上的权限了。可能有读者会觉得如果设定或更改多种权限时，还是有些繁琐。有没有一种更快捷的方法呢？当然有，那就是使用数字表示法设定文件或目录上的权限。

数字表示法是指使用一组三位数的数字来表示文件或目录上的权限状态，如图 7-7 所示，其中：

（1）第 1 个数字代表所有者（owner）的权限（u）。

（2）第 2 个数字代表群组（group）的权限（g）。

（3）第 3 个数字代表其他用户（other）的权限（o）。

图　7-7

这一组 3 位数中的每一位数字都是由以下表示资源权限状态的数字（即 4、2、1 和 0）相加而获得的总和。

➥ 4: 表示具有读（read）权限。

➥ 2: 表示具有写（write）权限。

➥ 1: 表示具有执行（execute）权限。

➥ 0: 表示没有相应的权限。

将以上数字相加就可以得到一个范围在 0～7 之间（也包括 0 和 7）的一个数字，而这一组 0～7 的数字就是表示所有者、同组和其他用户权限状态的数字。

如果想对所有的使用者（包括 owner、group 和 other）开放（一个文件或目录）所有的权限（read、write 和 execute），就可以将每组使用者的权限都设定为 7（4+2+1=7），即将这组 3 位数的数字设定为 777，如图 7-8 所示。

如果只想对所有者（owner）开放所有的权限，但是对同组用户开放读和执行权限，而对其他用户只开放读权限，那么所有者的权限状态（u）就将被设定为 7，同组用户的权限就将被设定为 5（4+0+1），而其他用户的权限就将被设定为 4（4+0+0），即将这组 3 位数的数字设定为 754，如图 7-9 所示。

图　7-8

图　7-9

可能有一定计算机基础的读者会觉得以上获取权限所对应的数字的方法比较繁琐。其实之所以使用以上方法来讲解是因为考虑到一些读者可能没有任何计算机背景知识。

☞ 指点迷津：

如果读者对以下使用二进制或八进制表示权限状态的方法理解上有困难，请不要紧张。因为即使完全不了解二进制或八进制也不会影响以后各章的学习。

实际上，计算机内部使用的都是二进制数字。二进制的数就是逢二进一，也就是二进制的数只有 0 和 1 这两个数字。使用二进制数来表示以上所介绍的权限状态非常方便，因为每一个权限的状态都可以使用一位二进制数来表示，使用 1 表示具有这一权限状态，使用 0 表示没有这一权限状态。因此每一组权限状态就可以使用一个 3 位的二进制数来表示。

为了书写方便，可以将这个 3 位的二进制数写成一个 1 位的八进制数（八进制数是逢八进一）。这样 3 组权限状态就可以使用 3 个八进制的数字来表示了。表 7-2 是八进制数与二进制数及每组权限状态的换算表。

表7-2

八 进 制	每 组 权 限	二 进 制
7	rwx	111(4+2+1)
6	rw-	110(4+2+0)
5	r-x	101(4+0+1)
4	r--	100(4+0+0)
3	-wx	011(0+2+1)
2	-w-	010(0+2+0)
1	--x	001(0+0+1)
0	---	000(0+0+0)

如果读者熟悉了二进制和八进制，可能会发现使用数字表示法设定或更改一个文件上的权限状态更方便，如果能记住表 7-2，连加法都省了。

可能会有读者感到奇怪，为什么计算机内部的操作都要使用二进制而不是以我们人类从孩童时就开始接触的十进制呢？这牵扯到计算机的设计问题。设想一下，如果计算机内部是使用十进制进行操作的，计算机使用电压来表示 10 个不同的数字。假设它使用 0 伏特表示 0、1 伏特表示 1、2 伏特表示 2、……、9 伏特表示 9。

这样看起来好像没有问题，但是如果电子元件老化造成了电压的漂移，如原来 1 伏特的电压漂移到了 1.5 伏特，现在计算机就无法判断 1.5 伏特的电压是从 1 伏特向上漂移的还是从 2 伏特向下漂移的。

可能有读者想那也很简单，我们使用 10 伏特表示 1、20 伏特表示 2、……、90 伏特表示 9。这样问题不就解决了吗？可是要知道电压差的增大必然伴随着电路成本和复杂性的上升。

使用二进制的设计以上问题就简单多了。例如可以使用 0 伏特表示 0、用 5 伏特表示 1。现在可以规定 2.5 伏特以下都认为是 0，而 2.5 伏特以上都认为是 1。在这样的设计中，即使电压漂移 2 伏特，系统照样正常工作，计算机更加稳定了。

使用二进制的另外一个好处是计算机的存储容量增大了许多，听起来这二进制怎么有点像金刚大力丸似的（可以包治百病），有这么神吗？这你还别不信，就那么神！我们通过表 7-3 来进一步解释其中的奥秘。

表7-3

二进制	1000	1001	1010	1011	1100	1101	1110	1111
十进制	8	9						
十六进制	8	9	A	B	C	D	E	F

表 7-3 是从十进制 8 开始的二进制与十进制及十六进制的转换表。从表中可以看出，要表示 8～9 的十进制数字，二进制数字要增加到 4 位。但是从 1010～1111 的 6 个二进制数没有对应的十进制数字（编码），这也就是说同样的 4 位二进制数如果是使用十进制编码就少了 6 个。所以在计算机上使用二进制与十进制相比确实可以使计算机的存储容量增大。

为了表达一个 4 位的二进制更方便，在计算机界有时使用 1 位的十六进制数来表示。那么要表示一个 3 位的二进制数，使用什么进制呢？答案是使用八进制数。数学上已经证明，在所有的进制中，二进制表示的状态接近最多，同时二进制又最容易实现。

可能会有读者问，那我们的祖先为什么发明和流传下来的是十进制呢？一些人类学家和考古学家推测可能是因为人有 10 个手指的原因，在人类大智初开的远古时代，能掰着手指把东西数清楚这件事本身已经是人类进化史上的一个辉煌的里程碑了。这么看来要是我们人类有 8 个手指头的话，也许计算机几百年前甚至几千年前就被我们的老祖宗制造出来了，我们学习八进制和计算机也会更容易了。

假设当前用户是 root 用户（如果不是要切换到 root），如果想对 owner 开放 dog 家目录的 babydog 子目录和其中所有文件的一切权限，但是对同组用户开放读和执行权限，而对其他用户只开放读权限，可以参考图 7-9 或表 7-2 使用例 7-22 的 chmod 命令来实现。

【例 7-22】

[root@dog ~]# chmod -R 754 /home/dog/babydog

当 Linux 系统执行完以上命令后还是不会给出任何信息，因此需要使用例 7-23 的 ls 命令重新列出/home/dog/babydog 目录相关的详细信息以验证例 7-22 的命令是否正确执行。

【例 7-23】

[root@dog ~]# ls -ld /home/dog/babydog
drwxr-xr-- 2 dog dog 4096 Dec 3 16:07 /home/dog/babydog

通过以上例子，可能读者会发现使用数字表示法来设定或更改文件或目录上的权限不但快捷而且看上去更专业。建议在用户面前尽量使用这种数字表示法。因为许多用户根本不明白八进制和二进制，一看到就觉得眼晕，自然而然地就觉得你专业了。

生活当中也是一样，现在流行的一句话是："喜欢的歌静静地听，喜欢的人远远地看。"因为远远地看就看不清，看不清的就美，从现在起你也可以在用户面前朦胧起来了，这样你在用户眼里很快就成了 Linux 或 UNIX 的大虾，甚至泰斗或宗师了。

7.10　练　习　题

1．/etc/passwd 文件存储了所有用户的相关信息，该文件也被称为用户信息数据库（Database）。在这个文件中，每一个用户都占用一行记录，并且利用冒号分隔成 7 个字段（列）。在以下有关第 2 个字段（列）的描述中，哪一个最合适？

A．如果是 x，表示这个用户登录 Linux 系统时不需使用密码，如果为空，则该用户在登录系统时必须提供密码

B．如果是 x，表示这个用户登录要使用的密码就是 x

C．如果是 x，表示这个用户登录 Linux 系统时必须使用密码，如果为空，则该用

户在登录系统时无须提供密码

D．如果是 x，表示这个用户登录 Linux 系统时要使用的密码为空格

2．为了安全起见，Linux 系统并未将用户真正的密码存在/etc/passwd 文件中。请问在以下有关存放用户真正密码的文件的描述中，哪一个是正确的？

A．Linux 系统将用户真正的密码存在了/etc/shadow 文件中。与/etc/passwd 文件相同，普通用户也可以访问/etc/shadow 文件

B．Linux 系统将用户真正的密码存在了/etc/group 文件中。与/etc/passwd 文件不同的是，普通用户无权访问/etc/group 文件

C．Linux 系统将用户真正的密码存在了/etc/gshadow 文件中。与/etc/passwd 文件不同的是，普通用户无权访问/etc/gshadow 文件

D．Linux 系统将用户真正的密码存在了/etc/shadow 文件中。与/etc/passwd 文件不同的是，普通用户无权访问/etc/shadow 文件

3．如果使用 useradd 命令在 Linux 系统中添加一个新用户，之后最好使用如下哪一个命令来确认这一用户是否添加成功？

　　A．passwd　　　　　　　B．users　　　　　　　C．more /etc/passwd

　　D．tail /etc/passwd　　　　E．cat /etc/passwd

4．在 Linux 系统中为了系统的安全，在以下系统文件中，哪两个文件普通用户是无权访问的？

　　A．/etc/passwd　　　　　　B．/etc/shadow

　　C．/etc/group　　　　　　　D．/etc/gshadow

5．作为 root 用户，你要将默认登录 shell 修改为/etc/shells 文件中所列的 shell 中的一个。为了达到这一目的，会修改以下哪一文件中的相应记录？

　　A．/etc/shadow　　　　　　B．/etc/shells

　　C．/etc/passwd　　　　　　D．/etc/default/useradd

第 8 章　用户、群组及权限的深入讨论

通过第 7 章的学习，读者应该已经知道在 Linux 系统上每一个使用者（用户）都会有一个内部的相对应的 ID 号码。群组的部分也是一样，每一个群组的名称也都会有一个内部相对应的 ID 号码。而这些 ID 号码的信息以数字的方式存储在硬盘上，Linux 系统就是通过这些 ID 号码来管理和维护用户和群组的。

8.1　passwd、shadow 和 group 文件及系统用户和群组

在 Linux 或 UNIX 系统上，上文谈到的那些 ID 号码和其他的验证信息都是以纯文本方式存储在如下文件中。

（1）/etc/passwd。

（2）/etc/shadow。

（3）/etc/group。

（4）/etc/gshadow。

其中的第 4 个文件/etc/gshadow 在目前还不会用到，所以不在讨论的范围之内。

第 1 个文件/etc/passwd 是存储使用者（用户）信息的数据库。可以使用 Linux 系统的 cat、more 或 less 命令来显示/etc/passwd 这个文件中的详细内容，可以在这个文件中看到所有使用者的详细信息。

其中的第 2 个文件/etc/shadow 中存放的是使用者（用户）的密码，也就是所谓的使用者的密码数据库。也可以使用 cat、more 或 less 命令来显示/etc/shadow 文件中的详细内容。下面使用例 8-1 的 tail 命令列出该文件中最后 5 行的信息。

📢 提示：

> 在对/etc/shadow 文件进行操作之前，一定要先切换到 root 用户，因为只有 root 用户才有权访问这个文件。

【例 8-1】

```
[root@dog ~]# tail -5 /etc/shadow
htt:!!:14525:0:99999:7:::
dog:$1$FLAQ3m6z$h0LSBoVSwpyQhQkaJfPsW0:14561:0:99999:7:::
cat:$1$wgjVOCA2$ggKjUQtmqA/7WTjtToAw4.:14561:0:99999:7:::
fox:$1$iMj6Ei8G$jy0V8FRrdl7rkyZ6slVyx/:14600:0:99999:7:::
pig::14602:0:99999:7:::
```

在/etc/shadow 文件中每一行的第 1 个字段是用户名。而第 2 个字段就是相应用户的密码，如果第 2 个字段以 "1" 开头就表示这个用户已经设定了密码，紧跟其后的是那些像鬼画符一样的东西（如 cat、dog 和 fox 用户的记录）。其实，第 2 个字段的整串密码是将用

户的 ID 和所设定的（正文）密码通过使用 MD5 哈希加密算法所得来的，如图 8-1 所示。

其中的第 3 个文件/etc/group 中存放的是使用者群组的信息，也就是所谓的使用者群组数据库。也可以使用 cat、more 或 less 命令来显示/etc/group 这个文件中的详细内容。

接下来简要地介绍什么是系统使用者（用户）和系统群组。可以使用例 8-2 的 more 命令来浏览/etc/passwd 文件。为了节省篇幅，这里对显示输出进行了裁剪。

图 8-1

【例 8-2】

```
[root@dog ~]# more /etc/passwd
root:x:0:0:root:/root:/bin/bash
bin:x:1:1:bin:/bin:/sbin/nologin
daemon:x:2:2:daemon:/sbin:/sbin/nologin
ftp:x:14:50:FTP User:/var/ftp:/sbin/nologin
--More--(53%)
```

请注意在/etc/passwd 文件中的第 3 个和第 4 个字段的用户 ID 和群组 ID，Linux 和 UNIX 系统将 1～499 之间的号码（包括 1 和 499）保留给内建的系统用户和系统群组使用。而这些系统用户和系统群组对某些系统服务和应用程序具有控制的权限，例如 lp 这个用户是针对打印机的服务，而 ftp 则是针对 ftp 服务的用户等。

8.2　使用 passwd 修改密码和检查用户密码的状态

如果要修改一个用户的密码，可以使用 Linux 系统的 passwd 命令，这个命令前面已经介绍过。假设在普通用户下，如果修改后的新密码不安全（如太短），Linux 系统会拒绝修改并给出提示信息。

⌂注意：

普通用户只能修改自己的密码。

可以使用 passwd 命令来修改自身的密码。UNIX 或 Linux 系统要求普通用户的密码长度要超过 6 个字符，还必须包括至少一个数字、一个特殊字符，还要大小写混写。如可以使用类似 W_wan9 这样的密码。这个密码是足够安全了，不过要想记住这样复杂的密码也不是件容易的事。

☞指点迷津：

为了容易记住那些安全而复杂的密码，有人发明了如下的数字与字符的替换方法：1->l（小写的 L）、0->o、9->q、2->to 或 too 和 4->for 等。

假设你的公司的安全控制一塌糊涂，小道消息满天飞。在这种情况下，操作系统的安全已经变得毫无意义。此时当然还是想使用容易记忆的简单密码，那么怎样才能绕过系统对密码安全性的检查而将一个普通用户的密码也改成类似 wang 这样简单的密码呢？办法总是有的，那就是使用 root 用户来修改。如 root 用户可以使用"passwd fox"命令来修改普通用户的密码而且可以使用不安全的简单密码。

除了可以使用 passwd 命令来修改用户的密码外，还可以使用 passwd 命令来检查用户的密码状态。只有 root 用户可以使用带有-S 选项的 passwd 命令来查看其他用户的密码状态。于是，应该先切换到 root 用户，之后使用例 8-3 的 passwd 命令查看 dog 用户的密码状态。

【例 8-3】

```
[root@dog ~]# passwd -S dog
Password set, MD5 crypt.
```

例 8-3 的显示结果表明 dog 用户已经设定了密码，而且是使用 MD5 算法加密的。也可以将例 8-3 中的-S 选项换成--status 选项，其命令执行的效果完全相同。

之后，可以使用例 8-4 的带有-S 选项的 passwd 命令查看 pig 用户的密码状态以发现与 dog 用户密码状态的不同之处。

【例 8-4】

```
[root@dog ~]# passwd -S pig
Password locked.
```

例 8-4 的显示结果表明 pig 用户的密码已经被锁住了，因为我们在创建用户时并未设定密码。下面可以使用例 8-5 的 tail 命令以发现带有-S 选项的 passwd 命令的显示结果与 /etc/shadow 文件中第 2 个字段的对应关系。

【例 8-5】

```
[root@dog ~]# tail -4 /etc/shadow
dog:$1$FLAQ3m6z$h0LSBoVSwpyQhQkaJfPsW0:14561:0:99999:7:::
cat:$1$wgjVOCA2$ggKjUQtmqA/7WTjtToAw4.:14561:0:99999:7:::
fox:$1$L4zXDTir$40sjaI.gurByc3Buvgyhk0:14608:0:99999:7:::
pig::14602:0:99999:7:::
```

例 8-5 的显示结果表明最后一行的 pig 用户记录的第 2 列是空的，这正对应着例 8-4 的显示结果的 Password locked.。例 8-5 的显示结果表明第 1 行的 dog 用户记录的第 2 列是以 1开始，这正对应着例 8-3 的显示结果的 Password set, MD5 crypt.。

8.3　使用 su 命令进行用户的切换

相信读者对 su 命令并不陌生，因为前文已经多次使用 su 命令从一个用户切换到另一个用户。本节要详细介绍 su 命令的工作机理。为了讲解方便，首先要切换回 fox 用户。接下来，使用例 8-6 的 echo 命令显示环境变量 PATH 的值——即系统搜寻命令的路径。

【例 8-6】

```
[fox@dog ~]$ echo $PATH
/usr/kerberos/bin:/usr/local/bin:/bin:/usr/bin:/usr/X11R6/bin:/home/fox/bin
```

现在，先使用例 8-7 在用户名前没有-的 su 命令切换到 dog 用户，并在 Password 处输入 wang（dog 用户的密码）。

【例 8-7】

[fox@dog ~]$ su dog
Password:

请注意切换之后提示符部分的变化，开头部分的 fox 已经变成了 dog，但是提示符最后部分却从~变成了 fox。此时，应该使用 whoami 命令再验证一下当前用户是否是 dog 用户以确认切换是否成功。接下来还要使用例 8-8 的 pwd 命令检查一下当前的工作目录。

【例 8-8】

[dog@dog fox]$ pwd
/home/fox

例 8-8 的显示结果是不是使你感到有些沮丧，因为当前的工作目录仍然是 fox 的家目录/home/fox。接下来可以继续使用例 8-9 的 echo 命令显示环境变量 PATH 的值。

【例 8-9】

[dog@dog fox]$ echo $PATH
/usr/kerberos/bin:/usr/local/bin:/bin:/usr/bin:/usr/X11R6/bin:/home/fox/bin

例 8-10 的显示结果清楚地表明环境变量 PATH 的值与例 8-6 中的完全相同。以上的例子说明 su dog 命令并未重新设置环境变量。

为了后面的演示方便，可以使用 exit 命令退回（切换）到 fox 用户。随后，使用例 8-10 的 su 命令再次切换到 dog 用户。在 Password 处输入 wang。

【例 8-10】

[fox@dog ~]$ su - dog
Password:

注意，这次在 su 与 dog 之间多了一个-，并注意切换之后提示符部分的变化，开头部分的 fox 又成了 dog，但是提示符最后部分的~却没有发生变化。此时，应该使用 whoami 命令再验证一下当前用户是否是 dog 用户。接下来，还要使用 pwd 命令检查一下当前的工作目录。当确认当前的工作目录已经是 dog 的家目录/home/dog 之后，可以使用例 8-11 的 echo 命令显示环境变量 PATH 的值。

【例 8-11】

[dog@dog ~]$ echo $PATH
/usr/kerberos/bin:/usr/local/bin:/bin:/usr/bin:/usr/X11R6/bin:/home/dog/bin

例 8-11 的显示结果清楚地表明环境变量 PATH 的值与例 8-6 中的已经不同了，系统搜寻命令的最后一个目录已经不是/home/fox/bin 了，而变成了现在的/home/dog/bin。

以上的例子说明 su - dog 命令要重新设置环境变量。这是因为 su - dog 命令中使用了-，使用-在用户切换后系统要重新启动 login（登录）shell，也就是要重新装入当前用户的环境变量。这就是带有-与没有带-选项的 su 命令之间的区别。一般在实际工作中倾向于使用带有-的 su 命令，这样可以减少不必要的混淆。这里需要指出的是，su -和 su - root 命令的功能完全相同，都是切换到 root 用户。

🔔**注意：**

当使用 su 命令从 root 用户切换到普通用户时，系统并不要求输入普通用户的密码，这是因为 root 用户是超级用户，拥有至高无上的权限。

su 命令的使用还有那么多奥秘，没想到吧？其实什么事就怕你仔细琢磨。你看，那银行系统多复杂、多安全？最终还不是让那些盗贼们仔细琢磨出安全漏洞来了。

8.4　发现与用户相关信息的命令

在 Linux 系统上工作时，时常需要知道你现在是在哪个用户下工作。对应默认设置来说一般可以通过 Linux 系统的提示符来识别，如是在普通用户下，其系统提示符如下：

`[dog@dog ~]$`

系统提示符中的$符号表明当前用户是一个普通用户，系统提示符中前面的第 1 个 dog 表明当前用户是 dog。如现在在 root 用户下，其系统提示符如下：

`[root@dog ~]#`

系统提示符中的#符号表明当前用户是 root 超级用户，系统提示符中前面紧接着[之后的 root 表明当前用户是 root。

但有时可能系统提示符已经被其他的高手修改过，其中没有包括用户名，如某个 Linux 系统提示符是如下的格式：

`localhost ~$`

从 Linux 的系统提示符中，没人能推断出当前用户名，那又该怎么办呢？还记得 whoami 命令吗？可以使用 whoami 命令来确定当前用户。

如果想知道当前用户属于哪些群组，可以使用 Linux 的 groups 或 id 命令。如果现在仍然在普通用户 dog 下，则可以使用例 8-12 的 groups 命令来确定 dog 用户所属的群组。

【例 8-12】

```
[dog@dog ~]$ groups
dog
```

或是使用 id 命令，id 命令不但可以获取当前用户所属的群组，还可以获取群组的 ID 以及用户 ID 和用户名。因此，可以使用例 8-13 的 id 命令获取 dog 用户更加详细的信息。

【例 8-13】

```
[dog@dog ~]$ id
uid=500(dog) gid=500(dog) groups=500(dog)
```

如果现在是在超级用户 root 下，也可以使用例 8-14 的 groups 命令来确定 root 这个超级用户所属的群组。

【例 8-14】

[root@dog ~]# groups
root bin daemon sys adm disk wheel

从例 8-14 的显示结果可以看出 root 用户所属的群组还真不少。也可以使用例 8-15 的 id 命令以获取 root 用户更加详细的信息。

【例 8-15】

[root@dog ~]# id
uid=0(root) gid=0(root) groups=0(root),1(bin),2(daemon),3(sys),4(adm), 6(disk),10(wheel)

从例 8-15 的显示结果可以看出，root 用户所属的群组全部都是系统预设的群组，因为它们的 gid 都小于 499。而 root 用户的 uid 和 gid 都是 0，所以他是系统的老大。

如果现在又想知道在这个 Linux 系统所登录的用户有哪些，则可以使用 Linux 的 users、who 或 w 命令。

users 命令只列出目前登录 Linux 系统的所有用户的名字；who 命令不但列出了目前登录 Linux 系统的所有用户的名字，还显示了登录的终端、登录的日期和时间以及登录的主机 IP 地址（也可能是主机名）；w 命令不但列出了 who 命令所列出的所有信息，而且还包含了登录后所用的 shell 和所用的 CPU 时间等。但是这 3 个命令显示的结果中都不包括使用 su 命令切换到的用户。其实，要想了解目前有哪些用户登录了 Linux 系统，只要能记住 w 命令就行了。

最后，如果想了解用户登录系统和重启的 Linux 系统时间的历史记录，则可以使用 Linux 系统的 last 命令。因此，可以使用例 8-16 的 last 命令获取登录用户的比较详细的历史记录和 Linux 重新启动的相关信息（系统中显示的信息可能很多）。其显示结果不但清楚地列出登录用户的历史记录，还列出了 Linux 系统重新启动的历史信息。

【例 8-16】

[dog@dog ~]$ last
root   :0   Sat Jan 12 10:40   still logged in
……
reboot   system boot   2.6.9-42.0.0.0.1 Sat Jan 12 10:38   (00:02)
……
reboot   system boot   2.6.9-42.0.0.0.1 Sat Jan 12 10:26   (00:10)

8.5　Linux 系统的默认权限设定

在 Linux 操作系统上，所有文件系统预设的默认权限是 666，即所有者、同一群组用户和其他用户都具有读和写权限，但都没有执行权限。而目录系统预设的默认权限是 777，即所有者、同一群组用户和其他用户都具有读、写和执行的全部权限。不过以上所介绍的默认权限并不是生成文件和目录时所产生的最终的文件和目录的权限，而是要经过掩码（umask，台湾人翻译成遮罩）挡掉（过滤掉）某些不需要的默认权限，最后才能产生用户所需的文件和目录的最终权限。

☞ 指点迷津：

> umask 的英文原义是化装舞会上的面具，一个人带上了面具别人就看不到他/她的本来面目。在文件或目录的某一些权限上使用了 umask，系统将看不到这个（或这些）权限了，也就相当于它们被过滤掉了。

Linux 系统在预设的情况下，普通用户的默认掩码（umask）为 002，而 root 用户的默认掩码（umask）为 022。那么怎样确定一个用户目前的掩码（umask）呢？就是使用 umask 命令。如果现在是在普通用户 dog 下，可以使用例 8-17 的 umask 命令来确定当前用户目前的掩码。

【例 8-17】

```
[dog@dog ~]$ umask
0002
```

例 8-17 的显示结果表明普通用户的默认掩码（umask）为 002，这里显示结果的后 3 个数字就是用户的掩码（umask）。

☞ 指点迷津：

> 在有些中文的 Linux 书中提到例 8-17 显示结果的第 1 个字符表示的是文件的类型，但是我个人认为不应该是文件类型，而应该表示的是特殊权限（我们在本节的稍后部分介绍）。

接下来介绍通过使用文件的默认权限和 umask，Linux 系统是如何为一个普通用户所创建的文件最终产生权限的。由于在 Linux 系统上，所有文件系统预设的默认权限是 666，普通用户的默认掩码（umask）为 002，所以经过掩码（遮罩）遮挡后 other 的写权限就被遮挡掉了，因此最终这个文件的权限为 664，如图 8-2 所示。

之后再介绍通过使用文件的默认权限和 umask，Linux 系统是如何为 root 用户所创建的文件最终产生权限的。由于在 Linux 系统上，所有文件系统预设的默认权限为 666，而 root 用户的默认掩码（umask）为 022，所以经过掩码（遮罩）遮挡后 group 和 other 的写权限都被遮挡掉了，因此最终这个文件的权限是 644，如图 8-3 所示。

图　8-2　　　　　　　　　　图　8-3

☞ 指点迷津：

> 在有些中文的 Linux 书或教学网站上提到可以通过一个文件的默认权限减去 umask 来获取最后该文件的权限，或通过将一个文件的默认权限与 umask 进行异或运算（异或运算是：当两个数字相同时，结果为 0；当两个数字不同时，结果为 1）来获取最后该文件的权限。这样做的结果在某些情况下会产生错误的权限。

下面通过例子来解释这一问题的原委。首先请看图 8-4，此时文件的默认权限为 666，umask 为 022。当将 666 与 022 相减之后所得的结果为 644（如果是异或运算，其结果也是 644），这个结果是正确的，其实这是凑巧了。

接下来请看图 8-5，此时文件的默认权限仍然为 666，umask 这回改成了 033。当将 666 与 033 相减之后所得的结果为 633（如果是异或运算，其结果就成了 655），这个结果可就不正确了，这回就没那么巧了。因为按照之前介绍的利用 umask 产生一个文件的最后权限的方法，该文件的最后权限应该是 644（group 和 other 的 w 和 x 权限都被遮起来了）。

		u	g	o
File	666	rw-	rw-	rw-
umask	022	---	-w-	-w-
	644	rw-	r--	r--

图 8-4

		u	g	o
File	666	rw-	rw-	rw-
umask	033	---	-wx	-wx
	633	rw-	-wx	-wx

图 8-5

为了进一步证明以上的结论，可以使用 cd 命令将 dog 用户的当前目录切换为 dog 家目录下的 babydog 子目录。随后，可以使用例 8-18 的 umask 命令将当前用户目前的掩码改为 033。

【例 8-18】

[dog@dog babydog]$ umask 033

之后系统不会给出任何提示信息，因此应该使用 umask 命令来确定当前用户目前的掩码是否为 033。当确认当前用户目前的掩码确实是 033 之后，可以使用例 8-19 的 touch 命令在当前目录中创建一个名为 dog_wolf.baby 的空文件。

【例 8-19】

[dog@dog babydog]$ touch dog_wolf.baby

之后系统不会给出任何提示信息，因此应该使用例 8-20 的带有 -l 选项的 ls 命令列出以 do 开头的所有文件（也包括目录）。

【例 8-20】

[dog@dog babydog]$ ls -l do*
-rw-r--r--   1 dog dog 0 Jan 11 06:59 dog_wolf.baby

例 8-20 的显示结果清楚地表明 dog_wolf.baby 的所有者的权限为可读和可写，同一群组或其他用户的权限只有可读。将这组权限转换成八进制数就是 644（二进制数为 110100100），真的不是文件默认权限 666 和 umask 033 相减或相异或的结果。

讲了这么多与掩码（umask）有关的操作，可能还会有读者感到困惑，umask 到底有什么用？简单地说，使用 umask 用户可以很容易地获得最后要创建的文件或目录的最终权限。

如果一个用户想关闭以后创建的所有文件和目录的 group 及 other 的全部权限，但是开放所有者也就是用户自己的所有权限，可以使用 077 的 umask 来方便地达到这一目的。假设你现在仍然在 /home/dog/babydog 目录中，为了完成以上所述的操作，可以使用例 8-21 的 umask 命令将当前用户目前的掩码改为 077。

【例 8-21】

[dog@dog babydog]$ umask 077

之后系统还是不会给出任何提示信息，因此应该使用 umask 命令来确定当前用户目前的掩码是不是 077。当确认当前（dog）用户目前的掩码确实是 077 之后，就可以创建所需的文件和目录了。

8.6　特殊权限（第 4 组权限）

为了更方便、有效及安全地控制文件或其他 Linux 资源的服务，与其他 UNIX 类似，Linux 操作系统也引入了一组特殊权限，被称为第 4 组权限。本节将详细介绍这组特殊权限。

这组特殊的权限又被进一步分为 suid、sgid 和 sticky 3 种权限。其中，suid 是借用所有者（u）权限中的最后一位，即可执行权限位，并以 s 来表示，如图 8-6 所示。sgid 是借用群组（g）权限中的最后一位，即可执行权限位，并以 s 来表示，如图 8-7 所示。而 sticky 是借用其他用户（o）权限中的最后一位，即可执行权限位并以 t 来表示，如图 8-8 所示。

看了以上有关特殊权限的解释，可能你还是不太清楚 Linux 系统是怎样操作它们的。下面再通过更加详细的例子来一个个地解释它们。首先假设目前有一个文件，它的所有用户都具有执行权限，而有一个目录，它的所有用户都没有执行权限，如图 8-9 所示。

图 8-6　　　　图 8-7　　　　图 8-8　　　　图 8-9

此时，如果要在这个文件上加入 suid 特殊权限，因为文件的所有者（u）本来就有执行（x）权限，所以 Linux 系统就会使用小写的 s 替换这一位的 x，如图 8-10 所示。替换后的结果如图 8-11 所示。

此时，如果要在这个目录上加入 suid 特殊权限，因为目录的所有者（u）本身没有执行（x）权限，所以 Linux 系统就会使用大写的 S 替换这一位的 x，如图 8-12 所示。替换后的结果如图 8-13 所示。

图　8-10　　　图　8-11　　　图　8-12　　　图　8-13

通过以上的讨论，可以得出结论：当在一个文件或目录上加入 suid 特殊权限时，如果原来的文件或目录的所有者具有 x 权限（即 suid 要借位的权限），Linux 系统就使用小写的 s 来代替；如果原来的文件或目录没有 x 权限，Linux 系统就使用大写的 S 来代替。

sgid 和 sticky 的操作也是一样。此时，如果要在这个文件上加入 sgid 特殊权限，因为文件的同一群组（g）本来就有执行（x）权限，所以 Linux 系统就会使用小写的 s 替换这一位的 x，替换后的结果如图 8-14 所示。

此时，如果要在这个目录上加入 sgid 特殊权限，因为目录的同一群组（g）本身没有执行（x）权限，所以 Linux 会使用大写的 S 替换这一位的 x，替换后的结果如图 8-15 所示。

通过以上的讨论，同样可以得出结论：当在一个文件或目录上加入 sgid 特殊权限时，如果原来的文件或目录的同一群组（g）具有 x 权限，Linux 系统就使用小写的 s 来代替；如果原来的文件或目录没有 x 权限，Linux 系统就使用大写的 S 来代替。

此时，如果要在该文件上加入 sticky 特殊权限，因为文件的其他用户（o）本来就有执行（x）权限，所以 Linux 会使用小写的 t 替换这一位的 x，替换后的结果如图 8-16 所示。

此时，如果要在该目录上加入 sticky 特殊权限，因为目录的其他用户（o）本身没有执行（x）权限，所以 Linux 会使用大写的 T 替换这一位的 x，替换后的结果如图 8-17 所示。

图 8-14　　　　　图 8-15　　　　　图 8-16　　　　　图 8-17

通过以上的讨论，同样可以得出结论：当在一个文件或目录上加入 sticky 特殊权限时，如果原来的文件或目录的其他用户（o）具有 x 权限，Linux 系统就使用小写的 t 来代替；如果原来的文件或目录没有 x 权限，Linux 系统就使用大写的 T 来代替。

8.7　以 chmod 的字符方式设置特殊（第 4 组）权限

介绍完什么是特殊（第 4 组）权限之后，读者一定想知道如何设置它。下面通过一系列例子来演示怎样设置特殊权限。假设你现在是在 dog 用户的家目录下，为了后面的操作方便，可以使用 cd 命令切换到 babydog 子目录（也可以是其他目录）。随后，使用例 8-22 的 touch 命令创建两个名字分别为 dog.baby 和 wolf.baby 的空文件。

【例 8-22】

```
[dog@dog babydog]$ touch {dog,wolf}.baby
```

接下来，使用带有-l 选项的 ls 命令列出当前目录中所有以 baby 结尾的文件。当确认这两个文件正确创建之后，分别使用"chmod 755 dog.baby"和"chmod 754 wolf.baby"命令修改这两个文件的权限。

最后使用例 8-23 的带有-l 选项的 ls 命令列出 dog.baby 和 wolf.baby 文件包括权限的详细信息。要保证 dog.baby 的 owner、group 和 other 都具有 x 权限，wolf.baby 的 owner 和 group 具有 x 权限，但是 other 没有 x 权限。

【例 8-23】

```
[dog@dog babydog]$ ls -l dog.baby wolf.baby
-rwxr-xr-x   1 dog dog 0 Jan 13 03:29 dog.baby
-rwxr-xr--   1 dog dog 0 Jan 13 03:29 wolf.baby
```

接下来，就可以设置这两个文件的特殊权限了。假设你现在想在 dog.baby 上设置 suid 的特殊权限，由于 suid 权限是借用 u 这一列，所以可以使用例 8-24 的 chmod 命令来添加 suid 特殊权限。

【例 8-24】

[dog@dog babydog]$ chmod u+s dog.baby

以上命令执行之后系统不会给出任何提示信息，因此应该使用例 8-25 的带有-1 选项的 ls 命令来分别列出 dog.baby 和 wolf.baby 文件包括权限的详细信息。

【例 8-25】

[dog@dog babydog]$ ls -l dog.baby wolf.baby
-rwsr-xr-x   1 dog dog 0 Jan 13 03:29 dog.baby
-rwxr-xr--   1 dog dog 0 Jan 13 03:29 wolf.baby

从例 8-25 的显示结果可以看出：在 dog.baby 文件的 u 那组权限中原来具有 x 的权限，因此在加入 suid 特殊权限之后 x 就变成了 s。

假设你现在想在 wolf.baby 上设置 sgid 的特殊权限，由于 sgid 权限是借用 g 这一列，所以可以使用例 8-26 的 chmod 命令来添加 sgid 特殊权限。

【例 8-26】

[dog@dog babydog]$ chmod g+s wolf.baby

以上命令执行之后系统还是不会给出任何提示信息，因此应该使用例 8-27 的带有-1 选项的 ls 命令来分别列出 dog.baby 和 wolf.baby 文件包括权限的详细信息。

【例 8-27】

[dog@dog babydog]$ ls -l dog.baby wolf.baby
-rwsr-xr-x   1 dog dog 0 Jan 13 03:29 dog.baby
-rwxr-sr--   1 dog dog 0 Jan 13 03:29 wolf.baby

从例 8-27 的显示结果可以看出：在 wolf.baby 文件的 g 那组权限中原来具有 x 的权限，因此在加入 sgid 特殊权限之后 x 就变成了 s。

假设你现在想在 dog.baby 上设置 sticky 的特殊权限，由于 sticky 权限是借用 o 这一列，所以可以使用例 8-28 的 chmod 命令来添加 sticky 特殊权限。

【例 8-28】

[dog@dog babydog]$ chmod o+t dog.baby

以上命令执行之后系统仍然不会给出任何提示信息，因此应该使用例 8-29 的带有-1 选项的 ls 命令来分别列出 dog.baby 和 wolf.baby 文件包括权限的详细信息。

【例 8-29】

[dog@dog babydog]$ ls -l dog.baby wolf.baby
-rwsr-xr-t   1 dog dog 0 Jan 13 03:29 dog.baby
-rwxr-sr--   1 dog dog 0 Jan 13 03:29 wolf.baby

从例 8-29 的显示结果可以看出：在 dog.baby 文件的 o 那组权限中原来具有 x 的权限，因此在加入 sticky 特殊权限之后 x 就变成了 t。

假设你现在想在 wolf.baby 上设置 sticky 的特殊权限，由于 sticky 权限是借用 o 这一列，所以可以使用例 8-30 的 chmod 命令来添加 sticky 特殊权限。

【例 8-30】

[dog@dog babydog]$ chmod o+t wolf.baby

以上命令执行之后系统不会给出任何提示信息，因此应该使用例 8-31 的带有-l 选项的 ls 命令来分别列出 dog.baby 和 wolf.baby 文件包括权限的详细信息。

【例 8-31】

```
[dog@dog babydog]$ ls -l dog.baby wolf.baby
-rwsr-xr-t   1 dog dog 0 Jan 13 03:29 dog.baby
-rwxr-sr-T   1 dog dog 0 Jan 13 03:29 wolf.baby
```

从例 8-31 的显示结果可以看出：在 wolf.baby 文件的 o 那组权限中原来没有 x 的权限，因此在加入 sticky 特殊权限之后就变成了 T 权限。

8.8　以 chmod 的数字方式设定特殊权限

除了 8.7 节介绍的设定或修改特殊权限（第 4 组权限）的方法，还可以在 chmod 命令中使用数字表示法来设定或修改特殊权限。特殊权限（第 4 组权限）是使用所有者（u）权限前面的那位数字，即最前面（最左面）的数字。在第 4 组权限中，suid 使用八进制的 4（二进制的 100）来表示，sgid 使用八进制的 2（二进制的 10）来表示，而 sticky 使用八进制的 1（二进制的 1）来表示，如图 8-18 所示。

suid	sgid	sticky
(4)	(2)	(1)

图　8-18

为了后面的演示方便，首先分别使用"chmod 755 dog.baby"和"chmod 754 wolf.baby"命令将这两个文件的权限恢复到刚刚创建时的状态。

随后，应该使用例 8-32 的带有-l 选项的 ls 命令分别列出 dog.baby 和 wolf.baby 文件包括权限的详细信息。

【例 8-32】

```
[dog@dog babydog]$ ls -l dog.baby wolf.baby
-rwxr-xr-x   1 dog dog 0 Jan 13 03:29 dog.baby
-rwxr-xr--   1 dog dog 0 Jan 13 03:29 wolf.baby
```

接下来，要在 dog.baby 文件上加入 suid 和 sticky 特殊权限。参考图 8-18，可知代表这两个特殊权限的数字为 5（4+1），也可以使用二进制来换算 100+1=101，而 101 就是八进制的 5。因此就可以使用例 8-33 的 chmod 命令以数字表示法在 dog.baby 文件上加入 suid 和 sticky 特殊权限。其中，权限部分的 755 就是文件原有的权限，最前面的 5 就是要添加的特殊权限。

【例 8-33】

[dog@dog babydog]$ chmod 5755 dog.baby

命令执行之后系统不会给出任何提示信息，因此应该使用带有-l 选项的 ls 命令列出 dog.baby 文件包括权限的详细信息。

之后，要在 wolf.baby 文件上加入所有的特殊权限。参考图 8-18，可知代表这 3 个特殊权限的数字为 7（4+2+1）。因此就可以使用例 8-34 的 chmod 命令以数字表示法在 wolf.baby 文件上加入所有的特殊权限。

【例 8-34】

[dog@dog babydog]$ chmod 7754 wolf.baby

命令执行之后系统不会给出任何提示信息，因此应该使用例 8-35 的带有-l 选项的 ls 命令分别列出 dog.baby 和 wolf.baby 文件包括权限的详细信息。

【例 8-35】

[dog@dog babydog]$ ls -l dog.baby wolf.baby
-rwsr-xr-t　1 dog dog 0 Jan 13 03:29 dog.baby
-rwsr-sr-T　1 dog dog 0 Jan 13 03:29 wolf.baby

看来，使用 chmod 命令的数字表示法来添加特殊权限似乎更方便也更快捷，但是理解起来要比字符表示法困难一些。

8.9　特殊权限对可执行文件的作用

8.6 节～8.8 节一直在介绍特殊权限及特殊权限的设定和修改，可能会有读者问它们到底有什么用处呢？从本节开始将介绍这些特殊权限的实际应用，首先可以将 suid 和 sgid 特殊权限设定在可执行文件上，它们具有如下特性：

- suid 特殊权限是以命令（可执行文件）的所有者权限来运行这一命令（可执行文件）的，而不是以执行者的权限来运行该命令。
- sgid 特殊权限与 suid 类似，是以命令（可执行文件）的群组（group）的权限（身份）来运行这一命令（可执行文件）的。

如果读者对以上所介绍的特性还不是十分清楚，也没有关系。下面通过有关 ping 命令的例子继续深入地解释这些特性。首先以 root 用户登录 Linux 系统，之后使用例 8-36 的带有-l 选项的 ls 命令列出/bin 目录下的 ping 命令（可执行文件）的详细信息。

【例 8-36】

[root@dog ~]# ls -l /bin/ping
-rwsr-xr-x　1 root root 33272 Oct　7　2006 /bin/ping

从例 8-36 的显示结果可以看出：/bin 目录下的 ping 命令（可执行文件）确实具有 suid 特殊权限，并且其他用户（others）具有可执行权限。

  ping 命令在测试计算机网络是否联通时非常有用。那么，为什么 ping 命令要有 suid 权限呢？因为它是使用 ICMP 网络协议（Internet Control Message Protocol，互联网控制消息协议）来测试两台计算机之间的网络是否联通（即是否可以互相进行通信），而在 Linux 的内核中设定只有 root 用户才有权限控制 ICMP 的封包，如图 8-19 所示。因此为了使其他用户有权使用 ping 命令，就必须在 ping 命令（可执行文件）上设置 suid 权限，其他用户都有执行权限，并且 ping 的所有者为 root 用户。这样不管是哪一个用户来执行 ping 命令，都是以 root 身份（权限）来操作的，如图 8-20 所示。也只有这样非 root 的普通用户才能使用 ping 命令，才能控制 ICMP 的封包。

图   8-19   图   8-20

☞ 指点迷津：

> 互联网控制消息协议（ICMP）能够使系统发送控制或出错信息的封包给其他系统，这些封包提供了一种在一个系统上的 IP 层和另一个系统上的 IP 层通信的机制。

  下面通过例子来演示以上的解释。使用 telnet 以 dog 这个普通用户登录 Linux 系统，之后使用例 8-37 的 ping 命令测试该系统是否与 IP 地址为 192.168.137.38 的计算机系统联通（其实是本机的 IP），ping 命令中的-c4 表示要 ping 4 次。

【例 8-37】

[dog@dog ~]$ ping 192.168.137.38 -c4
PING 192.168.137.38 (192.168.137.38) 56(84) bytes of data.
64 bytes from 192.168.137.38: icmp_seq=0 ttl=64 time=1.82 ms
……
--- 192.168.137.38 ping statistics ---
4 packets transmitted, 4 received, 0% packet loss, time 3006ms
rtt min/avg/max/mdev = 0.055/0.733/1.828/0.739 ms, pipe 2

  例 8-37 的显示结果表明是可以 ping 得通的，因为所发的 4 个包都收到了，并未丢失任何包。这是因为在 ping 命令上有 suid 权限，而其他用户上设置了执行权限。接下来切换回 root 用户所在的终端窗口，使用例 8-38 的 chmod 命令将 ping 命令的 suid 特殊权限去掉。

【例 8-38】

[root@dog ~]# chmod u-s /bin/ping

  以上命令执行之后系统不会给出任何提示信息，因此应该使用例 8-39 的带有-l 选项的 ls 命令再次列出/bin/ping 文件所包括权限的详细信息。

【例 8-39】

[root@dog ~]# ls -l /bin/ping
-rwxr-xr-x 1 root root 33272 Oct 7 2006 /bin/ping

例 8-39 的显示结果表明 suid 权限已经被拿掉了，但是其他用户仍然具有可执行权限。当确认 ping 命令的 suid 特殊权限已经去掉之后，再次切换回 dog 用户所在的终端窗口，使用例 8-40 的 ping 命令重新测试该系统是否与 IP 地址为 192.168.137.38 的计算机系统之间保持联通状态。

【例 8-40】

[dog@dog ~]$ ping 192.168.137.38 -c4
ping: icmp open socket: Operation not permitted

结果是这次就 ping 不通了，要注意系统的提示信息：是说不允许操作 ICMP 的 socket，也就是说无法控制 ICMP 的封包，并不是系统不允许执行 ping 这个命令。如果是不允许执行 ping 这个命令，应该产生 Permission denied 的错误信息，如图 8-21 所示。

图 8-21

sgid 特殊权限的用法与 suid 特殊权限的用法十分相似，这里不再给出具体例子。现在应该理解 suid 和 sgid 特殊权限的妙用了吧？

最后为了不影响后面的工作，应该使用 chmod 命令将 suid 特殊权限重新添加到/bin/ping 文件（命令）上面。首先，切换回 root 用户。之后，使用例 8-41 的 chmod 命令来完成 suid 特殊权限的添加。

【例 8-41】

[root@dog ~]# chmod u+s /bin/ping

命令执行之后系统还是不会给出任何提示信息，因此应该使用带有-l 选项的 ls 命令列出/bin/ping 文件包括权限的详细信息以确认/bin/ping 文件的权限状态是否已经恢复到了原来系统默认的状态。

◀◍》提示：

读者最好养成习惯，如果由于工作需要修改了系统或命令的设置，当完成了所需的操作，并且以后不再需要这一设置时，一定将设置修改回原来的设置。这样今后可以避免许多不必要的麻烦。

8.10 特殊权限对目录的作用

介绍完将 suid 和 sgid 特殊权限设定在可执行文件上的操作和工作原理之后，本节将继续介绍特殊权限的另外一些实际应用。那就是将 sticky 和 sgid 特殊权限设定在目录上，它们具有如下特性：

- 如果在一个目录上设置了 sticky 这个特殊权限，那么就只有文件的所有者和 root 用户才可以删除该目录中的文件，而 Linux 系统不会理会 group 或 other 的写权限。
- 如果在一个目录上设置了 sgid 这个特殊权限，那么只要是同一群组的成员（具有相同 gid 的用户），都可以在这个目录中创建文件。
- 通常会对目录同时设置 sticky 和 sgid 这两个特殊权限以方便项目的管理（将同一

个项目的文件都放到这一个目录中以方便同一项目的成员之间共享信息）。

如果读者对以上所介绍的特性还不是十分清楚，也没有关系。下面通过一些实际的例子继续深入地解释这些特性。假设现在仍然在 dog 用户下，可以使用例 8-42 的带有-dl 选项的 ls 命令列出/tmp 目录的详细信息，其中 d 这个参数是表示要列出/tmp 目录本身的信息，如果没有 d 这个参数，ls 命令就将列出/tmp 目录中的所有内容。

【例 8-42】

```
[dog@dog ~]$ ls -dl /tmp
drwxrwxrwt   9 root root 4096 Jan 15 07:44 /tmp
```

从例 8-42 的显示结果可以看出/tmp 目录上具有 sticky 的特殊权限，因为其他用户（o）的执行权限为 t，所以只有文件的所有者或 root 用户才有权限删除/tmp 目录中的文件。为了证明这一点，可以使用例 8-43 的 touch 命令在/tmp 目录中创建一个名为 dog_wolf.baby 的空文件。

【例 8-43】

```
[dog@dog ~]$ touch /tmp/dog_wolf.baby
```

命令执行之后系统还是不会给出任何提示信息，因此应该使用带有-l 选项的 ls 命令列出/tmp/dog_wolf.baby 文件的详细信息。为方便后面的操作，使用例 8-44 的 chmod 命令为其他用户加入写权限。

【例 8-44】

```
[dog@dog ~]$ chmod o+w /tmp/dog_wolf.baby
```

命令执行之后系统还是不会给出任何提示信息，因此应该使用例 8-45 的带有-l 选项的 ls 命令列出/tmp 目录中以 d 开头的所有文件的详细信息。

【例 8-45】

```
[dog@dog ~]$ ls -l /tmp/d*
-rw-rw-rw-   1 dog dog 0 Jan 15 08:17 /tmp/dog_wolf.baby
```

确定无误之后，切换到 cat 用户（或其他普通用户）。接着使用例 8-46 带有-f 选项的 rm 命令强制删除/tmp 目录中的 dog_wolf.baby 文件。

【例 8-46】

```
[cat@dog ~]$ rm -f /tmp/dog_wolf.baby
rm: cannot remove `/tmp/dog_wolf.baby': Operation not permitted
```

例 8-45 的显示结果表明/tmp/dog_wolf.baby 的其他用户是具有写权限的，因此 cat 用户应该可以删除这个文件。但是例 8-46 的显示结果却告诉我们系统不允许执行这个删除操作，这是因为在/tmp 目录上已经设置了 t 特殊权限，所以只有这个文件的所有者 dog 用户或 root 用户才有权删除该文件，而作为其他用户的 cat 用户是没有权限执行该操作的。

为了解释后面的两个特性，首先切换到 root 用户。之后，使用例 8-47 的 groupadd 命令添加一个新的用户群组（group）friends。

提示：

读者如果对 groupadd 命令不太清楚，不要紧。只要照着做就行了，因为这个命令以后将详细介绍。

【例 8-47】

[root@dog ~]# groupadd friends

以上命令执行之后系统还是不会给出任何提示信息，因此应该使用 tail 命令列出 /etc/group 文件中最后几行的信息以确认 friends 群组是否成功。当确认 friends 群组已经存在之后，可以分别使用例 8-48 和例 8-49 的 usermod 命令将 dog 和 fox 用户加入到这个新的 friend 用户组中。

提示：

读者如果对 usermod 命令不太清楚，不要紧。只要照着做就行了，因为这个命令以后将详细介绍。

【例 8-48】

[root@dog ~]# usermod -G friends dog

【例 8-49】

[root@dog ~]# usermod -G friends fox

以上命令执行之后系统还是不会给出任何提示信息，因此应该使用例 8-50 的 tail 命令列出/etc/group 文件中最后一行的信息。

【例 8-50】

[root@dog ~]# tail -1 /etc/group
friends:x:503:dog,fox

例 8-50 的显示结果表明已经成功地将 dog 和 fox 两个用户添加到 friends 这个新用户群组（group）中。之后，重新以 dog 用户登录 Linux 系统。登录后，使用例 8-51 的 id 命令进一步确定 dog 用户所属的群组。

【例 8-51】

[dog@dog ~]$ id
uid=500(dog) gid=500(dog) groups=500(dog),503(friends)

例 8-51 的显示结果清楚地表明 dog 用户已经属于 friends 用户群组。之后，重新以 fox 用户登录 Linux 系统。登录后，使用 id 命令进一步确定 fox 用户所属的群组。id 命令的显示结果会清楚地表明 fox 用户也已经属于 friends 用户群组。切换到 root 用户，之后使用例 8-52 的 chmod 命令开放 fox 用户的家目录的所有（普通）权限。

【例 8-52】

[root@dog ~]# chmod 777 /home/fox

以上命令执行之后系统不会给出任何提示信息，因此应该使用例 8-53 的带有-ld 选项的 ls 命令列出/home/fox 目录的详细信息。

【例 8-53】

```
[root@dog ~]# ls -ld /home/fox
drwxrwxrwx  2 fox fox 4096 Dec 25   2009 /home/fox
```

接下来切换回 fox 用户，要使用例 8-54 的 mkdir 命令在当前目录（fox 用户的家目录）下创建一个名为 baby 的子目录。

【例 8-54】

```
[fox@dog ~]$ mkdir baby
```

以上命令执行之后系统还是不会给出任何提示信息，因此应该使用例 8-55 的带有-ld 选项的 ls 命令列出当前目录中以 b 开头的所有目录的详细信息。

【例 8-55】

```
[fox@dog ~]$ ls -ld b*
drwxrwxr-x  2 fox fox 4096 Jan 15 23:08 baby
```

接下来要在这个 baby 目录上添加一个 sgid 的特殊权限并将该目录的群组改成 friends。因为之前并未介绍过修改文件或目录群组的命令，因此，下面将使用 Linux 图形界面来完成以上操作，其具体操作步骤如下：

（1）使用 Linux 图形界面以 root 用户登录之后，在 Linux 桌面上双击 Computer 目录图标，在依次打开的窗口中分别双击 Filesystem 目录图标、home、fox，如图 8-22 所示。

（2）右击 baby 目录图标，在弹出的快捷菜单中选择 Properties 命令，如图 8-23 所示。

图 8-22   图 8-23

（3）打开 baby 目录的属性（Properties）窗口，选择 Permissions（权限）选项卡，如图 8-24 所示。

（4）在 File group（文件群组）下拉列表框中选择 friends 选项，在 Special flags 栏中（特殊标志，即特殊权限）选中 Set group ID 复选框（设置 suid），最后单击 Close 按钮，如图 8-25 所示。

完成以上修改之后，切换回 fox 用户，使用例 8-56 的带有-ld 选项的 ls 命令列出当前目录中以 b 开头的所有目录的详细信息。

图　8-24　　　　　　　　　　　图　8-25

【例 8-56】

[fox@dog ~]$ ls -ld b*
drwxrwsr-x　2 fox friends 4096 Jan 15 23:08 baby

例 8-56 的显示结果清楚地表明已经在 baby 目录上添加了 sgid 特殊权限，并且这个目录的群组是 friends。由于在 baby 目录上具有 sgid 特殊权限，所以在这个目录中创建的任何文件都将属于 friends 群组。下面的例子将证明这一点。

接下来，使用例 8-57 的 touch 命令在/home/fox/baby 目录中创建一个名为 fox.baby 的空文件。

【例 8-57】

[fox@dog ~]$ touch/home/fox/baby/fox.baby

以上命令执行之后系统还是不会给出任何提示信息，因此应该使用例 8-58 的带有-l 选项的 ls 命令列出/home/fox/baby 目录中所有文件和目录的详细信息。

【例 8-58】

[fox@dog ~]$ ls –l/home/fox/baby/
total 0
-rw-rw-r-- 1 fox friends 0 Jan 15 23:32 fox.baby

从例 8-58 的显示结果可以看出 fox.baby 文件的群组确实为 friends。切换到 dog 用户，使用例 8-59 的 touch 命令在/home/fox/baby 目录中创建一个名为 dog.baby 的空文件。

【例 8-59】

[dog@dog ~]$ touch /home/fox/baby/dog.baby

以上命令执行完后系统还是不会给出任何提示信息，因此应该使用例 8-60 的带有-l 选项的 ls 命令列出/home/fox/baby 目录中所有文件和目录的详细信息。

【例 8-60】

[dog@dog ~]$ ls -l /home/fox/baby/
total 0

```
-rw-rw-r--   1 dog friends 0 Jan 15 23:35 dog.baby
-rw-rw-r--   1 fox friends 0 Jan 15 23:32 fox.baby
```

从例 8-60 的显示结果可以看出 dog.baby 文件的群组也是 friends，而不是 dog 用户的主要群组（Primary Group）dog。所以通过在一个目录上设置了 sgid 这个特殊权限，同一群组的成员就可以共享这个目录中的文件。

但这样做也存在一个安全隐患，因为只要是该群组的用户都可以删除这个目录中的任何文件，如果现在仍然是在 dog 用户下，可以使用例 8-61 的 rm 命令删除 fox 用户的文件 /home/fox/baby/fox.baby。

【例 8-61】

```
[dog@dog ~]$ rm /home/fox/baby/fox.baby
```

以上命令执行之后系统还是不会给出任何提示信息，因此应该使用例 8-62 的带有-l 选项的 ls 命令列出/home/fox/baby 目录中所有文件和目录的详细信息。

【例 8-62】

```
[dog@dog ~]$ ls -l /home/fox/baby/
total 0
-rw-rw-r--   1 dog friends 0 Jan 15 23:35 dog.baby
```

例 8-62 的显示结果清楚地表明：已经成功地删除了/home/fox/baby 目录中的 fox.baby 文件。现在应该明白本节所介绍的第 2 个特性了吧？可以通过这一特性来达到共享文件的目的，特别是在项目开发和管理中非常有用，但是有可能留下安全隐患。

那么，有没有办法能够使同一个项目的成员能够共享文件（也可能包括目录），但项目成员之间的文件又能保持相对的独立性，即这些共享的文件只有文件的所有者（当然也包括 root 用户）可以删除。

当然有，那就是本节所介绍的最后一个，也是第 3 个特性：可以对目录同时设置 sticky 和 sgid 这两个特殊权限。例如前面所介绍的繁育新品种狗的项目已经大功告成，其所获得的方法已经可以投入实际应用。现在根据市场需求，不但要培育出新的狗品种，而且还要培育出新的狐狸品种。因此在一些爱狗和爱狐人士的大力支持下，该项目的科研工作者又启动了一个培育狗和狐狸新品种的科研项目，叫做创造 baby 项目，简称 baby 项目。

作为操作系统管理员，为了方便管理，将创建 dog、fox 和 manager 3 个用户。dog 用户负责创建和管理与 dog 信息有关的文件，而 fox 用户负责创建和管理与 fox 信息有关的文件，manager 用户是项目经理，如图 8-26 所示。

图 8-26

为了简单起见，将共享的文件都放入/home/fox/baby 目录中，并且文件的所属群组设置为 friends。首先要切换到 root 用户，使用例 8-63 的带有-ld 选项的 ls 命令列出/home/fox/baby 目录的详细信息。

【例 8-63】

[root@dog ~]# ls -ld /home/fox/baby
drwxrwsr-x   2 fox friends 4096 Jan 15 23:37 /home/fox/baby

确认了在/home/fox/baby 目录上没有 sticky 特殊权限之后，使用例 8-64 的 chmod 命令在/home/fox/baby 目录上加入 sticky 特殊权限。

【例 8-64】

[root@dog ~]# chmod o+t /home/fox/baby

以上命令执行之后系统还是不会给出任何提示信息，因此应该使用例 8-65 的带有-l 选项的 ls 命令列出/home/fox/baby 目录的详细信息。

【例 8-65】

[root@dog ~]# ls -ld /home/fox/baby
drwxrwsr-t   2 fox friends 4096 Jan 15 23:37 /home/fox/baby

当确认了/home/fox/baby 目录上已经具有了 sticky 特殊权限之后，切换到 fox 用户。接下来使用例 8-66 的 touch 命令在 fox 家目录下的 baby 子目录下创建一个名为 fox.baby 的空文件。

【例 8-66】

[fox@dog ~]$ touch baby/fox.baby

切换到 dog 用户，使用例 8-67 的带有-l 的 ls 命令列出/home/fox/baby/目录中的所有内容的详细信息。之后，使用例 8-68 的 rm 命令删除 fox 用户的文件/home/fox/baby/fox.baby。

【例 8-67】

[dog@dog ~]$ ls -l /home/fox/baby/
total 0
-rw-rw-r--   1 dog friends 0 Jan 16 01:39 dog.baby
-rw-rw-r--   1 fox friends 0 Jan 16 01:38 fox.baby

【例 8-68】

[dog@dog ~]$ rm /home/fox/baby/fox.baby
rm: cannot remove `/home/fox/baby/fox.baby': Operation not permitted

例 8-68 的显示结果表明系统不允许 dog 用户删除 fox 用户的/home/fox/baby/fox.baby 文件，这是因为在/home/fox/baby 目录上已经设置了 t 特殊权限，所以只有这个目录的所有者 fox 用户或 root 用户才有权删除该目录中的文件，而作为其他用户的 dog 用户，虽然他与 fox 用户属于同一群组，但是也没有权限执行该操作。不过 dog 用户还是可以删除他自己在/home/fox/baby 这个共享目录中所创建的文件。

通过以上的例子，读者应该清楚如果在一个目录上同时设置了 sticky 和 sgid 这两个特殊权限，同一群组的用户不但可以共享这个目录中的文件（和目录），而且每一个用户都不能删除同一群组中其他用户的文件。以这样的方式实现同一项目中不同项目成员之间的信息共享，不但方便而且更安全。

☞ **指点迷津：**

> 在实际应用中，很少使用项目的普通成员的家目录或它的子目录来作为项目的共享目录，因为这样这个普通成员用户的权限有些过大，如 fox 用户就可以删除其他用户在这个共享目录中创建的文件，这样可能会存在安全隐患。本节之所以使用这一方法，主要是为了减少书的篇幅。在实际工作中，也许单独创建一个用户如 manager，而将这一用户的家目录或它的子目录来作为项目的共享目录让其他用户分享会更好些。

8.11 练 习 题

1．在 UNIX 或 Linux 操作系统上，可以使用 passwd 命令来修改密码。请问在如下有关修改密码的陈述中，哪两个是不正确的？

    A．一个普通用户可以将自己的 password 改为 miao

    B．一个普通用户不能将自己的 password 改为 miao

    C．root 用户可以将自己的 password 改为 miao

    D．root 用户不能将其他用户的 password 改为 miao

    E．root 用户可以将其他用户的 password 改为 miao

2．在 UNIX 或 Linux 操作系统上，经常使用 su 命令从一个用户切换到另一个用户。在以下有关使用 su 命令从 root 用户换到一个普通用户的陈述中，哪一个是最佳的？

    A．在使用 su 命令时，用户名前一定要使用-

    B．在使用 su 命令时，用户名前一定不要使用-

    C．在使用 su 命令时，如果用户名前没有使用-，就一定输入这个用户的密码

    D．在使用 su 命令时，不用输入密码

3．请问在以下命令中，哪个命令可以获取当前用户所属的群组？

    A．users   B．who   C．group   D．id

4．在 Linux 操作系统中，文件和目录都设有默认权限。在以下有关 Linux 操作系统预设的默认权限的叙述中，哪两个是正确的？

    A．目录预设的默认权限是 666

    B．所有文件预设的默认权限是 666

    C．目录预设的默认权限是 777

    D．所有文件预设的默认权限是 777

5．在 Linux 操作系统中，文件和目录的默认权限还要经过掩码（umask）过滤掉某些不需要的默认权限，最后才能产生用户所需的文件和目录的最终权限。请问在以下有关 Linux 掩码的陈述中，哪两个是正确的？

    A．普通用户的默认掩码（umask）为 022

    B．普通用户的默认掩码（umask）为 002

    C．root 用户的默认掩码（umask）为 002

    D．root 用户的默认掩码（umask）为 022

第 9 章 Linux 文件系统及一些命令的深入探讨

在本章中，首先简要地介绍一些磁盘分区和文件系统的概念。之后介绍一个在 UNIX 或 Linux 系统中非常重要的概念——i 节点（inodes）。接下来进一步利用 i 节点的概念来解释 Linux 文件操作与管理的内部机制。最后介绍一些与文件相关命令的使用方法。

9.1 磁盘分区和文件系统

☞ 指点迷津：

> 如果读者在阅读以下内容时感觉不好理解，请不要担心，只要有一个概念就行了，因为在本书的稍后部分还要更加详细地介绍这两个概念和它们的工作原理。因为在本章中要用到它们，所以提前做一个简单的介绍。

当买了一块新的硬盘后，即使将这个硬盘安装在计算机上也不能直接使用。首先必须把这个硬盘划分成数个（也可能是一个）分区，之后再把每一个分区格式化为文件系统，然后 Linux 系统才能在格式化后的硬盘分区上存储数据和进行相应的文件管理及维护。

如果读者使用过 Windows 系统，应该已经遇到过类似的问题。当购买了（也可能是自己或朋友攒的）一个新的装有 Windows 系统的 PC 机时，一般会将 PC 机的硬盘划分成若干个逻辑盘，之后再把每一个逻辑盘格式化成 NTFS 或 FAT32 文件系统。

其实，在 Linux 或 UNIX 系统上的磁盘分区就相当于 Windows 系统上的逻辑盘，而把每一个分区格式化为文件系统就相当于 Windows 系统上把每一个逻辑盘格式化成 NTFS 或 FAT32 文件系统。只不过名称不同而已。

把一个分区格式化为文件系统就是将磁盘的这个分区划分成许多大小相等的小单元，并将这些小单元顺序地编号。而这些小单元就被称为块（block），Linux 默认的 block 大小为 4KB，如图 9-1 所示。

在 Linux 系统上，block 是存储数据的最小单位，而每个 block 最多只能存储一个文件。如果一个文件的大小超过 4KB，那么就会占用多个 block。例如一个文件的大小为 11KB，就需要 3 个 block 来存储这个文件，如图 9-2 所示。

图 9-1

图 9-2

在目前的 Linux 系统中默认使用的是 ext3（Third Extended Linux Filesystem，第三代扩展 Linux 文件系统）。当然 Linux 系统也支持许多常见的文件系统，如 ext2，这是 RHEL 3（RHEL 为 Red Hat Enterprise Linux 的缩写）或之前版本默认使用的文件系统。Linux 系统也支持 msdos 文件系统，这种文件系统主要用于软盘或其他可热插拔存储设备。另外，Linux 系统还支持 iso9660，它是用在光盘上的标准文件系统。

9.2　i 节点

一个 i 节点就是一个与某个特定的对象（如文件、目录或符号连接）相关的信息列表。i 节点实际上是一个数据结构，它存放了有关一个普通文件、目录或其他文件系统对象的基本信息。

在 UNIX 或 Linux 系统上，当一个磁盘被格式化成文件系统（如 ext2 或 ext3）时，系统将自动生成一个 i 节点（inode）表，在该表中包含了所有文件的元数据（metadata，描述数据的数据）的一个列表，如图 9-3 所示。i 节点（inodes）的数量决定了在这个文件系统（分区）中最多可以存储多少个文件，因为每一个文件和目录都会对应于一个唯一的 i 节点，而这个 i 节点是使用一个 i 节点号（inode number，简写成 inode-no）来标识的。也就是说，在一个分区（partition）中有几个 i 节点就只能够存储几个文件和目录。在多数类型的文件系统中，i 节点的数目是固定的，并且是在创建文件系统时生成的。在一个典型的 UNIX 或 Linux 文件系统中，i 节点所占用的空间大约是整个文件系统大小的 1%。

通常每个 i 节点由两部分组成，第 1 部分是有关文件的基本信息，第 2 部分是指向存储文件信息的数据块的指针（图 9-3 中的最后一列）。以下就是图 9-3 所示 i 节点结构的解释（从左到右）：

图　9-3

（1）inode-no 为 i 节点号。在一个文件系统中，每一个 i 节点都有一个唯一的编号。

（2）File type 为文件的类型。如-为普通文件，而 d 表示目录。

（3）permission 为权限。在 i 节点中使用数字表示法来表示存储每一个文件或目录的权限，这是因为数字表示法要比符号表示法占用的存储空间小。

（4）Link count 为硬连接（hard link）数。有关硬连接在这一章的稍后部分将详细介绍。

（5）UID 为文件所有者的 UID。

（6）GID 为文件所有者（owner）所属的 GID。

（7）size 为文件的大小。

（8）Time stamp 为时间戳。时间戳又包含了 3 个时间：

① Access time（A time）指的是最后一次存取这个文件的时间。

② Modify time（M time）指的是最后一次编辑这个文件的时间。

③ Change time（C time）指的是 i 节点（inodes）中相对于这个文件的任何一列的元

数据发生变化的时间。例如将第 2 个 i 节点的权限从 755 修改为 754，那么在这个 i 节点的 permisson 字段中的值就会发生变更，所以 C time 也会被变更成 permisson 变更的时间，如图 9-4 所示。M time 被更新时，通常 A time 和 C time 也会跟着一起被更新。这是因为在更新一个文件之前必须先打开这个文件，所以要先更新 A time。而编辑完之后一般文件的大小要发生变化，所以 C time 也会被更新，如图 9-5 和图 9-6 所示。

图　9-4

图　9-5　　　　　　　　　　　图　9-6

除了以上介绍的之外，i 节点中还包含一些其他的属性（已经超出了本书的范围，所以这里就不介绍了）。要记住的是，i 节点中所有的属性都是用来描述文件的，而不是文件中的内容。那么，文件中的内容，即文件中的数据又被存放到什么地方了呢？它们被存放在由 i 节点中最后一列的指针（pointer）所指向的数据块中了。

可能有读者还是会有些困惑，那就是 UNIX 或 Linux 系统为什么要引入 i 节点这样一个并不简单的数据结构呢？设想一下，如果系统不使用 i 节点而是直接对文件进行管理和维护，当文件大小变化很大并且文件数量很多时，文件的管理和维护操作将变得极为困难。但是有了 i 节点就不同了，因为 i 节点中存储着文件的基本（常用的）信息而规模非常小，这样文件的查找就可以通过搜寻 i 节点来完成，而且也会使文件的管理和维护变得更加快捷和方便。

其实，i 节点有点像图书馆中的图书目录，在每一本书的图书目录中印有该书的内容简介、作者信息、出版日期、页数等摘要信息。读者一般是先快速地搜寻图书目录并通过目录中的摘要信息来决定下一步的行动。

在 UNIX 或 Linux 文件系统中，用户一般是通过文件名访问文件的。下面将之前介绍的 3 个概念（术语）再次总结一下：

（1）文件名是访问和维护文件时最常使用的。

（2）i 节点（inodes）是系统用来记录有关文件信息的对象。

（3）数据块是用来存储数据的磁盘空间的单位。

综上所述，每个文件必须具有一个名字（文件名）并且与一个 i 节点相关。通常系统通过文件名就可以确定 i 节点，之后通过 i 节点中的指针就可以定位存储数据的数据块，如图 9-7 所示。

| 文件名（Filename） | → | i 节点（inodes） | → | 数据块（Data Block） |

图 9-7

可能有读者想知道 inodes 的确切含义，但是这恐怕是徒劳的。因为曾有专家询问过 UNIX 的鼻祖之一 Dennis Ritchie，他说他也记不清了。有专家推测，inodes 可能源自于 Index（索引），因为 inodes（i 节点）的功能确实与索引非常相似，但这也只能是推测而已，到目前为止还没人知道它的准确含义。在 UNIX 的第一版手册中使用的是 i-node，但是后来渐渐地变为 inode。

9.3 普通文件和目录

一个普通文件（Regular File）只存放数据，也许在 UNIX 或 Linux 系统中最常见的文件类型就是普通文件，它可以用来存放多种不同类型的数据，包括 ASCII 码数据、中文字符（要安装中文字符集）、二进制数据、数据库（如 Oracle 或 DB2 等）、与应用程序相关的数据等。

可以使用多种方法来创建普通文件。例如，在之前介绍的使用 touch 命令创建一个或多个新文件，也可以使用正文编辑器创建一个正文文件，还可以使用编译器创建一个包含二进制数据的文件。如图 9-8 所示是一个普通文件的结构示意图（其中还包括所存放的可能数据类型及创建方法）。

图 9-8 表示 wolf_dog.baby 是一个普通文件，文件名 wolf_dog.baby 指向编号为 16221 的 i 节点，而这个 i 节点所指向的数据块中存储着文件 wolf_dog.baby 中的数据。数据块中的数据可以为多种数据类型中的一种，并且文件可能由许多种方法中的一种所创建。

图 9-8

介绍完普通文件，接下来介绍在 UNIX 或 Linux 系统中另一类常用的"特殊"文件，即目录。目录中存储的是文件名和与文件名相关的 i 节点号码的信息。与可以存储多种不同类型数据的普通文件不同，在目录中只能存放一类数据。

引入目录的目的主要是方便文件的管理和维护，同时也可以加快文件或目录的查询速度。在这里要注意的是，目录中并没有存放其他文件，而只存放了逻辑上能够在目录中找到那些文件的记录。可能有读者还是不能完全理解这段话，没关系，图 9-9 就是目录结构的示意图（其中还包括数据类型和创建方法）。

图　9-9

图 9-9 表示 babydog 是一个目录，目录名 babydog 指向编号为 16207 的 i 节点，而这个 i 节点所指向的数据块中存储着目录 babydog 中的数据。数据块中所存放的数据是一个文件名和与文件名相关的 i 节点号码的列表，并且目录是通过使用 mkdir 命令所创建的。为了帮助读者理解，我们给出了 i 节点与相对应的文件名列表的示意图，如图 9-10 所示。

图　9-10

目录实际上就是一个列表，在这个列表中记录了每一个（人们可以理解的）文件名和所对应的计算机的 i 节点号码。当一个用户要访问（可能是读、写或执行）一个文件时，用户使用的是人们可以理解的文件名。但是计算机是看不懂这个文件名的（计算机内部只能识别和使用二进制数），因此系统就通过这个列表找到文件所对应的 i 节点号码，计算机通过 i 节点号码才能找到文件。

可以使用带有-i 选项的 ls 命令获取文件和目录的信息，并在每一行记录的开始显示这个文件或目录的 i 节点号码（inode number）。如果你现在仍然在 dog 用户的家目录，可以使用例 9-1 的带有-li 选项的 ls 命令获取该目录中所有内容的详细信息并附有 i 节点号码。为了节省篇幅，我们对显示的结果进行了裁剪。

【例 9-1】

```
[dog@dog ~]$ ls -li
total 4820
 16207 drwxr-xr--    2 dog dog      4096 Jan    13   03:29 babydog
356233 drwxrwxr-x    2 dog dog      4096 Dec    6    2009 boydog
……
```

9.4　cp、mv 及 rm 命令如何操作 inodes

☞指点迷津：

> 本节的内容对非 IT 专业的读者可能有些难度，如果读者觉得不能完全理解，也不用紧张。因为即使完全不理解这部分的内容，也不会影响后面的学习。等学完本书之后，再回过头来阅读本节的内容可能会容易些。

首先介绍使用 cp 命令复制文件时，系统内部的动作（对 inodes 所产生的影响）。当复制文件命令发出时，系统要进行如下操作：

（1）系统将找到一个空闲的 i 节点号码（inode number），把新增加文件的元数据（meta data）写入到这个空闲的 i 节点中并将这个新记录放入 inode 表中。

（2）同时还要产生一条目录记录，把新增的文件名对应到这个空的 inode 号码。

（3）当做完以上操作之后，系统才会将文件的内容（数据）复制到新增的文件中去。

下面介绍使用 mv 命令移动文件时，系统内部的动作（对 inodes 所产生的影响）。如果要移动文件的原来位置与移动后的目的位置在同一个文件系统上，当移动文件命令发出时，系统要进行如下操作：

（1）系统会首先产生一个新的目录记录，把新的文件名对应到原有（源文件）的 i 节点。

（2）删除带有旧文件名的原有的目录记录。

（3）系统除了会更新时间戳之外，移动文件行为对原本在 inode 表中的数据不会有任何影响，也不会将文件移动到其他文件中去，也就是说没有发生真正的数据移动。

（4）当要移动的文件的源位置与目的位置在不同的文件系统上时，mv 的行为是复制和删除两个动作。

☞指点迷津：

有些关于数据库的书，如 Oracle 管理和维护方面的书，在介绍进行数据文件或日志文件的搬移时，都强调要使用 cp 和 rm 命令进行文件的搬移，不要使用 mv 命令。其原因是，因为 mv 命令很可能并未真正地将物理数据搬移到指定的位置，而只是做了所谓的逻辑移动而已。

最后介绍使用 rm 命令删除文件时，系统内部的动作（对 inodes 所产生的影响）。当删除文件命令发出时，系统要进行如下操作：

（1）系统首先会将文件的连接数（link count）减 1（如原来文件 dog1.txt 的 link count 为 3，运行了 rm dog1.txt 命令之后，dog1.txt 的 link count 将为 2），若这个文件的 link count 小于 1，系统就会释放这个 i 节点以便重用。

（2）释放存储这个文件内容的数据块，即将这些数据块标记为可以使用。

（3）删除记录这个文件名和 i 节点号的目录记录。

（4）系统并未真正地删除这一文件中的数据，只有当其他文件要使用这些已经释放的数据块时，这些数据块中原有的数据才会被覆盖掉。

☞指点迷津：

其实，一些数据恢复软件工具就是利用了刚刚介绍的 rm 的这一操作特性，因为只要原来的数据没有被覆盖掉，就有办法将它恢复过来。

9.5 符号（软）连接

符号连接是指向另一个文件的一个文件。与目录类似，符号连接也只能包含一种类型的数据。一个符号连接包含它所指向的文件的路径，也就是说，一个符号连接的内容就是它所指向（对应）的文件的文件名（包括完整的目录）。因为符号连接使用的是指向其他文件的路径名，所以它可以指向其他文件系统上的文件。

那么，怎样才能知道在某一目录中有哪些符号连接呢？方法很简单，就是使用读者已经非常熟悉的带有-l 选项的 ls 命令。我们在第 7 章中介绍过 ls -l 命令的显示结果中的第 1

列第 1 个字符表示文件的类型，如果是 d（directory），表示是目录；如果是-，表示是文件。现在还要加上一个，那就是如果是 l，表示是一个连接。另外，在显示结果的最后一列中，在->左边的是符号连接名，在->右边的是所指向对象的完整路径，显示结果中的大小为这个完整路径的字符个数。

　　讲了这么多可能有读者还是不很清楚，下面再通过一个具体的例子来演示一下。可以使用例 9-2 的带有-l 的 ls 命令列出在/bin 目录下所有以 v 开头的对象。

【例 9-2】

```
[dog@dog ~]$ ls -l /bin/v*
-rwxr-xr-x       1 root root    468928 Oct   8    2006 /bin/vi
lrwxrwxrwx       1 root root         2 Oct   8    2009 /bin/view -> vi
```

　　请看例 9-2 的显示结果的最后一行：其中，第 1 列的第 1 个字符是 l，因此表示这是一个连接。最后一列的/bin/view -> vi 表示连接名为/bin/view（在/bin 目录中的 view），vi 就是连接所指向的完整路径（因为正好在同一个目录中。其实，这是刻意安排的，其目的就是降低读者学习的难度）。第 5 列的 2 表示该连接所指向的完整路径为两个字符（vi 就有两个字符）。而 vi 的信息就在显示结果的第 1 行，它是一个普通文件，所有用户都可以读和执行 vi 这个文件，其实 vi 就是第 12 章将要介绍的正文编辑器。

　　例 9-2 中的符号连接是系统已经建好的，那么可不可以自己创建所需的符号连接呢？当然可以，读者可以使用 ln 命令来创建软连接，ln 命令的语法格式如下：

```
ln -s 文件名 [连接名]
```

　　其中，ln 是 link（连接）的缩写，而 s 是 soft（软）的第 1 个字符。如果省略了连接名，表示连接名与对应的文件同名（但是在不同的目录中）。

　　下面还是通过一些例子来进一步解释 ln 命令的具体用法，以及如何列出符号连接的相关信息。假设现在的当前用户为 dog 用户的家目录，首先使用例 9-3 的 ls 命令列出 boydog 子目录中的所有内容。

【例 9-3】

```
[dog@dog ~]$ ls -l boydog
total 16
-rw-rw-r--   1 dog dog 1972 Dec   1    2009 cal3009
-rw-rw-r--   1 dog dog 1040 Dec   3    2009 lists
```

　　之后，使用例 9-4 的 ls 命令列出 wolf 子目录中的所有内容。注意，在这个 ls 命令显示的结果中有一个名为 dog.wolf.baby 的文件。

【例 9-4】

```
[dog@dog ~]$ ls -l wolf
total 4
-rw-rw-r--   1 dog dog   84 Dec 22   2009 delete_disable
-rw-rw-r--   1 dog dog    0 Dec 12   2009 dog.wolf.baby
-rw-rw-r--   1 dog dog    0 Dec 12   2009 dog.wolf.boy
-rw-rw-r--   1 dog dog    0 Dec 12   2009 dog.wolf.girl
```

经理让你将它的资料也放入 boydog 子目录中，为了将来管理或维护方便，需要为 dog.wolf.baby 文件建立一个 dog_wolf.boy 符号连接并放在 boydog 目录中，试着使用例 9-5 的 ln 命令来完成这一操作。

【例 9-5】

[dog@dog ~]$ ln -s   wolf/dog.wolf.baby boydog/dog_wolf.boy

系统执行完以上 ln 命令之后不会给出任何提示信息，因此要使用例 9-6 中带有-l 选项的 ls 命令列出 boydog 子目录中的所有内容。

【例 9-6】

```
[dog@dog ~]$ ls -l boydog
total 16
-rw-rw-r--      1 dog dog 1972 Dec   1   2009 cal3009
lrwxrwxrwx      1 dog dog 18 Jan     24 17:25 dog_wolf.boy -> wolf/dog.wolf.baby
-rw-rw-r--      1 dog dog 1040 Dec   3   2009 lists
```

例 9-6 显示结果的第 2 行清楚地表明已经成功地在 boydog 目录中创建了一个名为 dog_wolf.boy 的文件。在这一行中的第 1 个字符为 l，这表示 dog_wolf.boy 是一个连接。第 5 列的 18 表示该连接所指向的完整路径的长度为 18 个字符（wolf/dog.wolf.baby 总共为 18 个字符）。最后一列的 dog_wolf.boy -> wolf/dog.wolf.baby 表示连接名为 dog_wolf.boy（在当前目录中的 dog_wolf.boy），wolf/dog.wolf.baby 就是连接所指向的完整路径。一些关于 Linux 的书中也认为这标志着软连接已经创建成功。

9.6　怎样发现软连接断开问题

☞指点迷津：

请不要高兴得太早。创建软连接的目的之一是在修改文件中的内容之后，软连接中的内容也会随之改变，反之亦然。这显然要比维护多个文件的备份容易得多，而且也不容易出错，即一个文件的内容修改了，但其他文件中的内容没变。

现在可以测试一下刚刚创建的连接能否完成以上重任，使用例 9-7 的带有重定向符号 >>的 echo 命令向 dog 家目录下的 wolf 子目录下的 dog.wolf.baby 文件中添加一行新信息。

【例 9-7】

[dog@dog ~]$ echo weight: 23 Kg >> wolf/dog.wolf.baby

系统执行完以上 echo 命令之后不会给出任何提示信息，因此要使用例 9-8 的 cat 命令显示出这个文件中的全部内容。

【例 9-8】

```
[dog@dog ~]$ cat wolf/dog.wolf.baby
weight: 23 Kg
```

从例 9-8 的显示结果可知已经成功地向 dog.wolf.baby 文件中添加了一行 weight: 23 Kg 的新信息。接下来，使用例 9-9 的 cat 命令试着列出当前目录下的 boydog 子目录中 dog_wolf.boy 软连接中的全部内容。

【例 9-9】

```
[dog@dog ~]$ cat boydog/dog_wolf.boy
cat: boydog/dog_wolf.boy: Too many levels of symbolic links
```

结果显示竟然出现了错误！明明系统在执行例 9-5 的 ln 命令之后没有产生任何出错信息，还有这太多层符号连接（Too many levels of symbolic links）又是什么意思？Linux 系统与其他软件系统类似，出错提示信息常常让人不知所以然。

那如何知道到底是哪里出错了呢？还记得 file 命令吗？可以使用例 9-10 的 file 命令来看看在所创建的软连接上到底发生了什么。

【例 9-10】

```
[dog@dog ~]$ file boydog/dog_wolf.boy
boydog/dog_wolf.boy: broken symbolic link to `wolf/dog.wolf.baby'
```

例 9-10 的显示结果告诉我们，这个符号连接与对应的文件 wolf/dog.wolf.baby 之间的连接已经断开了。

☞ **指点迷津：**

因为符号连接使用的是指向其他文件的路径名，而在例 9-5 的 ln 命令中使用的是相对路径，所以系统找不到这个软连接所对应的文件，于是就认为符号连接断开了。看来计算机还是不如人聪明，不会像人那样能随机应变。

9.7　软连接所对应路径的选择及软连接的测试

为了解决软连接断开的问题，要首先使用 rm 命令将刚刚在 boydog 目录中创建的 dog_wolf.boy 软连接删除。为了后面的操作方便，可以使用 cd 命令将当前目录切换到 dog 家目录下的 boydog 子目录。

为了保险起见，可以使用 pwd 命令确认一下。当确认了当前目录就是/home/dog/boydog 之后，就可以使用例 9-11 的 ln 命令重新创建所需的软连接了。注意，这次文件的路径使用的是绝对路径。

【例 9-11】

```
[dog@dog boydog]$ ln -s   /home/dog/wolf/dog.wolf.baby dog_wolf.boy
```

系统执行完以上 ln 命令之后不会给出任何提示信息，因此要使用例 9-12 带有-l 选项的 ls 命令列出当前目录中的所有内容。

【例 9-12】

```
[dog@dog boydog]$ ls -l
total 16
```

-rw-rw-r--	1 dog dog 1972 Dec	1	2009 cal2009
lrwxrwxrwx	1 dog dog	28 Jan 25 04:03	dog_wolf.boy -> /home/dog/wolf/dog. wolf.baby
-rw-rw-r--	1 dog dog 1040 Dec	3	2009 lists

例 9-12 显示结果的第 2 行清楚地表明已经成功地在 boydog 目录中创建了一个名为 dog_wolf.boy 的软连接，而且所指向的文件路径是绝对路径。此时，请注意终端显示的颜色变化，第 2 行最后一列中 dog_wolf.boy 的颜色已经从红色变成了浅蓝色，而->右侧相关文件路径的红色也已经消失。接下来，再次使用例 9-13 的 file 命令来检查一下刚刚创建的软连接。

【例 9-13】

[dog@dog boydog]$ file dog_wolf.boy
dog_wolf.boy: symbolic link to `/home/dog/wolf/dog.wolf.baby'

从例 9-13 的显示结果来推测，这次创建的软连接应该没有问题了，现在可以使用例 9-14 的 cat 命令显示 dog_wolf.boy 软连接中的全部内容（实际上，就是这个软连接所指向的文件中的内容）。

【例 9-14】

[dog@dog boydog]$ cat dog_wolf.boy
weight: 23 Kg

折腾了半天，终于看到了我们盼望已久的结果。为了进一步加深对软连接的理解，可以使用带有重定向符号>>的 echo 命令向当前用户的家目录下 wolf 子目录下的 dog.wolf.baby 文件中再添加一行新信息。以上操作都是对软连接所对应的文件进行的，也可以倒过来，向软连接中添加一行新信息，如可以使用带有重定向符号>>的 echo 命令向当前用户的家目录下的 boydog 子目录下的 dog_wolf.boy 软连接中添加一行新信息。

系统执行完以上 echo 命令之后不会给出任何提示信息，因此要使用例 9-15 的 cat 命令显示出当前用户的家目录下 wolf 子目录下的 dog.wolf.baby 文件中的全部内容。

【例 9-15】

[dog@dog boydog]$ cat ~/wolf/dog.wolf.baby
weight: 23 Kg
gender: M
age: 3

例 9-15 的显示结果清楚地表明 age: 3 这行新的信息已经被成功地添加到了 wolf 子目录下的 dog.wolf.baby 文件的最后一行。

我们不但可以建立一个文件的软连接，也可以建立一个目录的软连接。由于我们在之前已经撞了墙，不敢再使用相对路径了，否则再多撞几次墙可能真的撞成了"铁头功"了。现在使用例 9-16 的 ln 命令利用 wolf 目录的绝对路径来创建 wolf 目录的软连接。

【例 9-16】

[dog@dog boydog]$ ln -s /home/dog/wolf wolf

系统执行完以上 ln 命令之后不会给出任何提示信息，因此要使用例 9-17 带有-l 选项的 ls 命令列出当前目录中的所有内容。

【例 9-17】

```
[dog@dog boydog]$ ls -l
total 16
-rw-rw-r--        1 dog dog 1972 Dec    1    2009 cal2009
lrwxrwxrwx        1 dog dog    28 Jan 25 04:03 dog_wolf.boy -> /home/dog/wolf/dog. wolf.baby
-rw-rw-r--        1 dog dog 1040 Dec    3    2009 lists
lrwxrwxrwx        1 dog dog    14 Jan 25 09:18 wolf -> /home/dog/wolf
```

　　例 9-17 显示结果的最后一行清楚地表明已经成功地在 boydog 目录中创建了一个名为 wolf 的软连接，而且它对应着/home/dog/wolf 目录。此时，请注意终端显示的颜色，最后一行最后一列中 wolf 的颜色为浅蓝色，而->右侧相关目录路径的颜色为深蓝色。

　　接下来，可以使用 cd 命令切换到 wolf 软连接中。为了确认以上 cd 命令的执行是否正确，可以使用例 9-18 的 pwd 命令列出当前工作目录的全路径。

【例 9-18】

```
[dog@dog wolf]$ pwd
/home/dog/boydog/wolf
```

　　当确认无误之后，就可以使用例 9-19 的带有-l 选项的 ls 命令列出当前目录中的所有内容。

【例 9-19】

```
[dog@dog wolf]$ ls -l
total 8
-rw-rw-r-- 1 dog dog  84 Dec 22   2009 delete_disable
-rw-rw-r-- 1 dog dog   0 Dec 12   2009 dog1.wolf
……
```

　　例 9-19 的显示结果表明，在 dog 用户的家目录下 boydog 目录中的 wolf 软连接中所存的内容与 dog 用户的家目录下 wolf 目录中的完全相同。

9.8　列出软连接对应的 i 节点号及软连接的工作原理

　　符号连接是指向另一个文件的一个文件，也就是说符号连接本身也是一个文件。可以使用例 9-20 的带有-i（i 是 inode 的第 1 个字母）选项的 ls 命令列出当前目录中所有的文件和目录，其中还包含每个文件和目录的 i 节点号。

【例 9-20】

```
[dog@dog boydog]$ ls -il
total 16
356236 -rw-rw-r--       1 dog dog 1972 Dec    1    2009 cal2009
356234 lrwxrwxrwx   1 dog dog       28 Jan 25 04:03 dog_wolf.boy -> /home/dog/ wolf/dog.wolf.baby
```

```
356362 -rw-rw-r--     1 dog dog 1040 Dec   3   2009 lists
356401 lrwxrwxrwx    1 dog dog     14 Jan 25 09:18 wolf -> /home/dog/wolf
```

之后，要使用例 9-21 的带有-i 选项的 ls 命令列出 dog 用户家目录下 wolf 子目录的详细信息，其中也包括这个目录的 i 节点号。

【例 9-21】

```
[dog@dog boydog]$ ls -ild ~/wolf
356405 drwxrwxr-x   3 dog dog 4096 Jan 25 09:24 /home/dog/wolf
```

在例 9-20 显示结果的最后一行的第 1 列中的 i 节点号为 356401，而例 9-21 中却为 356405，显然是不同的。这表明符号连接（软连接）也要占用一个 i 节点，也就是说软连接本身也是一个文件。如图 9-11 所示为系统使用软连接访问数据操作的示意图。

图   9-11

现在对图 9-11 所示系统访问数据的操作流程做一个比较详细的解释。

（1）系统利用符号连接名 wolf 查找到这个软连接所对应的 i 节点 356401。

（2）通过 i 节点 356401 中的指针查找到 wolf 的数据块（其中，存放着所指向目录的全路径和对应的 i 节点号）。

（3）利用 wolf 数据块中的数据查找到这个软连接所对应的 i 节点号（356405）。

（4）通过 i 节点 356405 中的指针查找到/home/dog/wolf 所对应的数据块。

（5）对/home/dog/wolf 的数据块中的数据进行操作。

之后，可以使用例 9-22 的带有-i 选项的 ls 命令列出 dog 用户当前目录下 wolf 子目录中 dog.wolf.boy 文件的详细信息，其中也包括该文件的 i 节点号。

【例 9-22】

```
[dog@dog boydog]$ ls -il ~/wolf/dog.wolf.boy
356412 -rw-rw-r--   1 dog dog 0 Dec 12   2009 /home/dog/wolf/dog.wolf.boy
```

在例 9-20 显示结果的第 2 行的第 1 列中的 i 节点号为 356234，而例 9-22 显示结果的第 1 列中的 i 节点号却为 356412，显然是不同的。这再一次说明符号连接（软连接）要占用一个 i 节点，也再一次证明软连接本身确实是一个文件。

9.9 硬 连 接

一个硬连接（hard link）是一个文件名与一个 i 节点之间的对应关系，也可以认为一个硬连接是在所对应的文件上添加了一个额外的路径名。每一个文件（任何类型）都至少使用一个硬连接，在一个目录中的每一个记录都构成了一个硬连接。可以将每一个文件名都看成为对应于一个 i 节点的硬连接。例如当使用 touch 命令创建一个文件时，系统就创建了一个新的目录记录，而正是这个记录将文件名指定到一个特定的 i 节点。

　　硬连接也是一种连接，它把多个不同的文件名对应到一个 i 节点上，如图 9-12 所示就将名为 lover 和 wife 的两个文件对应到了一个 i 节点上。由于这两个文件对应到了同一个 i 节点，所以它们会使用相同的 i 节点记录。这么做的好处是可以避免一些重要的信息被误删，因为当存储信息的文件被删除后，还可以通过硬连接访问对应的 i 节点并找到存储信息的数据块。例如不小心将文件 wife 误删了，还可以通过文件 lover 把信息找回来。

图　9-12

　　因为每一个磁盘分区（文件系统）的 i 节点都是独立的，并且在 i 节点中的指针所指向的数据块也只能存在于这个分区中，所以硬连接不能跨分区（文件系统）。读者也可以使用 ln 命令来创建硬连接，创建硬连接的 ln 命令的语法格式如下：

ln 文件名 [连接名]

　　其实，与创建软连接的 ln 命令相比，创建硬连接的 ln 命令只缺少了-s 选项，其他的完全相同。

　　下面还是通过例子来演示如何创建硬连接以及硬连接的一些特性。为了后面的操作，首先使用例 9-23 的 echo 命令向 dog 用户家目录下 wolf 子目录中的 wolf.dog 文件中添加一行信息。

【例 9-23】

[dog@dog ~]$ echo The First Wolf Dog for this project >> wolf/wolf.dog

　　系统执行完以上 echo 命令之后不会给出任何提示信息，因此要使用例 9-24 带有-l 选项的 ls 命令列出当前目录中所有名字以 w 开头的所有文件和目录。

【例 9-24】

[dog@dog ~]$ ls -l wolf/w*
-rw-rw-r-- 1 dog dog 36 Jan 26 03:39 wolf/wolf.dog

　　注意例 9-24 的显示结果，此时文件的连接数为 1，文件大小已经增加到 36 个字节。因为 wolf.dog 文件是使用 touch 命令创建的，所以这个文件原来的大小是 0。接下来，还可以使用 cat 命令列出 wolf.dog 文件中的全部内容。

　　为了后面的演示操作，使用例 9-25 的 mkdir 命令在 dog 用户的家目录，也就是当前目录中创建一个名为 backup（备份）的目录。为了节省篇幅，我们并未检查这个目录是否创建成功，有兴趣的读者可以自己使用 ls 命令测试一下。

【例 9-25】

[dog@dog ~]$ mkdir backup

由于这条狼狗是该项目产下来的第一条狼狗，非常珍贵。所以存放这条狼狗信息的文件显得极为重要，于是经理让你将它的资料妥善保管，一定不能有任何闪失。为此，你决定在 backup 目录中为它建立一个同名的硬连接，于是可使用例 9-26 中的 ln 命令。

【例 9-26】

[dog@dog ~]$ ln wolf/wolf.dog backup

系统执行完以上 ln 命令之后还是不会给出任何提示信息，因此要使用例 9-27 带有-l 选项的 ls 命令列出当前目录的 backup 子目录中的所有内容。

【例 9-27】

[dog@dog ~]$ ls -l backup
total 4
-rw-rw-r-- 2 dog dog 36 Jan 26 03:39 wolf.dog

看到例 9-27 的显示结果，你的心里踏实多了吧，因为 wolf.dog 的连接数已经为 2 了。由于这个文件实在太重要了，因此，你决定再为 wolf.dog 文件在 backup 目录中建立一个名为 wolf.dog2 的硬连接，可以使用例 9-28 的 ln 命令来完成这一操作。

【例 9-28】

[dog@dog ~]$ ln wolf/wolf.dog backup/wolf.dog2

接下来，应该使用例 9-29 带有-li 选项的 ls 命令列出当前目录 wolf 子目录中以 w 开头的文件的详细信息。

【例 9-29】

[dog@dog ~]$ ls -li wolf/w*
356404 -rw-rw-r-- 3 dog dog 36 Jan 26 03:39 wolf/wolf.dog

随后，应该使用例 9-30 带有-li 选项的 ls 命令列出当前目录的 backup 子目录中的所有内容（其中也包括 inode number）。

【例 9-30】

[dog@dog ~]$ ls -li backup
total 8
356404 -rw-rw-r-- 3 dog dog 36 Jan 26 03:39 wolf.dog
356404 -rw-rw-r-- 3 dog dog 36 Jan 26 03:39 wolf.dog2

对比例 9-29 和例 9-30 的显示结果，可以发现所有对象的 i 节点都是 356404，即它们都对应到同一个 i 节点，而且它们的连接数都已经增加到 3。其实除了名字之外，它们的其他信息完全相同。

一天项目研发团队中的一个成员鬼使神差地发出了一个例 9-31 的 rm 命令，将 dog 家目录的 wolf 子目录中所有以 w 开头的文件全都删除了。

【例 9-31】

[dog@dog ~]$ rm wolf/w*

当经理想要浏览一下这条宝贝的狼狗资料时，突然发现找不到了。这时不仅是经理，该项目研发团队的所有人员都惊出了一身冷汗。辛辛苦苦地干了这么长时间，就这么点真东西还不见了，这项目验收怎么通过呀？

经理马上找到了你，问你有没有办法把这像命根子一样重要的狼狗资料恢复过来。于是，你首先使用例 9-32 带有-li 的 ls 命令列出 dog 家目录的 wolf 子目录中所有以 w 开头的文件。

【例 9-32】

[dog@dog ~]$ ls -li wolf/w*
ls: wolf/w*: No such file or directory

看到例 9-32 的显示结果，你已经确切地知道存储你们单位最重要的狼狗资料的文件已经不见了。这时你想起来所做过的硬连接，于是，使用例 9-33 带有-li 选项的 ls 命令列出当前目录的 backup 子目录中的所有内容。

【例 9-33】

[dog@dog ~]$ ls -li backup
total 8
356404 -rw-rw-r-- 2 dog dog 36 Jan 26 03:39 wolf.dog
356404 -rw-rw-r-- 2 dog dog 36 Jan 26 03:39 wolf.dog2

由于/dog/home/wolf/wolf.dog 已经被删除，所以例 9-33 显示结果中所有硬连接的连接数都降到了 2。看到所建立的硬连接都在，你心里当然是暗自庆幸。接下来，使用例 9-34 的 cat 命令列出了当前目录的 backup 子目录中 wolf.dog 硬连接中的全部内容。

【例 9-34】

[dog@dog ~]$ cat backup/wolf.dog
The First Wolf Dog for this project

当确定这个像命根子一样重要的资料依然存在之后，就可以重新生成原来的 wolf.dog 文件了。要注意的是，只能对文件建立硬连接，而不能对一个目录建立硬连接，这也是与软连接的一个不同点。

9.10　Linux 系统中的文件类型和 socket 简介

Linux 系统支持几乎所有在 UNIX 系统中使用的文件类型。一般来说，文件提供了一种存储数据、触发设备及运行进程之间通信的机制。在之前的几章中，先后介绍了普通文件（regular file）、目录（directory）及符号（软）连接 3 种类型的文件。除此之外，Linux 系统中还有很多其他类型的文件，在 Linux 系统中一共有以下 7 种类型的文件。

- -: 普通文件（regular file），也有人称为正规文件。
- d: 目录（directory）。
- l: 符号（软）连接。

- b: 块特殊文件（b 是 block 的第 1 个字符），一般指块设备，如硬盘。
- c: 字符特殊文件（c 是 character 的第 1 个字符），一般指字符设备，如键盘。
- p: 命名的管道文件（p 是 pipe 的第 1 个字符），一般用于在进程之间传输数据。
- s: s 是 socket 的第 1 个字符，中文翻译成套接字。

由于之前对普通文件（regular file）、目录（directory）及符号（软）连接 3 种类型的文件的讨论已经足够多，这里不再谈论。以下提供几个例子简单地介绍其他几种类型的文件。首先，可以使用例 9-35 的带有-l 选项的 ls 命令列出/dev 目录中所有以 sd 开始的文件。

【例 9-35】

```
[dog@dog ~]$ ls -l /dev/sd*
brw-rw----  1 root disk 8, 0 Jan 26  2009 /dev/sda
brw-rw----  1 root disk 8, 1 Jan 26  2009 /dev/sda1
......
```

例 9-35 的显示结果表明，所有这些文件都是块特殊文件，因为它们的文件类型都由 b 来表示。实际上，这些块特殊文件就是 SCSI 硬盘和硬盘分区，也称为块设备。接下来，可以使用例 9-36 的带有-l 选项的 ls 命令列出/dev 目录中的 tty1 和 mice 文件。

【例 9-36】

```
[dog@dog ~]$ ls -l /dev/tty1 /dev/mice
crw-------  1 root root    13, 63 Jan  26  2009 /dev/mice
crw-------  1 root root     4,  1 Jan  26  07:44 /dev/tty1
```

例 9-36 的显示结果表明，/dev 目录中的 tty1 和 mice 文件都是字符特殊文件，其中 tty1 是终端而 mice 是鼠标，它们都是串行端口设备，也称为字符设备。接下来，可以使用例 9-37 的带有-l 选项的 ls 命令列出/dev 目录中所有以 ini 开头的文件。

【例 9-37】

```
[dog@dog ~]$ ls -l /dev/ini*
prw-------  1 root root 0 Jan 26  2009 /dev/initctl
```

例 9-37 的显示结果表明，/dev 目录中的 initctl 文件是一个命名的管道文件，一般用于在进程之间传输数据。最后，可以使用例 9-38 的带有-l 选项的 ls 命令列出/dev 目录中所有以 gp 开头的文件。

【例 9-38】

```
[dog@dog ~]$ ls -l /dev/gp*
srwxrwxrwx  1 root root 0 Jan 26 07:44 /dev/gpmctl
```

例 9-38 的显示结果表明，/dev 目录中的 gpmctl 文件是一个套接字（socket）。其实，为什么要将 socket 翻译成套接字笔者也没找到确切的答案。socket 是在计算机中使用比较频繁的术语，特别是在网络通信中。为了帮助没有计算机专业知识的读者理解这一常常挂在许多计算机大虾嘴边上的时髦术语，下面给出一个简要而实用的解释。

想象一下打电话的过程，如果你要给某个人打电话，必须首先拿起话筒，拨此人的电话号码，并等待对方接电话。当你与此人通话时，就建立了两个通信的终点。

（1）你的电话，在你所在的地方。

（2）远处的电话，在对方所在的地方。

只要双方进行通话，就必须有两个通话所必需的终点（电话）和一条在它们之间的通信线路存在。图 9-13 给出了以两部电话作为终点，它们之间通过电话网络连接的示意图。如果没有电话网络，每部电话也就是个塑料盒子而已。

图 9-13

UNIX 或 Linux 中的 socket 与电话十分相似。socket 就相当于一条通信线路的终点（电话），而在这些终点（sockets）之间存在着数据通信网络。

sockets 与电话相似的另一点是，当打电话给其他人时，你需要拨打对方的电话号码。sockets 使用网络地址取代了电话号码。通过访问远程（计算机）的 socket 地址，你的程序就可以在你的本机 socket 与远程的终点（socket）之间建立起一条通信线路。

综上所述，一个 socket 仅仅是通信（过程中）的一个终点而已。

9.11　怎样检查磁盘空间

操作系统管理员的日常工作之一就是要监督文件系统的使用情况，可以通过 Linux 系统提供的两个命令来完成这一工作。这两条命令分别如下。

（1）df：显示文件系统中磁盘使用和空闲区的数量。

（2）du：显示磁盘使用的总量。

df 命令以 KB 为单位列出每个文件系统中所有的（磁盘）空间，包括已经使用的（磁盘）空间和空闲的（磁盘）空间。如果加上-h 或-H 选项（h 或 H 是 human 的第 1 个字符），df 命令以人类容易理解的方式列出每个文件系统中（磁盘）空间的使用情况。

假设你目前是在 dog 用户的家目录中，可以使用例 9-39 的 df 命令列出当前目录下的 wolf 子目录所在文件系统的磁盘空间信息。

【例 9-39】

[dog@dog ~]$ df wolf

Filesystem	1K-blocks	Used	Available	Use%	Mounted on
/dev/sda5	5091552	51756	4781152	2%	/home

例 9-39 的显示结果表明，wolf 目录是存放在/dev/sda5 文件系统上的，这个文件系统的磁盘空间总共为 5091552KB，已经使用的磁盘空间为 51756KB，空闲的（可获得的）磁盘空间为 4781152KB，磁盘空间的使用率为 2%，该文件系统被挂载在/home 挂载点上（有关文件系统的挂载以后会详细介绍）。这里需要指出的是，无论在 df 命令中使用的是哪个目录，

df 命令只列出这个目录所在的文件系统的磁盘空间信息。

也可以在 df 命令中直接使用设备名，如可以使用例 9-40 的 df 命令列出磁盘设备 /dev/sda5 的磁盘空间信息。

【例 9-40】

[dog@dog ~]$ df /dev/sda5

Filesystem	1K-blocks	Used	Available	Use%	Mounted on
/dev/sda5	5091552	51756	4781152	2%	/home

也就是说在 df 命令中使用设备名，df 命令会列出这个设备所对应的文件系统的磁盘空间信息。如果在命令 df 中没有使用任何参数，df 命令将列出在 Linux 系统上的每一个文件系统的磁盘空间信息。如果在 df 命令中加上-h 或-H 选项，df 命令以人类容易理解的方式列出每个文件系统中（磁盘）空间的使用情况，如可以使用例 9-41 的 df 命令。

【例 9-41】

[dog@dog ~]$ df -h

Filesystem	Size	Used	Avail	Use%	Mounted on
/dev/sda2	7.7G	3.3G	4.1G	46%	/
/dev/sda1	251M	16M	223M	7%	/boot
none	395M	0	395M	0%	/dev/shm
/dev/sda5	4.9G	51M	4.6G	2%	/home

在例 9-41 的显示结果中，每个文件系统磁盘空间的大小都是以 MB 或 GB 为单位，是不是更容易阅读？

可能有读者问 df 命令的结果到底有什么用处？作为一个操作系统管理员，如果已经发现某个文件系统中的磁盘空间快用完了，这时就需要提前采取一些措施，如将一些不常用的文件搬移（备份）到其他磁盘或 CD 上以释放一些磁盘空间。

如果在 df 命令中加上-i 选项，df 命令将列出在 Linux 系统上的每一个文件系统的 i 节点使用情况的信息，如可以使用例 9-42 的 df 命令。

【例 9-42】

[dog@dog ~]$ df -i

Filesystem	Inodes	IUsed	IFree	IUse%	Mounted on
/dev/sda2	1026144	137112	889032	14%	/
/dev/sda1	66264	38	66226	1%	/boot
none	100879	1	100878	1%	/dev/shm
/dev/sda5	647680	302	647378	1%	/home

在例 9-42 的显示结果中，第 1 列为文件系统名，第 2 列为这个文件系统中总共的 i 节点数，第 3 列为已经使用的 i 节点数，第 4 列为空闲的 i 节点数，第 5 列为 i 节点的使用率，最后一列为文件系统的挂载点。操作系统管理员可以利用这些信息来监督文件系统的 i 节点使用现状。

du 命令以 KB 为单位显示文件系统磁盘空间使用的总量，并将递归地显示所有子目录的磁盘空间使用量。如果在这个命令中使用-s 选项，命令的结果就只显示一个目录总的磁盘空间使用量。在 du 命令中也同样可以加上-h 或-H 选项。

☞指点迷津：

在一些 UNIX 系统上，如 SUN 公司的 Solaris 操作系统上，du 命令的单位不是 KB，而是数据块数，在这里每个数据块为 512B，1KB 为 1024B。

假设你目前是在 dog 用户中，可以使用例 9-43 的 du 命令列出 dog 用户的家目录及其所有子目录的磁盘空间信息，其中的"……"表示省略了一些输出显示结果。

【例 9-43】

```
[dog@dog ~]$ du /home/dog
4          /home/dog/wolf/boywolf
……
8660       /home/dog
```

◀))提示：

在 dog 用户中，不能使用 du 命令显示不属于 dog 用户的目录，这会产生系统出错信息，如 du/home 命令就会报错。如果需要，可以先切换到 root 用户。

如果在 du 命令中加上-s 选项，du 命令将只列出 dog 用户的家目录所使用的全部磁盘空间信息，如果在 du 命令中再加上 h 选项，du 命令就以人类容易理解的方式只列出 dog 用户的家目录所使用的全部磁盘空间信息，如可以使用例 9-44 的 du 命令。

【例 9-44】

```
[dog@dog ~]$ du -sh /home/dog
8.5M       /home/dog
```

9.12　可移除式媒体的工作原理及 CD 和 DVD 的使用

可移除式媒体的英文原文是 Removable Media。Removable 的中文翻译有多种，例如有可移动的、可拆卸的等。Media 的中文翻译也不止一种，例如媒介、介质等。读者也用不着认真追究 Removable Media 翻译或中文术语的含义，也许当时翻译的人自己都不十分清楚。其实 Removable Media 就是指 USB 闪存、软盘、CD、DVD 等可移除式媒体，它们有如下特点：

（1）在访问可移除式媒体之前，必须将 Removable Media 挂载（mount）到系统上（有关文件系统的挂载和卸载在以后的章节中将详细介绍）。

（2）在移除可移除式媒体之前，必须将 Removable Media 从系统上卸载（umount）。

（3）默认情况下，一般非 root 的普通用户只能挂载某些特定的设备（如 USB 闪存、软盘、CD、DVD 等）。

（4）默认的挂载点一般是根目录下的 media，即/media。

下面将分别介绍 CD、DVD 和 USB 闪存的挂载和卸载。首先介绍如何挂载及卸载 CD 和 DVD。

在 Linux 系统的 gnome 或 KDE 图形环境中，只要在光驱中放入 CD 或 DVD，它们就会被自动地 mount（挂载）到系统中来。如果没有被自动地 mount（挂载）到系统中来，就必须手动地 mount（挂载）CD/DVD。

习惯上，如果是 CD/DVD Reader，将使用 mount/media/cdrom 命令将 CD/DVD 挂载到 /media/cdrom 之下。如果是 CD/DVD Writer，将使用 mount/media/cdrecorder 命令将 CD/DVD 挂载到/media/cdrecorder 之下。可以使用 eject 命令退出（umount）CD/DVD。

☞ 指点迷津：

当安装大型软件（软件需要存放在几个光盘上）时，如安装数据库管理系统时，千万不要将当前的工作目录设为 CD 所在的目录，这样将无法更换光盘，因为执行 eject 或 umount 命令时系统要求 CD 目录中没有任何操作。

在 RHEL 5（Red Hat Enterprise Linux 5）或 RHEL 4 系统上默认已经创建了一个名为 /media 的目录，而且在这个目录下还默认创建了两个名字分别为 cdrom 和 floppy 的子目录。可以使用例 9-45 的带有-l 选项的 ls 命令来验证这一点。

【例 9-45】

```
[dog@dog ~]$ ls -l /media
total 8
drwxr-xr-x   2 root root 4096 Jan 27 16:32 cdrom
drwxr-xr-x   2 root root 4096 Jan 27 16:32 floppy
```

此时，可以使用例 9-46 的带有-l 选项的 ls 命令列出/media/cdrom 目录中的全部内容（即光盘中的所有内容）。注意，如果 Linux 系统中没有相关的目录，可以使用 mkdir 命令来创建这些目录。

【例 9-46】

```
[dog@dog ~]$ ls -l /media/cdrom
total 0
```

虽然/media/cdrom 目录是存在的，但是例 9-46 的显示结果却告诉我们这个目录是空的。这是因为此时光驱还没有被 mount（挂载）到/media/cdrom 挂载点（目录）上，因为只有 root 用户才能挂载光驱。因此，使用 su 命令切换到 root 用户。切换到 root 用户之后，可以使用例 9-47 的 mount 命令来挂载光驱。

【例 9-47】

```
[root@dog ~]# mount /dev/hdc /media/cdrom
mount: block device /dev/hdc is write-protected, mounting read-only
```

系统成功地将光驱 mount 到了/media/cdrom 挂载点上，但是从例 9-47 的显示结果可以看出这个光驱是有写保护的，它是以只读方式挂载的。接下来，就可以使用例 9-48 的带有 -l 选项的 ls 命令列出/media/cdrom 目录中的全部内容（即光盘中的所有内容）。

【例 9-48】

```
[root@dog ~]# ls -l /media/cdrom
total 30
```

```
dr-xr-xr-x    3 root root    2048 Oct 27    2006 Enterprise
......
```

这次例 9-48 的显示结果就是你插在光驱里的光盘的内容，因为笔者在光驱中插入的是 Oracle Enterprise Linux 的第 1 张光盘，所以显示的也就是这张光盘中的内容。如果需要换盘（或不再需要这张光盘了），可以使用例 9-49 的 eject 命令来退出光盘。

【例 9-49】

```
[root@dog ~]# eject /media/cdrom
```

系统执行完以上 eject 命令之后不会给出任何提示信息，因此可以使用例 9-50 带有-l 选项的 ls 命令列出目前/media/cdrom 目录中的所有内容。

【例 9-50】

```
[root@dog ~]# ls -l /media/cdrom
total 0
```

例 9-50 的显示结果表明目前/media/cdrom 目录中已经是空的了，也就是说已经成功地退出（卸载）了光驱。为了后面的操作方便，要使用例 9-51 的 mount 命令重新 mount 光驱（这次省略了安装的设备名/dev/hdc）。

【例 9-51】

```
[root@dog ~]# mount /media/cdrom
mount: block device /dev/hdc is write-protected, mounting read-only
```

接下来，还是应该使用例 9-52 的带有-l 选项的 ls 命令列出/media/cdrom 目录中的全部内容（即光盘中的所有内容）。

【例 9-52】

```
[root@dog ~]# ls -l /media/cdrom
total 30
dr-xr-xr-x    3 root root    2048 Oct 27    2006 Enterprise
......
```

这次不再使用 eject 命令来退出光盘，而是使用例 9-53 的 umount 命令直接卸载/media/cdrom 文件系统（即光驱）。

【例 9-53】

```
[root@dog ~]# umount /media/cdrom
```

系统执行完以上 umount 命令之后还是不会给出任何提示信息，因此可以使用例 9-54 带有-l 选项的 ls 命令列出目前/media/cdrom 目录（光驱）中的所有内容。

【例 9-54】

```
[root@dog ~]# ls -l /media/cdrom
total 0
```

例 9-54 的显示结果表明目前/media/cdrom 目录中已经是空的了，也就是说已经成功地卸载了光驱。从以上的例子来看，对于光驱来说，无论是执行 eject 命令，还是执行 umount 命令，其最后的结果都是一样的。

9.13　可移除式媒体——USB 闪存

介绍了 CD 和 DVD 之后，接下来介绍怎样在 Linux 系统上使用 USB 闪存。其实，在 Linux 系统上挂载 USB 闪存非常简单，只要将 USB 闪存插入计算机，Linux 的内核（Kernel）会自动探测到这一设备并将其自动安装为 SCSI 设备。在 Linux 系统的 gnome 或 KDE 图形环境中，只要在计算机上插入 USB 闪存，它们就会被自动地 mount（挂载）到系统中来，并且会在 Linux 系统的图形桌面上新增加一个 USB 闪存的图标。通常这个 USB 闪存将被挂载在/media/<Device ID>，其中 Device ID 为设备标识符。

下面来演示如何在 Linux 系统上使用 USB 闪存。首先，使用 Linux 的图形界面（默认为 gnome）以 root 用户登录 Linux 系统，将出现 Linux 系统的桌面。

选择 VM→Removable Device→USB Device 命令，再选择 USB 闪存（这里使用的是 Kingston Technology USB device）。如果没有使用虚拟机，而是将 Linux 操作系统直接安装在计算机上，将没有该部分的设置。在桌面上会出现 USB 闪存的图标，可以双击这个图标来浏览闪存中的内容。

以 dog 用户登录 Linux 系统，随后使用例 9-55 的带有-l 选项的 ls 命令列出/media 目录中的全部内容。

【例 9-55】

```
[dog@dog ~]$ ls -l /media
total 14
dr-xr-xr-x      3 root root 2048 Oct 27      2006 cdrom
drwxr-xr-x      2 root root 4096 Jan 28      13:51 floppy
drwxr-xr-x      54 root root 8192 Jan 1      1970 KINGSTON
```

例 9-55 的显示结果中确实多了一个名为 KINGSTON 的目录，这就是我们的 USB 闪存。那么怎样来确定这个 USB 闪存的设备名呢？可以使用例 9-56 的 mount 命令列出所使用的 Linux 系统中所挂载的全部文件系统。

【例 9-56】

```
[dog@dog ~]$ mount
/dev/sda2 on / type ext3 (rw)
……
/dev/hdc on /media/cdrom type iso9660 (ro,nosuid,nodev)
/dev/sdb1 on /media/KINGSTON type vfat (rw,nosuid,nodev)
```

例 9-56 的显示结果表明该 KINGSTON 闪存的设备名是/dev/sdb1，其文件类型是 vfat（这是微软操作系统上的文件格式）。通过设备名/dev/sdb1，可以确信 Linux 系统的内核确实是将 USB 闪存当作 SCSI 设备来处理的。

接下来，要切换到 root 用户（因为只有 root 用户可以卸载 USB 闪存）。之后可以使用例 9-57 的 umount 命令卸载该 USB 闪存。

【例 9-57】

[root@dog ~]# umount /media/KINGSTON

系统执行完以上 umount 命令之后不会给出任何提示信息，因此可以使用例 9-58 带有 -l 选项的 ls 命令列出目前 /media/KINGSTON 目录（USB 闪存）中的所有内容。

【例 9-58】

[root@dog ~]# ls -l /media/KINGSTON
total 0

例 9-58 的显示结果表明目前 /media/KINGSTON 目录中已经是空的了，也就是说已经成功地卸载了 USB 闪存。此时，在 Linux 系统图形桌面上的名为 KINGSTON 的 USB 闪存图标也不见了。

现在可以使用例 9-59 的 mount 命令来重新挂载名为 KINGSTON 的 USB 闪存（也可以使用 mount/dev/sdb1/media/KINGSTON）。之后，在 Linux 系统的图形桌面上又重新出现了其图标。

【例 9-59】

[root@dog ~]# mount /media/KINGSTON

系统执行完以上 mount 命令之后也是不会给出任何提示信息，因此可以使用例 9-60 带有 -l 选项的 ls 命令列出目前 /media/KINGSTON 目录（USB 闪存）中的所有内容。为了节省篇幅，这里省略了大部分的显示输出。

【例 9-60】

[root@dog ~]# ls -l /media/KINGSTON
total 968512

drwxr-xr-x	7 root root	4096	Aug 28	2009 ??	
-rwxr-xr-x	1 root root	655025354	Oct 2	2007 10201_database_win32.zip	

看了例 9-60 的显示结果，可以确信名为 KINGSTON 的 USB 闪存已经被挂载到了系统上，其中文件名部分出现的"?"是由于字符集不兼容造成的。实际上这也告诉读者，如果文件或目录要在不同的操作系统或数据库管理系统上使用，其文件名或目录名最好全部使用 ASCII 码，这样可以避免一些不必要的麻烦。

9.14　在 Linux 虚拟机上安装虚拟软盘

最后介绍怎样在 Linux 系统上使用软盘。由于一般比较新的 PC 机都没有软盘驱动器，也就是无法使用软盘，所以下面使用虚拟机配置一个虚拟的软盘。在 VMware 虚拟机上添加虚拟软盘的具体操作步骤如下（其安装的细节请参阅本章的视频）：

（1）为了管理和维护方便，首先在 Windows 系统的虚拟机的目录下创建一个名为 Floppy 的文件夹（目录）。

（2）关闭虚拟机后，单击 Edit virtual machine settings，打开 Virtual Machine Settings 窗口。

（3）选择 Hardware 选项卡，单击 Add 按钮。之后将出现添加硬件向导的欢迎界面。

（4）在添加硬件向导的欢迎界面上单击"下一步"按钮。

（5）在硬件类型部分选择 Floppy Drive（软盘驱动器）选项，单击"下一步"按钮。

（6）选中 Create a blank floppy image 单选按钮，之后单击"下一步"按钮。

（7）选择刚刚在虚拟机的目录下创建的 Floppy 文件夹并输入 floppy1.flp 的软盘映像文件名（单击最右侧的 Browse 按钮，就可以浏览所有的文件夹，另外 VMware 会自动创建软盘映像文件，但是 Floppy 文件夹必须手工创建）。

（8）回到 Virtual Machine Settings 窗口，可以看到刚刚配置好的软盘，单击 OK 按钮。

（9）此时，又回到了 VMware Server Console 界面，即 VMware 服务器的控制台。

（10）打开 Windows 系统虚拟机目录下的 Floppy 文件夹，就可以发现刚创建的软盘映像文件 floppy1.flp。到此为止，可以确信已经在虚拟机上成功地添加了一个虚拟软盘。

☞指点迷津：

如果安装了虚拟软盘之后 Linux 系统启动遇到问题，可以先关闭虚拟机的电源，之后做如下操作：
（1）在 VMware Server Console 窗口中双击 Floppy 链接，打开 Floppy 窗口。
（2）取消选中 Connect at power on 复选框，单击 OK 按钮。这样，Linux 系统启动遇到的问题就应该解决了。

9.15　可移除式媒体——软盘

与光驱和 USB 闪存不同，Linux 的内核（Kernel）不会自动挂载软盘。因此如果想使用软盘，就必须手动将软盘挂载到 Linux 系统上。而在拿出软盘之前也必须卸载软盘，因为只有这样才能保证将软盘中修改过的数据全部写回到软盘中去。

Linux 系统默认在/media 目录中创建一个名为 floppy 的子目录，可以使用例 9-61 的 ls 命令列出/media 目录中的全部内容来验证 floppy 子目录的存在。

【例 9-61】

```
[dog@dog ~]$ ls -l /media
total 8
drwxr-xr-x 2 root root 4096 Jan 29 15:10 cdrom
drwxr-xr-x 2 root root 4096 Jan 29 15:10 floppy
```

例 9-61 的显示结果表明 floppy 子目录确实已经存在于/media 目录中。可以使用 mount /media/floppy 命令来挂载软盘，而使用 umount/media/floppy 命令来卸载软盘。

在开始使用一张软盘之前，必须先将这张软盘格式化。软盘格式化又可分为以下两种类型：

（1）软盘的低级格式化（用得比较少）。

（2）将软盘格式化为某一文件系统（即高级格式化）。

如果要对软盘进行低级格式化，可以使用 fdformat 命令，如例 9-62 所示（在使用 fdformat 命令之前要先切换到 root 用户）。

【例 9-62】

```
[root@dog ~]# fdformat /dev/fd0H1440
Double-sided, 80 tracks, 18 sec/track. Total capacity 1440 kB.
Formatting ... done
Verifying ... done
```

该命令会执行一段时间。例 9-62 显示结果的第 2 行显示的是格式化的进度，而最后一行显示的是验证的进度。

如果要对软盘进行高级格式化，可以使用如下的几种方式来完成（其中，命令 mkfs 是 make file system 的缩写，而命令 mk2fs 是 make ext2 file system 的缩写，vfat 是微软的文件系统格式）：

（1）mkfs -t ext2|ext3|vfat /dev/fd0。

（2）mke2fs /dev/fd0。

现在可以使用例 9-63 的 mkfs 命令将软盘格式化为 ext3 文件系统的格式（ext3 是 Linux 系统默认的文件系统）。为了减少输出的篇幅，这里压缩掉了大部分输出显示结果。

【例 9-63】

```
[root@dog ~]# mkfs -t ext3 /dev/fd0
mke2fs 1.35 (28-Feb-2004)
……
Filesystem too small for a journal
Writing superblocks and filesystem accounting information: done
This filesystem will be automatically checked every 22 mounts or
180 days, whichever comes first.   Use tune2fs -c or -i to override.
```

☞提示：

请注意例 9-63 显示结果中用方框括起来的部分，系统的提示信息是说该文件系统太小，无法在上面建立日志，这是因为一张软盘的容量只有 1.44MB。其实，没有日志的 ext3 文件系统就是 ext2 文件系统。所以要在软盘上创建 ext3 文件系统是徒劳的。可以使用例 9-64 的带有-h 选项的 df 命令获取软盘的大小。

【例 9-64】

```
[root@dog ~]# df -h /media/floppy
```

Filesystem	Size	Used	Avail	Use%	Mounted on
/dev/fd0	1.4M	19K	1.3M	2%	/media/floppy

当软盘格式化完成之后，还要将其 mount 到 Linux 系统上，之后才能使用这张软盘。于是可以使用例 9-65 的 mount 命令挂载软盘。

【例 9-65】

```
[root@dog ~]# mount /dev/fd0 /media/floppy
```

系统执行完以上 mount 命令之后不会给出任何提示信息，因此可以使用例 9-66 带有-l 选项的 ls 命令列出目前/media/floppy 目录（软盘）中的所有内容。

【例 9-66】

```
[root@dog ~]# ls -l /media/floppy
total 12
drwx------    2 root root 12288 Jan 29 16:35 lost+found
```

例 9-66 的显示结果表明在/media/floppy 目录（软盘）中有一个 lost+found 子目录，这是 Linux 系统在创建 ext3 文件系统时自动创建的。看到了这些信息就可以确定软盘已经被成功地格式化了。现在，就可以正常使用这张软盘了。其实，在软盘上创建文件与在硬盘上相比，是看不出什么区别的。

在前面的提示中讲到这张软盘实际上被格式化成了 ext2 文件系统，可能会有读者问怎样才能确定这张软盘的文件系统呢？办法很简单，就是输入不带任何参数的 mount 命令，如例 9-67 所示。

【例 9-67】

```
[root@dog ~]# mount
/dev/sda2 on / type ext3 (rw)
……
sunrpc on /var/lib/nfs/rpc_pipefs type rpc_pipefs (rw)
/dev/fd0 on /media/floppy type ext2 (rw)
```

从例 9-67 显示结果的最后一行可以确定，挂载在/media/floppy 目录的软盘（/dev/fd0）确实是 ext2 文件系统，而且可读、可写。

9.16　将软盘格式化为 DOS 文件系统及可能产生的问题

可以将软盘格式化为微软的 DOS 文件系统，以方便在 Linux 和 Windows 两种操作系统之间进行文件交换（传输）。接下来，试着使用例 9-68 的 mkfs 命令将软盘格式化为 vfat 格式。

【例 9-68】

```
[root@dog ~]# mkfs -t vfat /dev/fd0
mkfs.vfat 2.8 (28 Feb 2001)
mkfs.vfat: /dev/fd0 contains a mounted file system.
```

☞ **指点迷津：**

有的 Linux 教程认为看到例 9-68 的显示结果，就表示已经将软盘成功地格式化成了微软的 vfat 文件系统。这是一种误解，其实 Linux 系统并未格式化软盘。

那么又怎样知道这一点呢？办法很简单，就是使用 ls 命令，如使用例 9-69 带有-l 选项的 ls 命令列出软盘中的全部内容。

【例 9-69】

```
[root@dog ~]# ls -l /media/floppy
total 13
drwxr-xr-x  2 root root     1024  Jan 29 21:41 fox
drwx------  2 root root    12288 Jan 29 21:40 lost+found
```

例 9-69 的显示结果清楚地表明软盘并未被格式化，因为创建的 fox 目录还在上面（之前曾在这个软盘上创建了一个名为 fox 的目录）。还记得为什么吗？Linux 系统格式化软盘之前，软盘必须被卸载。于是，使用例 9-70 的 umount 命令卸载软盘。

【例 9-70】

```
[root@dog ~]# umount /media/floppy
```

系统执行完以上 umount 命令之后不会给出任何提示信息，因此可以使用带有-l 选项的 ls 命令列出目前/media/floppy 目录（软盘）中的所有内容。现在就可以使用 mkfs 将软盘格式化为 vfat 文件系统，如例 9-71 所示。

【例 9-71】

```
[root@dog ~]# mkfs -t vfat /dev/fd0
mkfs.vfat 2.8 (28 Feb 2001)
```

有了之前的教训，从例 9-71 的显示结果我们无法确定软盘格式化命令是否真的成功了。为此，要使用例 9-72 的 mount 命令挂载软盘。

【例 9-72】

```
[root@dog ~]# mount /dev/fd0 /media/floppy
```

系统执行完以上 mount 命令之后不会给出任何提示信息，因此可以使用例 9-73 带有-l 选项的 ls 命令列出目前/media/floppy 目录（软盘）中的所有内容。

【例 9-73】

```
[root@dog ~]# ls -l /media/floppy
total 0
```

例 9-73 的显示结果表明/media/floppy 目录（软盘）是空的。这也间接地说明软盘已经被重新格式化了，因为原来软盘上的所有数据都不见了。你还可以使用例 9-74 带有-h 的 df 命令列出软盘空间使用情况的信息。

【例 9-74】

```
[root@dog ~]# df -h /media/floppy
```

Filesystem	Size	Used	Avail	Use%	Mounted on
/dev/fd0	1.4M	0	1.4M	0%	/media/floppy

由于 Linux 操作系统在 vfat 文件系统上并不创建 lost+found 目录，所以例 9-74 的显示结果表示软盘的可用磁盘空间就是全部的磁盘空间。为了确定这张软盘的文件系统，可以使用例 9-75 不带任何参数的 mount 命令。

【例 9-75】

```
[root@dog ~]# mount
/dev/sda2 on / type ext3 (rw)
......
/dev/fd0 on /media/floppy type vfat (rw)
```

从例 9-75 显示结果的最后一行可以确定，挂载在/media/floppy 目录的软盘（/dev/fd0）确实就是微软的 vfat 文件系统，而且也是可读、可写的。

☞ **指点迷津：**

从将软盘格式化为 vfat 类型和建立软连接的例子读者可能已经意识到，Linux 系统的提示信息有时并不清晰，甚至可能会有误导的作用，所以读者要切记，在做重要的操作前后都要使用命令验证一下，以保证操作万无一失。这是系统管理员必须遵守的"金科玉律"，因为系统出了任何问题系统管理员都是难脱干系的。

9.17 练 习 题

1. 在一个操作系统可以管理和维护一个硬盘上的文件系统之前，首先必须将这个硬盘分区，之后再把每一个分区格式化为文件系统。把一个分区格式化为文件系统就是将磁盘的这个分区划分成许多大小相等的小单元，并将这些小单元顺序地编号。而这些小单元就被称为块（block）。请问 Linux 系统默认的 block 大小为多大？

    A．1KB   B．2KB   C．4KB   D．8KB

2. 在目前版本的 Red Hat Linux 或 Oracle Linux 系统上，Linux 默认使用的是以下哪一个文件系统？

    A．NTFS   B．FAT32   C．ext2   D．ext3   E．msdos

3. 在 UNIX 或 Linux 系统上，当一个磁盘被格式化成文件系统时，系统将自动生成一个 i 节点表。请问在以下有关 i 节点的叙述中，哪一个是最适合的？

    A．i 节点的数量决定了这个文件系统所使用的最大磁盘空间

    B．i 节点的数量决定了在这个文件系统中最多可以存储多少个普通文件

    C．i 节点的数量决定了在这个文件系统中最多可以存储多少个目录文件

    D．i 节点的数量决定了在这个文件系统中最多可以存储多少个文件

4. 在 UNIX 或 Linux 系统上，当一个磁盘被格式化成文件系统时，系统将自动生成一个 i 节点表。请问在以下有关 i 节点的叙述中，哪一个是最适合的？

    A．只有每一个文件对应于一个唯一的 i 节点

    B．只有每一个目录对应于一个唯一的 i 节点

    C．i 节点中存放着文件和目录中的数据

    D．每一个文件和目录都会对应于一个唯一的 i 节点

5. 作为一名 Linux 操作系统管理员，若想知道某个文件的 i 节点，将使用以下哪一个命令？

    A．file   B．ls-l   C．ls-ld   D．ls-il

第 10 章　正文处理命令及 tar 命令

在本章中将继续介绍一些处理正文（字符串）的命令，之后要比较详细地介绍一下在 Linux 或 UNIX 系统上一个使用比较广泛的命令 tar，以及如何使用 tar 命令进行备份和恢复，还要介绍这个命令的压缩功能等。

10.1　使用 cat 命令进行文件的纵向合并

读者可能还有印象在第 6 章中介绍过：可以使用 paste 命令进行文件的横向合并操作，使用>>的输出重定向符号进行文件的纵向合并操作。其实，除了输出重定向符号>>可以完成文件的纵向合并操作之外，读者所熟悉的 cat 命令也可以完成这一操作，下面直接通过例子来演示怎样使用 cat 命令来完成文件的纵向合并操作。

首先，可以将当前目录切换为/home/dog/babydog 目录（也可以是其他目录），接下来，使用例 10-1 的命令创建一个名为 baby.age 的正文文件。之后，要使用例 10-2 的 cat 命令验证一下。

【例 10-1】

```
[dog@dog babydog]$ echo "Age: 3 months" > baby.age
```

【例 10-2】

```
[dog@dog babydog]$ cat baby.age
Age: 3 months
```

确认 baby.age 文件中的内容正确之后，使用例 10-3 的命令创建一个名为 baby.kg 的正文文件。之后，同样要使用 cat 命令验证一下。

【例 10-3】

```
[dog@dog babydog]$ echo "Weight: 8Kg" > baby.kg
```

确认 baby.kg 文件中的内容正确之后，使用例 10-4 的命令创建一个名为 baby.sex 的正文文件。之后，也应该使用 cat 命令验证一下。

【例 10-4】

```
[dog@dog babydog]$ echo "Gender: F" > baby.sex
```

确认 baby.sex 文件中的内容正确之后，就可以使用例 10-5 的 cat 命令创建一个名为 baby 的正文文件，也就是所谓文件的纵向合并。

【例 10-5】

```
[dog@dog babydog]$ cat baby.age baby.kg baby.sex > baby
```

系统执行完以上 cat 命令之后同样不会有任何提示信息，因此使用例 10-6 的 cat 命令列出 baby 文件中的全部内容。其输出显示结果表明已经成功地完成了 baby.age、baby.kg 和 baby.sex 这 3 个文件的纵向合并。

【例 10-6】

```
[dog@dog babydog]$ cat baby
Age: 3 months
Weight: 8Kg
Gender: F
```

接下来，演示另一种文件纵向合并的方法，这次是使用>>重定向符号。要使用例 10-7～例 10-9 的 cat 命令分别将 baby.age、baby.sex 和 baby.kg 的内容添加到 baby2 文件中去。

【例 10-7】

```
[dog@dog babydog]$ cat baby.age >> baby2
```

【例 10-8】

```
[dog@dog babydog]$ cat baby.sex >> baby2
```

【例 10-9】

```
[dog@dog babydog]$ cat baby.kg >> baby2
```

系统执行完以上每个 cat 命令之后都不会有任何提示信息，因此使用例 10-10 的 cat 命令列出 baby2 文件中的全部内容。

【例 10-10】

```
[dog@dog babydog]$ cat baby2
Age: 3 months
Gender: F
Weight: 8Kg
```

例 10-10 的显示结果表明你同样也已经成功地完成了 baby.age、baby.kg 和 baby.sex 这 3 个文件的纵向合并，只不过多使用了两条命令而已。比较两种文件的纵向合并方法，不难发现还是例 10-5 使用 cat 命令的方法要简单些。

10.2　unix2dos 和 dos2unix 命令（工具）

在第 6 章中，读者已经学习了怎样使用 tr 命令将 DOS 格式的文件转换成 UNIX 格式的文件，或将 UNIX 格式的文件转换成 DOS 格式的文件。其实，还有更简单的方法来完成这些文件格式的转换，那就是使用 Linux 系统所提供的两个工具 unix2dos 和 dos2unix。

在 UNIX 系统的正文（纯文字）格式的文件中只用换行符\n 作为行结束符，而在 DOS（Windows）系统的正文（纯文字）格式的文件中是以回车符\r 和换行符\n 作为行结束符，这可能会造成显示上的问题，为了演示可能出现的问题可以使用 ftp 将 10.1 节中刚刚创建的正文文件 baby 发送到 Windows 系统的 "F:\ftp" 文件夹中。

之后，使用记事本打开这个文件，会发现所显示的内容都在一行上，如图 10-1 所示。为了比较方便也给出了 DOS 格式的 baby 文件，如图 10-2 所示。因此，在将 UNIX 格式的文件发送到 Windows 系统上之前，最好先将这个文件转换成 DOS 格式的文件。

图　10-1　　　　　　　　　　　　图　10-2

以下通过例子来演示怎样使用这两个工具来完成所需的转换。繁育狗的项目已经初见成效，现在上面决定要扩大这个项目的规模，因此有一些新的科研人员加入该项目。但是这些新的科研人员对 Linux 系统一窍不通，但是他们都会使用 Windows 系统。为此，项目经理让你将这些新的科研人员所需的资料都先转换成 Windows（DOS）格式的文件，以方便他们的使用。

首先将 Linux 系统的 baby 文件转换成 DOS 格式的文件。于是使用例 10-11 的带有-A 参数的 cat 命令列出 baby 文件的全部内容及其换行符。

【例 10-11】

[dog@dog babydog]$ cat -A baby
Age: 3 months$
Weight: 8Kg$
Gender: F$

确认了 baby 文件为 UNIX 的纯文字格式之后，使用例 10-12 的 unix2dos 命令将 baby 文件的格式转换成 DOS 的纯文字格式。

【例 10-12】

[dog@dog babydog]$ unix2dos baby
unix2dos: converting file baby to DOS format ...

虽然例 10-12 的显示结果表明文件 baby 已经被转换成了 DOS 的格式，但是最好使用例 10-13 的带有-A 参数的 cat 命令再次列出 baby 文件的全部内容。

【例 10-13】

[dog@dog babydog]$ cat -A baby
Age: 3 months^M$
Weight: 8Kg^M$
Gender: F^M$

这些新的科研人员也可能在 Windows 系统上创建一些与项目相关的纯文本文件或对现有的文件进行一些修改，再发送给 Linux 系统。此时，在使用这些 DOS 格式的文件之前可以使用例 10-14 的 dos2unix 命令将其转换成 UNIX 格式的文件。

【例 10-14】

[dog@dog babydog]$ dos2unix baby

dos2unix: converting file baby to UNIX format ...

虽然例 10-14 的显示结果表明文件 baby 已经被转换成了 UNIX 的格式，但是最好使用例 10-15 带有-A 参数的 cat 命令再次列出 baby 文件的全部内容。

【例 10-15】

[dog@dog babydog]$ cat -A baby

Age: 3 months$

Weight: 8Kg$

Gender: F$

除了可以使用带有-A 参数的 cat 命令列出的换行符之外，还可以使用带有-l 的 ls 命令来观察文件大小的变化。你会发现 DOS 格式的文件比 UNIX 格式文件长、每行正好多出一个字符，而这个字符正是回车\r 字符。

☞指点迷津：

> 读者在网上下载一些 Oracle 的脚本文件，之后在 Windows 系统中使用记事本打开这些脚本文件时，如果发现显示比较乱，很可能就是文件格式的问题，因为许多 Oracle 脚本文件都是在 UNIX 系统上创建的。这时，你刚刚学习过的方法没准就派上了用场。

10.3 使用 diff 或 sdiff 命令比较两个文件的差别

diff（diff 应该是 difference 的前 4 个字母）命令用来比较两个文件中的内容，这个命令是以如下方式来显示命令的结果的。

（1）<表示第 1 个文件中的数据行。

（2）>表示第 2 个文件中的数据行。

这个命令在系统或软件升级时常常使用，可以使用 diff 这个命令（应用程序）来比较新的配置文件和旧的配置文件之间的变化。

为了清楚地演示 diff 命令的用法，下面创建两个每行只有一个字符的文件。首先使用例 10-16 的 cat 命令创建一个名为 letters.upper 的正文文件。当按 Enter 键之后，光标将会停留在下一行的开始处，此时就可以输入文件的内容了。其中 A~H 是输入的，当输入完最后一个字母 H 并按 Enter 键之后，光标将会停留在最后一行的开始处，此时按 Ctrl+D 键，将会重新出现系统提示符。这也就表示你已经成功地创建了名为 letters.upper 的文件。为了节省篇幅，这里省略了绝大部分的输入内容。

【例 10-16】

[dog@dog ~]$ cat > letters.upper

A

…

H

Ctrl+ D

接下来，使用完全相同的方法创建一个名为 letters 的正文文件，如例 10-17 所示。

【例 10-17】

[dog@dog ~]$ cat > letters
A
b
C
D
E
f
G
Ctrl+ D

之后，可以使用例 10-18 的 tail 命令来验证一下所创建的文件是否正确无误（注意，这里最好不要使用 cat 命令，因为 cat 命令显示的两个文件之间没有任何信息，很难辨认两个文件是以哪一行分割的）。

【例 10-18】

[dog@dog ~]$ tail letters.upper letters

做完了以上的准备工作之后，可以使用例 10-19 的 diff 命令来比较 letters.upper 和 letters 这两个文件的差别。为了阅读方便，我们使用在显示结果的每一行加上注释的方式来解释这个命令的显示输出结果，注释以#开始。其中，显示结果的第 1 行中的字母 c 为 compare（比较）的第 1 个字母，而显示结果的倒数第 2 行中的字母 d 应该是 differ（不同）的第 1 个字母。

【例 10-19】

[dog@dog ~]$ diff letters.upper letters
2c2   # 第 1 个文件的第 2 行与第 2 个文件的第 2 行比较
< B   # 第 1 个文件的第 2 行为 B

> b   # 第 2 个文件的第 2 行为 b
6c6   # 第 1 个文件的第 6 行与第 2 个文件的第 6 行比较
< F   # 第 1 个文件的第 6 行为 F

> f   # 第 2 个文件的第 6 行为 f

```
8d7        # 第 1 个文件一共有 8 行，而第 2 个文件一共有 7 行
<H         # 第 1 个文件的第 8 行（也是最后一行）为 H
```

除了 diff 命令之外，Linux 系统还提供了一个类似的文件比较命令 sdiff（其中 s 是 side-by-side 的第 1 个字母，diff 也应该是 difference 的前 4 个字母）。这个命令是以如下方式来显示命令的结果的。

（1）|左侧表示第 1 个文件中的数据行。

（2）|右侧表示第 2 个文件中的数据行。

（3）<表示第 1 个文件中的数据行（当第 1 文件中有数据但是第 2 个文件中没有时）。

（4）>表示第 2 个文件中的数据行（当第 2 个文件中有数据但是第 1 个文件中没有时）。

了解了 sdiff 命令的使用方式之后，就可以使用例 10-20 的 sdiff 命令再次比较 letters.upper 和 letters 这两个文件的差别了。为了显示清楚，我们删掉了一些空格。而且只对显示结果中存在不同的行加了注释。

【例 10-20】

```
[dog@dog ~]$ sdiff letters.upper letters
A                        A
B                      | b           # 第 1 个文件中为 B，第 2 个文件中为 b
C                        C
D                        D
E                        E
F                      | f           # 第 1 个文件中为 F，第 2 个文件中为 f
G                        G
H                      <             # 第 1 个文件中为 H，第 2 个文件中的这一行为空
```

有人比较喜欢 sdiff 命令，认为这个命令的显示结果更容易阅读。但是如果比较的两个文件很大，而其中的差别又很少，此时使用 diff 命令可能更好些。

10.4　使用 aspell 和 look 命令检查单词的拼法

aspell 是 Linux 系统上的一个交互式的英语拼写检查程序，该程序（命令）通过一个简单的菜单驱动的界面来提供改正英文单词的建议。那么这个命令所提供的英语单词又是从哪里来的呢？它们来自一个 Linux 系统自带的英语字典，这个字典就是/usr/share/dict/words 文件，可以使用例 10-21 的 ls 命令来验证这个文件的存在。

【例 10-21】

```
[dog@dog ~]$ ls -l /usr/share/dict/words
lrwxrwxrwx  1 root root 11 Oct  8  2009 /usr/share/dict/words -> linux.words
```

可以使用例 10-22 的 more 命令分页显示这个字典中的所有英语单词（有不少 Linux 的书是使用 less 命令，但我个人认为还是使用 more 更好些。因为在所有的 UNIX 系统上都会有 more 命令，但 less 就不一定了。还有 less 具有编辑功能，这可能会存在安全隐患，因为

这里只是浏览 words 文件中的内容)。

【例 10-22】

[dog@dog ~]$ more /usr/share/dict/words

```
&c
'd
'em
'll
...
```

从例 10-22 的显示结果可以看出,在这个文件中每行只存放了一个英语单词。在这个字典中首先是以特殊字符开始的单词,之后是以-开始的单词,再其后是以数据开始的单词,随后是以大写字母开始的单词等。

可能有读者会问这个 Linux 系统自带的英语字典的词汇量到底有多少呢?要得到准确的词汇量的方法很简单,就是使用带有-l 选项的 wc 命令。因此,可以使用例 10-23 的 wc 命令准确地获取这个英语字典中的单词总数。

【例 10-23】

[dog@dog ~]$ wc -l /usr/share/dict/words
483523 /usr/share/dict/words

从例 10-23 的显示结果可知 Linux 系统的英语字典的词汇量还真不小,有 48 万多个单词。下面用例子来演示怎样对正文文件中的内容进行英语的拼写检查。假设你目前是在 dog 用户的家目录,为了后面的操作方便,首先使用 cd 命令切换到当前目录的 backup 子目录。之后,使用 rm 命令删除当前目录中的所有内容。接下来,使用 cp 命令将 dog 家目录中的 news 文件复制到当前目录中(以相同的文件名)。

之后,使用图形化的正文编辑器对当前目录中的 news 文件进行编辑,故意制造几个拼写错误,之后存盘退出。为了节省篇幅,这里省略了具体的操作步骤。接下来,可以使用例 10-24 的 cat 命令列出修改后的 news 文件中的内容。

【例 10-24】

[dog@dog backup]$ cat news
The newest scientigic discovety shows that God exista.
He is a super progrsmmwr,
and he creates our life by writing programs with life codes (genes) !!!

从例 10-24 的显示结果可以看出,在这个文件中一共有 4 个英语单词存在拼写错误,它们都用方框框起来了。为了方便后面的演示操作,应该使用例 10-25 的 cp 命令为 news 文件做一个名为 news2 的副本。

【例 10-25】

[dog@dog backup]$ cp news news2

现在,就可以使用例 10-26 带有 check 选项的 aspell 命令对 news 文件进行英语的拼写检查（最好使用图形界面的终端窗口）。

【例 10-26】

[dog@dog backup]$ aspell check news

当按 Enter 键之后，系统的光标会停留在第 1 个有拼写错误的英语单词上，并在终端窗口的下部给出一些可供选择的拼法正确的单词，如图 10-3 所示。可以通过输入某个单词前面的编号来选择这个单词。这次要选 1，当按下键盘上的 1 键之后，系统就会立即修改光标所在处的单词，之后光标将移到下一个有拼写错误的英语单词上，如图 10-4 所示。这次再次选 1，当按下 1 键之后，系统又会立即修改光标所在处的单词。

图 10-3 图 10-4

之后光标将移到下一个有拼写错误的英语单词上，这次选 2，当按下 2 键之后，系统又会立即修改光标所在处的单词。之后光标将移到下一个有拼写错误的英语单词上，这次再次选 1，当按下 1 键之后，系统又会立即修改光标所在处的单词，之后将退出 aspell 程序。

接下来，应该使用例 10-27 的 cat 命令列出进行了拼法检查并修改后的 news 文件中的内容。其显示结果表明现在 news 文件中原来有错的 4 个英语单词已经变成了正确的单词。

【例 10-27】

[dog@dog backup]$ cat news
The newest scientific discovery shows that God exists.
He is a super programmers,
and he creates our life by writing programs with life codes (genes) !!!

另外可以使用 aspell 命令以非交互的方式在终端窗口中列出某个文件中的全部有拼法错误的英语单词，这要使用 aspell 命令的 list 选项。现在，就可以使用例 10-28 的 aspell 命令列出 news2 文件中的全部有拼法错误的英语单词。

【例 10-28】

[dog@dog backup]$ aspell list < news2
scientigic
discovety
exista
progrsmmwr

例 10-28 的显示结果表明在 news2 文件中有 4 个存在拼法错误的英语单词，注意显示的顺序就是这些错误单词在文件中出现的顺序。

另外，在 Linux 系统中还有一个拼法检查的命令，那就是 look 命令。look 命令的用法很简单，就是 look 空一格后加要检查的单词。如使用例 10-29 的 look 命令来检查 progra 这个单词的拼法。这个命令执行后将列出所有以 progra 开头的英语单词以供选择，为了减少篇幅，这里省略了一些输出结果。

【例 10-29】

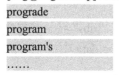

```
[dog@dog backup]$ look progra
prograde
program
program's
......
```

这里需要说明的是使用 look 命令列出来的英语单词也是来自 Linux 系统自带的英语词典，即/usr/share/dict/words 这个 ASCII 码文件。

接下来将介绍几个常用的对正文文件内容进行格式的工具（命令），这些工具将重新编排正文文件中的内容格式。

10.5　使用 expand 命令将制表键（Tab）转换成空格

首先要介绍的是 expand 命令，这个命令将正文文件中的 Tab 键都转换成空格键。expand 命令的输出默认是显示在标准输出上，可以使用重定向符号>将这个命令的输出结果存入到一个文件中。

为了后面的操作更加清楚，我们先做点准备工作。首先在 Windows 系统上打开 ftp 目录的文件夹，之后使用记事本打开 emp.data 文件。接下来做如下操作：

（1）选择"编辑"→"全选"命令，如图 10-5 所示。

（2）之后会发现每一行的阴影区都很长，如图 10-6 所示。这说明每一行的数据之后都有一些空白符号，这是在生成这个 Oracle 脚本文件时系统自动加上的。

图　10-5　　　　　　　　　　　　　　　　　图　10-6

（3）要手工删除每一行数据后面的空白符号，删除了所有的空白符之后，就可以存盘退出了。

（4）之后使用 ftp 的 put 命令将这个修改后的 emp.data 文件发送到 dog 用户家目录下的 backup（/home/dog/backup）子目录中。

做完了以上的准备工作，现在终于可以演示 expand 命令的用法了。首先要进入 dog 用户的/home/dog/backup 目录，应该使用例 10-30 带有-A 选项的 cat 命令再次列出 emp.data 中的全部内容。

【例 10-30】

```
[dog@dog backup]$ cat -A emp.data
7369^ISMITH^ICLERK^I800^I17-DEC-80^M$
7499^IALLEN^ISALESMAN^I1600^I20-FEB-81^M$
7521^IWARD^ISALESMAN^I1250^I22-FEB-81^M$
......
```

从例 10-30 的显示结果清楚地表明每个字段之间的分隔符都是 Tab，显示结果中的^I 就表示 Tab。现在就可以使用例 10-31 的 expand 命令将正文文件 emp.data 中的 Tab 键都转换成空格键并存入名为 emp.spaces 的文件中。

【例 10-31】

```
[dog@dog backup]$ expand emp.data > emp.spaces
```

系统执行完以上 expand 命令之后不会产生任何提示信息。因此，需要使用例 10-32 带有-A 的 cat 命令列出 emp.spaces 文件中的所有内容。

【例 10-32】

```
[dog@dog backup]$ cat -A emp.spaces
7369    SMITH    CLERK    800        17-DEC-80^M$
7499    ALLEN    SALESMAN          1600       20-FEB-81^M$
7521    WARD     SALESMAN          1250       22-FEB-81^M$
......
```

例 10-32 的显示结果清楚地表明在 emp.spaces 文件中的每一个字段的分隔符都已经由 Tab 变成了空格。

10.6 使用 fmt 和 pr 命令重新格式化正文

fmt 命令将它的输入格式化成一些段落，其中段落宽度是使用 fmt 命令的 wn 选项来定义的（w 为 width 的第 1 个字母，n 为字符的数目，系统默认宽度为 75 个字符）。在这个命令中可以利用-u 选项将文件中的空格统一化（每个单词之间使用一个空格分隔，每个句子之间使用两个空格分隔）。另外，fmt 命令将它输入的空行当作段落分隔符看待。

为了能更清楚地解释 fmt 命令，使用图形界面的文本编辑器对/home/dog/backup/news 进行编辑，在一些单词之间加入若干个空格，之后存盘退出。接下来，可以使用例 10-33 的 cat 命令列出 news 文件中的全部内容以验证是否真的加入了这些空格。

【例 10-33】

```
[dog@dog backup]$ cat news
The newest      scientific discovery shows     that God exists.
```

He is a　　super　　programmers,
and he creates　　our life　　by writing programs with life codes (genes) !!!

下面可以使用例 10-34 的 fmt 命令将文件 news 中的纯文字进行重新格式化，并将结果放入名为 news.fmt 的文件中。

【例 10-34】

[dog@dog backup]$ fmt -u -w48 news > news.fmt

系统执行完以上 fmt 命令之后也不会产生任何提示信息。因此，需要使用例 10-35 的 cat 命令列出 news.fmt 文件中的所有内容。

【例 10-35】

[dog@dog backup]$ cat news.fmt
The newest scientific discovery shows that
God exists.□ He is a super programmers, and
he creates our life by writing programs with
life codes (genes) !!!

从例 10-35 的显示结果可知每个单词之间都是使用一个空格分隔，那些多余的空格都被去掉了，而每个段落都是以两个空格开始的。注意，段落是以 “.” 作为结束符的。

接下来要介绍的重新格式化正文的命令是 pr。这个命令可以按照打印机的格式重新编排纯文本文件中的内容。其默认输出为每页 66 行，其中 56 行为正文内容，并包括表头。

试着使用例 10-36 的 pr 命令重新按照打印机的格式来格式化/usr/share/dict/words 文件中的内容，并通过管道将所得结果送 more 程序分页显示。为了节省篇幅，这里对输出结果进行了压缩并删除了绝大部分内容。每按下一次空格键，系统的显示就向下滚动一屏。

【例 10-36】

由于在例 10-36 中没有指定列表头（Header），所以系统默认使用文件名作为列表头，并在每页的页首部分显示。与列表头显示在每页的页首部分的还有页码和时间。

☞ **指点迷津：**

有的 Linux 书中讲在 pr 命令显示结果的页首部分的时间是系统当前的时间。这肯定是不对的，因为这个时间是在 2006 年，而此时的时间已经是 2012 年了。那么这个时间到底是什么时间呢？ 实际上，它是文件的修改时间（Modified）。感兴趣的读者可以利用图形界面测试一下。

例 10-36 的 pr 命令的显示结果每行只列出了一个英语单字（每行一列），如果是送去打印机打印是不是太浪费打印纸了？其实，pr 命令也有许多选项，利用这些选项可以灵活地控制命令的显示结果的输出格式。因此，可以使用例 10-37 带有多个选项的 pr 命令重新将/usr/share/dict/words 文件中的内容格式化为更适合于打印机打印的格式。其中，-h 选项为列表头（Header），在 h 后面使用双引号括起来的就是要显示的表头信息，-l 选项用来定义每页的行数（l 应该是 line 的第 1 个字母），-l18 表示每页都有 18 行，-5 表示每页打印 5列。为了节省篇幅，这里对显示结果进行了压缩。

【例 10-37】

[dog@dog ~]$ pr -h"English Dictionary on Linux" -l18 -5 /usr/share/dict/words | more

2006-10-08 02:00		English Dictionary on Linux		Page 1
&c	'prentice	'shun	'tis	'un
'd	're	'slid	'twas	've
'em	's	'slife	'tween	-'s
……				
2006-10-08 02:00		English Dictionary on Linux		Page 2
-acal	-acy	-age	-ana	-ar
-acea	-ad	-agogue	-ance	-arch
--More--				

☞ **指点迷津：**

这里使用-l18 选项主要是为了节省篇幅，在实际应用中很少会在一页上打印这么少的内容。另外，-l选项后的数目不能太小，如果太小 pr 命令会忽略这一选项，例如使用-l10，有兴趣的读者可以自己试一下。

◀) **提示：**

通过之前的学习，读者已经知道了 pr 命令显示结果中的时间是文件的修改（更改）时间。有时这可能是一个大问题。因为可能某个文件的内容在几年前已经定型了根本就不需要进行任何修改。这样，当使用 pr 命令格式化这个文件并打印出来时，打印结果中每页页首所显示的日期和时间就是几年前最后一次更改这个文件的时间。如果将这样的打印结果拿给领导或客户看，可能就会遇到麻烦。

那么有没有办法在不打开文件的情况下就更改这个文件的修改时间呢？当然有，还是那句老话，只有你想不到的，没有 UNIX 或 Linux 办不到的。你可以使用 touch 命令来更改一个文件的修改时间。之后再使用 pr 命令重新按照打印机的格式来格式化这个文件中的内容。别看 touch 命令不起眼，这次可解决了大问题。

10.7　归档文件和归档技术

为了保证文件和目录的安全，可以通过在可移除式介质（也可以是远程计算机上的硬盘）创建这些文件和目录的备份或归档的方法来保护它们。这样在文件或目录丢失、误删或损坏时，就可以使用所做的归档副本来恢复它们。归档（archiving）就是将许多文件（或目录）打包成一个文件。归档的目的就是方便备份、还原及文件的传输操作。

Linux 操作系统的标准归档命令是 tar。tar 命令的功能是将多个文件（也可能包括目录，因为目录本身也是文件）放在一起存放到一个磁带或磁盘归档文件中，并且将来可以根据需要只还原归档文件中的某些指定的文件。

tar 命令默认并不进行文件的压缩，因此使用 tar 命令打包后的文件可能比原文件还要大。但是，tar 命令本身是支持压缩和解压缩算法。tar 内部使用的压缩和解压缩的算法是 gzip 和 gunzip 或 bzip2 和 bunzip2。在 tar 命令中，t 应该是 tape 的第 1 个字母，而 ar 应该是 archive 的头两个字母。tar 命令的语法格式如下：

tar [选项]... [归档文件名]...

🔔注意：

> 在 tar 命令中，归档文件名要使用相对路径。

而在 tar 命令中必须至少使用如下选项中的一个。

- �ّ c：创建一个新的 tar 文件。
- ➑ t：列出 tar 文件中内容的目录。
- ➑ x：从 tar 文件中抽取文件。
- ➑ f：指定归档文件或磁带（也可能是软盘）设备（一般都要选），这里需要指出的是，在 RHEL 4 之前的版本中规定在 f 选项之后必须紧跟着文件名而不能再加其他参数，但是从 RHEL 4 开始已经取消了这一限制。

除了以上所介绍的 4 个在 tar 命令中必须至少选择其中之一的常用选项之外，在 tar 命令中还有以下 3 个可选的选项。

- ➑ v：显示所打包的文件的详细信息，v 是 verbose 的第 1 个字母。
- ➑ z：使用 gzip 压缩算法来压缩打包后的文件。
- ➑ j：使用 bzip2 压缩算法来压缩打包后的文件。

要注意的是，在 tar 命令中，所有的选项之前都不能使用前导的-。这也是 tar 命令与其他 UNIX 或 Linux 命令的一个明显区别。

为了后面的操作方便，我们先做一些准备工作。现在假设你还在 dog 用户的家目录中，可以使用例 10-38 的 mkdir 命令创建一个名为 arch 的新目录。

【例 10-38】

[dog@dog ~]$ mkdir arch

系统执行完以上 mkdir 命令之后不会产生任何提示信息。因此，需要使用带有-d 选项的 ls 命令列出这个目录的详细内容。确定创建了 arch 目录之后，分别使用例 10-39 和例 10-40 的 cp 命令将当前目录中所有以.JPG 结尾和所有以.txt 结尾的文件复制到 arch 目录中。

【例 10-39】

[dog@dog ~]$ cp *.JPG arch

【例 10-40】

[dog@dog ~]$ cp *.txt arch

系统执行完以上两个 cp 命令之后都不会产生任何提示信息。因此，需要使用没有-d 选项的 ls 命令列出这个目录的详细内容。但是，我们觉得文件 NewZealand.JPG 有点大，所以可以使用 rm 命令将这个大一点的文件删除。最后，可以使用例 10-41 带有-h 选项的 du 命令列出 arch 目录所使用的全部磁盘空间。

【例 10-41】

[dog@dog ~]$ du -h arch
4.0M   arch

10.8 使用 tar 命令创建、查看及抽取归档文件

做完了以上准备工作之后，就可以使用例 10-42 的 tar 命令将 arch 目录打包成一个名为 arch.tar 的归档文件。其中，c 选项表示要创建一个新的归档文件，v 选项表示要在创建过程中显示所有打包的文件和目录，f 选项后跟的就是归档文件名 arch.tar。

【例 10-42】

[dog@dog ~]$ tar cvf arch.tar arch
arch/
arch/learning.txt
arch/name.txt
……

由于在 tar 命令中使用了 v 选项，所以在这个命令的执行过程中会显示所有打包的文件和目录。但是，为了确保万无一失，应该使用例 10-43 的带有-lh 选项的 ls 命令列出以.tar 结尾的所有文件。

【例 10-43】

[dog@dog ~]$ ls -lh *.tar
-rw-rw-r-- 1 dog dog 4.0M Feb 4 05:12 arch.tar

从例 10-43 的显示结果可知 tar 命令确实已经生成了名为 arch.tar 的归档文件，而且这个文件的大小与 arch 目录的大小一样都是 4.0MB。这样就将 arch 这子目录打包好了。之后可以将它复制到可移除式存储设备，例如 USB 闪存上，或使用 ftp 发送到远程的计算机上，

以备不时之需。

　　一般从归档文件包中抽取文件之前，要先检查一下这个包中到底有哪些文件和目录。可以使用带有 t 选项的 tar 命令来完成这一重任。如可以使用例 10-44 的 tar 命令来显示 arch.tar 这个归档文件（包）中所有的文件。

【例 10-44】

```
[dog@dog ~]$ tar tf arch.tar
arch/
arch/learning.txt
arch/name.txt
……
```

　　从例 10-44 的显示结果可知 tar tf 命令只以相对路径显示打包的文件，而且没有包含文件的细节信息。可以在 tar 命令中再加入 v 命令来显示文件更加详细的信息，而 tar tvf 命令是以与 ls -l 相同的方式来显示归档文件（包）中每一个文件的详细信息的。

　　接下来的问题就是如何解开打包好的文件，要使用 tar xvf 命令来解开打包好的文件。这个命令将在当前目录中抽取打包的文件，并且会按照打包时的文件层次结构来解开打包后的文件。因此一定要将当前（工作）目录切换到打包时所在的目录，这样才能保证抽取（恢复）的文件放回到原来的位置。

　　为了更加清楚地演示使用 tar 命令进行文件和目录的恢复，首先使用带有-r 选项的 rm 命令删除 arch 以及其中的全部内容。注意，如果使用 root 用户执行这一命令，系统会产生提示信息让用户确认是否删除文件。随后，需要使用 ls 命令列出所有以 ar 开头的文件和目录。当确认你已经成功地删除了 arch 目录以及其中的全部内容之后，就可以使用例 10-45 的 tar 命令来恢复 arch 目录以及其中的全部内容。

【例 10-45】

```
[dog@dog ~]$ tar xvf arch.tar
arch/
arch/learning.txt
arch/name.txt
……
```

　　由于在这个 tar 命令中使用了 v 选项，所以在这个命令的执行过程中会显示所有包中的文件和目录。但是，为了确保万无一失，应该使用带有-l 选项的 ls 命令列出以 ar 开头的所有文件和目录。使用 tar 命令进行备份和恢复只能恢复到备份（使用 tar 打包）时的状态，在打包之后所做的任何修改都将全部丢失。

🔊提示：

　　使用 tar 命令（工具）对普通文件和命令进行备份和恢复是 UNIX 或 Linux 系统上比较常用的方法，而且也是一种简单和容易掌握的方法。备份和恢复常常被描述成令人望而生畏的工作，学习了 tar 命令之后，读者可能会发现也不过就是执行一条 Linux 系统的命令而已。其实，备份和恢复方法本身并不太复杂，但是要制定出一套好的而且是简单易行的备份和恢复策略（方案）就不那么容易了。

10.9　文件的压缩和解压缩

进行文件压缩的主要目的是缩小文件的大小，这样会节省存储文件的磁盘或磁带的空间，另外在网络上传输这些小文件也会减少网络的流量（也就是节省网络的带宽）。一般对正文文件进行压缩之后，文件的大小可以被压缩大约 75% 之多。但是二进制的文件，如图像文件通常不会被压缩多少。使用 tar 命令产生的归档文件常常需要压缩，因此在使用 tar 命令打包文件时会顺便压缩所产生的归档文件。

☞ 指点迷津:

> 如果读者学习过 Oracle 数据库管理和维护方面的书，可能已经发现了在进行数据库的数据文件、日志文件和控制文件备份时，几乎都不进行压缩。其原因就是这些文件都是二进制文件。

在 Linux 系统中有两组常用的压缩命令（工具）。其中，第 1 组压缩工具是 gzip 和 gunzip，如果使用 gzip 来压缩文件（也包括目录），就必须使用 gunzip 来解压缩。它们是 Linux 系统上标准的压缩和解压缩工具，对正文文件的压缩比一般超过 75%。第 2 组压缩工具是 bzip2 和 bunzip2，如果使用 bzip2 压缩文件，就必须使用 bunzip2 来解压缩。它们是 Linux 系统上比较新的压缩和解压缩工具，通常对归档文件的压缩比要优于 gzip 工具。比较新的 Linux 版本才支持 bzip2 和 bunzip2 命令。

gzip 命令的语法格式为:

gzip [选项] [压缩文件名…]

其中，几个经常使用的选项如下。

- ➥ -v: 在屏幕上显示出文件的压缩比（v 是 verbose 的第 1 个字母）。
- ➥ -c: 保留原来的文件，而新创建一个压缩文件，其中压缩文件名以 .gz 结尾。

而解压缩时，只要输入 gunzip 空一格之后跟着要解压缩的文件即可，如命令 gunzip arch.gz。下面还是通过一些例子来演示怎样使用 gzip 命令来压缩文件和怎样使用 gunzip 命令来解压缩文件。

为了后面的操作更加简单，可以使用 cd 命令将当前（工作）目录切换到 arch 目录。之后，使用带有 -lh 选项的 ls 命令列出当前目录中所有文件的详细信息。ls 命令的显示结果表明在 arch 目录中有一个名为 learning.txt 的正文文件，它的大小是 4.7KB。接下来，可以使用例 10-46 的 gzip 命令来压缩这个文件，由于在当前目录中只有一个以 1 开头的文件，所以可以使用 1* 来代替 learning.txt 这个很长的文件名，是不是方便多了？

【例 10-46】

[dog@dog arch]$ gzip l*

系统执行完以上 gzip 命令之后不会产生任何提示信息。因此，需要使用例 10-47 带有 -lh 选项的 ls 命令列出当前目录中所有文件的详细信息。

【例 10-47】

[dog@dog arch]$ ls -lh
total 4.0M

```
-rw-r--r--    1 dog dog 2.9M Feb    4 05:07 dog.JPG
……
-rw-r--r--    1 dog dog 2.0K Feb    4 05:07 learning.txt.gz
……
```

比较原文件和例 10-47 的显示结果可以发现原来名为 learning.txt 的文件已经变成了名为 learning.txt.gz 的文件，而且文件的大小也从 4.7KB 减少到了 2.0KB。gzip 命令确实将文件的大小压缩了不少。也可以使用例 10-48 的 gunzip 解压缩 learning.txt.gz 文件。同理，因为在当前目录中只有一个以 1 开头的文件，所以这里使用了 1*来代替 learning.txt.gz。

【例 10-48】

```
[dog@dog arch]$ gunzip 1*
```

系统执行完以上 gunzip 命令之后也不会产生任何提示信息。因此，需要使用例 10-49 带有-lh 选项的 ls 命令再次列出当前目录中所有以 1 开头的文件的详细信息。

【例 10-49】

```
[dog@dog arch]$ ls -lh 1*
-rw-r--r--    1 dog dog 4.7K Feb    4 05:07 learning.txt
```

例 10-49 的显示结果表明原来名为 learning.txt.gz 的文件又变回了名为 learning.txt 的文件，而且文件的大小也从 2.0KB 重新增加到了 4.7KB。

接下来，可以使用例 10-50 带有-vc 的 gzip 命令来压缩 learning.txt 这个文件并将压缩的结果存放在 learn.gz 文件中。由于这次使用了-v 选项，所以 gzip 命令执行过程中要显示压缩比，对 learning.txt 的压缩比是 59.2%。

【例 10-50】

```
[dog@dog arch]$ gzip -vc 1* > learn.gz
learning.txt:       59.2%
```

为了得到压缩前后文件大小的准确信息，需要使用带有-lh 选项的 ls 命令再次列出当前目录中所有以 1 开头的文件的详细信息。由于这次使用了-c 选项，所以 gzip 命令要保留原来的文件 learning.txt，并在命令执行完之后生成一个名为 learn.gz 的压缩文件。可以使用 gzip 命令来压缩文件，但是不能使用这一命令压缩目录。

下面通过例子来解释有关图像（二进制）文件的压缩问题。为了后面的操作简单，先使用 cd 命令切换回 dog 用户家目录下的 arch 子目录中。之后，使用带有-lh 选项的 ls 命令列出当前目录中所有以 JPG 结尾的图像文件的详细信息。ls 命令的显示结果表明在 arch 目录中有一个名为 dog.JPG 的图像（二进制）文件，它的大小是 2.9MB。接下来，可以使用例 10-51 的 gzip 命令来压缩这个文件。

【例 10-51】

```
[dog@dog arch]$ gzip -cv dog* >dog.JPG.gz
dog.JPG:        0.2%
```

由于在以上命令中使用了-v 选项，所以 gzip 命令执行过程中要显示压缩比，对 dog.JPG 图像（二进制）文件的压缩比只有 0.2%。费了好大的劲，只压缩了千分之二，是不是得不偿失？

10.10　在使用 tar 命令的同时进行压缩和解压缩

为了简化操作，通常会在使用 tar 命令打包文件的同时顺便压缩打包好的文件。其实，tar 命令本身就具有文件的压缩和解压缩功能。在使用 tar 命令时，可以通过使用如下两个参数（选项）来决定如何压缩打包好的文件。

- z: 使用 gzip 的技术来压缩打包好的文件。
- j: 使用 bzip2 的技术来压缩打包好的文件。

下面通过例子来演示怎样使用 tar 命令在打包文件的同时顺便压缩打包好的文件。为了演示清楚，首先要做一些准备工作。要先使用 cd 命令切换到 arch 目录（假设现在的当前目录是 dog 的家目录）。当进入 arch 目录之后，使用有-l 选项的 ls 命令列出当前目录中所有的文件和目录。从 ls 命令的显示结果可知在 arch 目录中有两个以.gz 结尾的压缩文件。现在应该使用 rm 命令删除这两个压缩文件，以恢复该目录的原始状态。系统执行完以上 rm 命令之后不会产生任何提示信息。因此，应该使用 ls 命令列出当前目录中的全部内容。随后，使用 cd 命令退回到 dog 的家目录。

当确认了已经在 dog 的家目录之后，就可以使用例 10-52 的 tar 命令将 arch 目录打包而且同时使用 gzip 的技术压缩打包后的文件。打包后的文件名为 arch.tar.gz，tar 命令中的 z 参数就表示要使用 gzip 技术压缩打包后的文件。由于这个 tar 命令中使用了 v 参数，所以在该 tar 命令执行过程中会显示打包的每一个文件和目录。

【例 10-52】

```
[dog@dog ~]$ tar cvfz arch.tar.gz arch
arch/
arch/learning.txt
arch/name.txt
……
```

接下来，还可以使用例 10-53 的 tar 命令将 arch 目录打包而且同时使用 bzip2 的技术压缩打包后的文件。打包后的文件名为 arch.tar.bz2，tar 命令中的 j 参数就表示要使用 bzip2 技术压缩打包后的文件。

【例 10-53】

```
[dog@dog ~]$ tar cvfj arch.tar.bz2 arch
arch/
arch/learning.txt
arch/name.txt
……
```

由于在例 10-53 的 tar 命令中也使用了 v 参数，所以在这个 tar 命令执行过程中也会显示打包的每一个文件和目录。最后，应该使用例 10-54 的带有-l 选项的 ls 命令列出当前目录中所有带有 tar 这 3 个字母的文件。

【例 10-54】

```
[dog@dog ~]$ ls -l *tar*
-rw-rw-r--  1 dog dog 4106240 Feb   4 05:12 arch.tar
-rw-rw-r--  1 dog dog 4064484 Feb   4 21:41 arch.tar.bz2
-rw-rw-r--  1 dog dog 4082801 Feb   4 21:41 arch.tar.gz
```

　　例 10-54 的显示结果清楚地表明没有经过压缩的打包文件 arch.tar 最大，经过 gzip 技术压缩后的文件 arch.tar.gz 要比 arch.tar 小，而经过 bzip2 技术压缩后的文件 arch.tar.bz2 要比 arch.tar.gz 还小（也就是最小的）。

☞ 指点迷津：

　　细心的读者可能已经发现，在使用的例子中无论哪种压缩技术，压缩文件的效果都不明显。这是因为在 arch 目录中有两个图像（二进制）文件而且它们的大小已经接近整个目录的大小。这也再一次证明了对二进制文件进行压缩意义不大。因此，建议读者在今后的实际工作中最好将文本文件和二进制文件分别存放在不同的目录中，这样就可以只压缩存放文本文件目录了，从而产生很好的压缩效果。另外，这样管理和维护也更加方便。

10.11　使用 tar 命令将文件打包到软盘上的步骤及准备工作

　　可以使用 tar 命令将文件直接打包到软盘上，也就是将软盘当作磁带来使用。但是如果要使用 tar 命令将文件打包到软盘上，就必须进行如下操作：

　　（1）必须将要使用的软盘进行低级格式化。

　　（2）不需要将磁盘格式化成文件系统。

　　（3）必须将软盘卸载掉。

　　（4）使用 tar 命令将文件直接打包到软盘上。

　　（5）在 tar 命令中要使用软盘的设备名/dev/fd0，因为软盘已经被卸载掉了，所以不能使用软盘所对应的目录。

　　为了能够清晰地演示使用 tar 命令以软盘为存储介质的备份与恢复过程，要先按照如下步骤再创建两张虚拟软盘（其详细操作步骤可参阅本书的视频）：

　　（1）在虚拟机的关闭状态下，双击虚拟机中的软盘链接，之后会打开 Floppy 窗口。

　　（2）在 Floppy 窗口中选中 Use floppy image 单选按钮，单击 Create 按钮，打开 Browse for Floppy Image 窗口。

　　（3）在 Browse for Floppy Image 窗口中的文件名下拉列表框中输入 floppy2.flp（第 2 张虚拟软盘），单击"保存"按钮，之后又退回到 Floppy 窗口。

　　（4）继续选中 Use floppy image 单选按钮，单击 Create 按钮，之后将打开 Browse for Floppy Image 窗口。

（5）在 Browse for Floppy Image 窗口中的文件名下拉列表框中输入 floppy3.flp（第 3 张虚拟软盘），单击"保存"按钮，之后又退回到 Floppy 窗口。

（6）继续选中 Use floppy image 单选按钮，单击 OK 按钮，之后将退回到 VMware Workstation 窗口。

（7）在 VMware Workstation 窗口中，会发现这时虚拟软盘已经指向刚刚创建的 floppy3.flp（第 3 张虚拟软盘）。

（8）在 Windows 系统中打开虚拟机所在的文件夹来确认所创建的虚拟软盘文件都已经存在。

添加了两张新的虚拟软盘之后，要启动 Linux 系统。以 root 用户登录。如果目前是在其他普通用户下，可以使用 su 命令切换到 root 用户。切换到 root 用户之后，应该使用 cd 命令将当前目录切换到 dog 用户的家目录中。最后，使用带有-lh 选项的 ls 命令列出当前目录下的 arch 子目录中的所有内容。

10.12　低级格式化多张虚拟软盘

做完了以上的准备工作之后，就可以将所创建的 3 张虚拟软盘都进行低级格式化，低级格式化这 3 张虚拟软盘的具体操作步骤如下：

（1）如果在 VMware 的全屏方式，则使用 Ctrl+Alt 键退出全屏方式。双击窗口右下角的 Floppy 图标，之后会打开 Floppy 窗口。

（2）在 Floppy 窗口中选中 Connected 复选框和 Use floppy image 单选按钮，单击 Browse 按钮并选择第 3 张虚拟软盘，最后单击 OK 按钮，之后将重新退回到 VMware Workstation 窗口。

（3）切换回 root 用户所在的终端（telnet）窗口，之后就可以使用例 10-55 的 fdformat 低级格式化第 3 张虚拟软盘了。

【例 10-55】

```
[root@dog dog]# fdformat /dev/fd0H1440
Double-sided, 80 tracks, 18 sec/track. Total capacity 1440 kB.
Formatting ... done
Verifying ... done
```

重复以上的操作，将其他两张虚拟软盘进行同样的低级格式化。

10.13　使用 tar 命令将 arch 目录打包（备份）到软盘上

将所有的虚拟软盘低级格式化之后，就可以开始使用 tar 命令将 arch 目录打包（备份）到软盘上了（最后在备份之前保证当前的虚拟软盘是第 1 张软盘，这样主要是为了管理和维护上的方便，在真实的系统上通过为每张软盘编号来完成的）。现在就可以使用例 10-56 的 tar 命令将 arch 目录（包括其中的所有文件和目录）打包（备份）到软盘上了。

☞**指点迷津：**

在这个 tar 命令中的 M 选项表示要分片打包（备份）arch 目录。因为一张软盘的容量只有 1.44MB，这样打包的文件完全可能超过 1.44MB，所以必须加上 M 参数来分片处理打包的文件。由于这个命令是在软盘没有挂载的情况下发出的，所以要使用软盘的设备（文件）名/dev/fd0。

【例 10-56】

```
[root@dog dog]# tar cvfM /dev/fd0 arch
arch/
arch/learning.txt
arch/name.txt
arch/flowers.JPG
arch/dog.JPG
Prepare volume #2 for `/dev/fd0' and hit return:
```

当系统出现例 10-56 的最后一行显示输出时，表示需要更换软盘片。再次切换到 VMware Workstation 窗口，双击窗口右下角的 Floppy 图标，之后会打开 Floppy 窗口。

在 Floppy 窗口中，保持选中 Connected 复选框和 Use floppy image 单选按钮，单击 Browse 按钮并选择第 2 张虚拟软盘，最后单击 OK 按钮，之后将重新退回到 VMware Workstation 窗口。

切换回 root 用户所在的终端（telnet）窗口，并在系统的提示处按 Enter 键，之后系统可能会出现如下的提示信息：

```
Prepare volume #3 for `/dev/fd0' and hit return:
```

这表示需要再次更换软盘片。再次切换到 VMware Workstation 窗口，双击窗口左下角的 Floppy 图标，之后会打开 Floppy 窗口。

在 Floppy 窗口中，选中 Connected 复选框和 Use floppy image 单选按钮，单击 Browse 按钮并选择第 3 张虚拟软盘，最后单击 OK 按钮，之后将重新退回到 VMware Workstation 窗口。切换回 root 用户所在的终端（telnet）窗口，并在系统的提示处按 Enter 键，之后系统将继续执行 tar 命令的操作并显示打包的文件直到所有的文件都打包到软盘上为止。

```
Prepare volume #3 for `/dev/fd0' and hit return:
arch/emplist.txt
arch/game.txt
arch/salary.txt
```

以上就是将文件打包到软盘上的具体操作方法。到此为止，已经成功地使用 tar 命令将 dog 家目录中的 arch 子目录（也包括该目录中的所有内容）备份到 3 张软盘上了。

10.14　使用 tar 命令利用软盘上的备份恢复 arch 目录

备份不是目的，备份的目的是为了恢复。为了能清晰地演示使用由 tar 命令产生的软盘备份来恢复丢失的文件，下面首先删除 dog 家目录中的 arch 子目录连同该目录中的所有文件。可以使用带有-r 选项的 rm 命令来删除/home/dog/arch 目录和其中的所有内容。

💭注意：

因为目前是在 root 用户下执行 rm 命令，所以在删除每一个文件之前，必须使用 y 来确定。

删除了所有的文件之后，最好使用带有-l 选项的 ls 命令测试一下。当确认 arch 目录已经不见了之后，要先插入第 1 张备份软盘。于是，再次切换到 VMware Workstation 窗口，双击窗口右下角的 Floppy 图标，之后会打开 Floppy 窗口。

在 Floppy 窗口中选中 Connected 复选框和 Use floppy image 单选按钮，单击 Browse 按钮并选择第 1 张虚拟软盘，最后单击 OK 按钮，之后将重新退回到 VMware Workstation 窗口。切换回 root 用户所在的终端（telnet）窗口，现在可以使用例 10-57 的 tar 命令将打包（备份）到软盘上的文件重新恢复到当前目录下。

【例 10-57】

```
[root@dog dog]# tar xvfM /dev/fd0
arch/
arch/learning.txt
arch/name.txt
arch/flowers.JPG
arch/dog.JPG
Prepare volume #2 for `/dev/fd0' and hit return:
```

当系统出现例 10-57 的最后一行显示输出时，表示需要更换软盘片。再次切换到 VMware Workstation 窗口，双击窗口右下角的 Floppy 图标，之后会打开 Floppy 窗口。

在 Floppy 窗口中，保持选中 Connected 复选框和 Use floppy image 单选按钮，单击 Browse 按钮并选择第 2 张虚拟软盘，最后单击 OK 按钮，之后将重新退回到 VMware Workstation 窗口。

切换回 root 用户所在的终端（telnet）窗口，并在系统的提示处按 Enter 键，之后系统可能会出现如下的提示信息：

```
Prepare volume #2 for `/dev/fd0' and hit return:
```

这表示需要再次更换软盘片。再次切换到 VMware Workstation 窗口，双击窗口右下角的 Floppy 图标，之后会打开 Floppy 窗口。

在 Floppy 窗口中，保持选中 Connected 复选框和 Use floppy image 单选按钮，单击 Browse 按钮并选择第 3 张虚拟软盘，最后单击 OK 按钮，之后将重新退回到 VMware Workstation 窗口。

切换回 root 用户所在的终端（telnet）窗口，并在系统的提示处按 Enter 键，之后系统将继续执行 tar 命令的操作并显示所抽取（恢复）的文件直到所有的打包文件恢复完为止。

```
Prepare volume #3 for `/dev/fd0' and hit return:
arch/emplist.txt
arch/game.txt
arch/salary.txt
```

以上就是抽取打包到软盘上的所有文件的具体操作方法。到此为止，已经成功地使用 tar 命令将备份到 3 张软盘上的所有目录和文件又重新恢复到了原来所在的 dog 家目录中。接下来，为了谨慎起见，应该使用带有-lh 选项的 ls 命令列出当前目录下 arch 目录中的全部内容。看到 ls 命令的显示结果，你的心里应该踏实了，因为 arch 目录及这个目录中的所有文件又都活灵活现地出现在你的眼前了。原来备份和恢复也不过如此。

☞ 指点迷津：

> 在本章中之所以使用这么大的篇幅比较详细地介绍使用软盘进行备份和恢复，是因为备份和恢复工作是系统管理员的日常工作之一，特别是备份。因为要保证系统在出问题或崩溃时不丢失或少丢失信息，也没有什么灵丹妙药，唯一切实可行的方法就是备份。所以有专家在谈到保证计算机系统安全时曾使用了这样的话：备份、备份、再备份。有一些公司的 Linux 系统或 UNIX 系统是使用磁带进行备份和恢复的，其实与我们介绍的使用软盘进行备份和恢复的方法极为相似，只要将更换软盘改为更换磁带就行了。这也是我们花这么大的篇幅介绍使用软盘进行备份和恢复的主要原因。

10.15　练 习 题

　　1．与其他操作系统类似，Linux 系统也提供了进行文件纵向合并操作的方法，在以下叙述中，哪一个最符合 Linux 系统所提供的文件纵向合并方法？

　　　　A．只能使用>输出重定向符号

　　　　B．只能使用>>输出重定向符号

　　　　C．使用 paste 命令

　　　　D．使用>>输出重定向符号或 cat 命令

　　2．在实际工作中，时常要将 DOS 格式的文件转换成 UNIX 格式的文件，或将 UNIX 格式的文件转换成 DOS 格式的文件。请问以下哪一个或哪一组命令可以最方便地完成这样的工作？

　　　　A．tr　　　　　B．dos2unix　　　　C．unix2dos　　　　D．dos2unix 和 unix2dos

　　3．在 Linux 系统上有时需要比较两个正文文件中的内容，以下哪两个命令是用来完成这一任务的？

　　　　A．sort　　　　B．diff　　　　　C．file　　　　　D．sdiff

　　4．在 Linux 系统上有时需要检查英语单词的拼法，以下哪两个命令是用来完成这一任务的？

　　　　A．diff　　　　B．look　　　　　C．sdiff　　　　　D．aspell

　　5．如果要使用 tar 命令将文件打包到软盘上，如下哪两个操作是必需的？

　　　　A．必须将要使用的软盘进行低级格式化

　　　　B．必须将磁盘格式化成文件系统

　　　　C．必须挂载软盘

　　　　D．使用 tar 命令将文件直接打包到软盘上

　　　　E．在 tar 命令中要使用软盘的挂载点（挂载目录），如/media/floppy

第 11 章 Shell 编程（sed、awk、grep 的应用）

曾有专家指出 UNIX 大虾经常使用的命令只有两个。相信第 1 个命令读者已经相当熟悉，那就是 ls 命令。第 2 个命令就是将在本章中介绍的 grep，这个命令是用来在文件中搜索满足特定要求的内容。在本章中除了 grep 命令之外，还将介绍它的两个变种，egrep 和 fgrep 命令。除此之外，在本章中还要介绍两个在 UNIX 系统上使用频率比较高但也比较复杂的工具，它们是 sed 和 awk 命令，有 UNIX 和 Linux 专家称这些工具（程序）为过滤器。

其实，从学习这些命令开始，你就已经开始了真正意义上的 Shell 编程。甚至在本章的最后一节还要介绍在程序设计中两个非常重要也是经常使用的语句，它们就是分支（条件）语句和循环语句。

11.1 使用 grep 命令搜索文件中的内容

可以通过使用 grep、egrep 和 fgrep 命令来搜索文件中满足特定模式（pattern）或字符串的内容。在本节将首先介绍 grep 命令，而其他两个类似的命令将在 11.2 节和 11.3 节中介绍。

grep 命令的由来可以追溯到 UNIX 诞生的早期。在 grep 命令出现之前，UNIX 用户经常使用一个叫做 ed 的行编辑器来搜寻正文。正如大家所熟知的，在 UNIX 系统中搜索的模式（patterns）被称为正则表达式（regular expressions）。为了要彻底搜索一个文件，有用户在这个字符串之前加上前缀 global（全面的）。一旦找到了一个相匹配的内容，用户就想将其列印（print）在屏幕上。把这一切放在一起的操作就是 global/regular expressions/print。由于这串英语太长，因此有用户就取了每个单词的第 1 个字母，那就是 grep。其实 grep 这个命令的名字虽然看上去有些怪，但是这个名字的由来完全是自然形成的，也不难理解。

grep 和 egrep 命令能够在一个或多个文件的内容中搜索某一特定的字符模式（character pattern），也被称为正则表达式（regular expressions）。一个模式可以是一个单一的字符、一个字符串、一个单词或一个句子。

一个正则表达式是描述一组字符串的一个模式。正则表达式的构成是模仿了数学表达式，通过使用操作符将较小的表达式组合成一个新的表达式。一个正则表达式既可以是一些纯文本文字，也可以是用来产生模式的一些特殊字符。为了进一步定义一个搜索模式，grep 命令支持以下几种正则表达式的元字符（regular expression metacharacters），也称为通配符。

- c*: 将匹配 0 个（即空白）或多个字符 c。
- .: 将匹配任何一个字符而且只能是一个字符。

- [xyz]：将匹配方括号中的任意一个字符。
- [^xyz]：将匹配不包括方括号中的字符的所有字符。
- ^：锁定行的开头。
- $：锁定行的结尾。

在基本正则表达式中，如元字符*、+、{、|、(和)已经失去了它们原来的含义，如果要恢复它们原本的含义要在之前冠以反斜线\，如*、\+、\{、\|、\(和\)。

grep 命令是用来在每一个文件中或标准输出上搜索特定的模式。当使用 grep 命令时，包含一个指定字符模式的每一行都会被打印（显示）在屏幕上，但是使用 grep 命令并不改变文件中的内容，grep 命令的语法格式如下：

　grep　选项　模式　文件名

其中，选项可以改变 grep 命令的搜寻方式。除了-w 选项之外，其他的每个选项都可以在 egrep 和 fgrep 命令中使用。grep 命令中常用选项的说明如下。

- -c：仅列出包含模式的行数。
- -i：忽略模式中的字母大小写。
- -l：列出带有匹配行的文件名。
- -n：在每行的最前面列出行号。
- -v：列出没有匹配模式的行。
- -w：把表达式作为一个完整的单字来搜寻，忽略那些部分匹配的行。

◀))提示：

> 如果是搜索多个文件，grep 命令的结果只显示在文件中发现匹配模式的文件名，而搜索的是单一的文件，grep 命令的结果将显示每一个包含匹配模式的行。

下面通过一系列的例子来进一步解释 grep 命令的不同用法。还是以 dog 用户登录 Linux 系统，之后使用 cd 命令将当前目录切换为 backup 目录，因为在这个目录中有一个第 10 章 10.5 节生成的文件 emp.data，在这个文件中存有员工的信息。如果读者的系统中没有这个文件或 backup 目录，可以按照 10.5 节的方法重新生成它们。

一天项目经理要求你列出一个职位为 CLERK（文员）的所有员工的清单。于是，你可以使用例 11-1 的 grep 命令。其中，CLERK 就是要搜索的文字模式。

【例 11-1】

```
[dog@dog backup]$ grep CLERK emp.data
```

7369	SMITH	CLERK	800	17-DEC-80
7876	ADAMS	CLERK	1100	23-MAY-87
7900	JAMES	CLERK	950	03-DEC-81
7934	MILLER	CLERK	1300	23-JAN-82

例 11-1 的显示结果中确实只包含了全部 CLERK 员工的信息。如果项目经理现在只想知道公司中有多少职位为 CLERK 的员工，那又该怎么办呢？可能有读者会想到数一数例 11-1 的显示结果不就行了。但是实际上有时并不是像读者想象的那样简单，因为如果是一个大公司可能有几百或几千个文员，所以可以使用例 11-2 的带有-c 的 grep 命令只显示职位是文

员的记录数（数据行数）。

【例 11-2】

```
[dog@dog backup]$ grep -c CLERK emp.data
4
```

例 11-2 的显示结果表明在 emp.data 文件中只有 4 个职位是文员的记录，也就是公司中只有 4 个文员。如果现在记不清要搜索的字符串的大小写，就可以使用带有-i 选项的 grep 命令进行搜索，在这种情况下，-i 选项非常有用。如果项目经理要求在列出一个职位为 CLERK 的所有员工的同时还要在每一行的前面冠以行号，可以使用例 11-3 带有-in 选项的 grep 命令。

【例 11-3】

```
[dog@dog backup]$ grep -in Clerk emp.data
1:7369      SMITH      CLERK      800      17-DEC-80
11:7876     ADAMS      CLERK      1100     23-MAY-87
12:7900     JAMES      CLERK      950      03-DEC-81
14:7934     MILLER     CLERK      1300     23-JAN-82
```

例 11-3 的显示结果是不是有些怪？它显示的行号是不连续的，这是为什么呢？为了回答这个问题，可以先使用带有-n 选项的 cat 命令列出 emp.data 中所有的数据行并在每行之前同样冠以行号。看到带有-n 选项的 cat 命令的显示结果，读者应该清楚了，grep 命令中的-n 选项实际上显示的行号是这个记录行在源文件中的行号。

如果项目经理又要求你列出一个除了职位为 CLERK 以外的所有员工的清单，可以使用例 11-4 带有-v 选项的 grep 命令。

【例 11-4】

```
[dog@dog backup]$ grep -v CLERK emp.data
7499     ALLEN     SALESMAN          1600     20-FEB-81
7521     WARD      SALESMAN          1250     22-FEB-81
7566     JONES     MANAGER 2975      02-APR-81
……
```

还可以利用^通配符使用例 11-5 的 grep 命令列出在 emp.data 文件中所有以 78 开始的数据行（员工号以 78 开始的所有员工的记录）。

【例 11-5】

```
[dog@dog backup]$ grep ^78 emp.data
7839     KING       PRESIDENT        5000     17-NOV-81
7844     TURNER     SALESMAN         1500     08-SEP-81
7876     ADAMS      CLERK      1100  23-MAY-87
```

还可以利用$通配符使用例 11-6 的 grep 命令列出在 emp.data 文件中所有以 87 结尾的数据行（1987 年雇用的所有员工的记录）。

【例 11-6】

[dog@dog backup]$ grep 87$ emp.data

| 7788 | SCOTT | ANALYST 3000 | 19-APR-87 |
| 7876 | ADAMS | CLERK | 1100 | 23-MAY-87 |

如果现在只想知道公司中有多少职位为 SALESMAN 和 MANAGER 的员工，那又该怎么办呢？还记得吗？可以使用例 11-7 的带有-c 的 grep 命令只显示职位是销售和经理的记录数（数据行数）。

【例 11-7】

[dog@dog backup]$ grep -c MAN emp.data

7

还可以使用例 11-8 的 grep 命令列出在文件 emp.data 中所有工资在 1000～1990 和 2000～2990 的数据行（个位必须为 0）。在这个命令中'[12]..0'表示以 1 或 2 开始，随后是两个任意字符，最后是 0 的字符串。

【例 11-8】

[dog@dog backup]$ grep '[12]..0' emp.data

7499	ALLEN	SALESMAN	1600	20-FEB-81
7521	WARD	SALESMAN	1250	22-FEB-81
7654	MARTIN	SALESMAN	1250	28-SEP-81
7698	BLAKE	MANAGER 2850	01-MAY-81
7782	CLARK	MANAGER 2450	09-JUN-81

……

但是我们知道在 emp.data 文件中还有一个工资为 2975 元的员工记录没有显示在例 11-8 的输出结果中。于是，可以改写 grep 命令中的正则表达式，如例 11-9 重新列出在文件 emp.data 中所有工资在 1000～1990 和 2000～2990 的数据行（个位必须为 0 或 5）。在这个命令中'[12]..[05]'表示以 1 或 2 开始，随后是两个任意字符，最后是 0 或 5 的字符串。

【例 11-9】

[dog@dog backup]$ grep '[12]..[05]' emp.data

7499	ALLEN	SALESMAN	1600	20-FEB-81
7521	WARD	SALESMAN	1250	22-FEB-81
7566	JONES	MANAGER 2975	02-APR-81

……

grep 命令在搜索字符串时实际上进行的是部分匹配操作，即只要在一个单词的一部分能与搜索模式匹配就认为已经满足条件了。有时，这样的操作方式会产生意想不到的结果，如使用例 11-10 的命令显示工资为 800～990（个位必须为 0）元的所有员工的数据行。

【例 11-10】

[dog@dog backup]$ grep   '[89].0' emp.data

| 7369 | SMITH | CLERK | 800 | 17-DEC-80 |

7698	BLAKE	MANAGER	2850	01-MAY-81
7900	JAMES	CLERK	950	03-DEC-81

在例 11-10 的显示结果中有一行工资为 2850 的员工记录，这显然不是我们所需要的结果。为了纠正这个错误，可以使用例 11-11 带有-w 选项的 grep 命令。

【例 11-11】

[dog@dog backup]$ grep -w '[89].0' emp.data

7369	SMITH	CLERK	800	17-DEC-80
7900	JAMES	CLERK	950	03-DEC-81

这次终于得到了真正所期望的结果，因为-w 选项要求 grep 命令在搜索模式时必须进行整个单词的匹配而不能进行部分匹配。这一选项也并不是什么时候都那么好用，如修改一下例 11-7 命令，使用例 11-12 的带有-w 选项的 grep 命令来显示公司中所有职位为 SALESMAN 和 MANAGER 员工的清单。

【例 11-12】

[dog@dog backup]$ grep -w MAN emp.data

看到例 11-12 的显示结果你也许会感到吃惊，因为系统没有显示任何记录行。这正是-w 选项起了作用，因为 grep 命令使用的是整个单词的完全匹配，而在 emp.data 文件中根本就没有一个 MAN 单词。

在 UNIX 或 Linux 系统中，为了系统管理和维护的需要，操作系统管理员常常使用 grep 命令搜索系统配置的信息。为了演示这方面的例子，要使用例 11-13 的 cd 命令切换到/etc 命令下。

【例 11-13】

[dog@dog backup]$ cd /etc

当确定了当前目录已经是/etc 目录之后，可以使用例 11-14 的带有-l 选项的 grep 命令在当前目录中的 group、passwd 和 hosts 3 个文件中搜索模式 root 并列出包含这一模式的文件名。

【例 11-14】

[dog@dog etc]$ grep -l root group passwd hosts
group
passwd

由于在/etc/passwd 文件中普通用户都是在 500（UID）以上，于是试着使用例 11-15 的 grep 命令列出在这个文件中全部有关普通用户的信息。

【例 11-15】

[dog@dog etc]$ grep '5*' passwd
root:x:0:0:root:/root:/bin/bash
bin:x:1:1:bin:/bin:/sbin/nologin
daemon:x:2:2:daemon:/sbin:/sbin/nologin
…

例 11-15 显示结果中的...表示省略了后面的显示输出，这个结果同样会使你感到吃惊，因为它列出了整个文件中的全部内容。这是因为我们定义的'5*'表示有零个或多个 5，当然 passwd 文件中的所有数据行都满足这个条件，所以 grep 列出了这个文件中的全部数据行。为了达到我们的目的，这次将 grep 命令中的字符模式由'5*'改为'55*'，之后再试试，如例 11-16 所示。

【例 11-16】

```
[dog@dog etc]$ grep '55*' passwd
sync:x:5:0:sync:/sbin:/bin/sync
ftp:x:14:50:FTP User:/var/ftp:/sbin/nologin
fox:x:502:502::/home/fox:/bin/bash
……
pig:x:503:501::/home/pig:/bin/bash
```

例 11-16 的显示结果离我们的要求更近了一步，但是其中有多行数据只是其中包含了 5 但并不是 500 以上。其实，在这里可以使用例 11-17 带有-w 选项的 grep 命令列出所有在该系统中的普通用户的信息。

【例 11-17】

```
[dog@dog etc]$ grep -w '50.' passwd
dog:x:500:500:dog:/home/dog:/bin/bash
cat::501:501::/home/cat:/bin/bash
fox:x:502:502::/home/fox:/bin/bash
pig:x:503:501::/home/pig:/bin/bash
```

接下来，你也许想知道哪些用户默认使用的是 bash。可以使用例 11-18 的 grep 命令列出在 passwd 文件中所有以/bash 结尾的数据行（也就是所有默认使用 bash 的用户）。

【例 11-18】

```
[dog@dog etc]$ grep '/bash$' passwd
root:x:0:0:root:/root:/bin/bash
……
pig:x:503:501::/home/pig:/bin/bash
```

grep 命令的功能强大吧？而且利用它的不同选项和变化万千的正则表达式（模式）可以获取所需要的许多超值信息。如果读者阅读过其他同类的 Linux 或 UNIX 书籍，会发现本书这部分的内容要长很多。我个人认为这个命令在实际工作中使用的频率很高，而且也很有效。特别是在系统管理和维护工作中，如现在想知道目前系统使用的 ftp 服务的进程名，可以使用例 11-19 的带有管道的组合命令（如果 ftp 服务没有启动，要先使用 service vsftpd start 命令启动 ftp 服务）。

【例 11-19】

```
[dog@dog etc]$ ps -e | grep ftp
3819 pts/2        00:00:00 vsftpd
```

是不是挺方便的？如果在 Linux 服务器上安装了 Oracle 数据库管理系统，想检查一下相关的 Oracle 进程是不是启动了，只要将例 11-19 中的 ftp 改为 ora_ 即可。一些 Oracle 大虾常说的要使用 Linux 命令检查一下 Oracle 的服务（进程）是否都启动了，原来就一条命令那么简单。现在你不但已经进化成为了 Linux 大虾，而且也突变成了 Oracle 大虾。

其实，有关 grep 命令我们只涉及了冰山的一角。grep 命令中的选项有许许多多，而且用法也更是变化万千，即使再写 100 页也有的写。不过相信本书所介绍的内容已经可以应付多数 Linux 或 UNIX 系统的日常工作了。

11.2　使用 egrep 命令搜索文件中的内容

有时一个简单的正则表达式无法定位（找到）你要搜寻的内容，如要寻找满足模式 1 或模式 2 的数据行。在这种情况下，egrep 命令就可以派上用场。egrep 命令的名字来自 expression grep，其中命令名的第 1 个字符就是 expression（表达式）的首字符。

egrep 命令的语法格式与 grep 命令相同。但是，egrep 命令是用来在一个或多个文件的内容中利用扩展的正则表达式的元字符搜索特定的模式。扩展的正则表达式的元字符包括了 grep 命令中使用的正则表达式元字符的同时还增加了一些额外的元字符。所增加的元字符的说明如下。

- +：匹配一个或多个前导字符。
- a|b：匹配 a 或 b。
- (RE)：匹配括号中的正则表达式 RE。

下面还是通过一些例子进一步解释 egrep 命令的不同用法。经理要你打印一张工资为 1000、2000、3000、4000 和 5000 元的所有员工的清单，此时就可以使用例 11-20 的 egrep 命令。

【例 11-20】

```
[dog@dog backup]$ egrep '[1-5]+000' emp.data
7788    SCOTT    ANALYST 3000    19-APR-87
7839    KING     PRESIDENT       5000    17-NOV-81
7902    FORD     ANALYST 3000    03-DEC-81
```

为了使后面的操作简单，可以使用例 11-21 带有-t 选项的 expand 命令将 emp.data 中所有的制表键都转换成一个空格符，并将结果重定向输出到 emp.fmt 文件中。其中，-t 1 表示将制表键转换成一个空格符。接下来，要使用例 11-22 带有-A 选项的 cat 命令列出新产生的 emp.fmt 文件中的全部内容。

【例 11-21】

```
[dog@dog backup]$ expand -t 1 emp.data > emp.fmt
```

【例 11-22】

```
[dog@dog backup]$ cat -A emp.fmt
7369 SMITH CLERK 800 17-DEC-80$
```

7499 ALLEN SALESMAN 1600 20-FEB-81$

7521 WARD SALESMAN 1250 22-FEB-81$

……

随着对 Linux 系统的熟悉程度的加深，经理也想利用 Linux 系统提供的工具完成一些更具挑战性的工作。一天，他要你为他列出一张职位是 CLERK 但是工资在 1000 元或以上的员工的名单，你就可以使用例 11-23 的 egrep 命令来完成经理交给你的这一任务，这里假设所有 CLERK 的工资都是精确到十位（即个位永远为零）。其中，'CLERK 1..0'告诉命令寻找 CLERK 字符串后面紧跟着一个空格符，随后是一个 1，在这个 1 之后是任意的两个字符，之后必须跟一个 0 的字符模式。

【例 11-23】

[dog@dog backup]$ egrep 'CLERK 1..0' emp.fmt

7876 ADAMS CLERK 1100 23-MAY-87

7934 MILLER CLERK 1300 23-JAN-82

例 11-23 的显示结果表明参加该项目的员工中有两个文员的工资在 1000 元或以上。在这个例子中由于员工很少，所以满足条件的员工就更少了。但是在一些大型或超大型机构中可能有几万甚至几十万员工，这时满足条件的员工可能就太多了。可以通过继续添加附加条件的方法来进一步限制显示结果中的数据量。

经理看了你给他的员工清单，觉得不错。但是他现在只想让你列出在满足以上条件的同时员工的名字还必须以 S 结尾的员工清单。此时，你就可以使用例 11-24 的 egrep 命令来完成经理交给你的这一重托。其中，'S CLERK 1..0'告诉命令寻找 S 字符后面紧跟着一个空格符，之后是 CLERK 字符串后面紧跟着一个空格符，随后是一个 1，在这个 1 之后是任意的两个字符，之后必须跟一个 0 的字符模式。

【例 11-24】

[dog@dog backup]$ egrep 'S CLERK 1..0' emp.fmt

7876 ADAMS CLERK 1100 23-MAY-87

经理又想让你为他列出一张全部销售人员的名单，可是你记不清 SALESMAN 的具体拼法了，只记得以 S 开头和以 MAN 结尾，但是中间的字母都忘了。那也没关系，可以使用例 11-25 的 egrep 命令来解决这一难题。

☞指点迷津：

这里最好使用[A-Z]，因为这样就能保证匹配的一定是英语大写字母。如果使用..就可能产生错误的结果，如 S205MAN 是满足匹配模式的。

【例 11-25】

[dog@dog backup]$ egrep 'S[A-Z]+MAN' emp.fmt

7499 ALLEN SALESMAN 1600 20-FEB-81

7521 WARD SALESMAN 1250 22-FEB-81

7654 MARTIN SALESMAN 1250 28-SEP-81

7844 TURNER SALESMAN 1500 08-SEP-81

看到例 11-25 的显示结果，经理很高兴。但是他觉得名单上的人太多，找起人来不方便。因此，他要求你这次只列出工资在 1600 元或以上的销售人员。你可以对之前的 egrep 命令略加修改，使用例 11-26 的 egrep 命令来完成经理交给你的新任务，这里也假设所有销售人员的工资都是精确到十位（即个位永远为 0）。

【例 11-26】

```
[dog@dog backup]$ egrep 'S[A-Z]+MAN 16.0 ' emp.fmt
7499 ALLEN SALESMAN 1600 20-FEB-81
```

其实，使用例 11-27、例 11-28 和例 11-29 的 egrep 命令都能得到与例 11-26 完全相同的显示结果。

【例 11-27】

```
[dog@dog backup]$ egrep 'S[A-Z]+MAN 16.0 ' emp.fmt
7499 ALLEN SALESMAN 1600 20-FEB-81
```

【例 11-28】

```
[dog@dog backup]$ egrep 'S[A-Z]+MAN 16.. ' emp.fmt
7499 ALLEN SALESMAN 1600 20-FEB-81
```

【例 11-29】

```
[dog@dog backup]$ egrep 'S[A-Z]+MAN 1600' emp.fmt
7499 ALLEN SALESMAN 1600 20-FEB-81
```

通过以上例 11-26～例 11-29 的学习，读者应该已经发现了 Linux 系统相当灵活，常常可以通过不同的方法来获得相同的信息。可能有读者会认为 Linux 系统这么灵活善变是不是会很难掌握。根据多数 UNIX 和 Linux 业内的过来人的经历，只要经过一定时间的学习和锻炼，掌握 UNIX 和 Linux 系统应该不成问题。与人相比 Linux 或 UNIX 系统已经太好理解和掌握了，所以只要读者能与人交往，就一定能学会与 Linux 或 UNIX 系统交往。

接下来，经理要求你列出所有人名以 ES 或 ER 结尾的员工名单。于是，你试着使用例 11-30 的 egrep 命令来完成这一使命。其中，'E(S|R) '告诉命令在每一行数据中搜寻字母 E 后面紧跟着 S 或 R。为了节省篇幅，这里省略输出显示结果。

【例 11-30】

```
[dog@dog backup]$ egrep 'E(S|R)' emp.fmt
```

在例 11-30 的显示结果中，不但包括了所有人名以 ES 或 ER 结尾的员工，而且还包括了所有在职位字段中包含 ES 或 ER 的员工。于是，进一步地限制所显示的结果，你在之前的 egrep 命令的字符串模式中添加了[A-Z]，这次你使用例 11-31 的 egrep 命令来重新完成经理交给你的使命。其中，'E(S|R) [A-Z]'告诉命令在每一行数据中搜寻字母 E 后面紧跟着 S 或 R，之后是一个空格符，在这个空格符之后是任何一个大写英语字母。

【例 11-31】

```
[dog@dog backup]$ egrep 'E(S|R) [A-Z]' emp.fmt
7566 JONES MANAGER 2975 02-APR-81
```

7844 TURNER SALESMAN 1500 08-SEP-81

7900 JAMES CLERK 950 03-DEC-81

7934 MILLER CLERK 1300 23-JAN-82

☞ 指点迷津：

通过以上 egrep 命令的例子，读者可以发现只要将文件中的数据按某一特定的格式存放，书写搜寻某个字符串的 Linux 命令将变得相当简单。如果读者学习过数据库管理系统（如 Oracle），在数据库的表中的数据就是经过高度格式化的，因此才使得数据库的查询变得非常容易。闹了半天，Oracle 数据库也挺简单。

11.3　使用 fgrep 命令搜索文件中的内容

最后介绍 grep 命令的另一个变种 fgrep。fgrep 命令也是用来在一个或多个文件中搜索与指定字符串或单词相匹配的数据行。搜索文件命令 fgrep 的搜索速度要比 grep 命令快，而且 fgrep 命令可以一次迅速地搜索多个模式。

但是，与 grep 不同，fgrep 命令不能搜索任何正则表达式，即将通配符（元字符）当作普通字符来处理（也就是按该字符的字面意思来处理）。也就是说，搜索文件命令 fgrep 不能使用特殊字符，只能搜索确定的模式。利用这样的特性，可以在搜索模式中包括通配符。既可以在命令行上输入搜索的模式，也可以使用-f 选项从文件中读取要搜索的模式。

以下还是通过一些例子进一步解释 fgrep 的具体用法。为此，首先使用例 11-32 的 echo 命令创建一个名为 conditions 的新文件，并将 ADAMS CLERK 1100 这行数据添加到 conditions 文件中。为了节省篇幅，这里省略了测试命令，有兴趣的读者可以自己试一下。

【例 11-32】

[dog@dog backup]$ echo ADAMS CLERK 1100 > conditions

之后，使用例 11-33 的带有-f 选项的 fgrep 命令列出 emp.fmt 文件中所有与 conditions 文件中内容相匹配的数据行。其中，-f 选项告诉搜寻模式存放在文件 conditions 中，而 conditions 文件中的内容就是 ADAMS CLERK 1100，它也就是 fgrep 的搜寻模式。

【例 11-33】

[dog@dog backup]$　fgrep -f conditions emp.fmt

7876 ADAMS CLERK 1100 23-MAY-87

实际上例 11-33 的显示结果就是名为 ADAMS，职位是 CLERK，并且工资为 1100 的员工的记录行。其实，也可以换一种方式，使用例 11-34 的组合命令来获取与例 11-33 命令完全相同的结果。

【例 11-34】

[dog@dog backup]$ cat emp.fmt | fgrep -f conditions

7876 ADAMS CLERK 1100 23-MAY-87

为了使读者更进一步地理解 fgrep 命令的功能，使用例 11-35 的 echo 命令在 conditions

文件的最后再添加一行数据 MANAGER 2975。

【例 11-35】

[dog@dog backup]$ echo MANAGER 2975 >> conditions

之后，使用例 11-36 的带有 -f 选项的 fgrep 命令再次列出 emp.fmt 文件中所有与 conditions 文件中内容相匹配的数据行。

【例 11-36】

[dog@dog backup]$ fgrep -f conditions emp.fmt
7566 JONES MANAGER 2975 02-APR-81
7876 ADAMS CLERK 1100 23-MAY-87

例 11-36 的显示结果中除了例 11-34 的数据行之外，又多了一行职位是 MANAGER，同时工资为 2975 的员工记录。其实，在 Oracle Linux 或 Red Hat Linux 系统中，将以上命令中的 fgrep 换成 grep 或 egrep 将会得到完全相同的结果，如可以使用例 11-37 的 grep 命令重新列出 emp.fmt 文件中所有与 conditions 文件中内容相匹配的数据行。

【例 11-37】

[dog@dog backup]$ grep -f conditions emp.fmt
7566 JONES MANAGER 2975 02-APR-81
7876 ADAMS CLERK 1100 23-MAY-87

看了例 11-37 的显示结果之后，可能有读者会想这 fgrep 与 grep 命令也没有什么区别。咱们不是在这一节的开始部分讲过吗？fgrep 的搜索速度要比 grep 命令快，不过这快不快真是很难看出来，就像人好不好，谁能看出来？就是真看出来时也是太晚了。

不过 fgrep 与 grep 命令还有另外一个区别，那就是 fgrep 命令将通配符（元字符）当作普通字符来处理。可以通过以下例子清晰地演示出 fgrep 与 grep 命令之间的这种差别。首先使用例 11-38 的 cat 命令列出 news.fmt 文件中的全部内容。

【例 11-38】

[dog@dog backup]$ cat news.fmt
The newest scientific discovery shows that
God exists.□ He is a super programmers, and
he creates our life by writing programs with
life codes (genes) !!!

读者在例 11-38 的显示结果中可以看到在 news.fmt 文件中确实包括了.，但是.在正则表达式中是通配符，其含义是将匹配任何一个字符而且只能是一个字符。现在 fgrep 命令就派上了用场，可以使用例 11-39 的 fgrep 命令在 news.fmt 文件中搜索包含.的数据行。

【例 11-39】

[dog@dog backup]$ fgrep '.' news.fmt
God exists.□ He is a super programmers, and

例 11-39 的显示结果确实只有包含了.的数据行，这是因为 fgrep 命令将通配符.当作普通字符来处理。如果现在将 fgrep 改为 grep 命令，会产生什么结果呢？由于在 grep 命令中.
是一个通配符，所以整个文件中的所有数据行都能与搜索模式'.'匹配，所以该命令列出了
news.fmt 文件中的所有数据行。也可以改用 egrep 命令来重新在 news.fmt 文件中搜寻'.'，其
结果将与 grep 命令的完全相同。

☞ 指点迷津：

在某些 Linux 发行版中，egrep 和 fgrep 都是 grep 命令的符号连接或者别名，只不过在调用时系统分
别自动使用了-E 或-F 选项罢了。其实，Red Hat Linux 和 Oracle Linux 就是这样。

11.4　使用 sed 命令搜索和替换字符串

通过前面 Linux 的学习，可能有读者已经感到了厌倦，也可能手心在冒汗，手指头有
些酸痛，可能脑海里又浮现出使用微软的图形系统的美好时光，想放弃这令人沮丧的命令
行系统的学习。

如果已经出现了以上症状，在这里就要恭喜你了，因为你已经成为了一名 Linux 系统
的专业人士。有人将其称为职业症状，因为一个人只要将某件事当作养家糊口的职业就很
难再狂热地追求它了，就像舞星回到家里不再想跳舞，老师回到家里不愿教自己的孩子，
厨师回到家里不愿做饭，当保姆的回家里决不可能再侍候老公一样。

其实，当在 Linux 的 shell 提示符下输入命令时，你就已经开始了 Linux 的 Shell 编程。
而当你使用文件的输入/输出重定向或管道时，你已经真正地开始编写由 shell 解释和执行
的小程序了。读者可以回想一下，到目前为止你学习了多少不同的 Linux 命令，再加上每
个命令中的许许多多的不同选项，就会发现其实在你的（工作）腰带上已经挂上了一大把
的编程工具。没想到吧？在不知不觉中你手头已经积攒了不少的（编程）家伙事了。

利用被称为管道操作符的|，多个命令由管道符连成了管道线。在 UNIX 或 Linux 系统
中，流过管道线的信息（数据）就叫做流（stream）。为了编辑或修改一条管道中的信息，
似乎顺理成章的就是使用流编辑器（stream editor），这也正是 sed 这个命令的名字的由来。
其中，s 是 stream 的第 1 个字母，而 ed 是 editor（编辑器）的头两个字母。

sed 命令是构建在一个叫做 ed 的旧版的行编辑器之上的。与 grep 命令类似，sed 命令
也包括了众多的选项，其用法也是变化万千。我们在这里还是采用处理 grep 命令的类似方
法，把重点放在一些经常使用的方法上，而不是面面俱到地介绍 sed 命令的方方面面，如
果那样肯定本节是介绍不完的，可能要写一本书才行。sed 命令的语法格式如下：

　　sed　[选项]...{以引号括起来的命令表达式} [输入文件]...

其中，最常用的命令表达式是在一个文件中的指定数据行的范围内抽取某一模式（字
符串）并用新的模式替代它。这个命令表达式的通用格式为：s/旧模式/新模式/标志，在这
里 s 是 substitute（替代）的第 1 个字母，而两个最有用的标志分别是 g 和 n。g 是 globally
（全局地）的第 1 个字母，表示要替代每一行中所出现的全部模式。n 告诉 sed 只替代前 n
行中所出现的模式。

以下通过一些例子来演示 sed 命令的常用方法。还是以 dog 用户登录 Linux 系统，之

后使用 cd 命令切换到当前目录下的 backup 子目录。还记得 emp.fmt 文件吗？该文件中字段（列）的分隔符是空格。这就存在一个问题，如果某一字段的字符串本身就包括了空格，就会造成混淆，也会给处理工作带来麻烦。为此，可以使用例 11-40 的 sed 命令将所有的空格（分隔符）都转换成分号（;）。sed 命令中的-e 选项中的 e 应该是 expression（表达式）的第 1 个字母，而表达式's/ /;/'表示在由管道送来的每行数据中搜寻空格之后用分号取代。为了节省篇幅，这里省略了大部分的显示输出。

【例 11-40】

```
[dog@dog backup]$ cat emp.fmt | sed -e 's/ /;/'
7369;SMITH CLERK 800 17-DEC-80
7499;ALLEN SALESMAN 1600 20-FEB-81
……
```

从例 11-40 的显示结果可以发现 sed 命令只替代了每行数据中的第 1 个空格，因为 sed 命令默认只搜索并替代所发现的第 1 个与搜索模式相匹配的字符（串）。为了要替代每一行中所有的空格，需要使用 g 标志，如例 11-41 所示。

【例 11-41】

```
[dog@dog backup]$ cat emp.fmt | sed -e 's/ /;/g'
7369;SMITH;CLERK;800;17-DEC-80
7499;ALLEN;SALESMAN;1600;20-FEB-81
……
```

例 11-41 的显示结果表明 emp.fmt 中的所有空格都已经变成了分号。这回终于成功地把文件中的分隔符由空格全都变成了分号。其实，即使不使用管道线，也可以获得例 11-41 或例 11-40 的结果。可以使用例 11-42 的 sed 命令来获取与例 11-41 完全相同的显示结果。看上去例 11-42 的 sed 命令应该更简单一些。

【例 11-42】

```
[dog@dog backup]$ sed -e 's/ /;/g' emp.fmt
7369;SMITH;CLERK;800;17-DEC-80
7499;ALLEN;SALESMAN;1600;20-FEB-81
……
```

虽然看上去例 11-42 的 sed 命令应该更简单一些，但是有不少 UNIX 或 Linux 的大虾们还是偏爱使用管道操作像例 11-41 那样的命令。可能的原因是"看上去非常专业"，因为没有 UNIX 或 Linux 背景的用户看上去有点晕。

这里需要进一步解释的是，以上的任何命令都不改变源文件（emp.fmt）中的任何信息。为了证明这一点，可以使用 cat 命令列出 emp.fmt 文件中的全部内容。可能有读者要真的保持经过 sed 命令替代后的数据，那又该怎么办呢？其实办法很简单，就是利用输出重定向再生成一个文件就行了。

一天，公司的经理找到你，他让你将公司中文员（CLERK）这一职位马上改为助理经理（ASSISTANT MANAGER），因为这些员工在与客户打交道时经常碰壁。于是，使用例 11-43 的 sed 命令将所有的 CLERK 字符串都替换成 ASSISTANT MANAGER。

【例 11-43】

[dog@dog backup]$ grep -i Clerk emp.fmt | sed -e 's/CLERK/ASSISTANT MANAGER/g'

7369 SMITH	ASSISTANT MANAGER 800	17-DEC-80
7876 ADAMS	ASSISTANT MANAGER 1100	23-MAY-87
7900 JAMES	ASSISTANT MANAGER 950	03-DEC-81
7934 MILLER	ASSISTANT MANAGER 1300	23-JAN-82

看了例 11-43 的显示结果，自己是不是也觉得有点眼晕呢？ASSISTANT MANAGER 到底是属于一个字段还是两个字段？真的是很难分辨。为了要将原先的空格分隔符先都转换成分号，之后再将 CLERK 都转换成 ASSISTANT MANAGER，需要在 sed 命令中使用两个 s 命令表达式，这两个命令表达式要使用分号（;）分隔开（这里将字段的分隔符也定义成分号，这是故意安排的。但在实际工作中读者应该尽量避免），如例 11-44 所示。

【例 11-44】

[dog@dog backup]$ grep CLERK emp.fmt | sed -e 's/ /;/g;s/CLERK/ASSISTANT MANAGER/g'

7369;SMITH;ASSISTANT MANAGER;800;17-DEC-80
7876;ADAMS;ASSISTANT MANAGER;1100;23-MAY-87
7900;JAMES;ASSISTANT MANAGER;950;03-DEC-81
7934;MILLER;ASSISTANT MANAGER;1300;23-JAN-82

例 11-44 的显示结果与之前的例 11-43 相比，是不是清楚多了？读者可能还记得 who 命令吧？可以使用例 11-45 的 who 命令列出目前 Linux 系统上所有登录的用户信息。

【例 11-45】

[dog@dog backup]$ who

dog	pts/1	Feb 12 15:40 (192.168.137.1)
root	:0	Feb 12 16:08
cat	pts/2	Feb 12 16:08 (192.168.137.1)

从例 11-45 的显示结果可以看出对于不熟悉 Linux 的用户来说，这些显示信息并不容易理解。为此，可以使用例 11-46 带有管道操作符的组合命令将显示结果的日期信息转换成容易理解的方式。

【例 11-46】

[dog@dog backup]$ who | sed 's/Feb/Logged in February/'

dog	pts/1	Logged in February 12 15:40 (192.168.137.1)
root	:0	Logged in February 12 16:08
cat	pts/2	Logged in February 12 16:08 (192.168.137.1)

例 11-46 的显示结果是不是更容易理解些？不过前提是你得懂洋文。也可以使用例 11-47 带有管道操作符的组合命令将终端的信息转换成容易理解的方式。

【例 11-47】

[dog@dog backup]$ who | sed 's/ pts/on termianl pts/;s/ :0/on termianl :0/'

dog	on termianl pts/1	Feb 12 15:40 (192.168.137.1)

root	on termianl :0	Feb 12 16:08
cat	on termianl pts/2	Feb 12 16:08 (192.168.137.1)

例 11-47 显示结果中的终端信息是不是更清晰一些？sed 命令的功能是不是很强大？也可以在 sed 命令中使用 d 标志在显示结果中删除不需要的行，如可以使用例 11-48 的组合命令删除 who 命令显示结果中的第 1 行。

【例 11-48】

[dog@dog backup]$ who | sed '1d'

root	:0	Feb 12 16:08
cat	pts/2	Feb 12 16:08 (192.168.137.1)

也可以在 sed 命令中使用 d 标志在显示结果中删除指定范围的数据行，如可以使用例 11-49 的组合命令删除 who 命令显示结果中的第 1 行和第 2 行。

【例 11-49】

[dog@dog backup]$ who | sed '1,2d'

cat	pts/2	Feb 12 16:08 (192.168.137.1)

例 11-49 的显示结果中只剩下一行数据了，这是因为原本正在使用系统的用户只有 3 个，所以 who 命令的显示结果应该为 3 行，但是由于第 1 行和第 2 行的数据已经被 sed 命令删除了。因此最终的结果就只有最后的第 3 行了。

还可以在 sed 命令表达式中利用字符串（模式）来指定删除的范围。如可以使用例 11-50 的组合命令先将 emp.data 文件中的数据按工资（第 4 个字段）以数字的顺序排序（-n 选项表示以数字的顺序排序）。之后将其结果通过管道送给 sed 命令，sed 命令将删除从第 1 行开始一直到工资为 1600 为止的所有数据行（包括工资为 1600 的数据行）。

【例 11-50】

[dog@dog backup]$ sort -n -k4 emp.data | sed '1,/1600/d'

7782	CLARK	MANAGER 2450	09-JUN-81
7698	BLAKE	MANAGER 2850	01-MAY-81
……			

接下来将演示几个使用 sed 命令的更为复杂的例子。为了演示方便，首先使用图形的文字编辑器生成一个带有特定模式的正文文件。为此，你要使用图形界面以 dog 用户登录 Linux 系统，生成这个文件的具体操作步骤如下：

（1）开启一个终端窗口，使用"ls *dog*"命令列出 dog 家目录中所有包含 dog 的文件和子目录以及这些子目录中的所有文件。

（2）全选"ls *dog*"命令的显示结果，选择 Edit→Copy 命令，如图 11-1 所示。

（3）选择 Applications→Accessories→Text Editor 命令，如图 11-2 所示。

（4）在 gedit 窗口中选择 Edit→Paste 命令，如图 11-3 所示。

（5）之后，单击 Save 按钮，如图 11-4 所示。接下来将打开 Save as 窗口。

（6）单击（选择）Browse for other folders，选择 Home 目录，在列表框中选择 backup 子目录，如图 11-5 所示。

图　11-1

图　11-2

图　11-3

图　11-4

（7）在 Name 文本框中输入文件名 sedtest，单击 Save 按钮，如图 11-6 所示。到此为止，所需的文件 sedtest 就已经生成了。

图　11-5

图　11-6

接下来，在终端窗口中输入 cd 命令切换到 dog 用户家目录下的 backup 子目录。使用 cat 命令列出使用图形界面的文字编辑器所创建的 sedtest 文件中的全部内容。在 cat 命令的显示结果中有一些空行，现在要将它们都删除。那么在 sed 命令的命令表达式中怎样表示空行呢？还记得^和$吗？其实，可以使用^$来表示一个空行（即只有开始符和结尾符的行）。因此，可以使用例 11-51 的 sed 命令删除 sedtest 中的所有空行。

【例 11-51】

```
[dog@dog backup]$ sed '/^$/d' sedtest
dog.JPG    dog_wolf2
babydog:
baby        baby.cp    cal2038        tie.txt
……
```

也可以使用例 11-52 的 sed 命令删除 sedtest 中的所有空行，其结果与例 11-51 的完全相同。

【例 11-52】

```
[dog@dog backup]$ sed '/^$/d' < sedtest
dog.JPG    dog_wolf2
babydog:
……
```

还可以构造出更加复杂的 sed 命令。例如在删除所有空行的同时，还有删除所有包含了 cal 字符串（模式）的行，而且还要将所有的字符串 tie 变成 fox。要完成这一复杂的操作，只需使用例 11-53 中的 sed 命令即可。

【例 11-53】

```
[dog@dog backup]$ sed '/^$/d;/cal/d;s/tie/fox/g' sedtest
dog.JPG    dog_wolf2
babydog:
baby2      baby.kg    dog.baby       fox.txt~
……
```

如果读者使用过电子邮件或一些其他的应用程序，可能已经注意到了，电子邮件和一些应用程序显示的每一行信息都是以>开始的。看上去挺神秘的，其实可以使用下面的例 11-54 的一条 sed 命令来做到这一点。其中，第 1 个命令表达式/^$/d 表示要删除所有的空行，第 2 个命令表达式 s/^/> /表示将开始符号替换成大于符号和空格符，最后的> email.sed 表示将 sed 命令的结果存入 email.sed 文件。

【例 11-54】

```
[dog@dog backup]$ sed '/^$/d;s/^/> /g' sedtest > email.sed
```

系统执行完以上 sed 命令后不会有任何提示信息，所以应该使用例 11-55 的 cat 命令列出 email.sed 中的全部内容以验证例 11-54 的 sed 命令是否正确。

【例 11-55】

```
[dog@dog backup]$ cat email.sed
> dog.JPG   dog_wolf2
> babydog:
> baby       baby.cp    cal2038        tie.txt
……
```

例 11-55 的显示结果清楚地表明 email.sed 文件中的每一行确实都是以>开始。也可能有读者想开始符^正常情况下本来就不显示，以上的结果只能说明在正常显示的情况下这个文件中的每一行都是以>开始，这并不能证明开始符^已经被替代了。可以使用例 11-56 带有-A 选项的 cat 命令重新列出 email.sed 中的全部内容。

【例 11-56】

```
[dog@dog backup]$ cat -A email.sed
> dog.JPG    dog_wolf2$
> babydog:$
> baby         baby.cp     cal2038              tie.txt$
……
```

在例 11-56 的显示结果中不但包含了新的行开始符>，还包括了行结束符$。可能现在有人给你一份 Linux 或 UNIX 的程序员的工作，你还会感到心虚。但是通过下面几节的学习，你的自信将大幅度地提升。

11.5　awk 命令简介及位置变量（参数）

从本节开始，将介绍 UNIX（其实 awk 工具来自 UNIX 系统，当然在 Linux 系统上也一定存在）系统中一个非常重要而且功能强大的编程工具 awk，awk 本身就是一种程序设计语言。虽然通过 11.4 节的学习，读者已经发现了在处理正文文件方面 sed 命令的强大功能，但是与将要介绍的 awk 命令相比还是逊色多了。

awk 命令（程序）是一个用来分析和处理正文文件的编程工具。它的功能非常强大，同时也比我们之前介绍过的 Linux 或 UNIX 命令（工具）更为复杂。有专家这样评价 awk，"在 UNIX 系统中，awk 是用途最多的通用过滤程序（工具）之一"。正因为如此，有一些专门介绍 awk 命令的书籍。如果读者将来从事相关的工作，可以找来看看。

可能有读者对 awk 这个名字的由来比较感兴趣。曾有人推测 awk 命令的名字来自 awkward 这个英语单词的前 3 个字母，因为 awk 命令的语法令人感到望而生畏（awkward）。其实，这是一个误解。这个命令的 3 位作者的姓分别是 Aho、Weingberger 和 Kernighan，awk 命令的名字就是取自这 3 位大师姓的第 1 个字母。awk 命令诞生于 20 世纪 70 年代末期，也许这也是它影响了众多的 UNIX 和 Linux 用户的原因之一。

与 sed 命令相似，awk 命令可以从命令行中直接获取参数。也可以将程序（参数）写入一个文件，之后让 awk 命令从这个文件中获取指令，awk 命令的通用语法格式如下：

awk '{commands}'

其中，commands 为一个或多个命令。在 awk 命令中使用频率最高的两个标志（参数）应该是-f，这个标志表明 awk 命令将从该标志之后的文件中读取指令而不是从命令行读取；另一标志应该是-Fc，这个标志表明字段之间的分隔符是 c 而不是默认的空白字符（如制表键、一个或多个空格符）。

在 awk 程序中可能最有用也是极为经常使用的命令就是 print 命令。在不带任何参数的情况下，print 命令将一行接一行地打印出文件中的所有数据行。因此，下面例 11-57 是使用 awk 工具的最简单的例子。在这个例子中 awk 命令将列出由管道送来（who 命令的结果）的所有数据行。其实，这个命令的显示结果与 who 命令没什么区别。

【例 11-57】

```
[dog@dog backup]$ who | awk '{ print }'
dog       pts/1        Feb 14 02:42 (192.168.137.1)
root      :0           Feb 14 03:46
cat       pts/2        Feb 14 03:46 (192.168.137.1)
```

☞指点迷津：

在文件和 Linux 命令的结果显示中，每行信息被指定的分隔符分隔成若干个字段，还记得吗？每个字段都被赋予一个唯一的标识符。其中，字段 1 的标识符是$1，字段 2 的标识符是$2 等。

在 awk 命令中使用字段标识符会使你的一些 Linux 日常管理和维护工作变得相当简单。如现在只想列出目前正在 Linux 系统上工作的用户（登录的用户），就可以使用例 11-58 的命令列出 who 命令显示结果中每行的第 1 个字段，即目前登录 Linux 系统的用户名。

【例 11-58】

```
[dog@dog backup]$ who | awk '{ print $1 }'
dog
root
cat
```

是不是很方便？不但如此，你还可以加入一些解释性的信息以使显示的结果更容易阅读。如只想显示用户名和用户现在使用的终端并且在每个用户名之前加入 User，在用户名和终端之间加入 is on termianl line 字符串，就可以使用例 11-59 的命令。

【例 11-59】

```
[dog@dog backup]$ who | awk '{ print "User    " $1 " is on termianl line " $2}'
User dog is on termianl line pts/1
User root is on termianl line :0
User cat is on termianl line pts/2
```

也可以将例 11-59 的命令略加改造只列出 emp.data 文件中的第 2 个字段（员工姓）和第 4 个字段（员工的工资），并且在员工姓前加上 Employee，在员工的姓和工资之间加上 has salary 字符串。于是，可以使用例 11-60 的命令来完成这一工作。为了节省篇幅，这里省略了大部分显示输出。

【例 11-60】

```
[dog@dog backup]$ awk '{ print "Employee    " $2 " has salary " $4}' emp.data
Employee SMITH has salary 800
Employee ALLEN has salary 1600
……
```

11.6　在 awk 命令中指定字段的分隔符及相关例子

在 11.5 节的开始部分就已经介绍了字段分隔符标志-F，但是在 11.5 节的例子中并未使用过这一标志。这是因为在 11.5 节的所有例子中字段都是以空白字符分隔的。在本节中通过一些例子来演示字段分隔符标志-F 的用法和一些较为复杂的 awk 命令。

还记得 Linux 系统的口令文件吗？在这个文件中所有的字段都是以:分隔的。有时可能只想知道某些用户登录时使用的 shell，可以使用例 11-61 的组合命令。在这个组合命令中，egrep 命令从/etc/passwd 文件中抽取包含 dog 或 cat 的数据行，之后将 egrep 命令的结果通过管道送给 awk 命令。awk 命令把冒号看成字段的分隔符并将列出第 1 个（用户名）和第 7 个字段（登录时的 shell），同时还将在显示结果中加入一些描述信息以帮助阅读和理解。

【例 11-61】

```
[dog@dog backup]$ egrep 'dog|cat' /etc/passwd | awk -F: '{ print $1" has " $7 " as loggin shell." }'
dog has /bin/bash as loggin shell.
cat has /bin/bash as loggin shell.
```

如果有一天经理问你现在咱们公司的 Linux 系统上最流行的 shell 是哪个？有多少人在使用这个 shell？现在你就完全不用调查所有的用户了。可以使用例 11-62 的组合命令来获取所需要的全部信息。

【例 11-62】

```
[dog@dog backup]$ awk -F: '{ print $7 }' /etc/passwd | sort | uniq -c
      1
      6 /bin/bash
      1 /bin/sync
      1 /sbin/halt
     31 /sbin/nologin
      1 /sbin/shutdown
```

例 11-62 的显示结果清楚地表明在我们的系统上使用频率最高的 shell 是 bash（也是唯一的），一共有 6 个用户使用。但是在大型和超大型系统中一般不会使用一种 shell 而且用户也会很多。有了 awk 命令，再与之前学习过的命令进行简单的组合，就可以轻而易举地获取以前很难获取的系统信息。

如果想知道哪些用户在登录时使用的 shell 是存放在/bin 目录中以及这个 shell 的名字，就可以使用例 11-63 的组合命令。

【例 11-63】

```
[dog@dog backup]$ grep /bin/ /etc/passwd | awk -F: '{ print $1" " $7 }'
root /bin/bash
sync /bin/sync
……
```

可是在例 11-63 的显示结果中有一个名为 sync 的用户使用的是/bin/sync 应用程序，你不想让它出现在显示的结果中。于是，你对这个命令进行了修改，将以上命令的结果通过管道送给 sed 命令，并由 sed 命令删除所有包含 sync 字符串（模式）的数据行，如例 11-64 所示。

【例 11-64】

```
[dog@dog backup]$ grep /bin/ /etc/passwd | awk -F: '{ print $1" " $7 }' | sed '/sync/d'
root /bin/bash
netdump /bin/bash
dog /bin/bash
……
```

虽然在例 11-64 的显示结果中确实已经去掉了 sync 用户的记录行，但是显示的结果却没有顺序。因此可以再将这个结果通过管道送给 sort 命令进行排序，如例 11-65 所示。

【例 11-65】

```
[dog@dog backup]$ grep /bin/ /etc/passwd | awk -F: '{ print $1" " $7 }' | sed '/sync/d' | sort
cat /bin/bash
dog /bin/bash
……
```

例 11-62～例 11-65 告诉我们这样一个事实，那就是编程并不需要一步到位，而是一步步地不断加以完善的。开发大型软件也是一样，许多软件在刚刚发行时，bugs 满天飞，但是厂家照样卖。然后是一边卖一边改进。

11.7 在 awk 命令表达式中使用 NF、NR 和$0 变量

为了方便 awk 编程，awk 中还引入了一个叫 NF 的变量。如果在命令表达式中使用没有$符号的 NF 变量，这个变量将显示一行记录中有多少个字段。如果在命令表达式中使用带有$符号的 NF 变量，这个变量将显示一行记录中最后一个字段。

下面通过以下几个例子来演示 NF 变量在 awk 命令中的具体用法。例如可以使用例 11-66 的组合命令列出 who 命令显示结果中每一行的字段数（列数）。

【例 11-66】

```
[dog@dog backup]$ who | awk '{ print NF }'
5
6
6
```

为了验证例 11-66 的显示结果是否正确，可以使用例 11-67 的 who 命令。从例 11-67 的显示结果可知 awk 命令是将空白符号当作字段的分隔符的。

【例 11-67】

```
[dog@dog backup]$ who
root      :0            Feb 14 03:46
```

```
dog         pts/1              Feb 14 06:30 (192.168.137.1)
cat         pts/2              Feb 14 07:00 (192.168.137.1)
```

如果在例 11-66 的命令中的 NF 之前加上$符号，那么会得到什么结果呢？可以试试，如例 11-68 所示。

【例 11-68】

```
[dog@dog backup]$ who | awk '{ print $NF }'
03:46
(192.168.137.1)
(192.168.137.1)
```

例 11-68 的显示结果确实已经变成了 who 命令结果的最后一个字段。其实，可以利用 NF 变量使用例 11-69 的组合命令来完成与例 11-63 的命令十分相似的工作。在这个组合命令中，egrep 命令从/etc/passwd 文件中抽取包含 bin 或 sbin 的数据行，之后将 egrep 命令的结果通过管道送给 awk 命令。awk 命令把冒号看成字段的分隔符并将列出每一行的最后一个字段。之后再将 awk 命令的结果通过管道送给 sort 命令进行排序并继续后面的操作。要注意，在例 11-69 命令的最后添加上了| sort -n，这样才能按数字排序。

【例 11-69】

```
[dog@dog backup]$ egrep 'bin|sbin' /etc/passwd | awk -F: '{ print $NF }' | sort | uniq -c | sort -n
      1 /bin/sync
      1 /sbin/halt
      1 /sbin/shutdown
      6 /bin/bash
     31 /sbin/nologin
```

与 NF 变量相似，awk 命令还引入了另一个变量 NR，这个变量用来追踪所显示的数据行的数目，即显示数据行的编号。因此，可以利用 NR 变量使用例 11-70 的组合命令轻松地获取 dog 家目录下 wolf 子目录中的文件总数并为每个文件和目录编号。

【例 11-70】

```
[dog@dog backup]$ ls -l ~/wolf | awk '{ print NR": "$0}'
1: total 16
2: drwxrwxr-x  2 dog dog  4096 Jan 25     2009  boywolf
3: -rw-rw-r--  1 dog dog    84 Dec 22   19:07 delete_disable
......
```

有了 NR 变量是不是很方便？在例 11-70 的命令中使用了$0 变量，即第 0 个字段，在这里$0 变量表示整个数据行。现在想列出目前在系统上的所有用户并想在每个用户记录的最前面显示这个用户登录 Linux 系统所使用的计算机，就可以使用例 11-71 的组合命令来轻松地完成这一工作。

【例 11-71】

```
[dog@dog backup]$ who | awk '{ print $6": "$0}'
(192.168.137.1): dog        pts/1              Feb 15 17:28 (192.168.137.1)
```

(192.168.137.1): cat	pts/2	Feb 15 17:57 (192.168.137.1)
: root	:0	Feb 15 17:57

从以上几个例子，你可能已经发现了巧妙地使用 NF、NR 或$0 变量可以大大地减小 Shell 编程的复杂程度。

11.8 利用 awk 命令计算文件的大小

有时作为操作系统管理员，你可能想知道某个目录下文件的大小。此时自然就会想到带有-l 选项的 ls 命令，但是这个命令除了文件名和文件大小之外，还要显示很多其他信息。为此，可以将这个 ls 命令的结果通过管道送给 awk 命令做进一步的处理。可以使用例 11-72 的组合命令只显示/boot 目录中每一个文件的文件名和大小。

【例 11-72】

```
[dog@dog backup]$ ls -lF /boot | awk '{ print $9 " " $5}'
config-2.6.9-42.0.0.0.1.EL 50341
config-2.6.9-42.0.0.0.1.ELsmp 49934
grub/ 1024
……
```

虽然例 11-72 的显示结果就是你所需要的，但是看上去有些凌乱。为了使 awk 命令的显示结果更加清晰，在 awk 命令中还引入了以下两个可以在 print 命令表达式中使用的特殊的字符序列。

- ↘ \n: 产生一个回车（操作）。
- ↘ \t: 产生一个制表键。

于是，可以利用\t 重新修改一下例 11-72 的组合命令以使显示的结果容易阅读。可以使用例 11-73 的组合命令再次列出/boot 目录中每一个文件的文件名和大小，但这次是文件的大小在前，而文件名随后，文件大小和文件名由制表键隔开。

【例 11-73】

```
[dog@dog backup]$ ls -lF /boot | awk '{ print $5 "\t" $9}'
50341    config-2.6.9-42.0.0.0.1.EL
49934    config-2.6.9-42.0.0.0.1.ELsmp
1024     grub/
……
```

例 11-73 的显示结果虽然清楚多了，但是显示的结果是没有顺序的。如果你想了解文件磁盘空间的使用情况，可能最关心的是大文件，因为只有大文件才对系统的冲击比较大。如果想知道最大的 3 个文件的大小并且显示的结果是按文件由大到小的顺序列出，就可以使用例 11-74 的组合命令。其中 sort 命令中的-r 表示倒着（由大到小）排序，-n 表示按数字排序。

【例 11-74】

[dog@dog backup]$ ls -lF /boot | awk '{ print $5 "\t" $9}' | sort -rn | head -3
1504173 vmlinuz-2.6.9-42.0.0.0.1.EL
1444456 vmlinuz-2.6.9-42.0.0.0.1.ELsmp
766260   System.map-2.6.9-42.0.0.0.1.ELsmp

如果想知道/boot 目录中所有文件大小的总和，可以在 awk 命令中加入变量和带有加法的表达式，如例 11-75 所示。其中 totalsize 是自定义的一个存储文件大小总和的变量。awk命令中的命令表达式 totalsize = totalsize + $5 也可以缩写成 totalsize += $5。

【例 11-75】

[dog@dog backup]$ ls -lF /boot | awk '{ totalsize = totalsize + $5; print totalsize }'
0
50341
……
5628378

可是例 11-75 的显示结果与我们所希望的结果之间还是有一定的差距，因为它们除了显示最后一行的所有文件大小的总和之外，还显示了太多与我们毫不相关的信息。为此，再将这个命令的结果通过管道送给 tail -1 命令，如例 11-76 所示。

【例 11-76】

[dog@dog backup]$ ls -lF /boot | awk '{ totalsize += $5; print totalsize }' | tail -1
5628378

这次终于看到了所希望的结果。除了使用 tail 命令之外，一种更好的方法是在 awk 命令中使用 END 关键字。现在可以利用 END 关键字重写例 11-76，如例 11-77 所示。

【例 11-77】

[dog@dog backup]$ ls -lF /boot | awk '{ totalsize += $5} END { print totalsize }'
5628378

例 11-77 的显示结果与例 11-76 的完全相同，但是可能例 11-77 的命令更简单易读。还可以在 awk 命令的表达式中加入一些描述性的字符串，如例 11-78 所示。其中，\为续行符号。

【例 11-78】

[dog@dog backup]$ ls -lF /boot | awk '{ totalsize += $5} END { print " /boot dirctory has a total of   \
  " totalsize " bytes used." }'
/boot dirctory has a total of 5628378 bytes used.

例 11-78 的显示结果是不是更加容易阅读？还可以在awk 命令的命令表达式中加入 NR变量在显示文件大小的总和的同时还显示文件的总数。可以使用例 11-79 的组合命令来完成这一工作。

【例 11-79】

[dog@dog backup]$ ls -lF /boot | awk '{ totalsize += $5} END { print "/boot dirctory has a total of   \
  " totalsize " bytes used across "NR" files." }'
/boot dirctory has a total of 5628378 bytes used across 13 files.

如果在你的工作中经常使用例 11-79 的组合命令，可以使用如例 11-80 的方法将其存入一个名为 script1（文件名可以随便起）的正文文件中。首先在终端窗口中输入 cat << EOF > script1。该命令的含义是接收来自标准输入（键盘）的信息并以 EOF（End Of File）作为输入的结束符，并将所有的标准输出都重定向输入 script1 文件中。其中，方框中的内容是你要输入的，>符号是系统自动显示的，\为续行符号，而 EOF 是文件（输入）结束符。

【例 11-80】

```
[dog@dog backup]$ cat << EOF > script1
>                { totalsize += $5}
> END    { print "/boot dirctory has a total of "    \
>                 totalsize " bytes used across "NR" files." }
> EOF
```

生成完这个文件之后，应该使用类似例 11-81 的 ls 命令验证一下。这里是列出当前目录中所有以 s 开头的文件和目录。

【例 11-81】

```
[dog@dog backup]$ ls -l s*
-rw-rw-r--  1 dog dog 129 Feb 15 18:28 script1
-rw-rw-r--  1 dog dog 332 Feb 13 03:47 sedtest
```

当确认了 script1 文件已经生成之后，就可以使用例 11-82 的组合命令来列出/boot 目录中文件大小的总和以及文件的总数了。在 awk 命令中-f 选项表示这个命令要从紧跟在该选项之后的文件（script1）中获取命令表达式。

【例 11-82】

```
[dog@dog backup]$ ls -lF /boot | awk -f script1
/boot dirctory has a total of 5628378 bytes used across 13 files.
```

例 11-82 的命令是不是简单多了？实际上我们已经涉及 shell 脚本的开发了。有一些UNIX方面的书就把类似 script1 的文件叫做脚本文件。接下来将介绍怎样开发简单的 shell 脚本。

11.9 简单 shell 脚本的开发

可以将一些经常使用的 Linux（UNIX）和 shell 命令放入一个正文文件，这个文件就是所谓的 shell 脚本文件。一旦生成了这个 shell 脚本文件并测试无误之后，就可以通过反复执行这个 shell 脚本文件来获取所需的信息或完成所需的操作。

脚本的英文是 script，有讲稿的含义。可能是因为 shell 的 script（脚本）文件就像 UNIX 系统的讲稿一样，UNIX 系统将来就照着这个讲稿顺序地"念"就行了（即顺序地执行 shell script 文件中的命令）。详细介绍 shell 脚本的开发已经远远超出了本书的范畴，因为只是 shell 脚本的开发就可以写一本相当厚的教材。下面通过将 11.8 节中的例 11-82 的命令改写为 shell 脚本的过程来简单地介绍 shell 脚本的开发和执行。

为了简单起见，可以试着使用例 11-83 的 echo 命令将"ls -lF /boot | awk -f script1"这个组合命令存入当前目录中的 boot_size 文件。为了能够将"ls -lF /boot | awk -f script1"这个命令本身存入 boot_size 文件中，在这个命令中要存入的组合命令必须用双引号括起来，否则存入 boot_size 文件中的内容将是"ls -lF /boot | awk -f script1"命令的结果。

【例 11-83】

[dog@dog backup]$ echo "ls -lF /boot | awk -f script1" > boot_size

系统执行完以上命令不会产生任何提示信息，所以必须使用类似例 11-84 的 cat 命令列出 boot_size 文件中的全部内容。

【例 11-84】

[dog@dog backup]$ cat -A boot_size
ls -lF /boot | awk -f script1$

从例 11-84 的显示结果可知 boot_size 文件中存放的确实是你所需要的组合命令，而这个 boot_size 文件就是 shell 脚本文件。还可以使用类似例 11-85 带有 -l 选项的 ls 命令列出 boot_size 文件的相关信息。

【例 11-85】

[dog@dog backup]$ ls -l b*
-rw-rw-r--　1 dog dog 30 Feb 16 11:36 boot_size

接下来，就可以使用例 11-86 的命令执行 boot_size 这个 shell 脚本文件了。在这个命令中使用了 GNU Bourne-Again shell，还要注意的是 script1 文件必须也在当前目录中。

【例 11-86】

[dog@dog backup]$ bash boot_size
/boot dirctory has a total of 5628378 bytes used across 13 files.

例 11-86 的显示结果与 11.8 节中例 11-82 的结果完全相同，这也正是我们所希望的。是不是使用 shell 脚本要比直接使用 Linux 命令方便多了？其实，还可以使用 Bourne shell 来运行 boot_size 这个 shell 脚本文件，如例 11-87 所示，其中 sh 命令就表示 Bourne shell。

【例 11-87】

[dog@dog backup]$ sh boot_size
/boot dirctory has a total of 5628378 bytes used across 13 files.

还可以使用 Korn shell 来运行 boot_size 这个 shell 脚本文件，读者不难发现实际上在 GNU Bourne-Aqain shell、Bourne shell 和 Korn shell 这 3 个 shell 运行该脚本的结果是一模一样的，这也从一个侧面说明了实际上这 3 种 shell 在许多方面并没有什么差别。这也因为 boot_size 这个 shell 脚本文件使用的都是 UNIX 系统中通用的功能。

11.10　在 awk 命令中条件语句的使用

以上介绍的包含 awk 命令的脚本实际上就是程序。为了编程的实际需要，awk 命令的设计者还引入了分支（条件）语句以控制程序的流程。条件语句的关键字是 if。以下通过一些具体的例子来说明 if 语句的实际用法。

如果你是一个操作系统管理员，有时可能想列出在所管理的 Linux 系统上所有用户名为 3 个字符的用户，就可以使用例 11-88 的命令来完成这一工作。其中，length 是 Linux 系统自带的一个程序也叫例程，它的功能是取指定参数的长度。这里==的两个等号就是等于。整个 if 语句的含义是：如果第 1 个字段的长度为 3，就打印第 0 个字段即这个记录行。

【例 11-88】

```
[dog@dog backup]$ awk -F: '{ if (length($1) == 3    ) print $0 }' /etc/passwd
bin:x:1:1:bin:/bin:/sbin/nologin
……
fox:x:502:502::/home/fox:/bin/bash
pig:x:503:501::/home/pig:/bin/bash
```

也可以将以上 awk 命令的结果通过管道送入 wc 命令来计算这个 Linux 系统上所有用户名为 3 个字符的用户总数，如例 11-89 所示。要注意的是 if 语句中使用的等号是双等号==，如果在 if 语句中使用了单个的等号=系统会报错。

【例 11-89】

```
[dog@dog backup]$ awk -F: '{ if (length($1) == 3    ) print $0 }' /etc/passwd | wc -l
13
```

一天经理让你为他做一张工资为 3 位数（几百元的低收入）的所有员工的清单，你就可以将例 11-89 的命令略加修改，使用例 11-90 的 awk 命令来获取经理所要的信息。如果经理只想知道工资为 3 位数的所有员工的总数，也可以将以上 awk 命令的结果通过管道送入 wc 命令来计算工资为 3 位数的所有员工的总数。

【例 11-90】

```
[dog@dog backup]$ awk    '{ if (length($4) == 3    ) print $0 }' emp.data
7369    SMITH    CLERK    800    17-DEC-80
7900    JAMES    CLERK    950    03-DEC-81
```

依此类推，只要将以上命令略加修改就可以获得工资为 4 位数、5 位数等的员工的信息。条件语句是不是使你的编程工作变得更加简单了？

还可以将例 11-90 的组合命令存入一个正文文件中，如存入到一个名为 emp_num 的 shell 脚本文件中。之后，再使用例 11-91 的 cat 命令来验证所生成的脚本文件是否正确。

【例 11-91】

```
[dog@dog backup]$ cat -A emp_num
awk    '{ if (length($4) == 3    ) print $0 }' emp.data | wc -l$
```

当确认 emp_num 脚本文件中的内容准确无误之后，就可以使用例 11-92 的命令运行 emp_num 这个脚本文件了。当然也可以使用 bash 或 ksh 来运行 emp_num 脚本文件，并且会得到同样的结果，有兴趣的读者可以自己试一下。

【例 11-92】

[dog@dog backup]$ sh emp_num
2

11.11　在 awk 命令中循环语句的使用

在本章的最后一节将简单地介绍在任何程序设计语言中都十分重要的语句，那就是循环语句。在 20 世纪中期已经证明任何程序设计语言中只要包含了顺序、分支和循环这 3 种语句结构，理论上就可以编写任何类型的程序。在 awk 工具中使用频率较高的循环语句可能是 for 语句。以下通过例子简略地介绍 for 语句在 awk 中的应用。

有时操作系统管理员可能要统计用户名所使用的字符的个数，即用户名为一个字符的有多少，用户名为两个字符的有多少，用户名为 3 个字符的有多少等。假设在这个 Linux 系统上用户名最多是 8 个字符，为此要首先使用例 11-93 所示的方法创建一个为 awk 命令使用的脚本文件 forscript。其中，所有方框框起来的部分是要通过键盘输入的。

【例 11-93】

```
[dog@dog backup]$ cat << EOF > forscript
> {
>     count[length($1)]++
> }
> END {
>         for (i=1; i<9; i++)
>             print "There are " count[i] " user accounts with " i " letter names."
> }
> EOF
```

下面详细解释这个脚本文件中每一部分的具体含义，首先看第 1 部分，它是从第 1 行的{符号开始到 END 结束，即如下所示。

```
{
    count[length($1)]++
}
END
```

在这一部分真正完成我们所需任务的语句为 count[length($1)]++，这个语句实际上是 count[length($1)] = count[length($1)] + 1 的缩写。它的含义是将第 1 个字段的长度作为数组元素的下标，并将这个数组元素的个数加 1 再重新存回到原来的数组元素中。为了方便解释这一部分的操作过程，可以首先使用例 11-94 的 head 命令列出/etc/passwd 文件中的前 10 行。

【例 11-94】

[dog@dog backup]$ head /etc/passwd
root:x:0:0:root:/root:/bin/bash

```
bin:x:1:1:bin:/bin:/sbin/nologin
daemon:x:2:2:daemon:/sbin:/sbin/nologin
adm:x:3:4:adm:/var/adm:/sbin/nologin
......
```

当 awk 命令扫描/etc/passwd 文件时，首先遇到的是 root 用户，这个用户的长度是 4，由于在第 1 次使用 count[4]时，它所存的值是 0，所以执行完 count[4]++，即 count[4] = count[4] + 1 语句之后，count[4]的值已经增加为 1。

接下来 awk 命令扫描这个文件的第 2 行，此时遇到的是 bin 用户，这个用户的长度是 3，由于在第 1 次使用 count[3]时，它所存的值也是 0，所以执行完 count[3]++，即 count[3] = count[3] + 1 语句之后，count[3]的值也已经增加为 1。

接下来 awk 命令扫描这个文件的第 3 行，此时遇到的是 daemon 用户，这个用户的长度是 6，由于在第 1 次使用 count[6]时，它所存的值也是 0，所以执行完 count[6]++语句之后，count[6]的值也已经增加为 1。

接下来 awk 命令扫描这个文件的第 4 行，此时遇到的是 adm 用户，这个用户的长度又是 3 了，由于在上一次使用 count[3]时，它所存的值已经变为了 1，所以执行完 count[3]++语句之后，count[3]的值将为 2，依此类推。

介绍完了 forscript 脚本文件的第 1 部分之后，接着解释这个脚本文件的第 2 部分，该部分是以 END 关键字之后的{开始到以 EOF 上一行的}结束的部分，即如下所示。

```
{
    for (i=1; i<9; i++)
        print "There are " count[i] " user accounts with " i " letter names."
}
```

这部分实际上只有一个 for 循环语句，其中 i 是循环控制变量。这个 for 循环在 i 等于 1 时开始循环操作。循环的操作是先打印出 There are 字符串（在 are 之后有一个空格），之后打印出 count[i]的值（即用户名中字符个数为 i 的用户数量），接下来再打印 user accounts with 字符串（在 user 之前和 with 之后都有一个空格），之后打印 i 变量的值（即用户名中字符个数），最后打印出 letter names.字符串（在 letter 之前有一个空格）。每次循环操作后 i 变量自动加 1，当在每次进行循环操作之前系统要检查 i 的值是否小于 9，只有在 i<9 时才执行循环体内的操作，否则就跳出循环体，执行循环体后的第 1 个语句。实际上，这个 for 循环将打印出用户名中字符个数从 1～8 的用户数量和对应的用户名中字符个数连同一些描述性信息。

这里假设用户名的字符个数最多是 8 个，如果是其他数字，如 20，将条件语句改为 i<21 即可。接下来，就可以试着使用例 11-95 的 awk 语句来获取所需的信息了。

【例 11-95】

```
[dog@dog backup]$ awk -F: -f forscript < /etc/passwd
There are    user accounts with 1 letter names.
There are    user accounts with 2 letter names.
There are    user accounts with 3 letter names.
......
```

例 11-95 的显示结果再一次令你感到吃惊，因为系统根本没有显示任何 count[i] 的值。这是为什么呢？为了要找到究竟出了什么问题，使用例 11-96 的 cat 命令列出 forscript 文件中的全部内容。

【例 11-96】

```
[dog@dog backup]$ cat forscript
{
    count[length()]++
}
END {
       for (i=1; i<9; i++)
           print "There are " count[i] " user accounts with " i " letter names."
}
```

从例 11-96 的显示结果可知 length 函数所使用的 $1 参数并不存在，这是因为 cat 命令在处理 $1 时是将它看成了一个已经定义的系统变量，而我们从来也没有定义过这个变量，所以它的值为空。使用将在第 12 章介绍的 vi 编辑器来创建这个 forscript 文件就可以避免这个问题的发生。在目前的情况下，可以使用图形界面的正文编辑器将 $1 加到 length() 的括号中。之后要再次使用例 11-97 的 cat 命令列出 forscript 文件中的全部内容以确认修改成功。

【例 11-97】

```
[dog@dog backup]$ cat forscript
{
    count[length($1)]++
}
END {
       for (i=1; i<9; i++)
           print "There are " count[i] " user accounts with " i " letter names."
}
```

当确认 forscript 文件中的内容准确无误之后，就可以使用例 11-98 的 awk 命令列出所需要的信息。

【例 11-98】

```
[dog@dog backup]$ awk -F: -f forscript < /etc/passwd
There are   user accounts with 1 letter names.
There are 1 user accounts with 2 letter names.
There are 13 user accounts with 3 letter names.
There are 11 user accounts with 4 letter names.
......
```

例 11-98 的显示结果可以看出在这个 Linux 系统上用户名所使用的字符个数主要集中在 3 或 4 个字符。

其实，只要将以上的 forscript 文件中的内容做一些简单的修改就可以用到其他地方。如你的经理让你为他列出员工工资从 3 位数～6 位数的员工数量，即工资为 3 位数的员工人数、工资为 4 位数的员工人数、工资为 5 位数的员工人数和工资为 6 位数的员工人数。你就可以使用图形界面的正文编辑器对 forscript 文件中的内容做相应的修改之后存入一个叫 salscript 的脚本文件中。接下来，应该使用例 11-99 的 cat 命令列出 salscript 文件中的全部内容。

【例 11-99】

```
[dog@dog backup]$ cat salscript
{
    count[length($4)]++
}
END {
        for (i=3; i<7; i++)
            print "There are " count[i] " employees with " i " digits salary."
}
```

由于工资是 emp.data 文件中的第 4 个字段，所以将 length 函数中的参数改为$4。由于要列出员工工资从 3 位数～6 位数的员工人数，所以将条件语句改为 i<7。另外，由于显示的信息已经发生了变化，所以也修改了相应的描述性信息。当确认了 salscript 文件中的内容准确无误之后，就可以使用例 11-100 的 awk 命令列出经理所需要的员工信息了。

【例 11-100】

```
[dog@dog backup]$ awk -f salscript < emp.data
There are 2 employees with 3 digits salary.
There are 12 employees with 4 digits salary.
There are    employees with 5 digits salary.
There are    employees with 6 digits salary.
```

从例 11-100 的显示结果可以看出在这个公司中员工的工资几乎都是 4 位数（1000～9999），只有两个倒霉的员工的工资为 3 位数（100～999）。

还可以将例 11-98 的组合命令存入一个正文文件中，如可以使用例 11-101 的 echo 命令将这些命令存入到一个名为 user_num 的 shell 脚本文件中。

【例 11-101】

```
[dog@dog backup]$ echo "awk -F: -f forscript < /etc/passwd" > user_num
```

系统执行完以上命令不会产生任何提示信息，所以必须使用类似例 11-102 的 cat 命令列出 user_num 文件中的全部内容以确保脚本文件中的命令准确无误。

【例 11-102】

```
[dog@dog backup]$ cat user_num
awk -F: -f forscript < /etc/passwd
```

当确认 user_num 脚本文件中的内容准确无误之后，就可以使用例 11-103 的命令运行 user_num 这个脚本文件了。当然也可以使用 bash 或 ksh 来运行 user_num 脚本文件，并且会得到同样的结果，有兴趣的读者可以自己试一下。

【例 11-103】

[dog@dog backup]$ sh user_num

There are		user accounts with 1 letter names.
There are	1	user accounts with 2 letter names.
There are	13	user accounts with 3 letter names.

……

awk 本身就是一个功能强大的程序设计语言，它的语法与 C 语言类似，即使将本书后面的章节都用来介绍怎样编写一些功能强大和有趣的脚本也未必能介绍完全。sed 和 grep 也是一样，因为它们都有许多的命令选项和变种。

不过一个好消息是 Linux（UNIX）操作系统管理员和普通用户使用这些命令的功能是相当有限的。有专家曾统计过许多用户，95%以上的经常性操作只是从文件中抽取某些列或改变数据行的顺序等，与我们在本章中所介绍的例子极其类似。因此建议读者，在学习 Linux（UNIX）系统的这个阶段只要掌握了本章所介绍的内容就可以了，之后在实际工作中再根据需要来扩充相关知识。

11.12　练　习　题

1．可以通过使用以下哪两个命令来搜索文件中满足特定模式（pattern）或字符串的内容？

　　A．find　　　　B．ls　　　　　C．file　　　　　D．grep　　　　　E．egrep

2．要使用 grep 命令来搜索一个文件中包含特定单词的数据行，但是要求整个单词完全匹配并且不区分大小写。请问，应该使用哪两个选项？

　　A．-c　　　　　B．-i　　　　　C．-l　　　　　　D．-n　　　　　　E．-w

3．你有一个数据文件，在这个数据文件中每一个字段（列）的分隔符都是空格。根据领导的指示，需要将所有字段的分隔符都转换成逗号（,），请问应该使用以下的哪一个命令？

　　A．grep　　　　B．egrep　　　C．fgrep　　　　D．sed

4．作为一位 Linux 操作系统管理员，你需要对一些正文文件进行比较复杂的分析和处理。请问，在以下的 Linux 工具中，哪一个是最好的选择？

　　A．grep　　　　B．sed　　　　C．awk　　　　　D．egrep　　　　　E．fgrep

5．除了位置变量之外，为了方便 awk 编程，awk 中还引入了一个叫 NF 的变量。请问，在如下有关这一变量的陈述中，哪两个是正确的？

　　A．如果在命令表达式中使用没有$符号的 NF 变量，这个变量将显示一行记录中有多少个字段

　　B．NF 变量用来追踪所显示的数据行的数目，即显示数据行的编号

　　C．如果在命令表达式中使用带有$符号的 NF 变量，这个变量将显示一行记录中最后一个字段

　　D．NF 变量用来显示数据行的总数

第 12 章　利用 vi 编辑器创建和编辑正文文件

通过前面章节的学习，读者应该知道了如何利用已经掌握的原始（简单）工具和重定向符号来创建及修改正文文件，如使用 cat 或 sed 命令。但是，一般都是利用这种方法创建十分简单的文件，而且文件的修改可以用令人望而生畏来形容。也正因为如此，前面在修改比较复杂的正文文件时，不得不借助于图形界面下的正文编辑器 gedit。

本章将介绍一种在所有 UNIX 和 Linux 系统中一定都有的全屏幕正文编辑器 vi。vi 是一种命令行方式的正文编辑器，即它可以在图形界面没有启动的情况下工作。可能有读者会想：使用图形界面的正文编辑器，如 gedit，不就行了吗？为什么还要引入 vi 呢？这是因为 UNIX 和 Linux 的系统配置文件一般都是正文文件，而所谓的系统维护和系统配置主要是修改这些系统配置文件。但是当系统出现问题时，往往图形界面无法正常工作，另外如果操作系统管理员是在远程通过网络来维护系统时，命令行编辑器，如 vi 就可能是救活你的系统的最后一根救命稻草。

也正因为如此，我曾听到过不止一位 UNIX 的高手说过对 vi 的熟练程度就可以看出一个人的 UNIX 道行。似乎是对 vi 越熟悉越好，可是要达到相当的熟练水平并不是短时间能够做到的，因为 vi 的使用本身就可以写一本书。我个人认为只要掌握 vi 的基本用法就行了，读者可以将 vi 看成是救火（救急）用的，因为多数情况下图形界面都是正常工作的。此时，就可以使用简单而功能强大的图形界面的正文编辑器。我个人的观点是在完成工作的前提下，使用最简单的方法做最少的工作。

本章将比较系统地介绍 vi 编辑器和 vi 的命令，以及使用 vi 创建、修改、合并正文文件等。

12.1　vi 编辑器简介

vi 是一个 UNIX 和 Linux 系统内嵌的标准正文（文字）编辑器，它是一种交互类型的正文编辑器，它可以用来创建和修改正文文件。vi 是 visual interface to the ex editor 的前两个单词的首字母（ex 是 UNIX 系统上的一种行编辑器，即只能使用编辑器的命令操作当前行），vi 的作者是当时在美国加利福尼亚大学伯克利分校工作的 Bill Joy。vi 编辑器的最大好处之一就是它可以在图形界面没有启动的情况下工作。vi 还有另一个重要的用途，那就是如果你想修改某些只读的系统文件而又不想改变这些文件的读写权限，这时唯一的选择只能是使用 vi 编辑器。

当使用 vi 编辑一个正文文件时，vi 将文件中的所有正文放入一个内存缓冲区。所有的操作都是在这个内存缓冲区中进行的，可以选择将所做的修改写到磁盘上，也可以放弃这些修改。

在 Red Hat Linux 和 Oracle Linux 系统上的 vi 编辑器实际上是 vim。vim 是 vi improved 的缩写（改进型的 vi），它是一种开源（源代码公开）的 vi 编辑器而且还加入了许多扩展的特性。用 vim 官方网站 http://www.vim.org 的说法是：vim 是一个程序开发工具而不是一个正文编辑器。因为 vim 中增加了许多附加的功能，如字符串（模式）搜索、运行 Linux 命令或其他程序和进行多个文件的编辑等，所以许多 Linux 的程序开发人员也喜欢使用这个编辑器。

正像 UNIX 和 Linux 系统那样，vi 是一个适合于专业人员的工具，因此对于普通用户来说学习起来要比那些简单的图形编辑器困难一些。现在将 vi 的优缺点做一个总结，vi 具有如下优点。

（1）速度快：可以使用较少的输入完成较多的操作。

（2）简单（所需资源）：不依赖于鼠标或图形界面。

（3）可获得性好：包括在绝大多数 UNIX 类型的操作系统中。

同时，vi 也具有如下缺点。

（1）学习难度大：与许多简单的图形编辑器相比，vi 的学习曲线比较陡。

（2）键组合不易记：键组合强调的是速度而不是易学和易记。

可以使用 vi 命令来启动 vi 编辑器以创建、修改或浏览一个或多个正文文件。vi 命令的语法格式如下：

vi [选项] [文件名]

在 vi 命令的选项中有两个比较重要的选项（参数），它们分别是-r 和-R。如果在编辑一个文件时系统崩溃了，就可以使用-r 选项来恢复这个文件。要恢复一个文件，可以执行的命令为：

vi　-r　文件名

使用以上的 vi 命令可以打开那个崩溃的文件，之后就可以编辑这个文件了。等编辑完成之后你可以存储这个文件并退出 vi 编辑器。

也可以使用-R 选项以只读的方式打开一个文件，此时可以使用如下的 vi 命令：

vi　-R　文件名

以只读的方式打开一个文件之后，只能阅读文件中的内容而不能做任何修改，这样可以防止不小心偶然覆盖掉文件中有用的内容。

使用 vi 打开一个文件时，如果该文件已经存在，vi 将开启这个文件并显示该文件中的内容。如果这个文件不存在，vi 将在所编辑的内容第 1 次存盘时创建该文件。以下通过例子进一步解释这段话的意思。

首先，还是以 dog 用户登录 Linux 系统。使用 cd 命令切换到 dog 用户家目录下的 backup 子目录。接下来使用 ls 命令列出该目录中所有的文件。

现在可以使用例 12-1 的命令使用 vi 编辑器开启文件 news，系统执行了这个命令之后，vi 就会显示 news 文件中的内容，如图 12-1 所示。在图 12-1 的上部显示的是文件的内容。

在图的左下角，首先显示文件名 news，之后的 3L 表示这个文件中一共有 3 行（L 是 Line 的第 1 个字符），最后的 170C 表示这个文件中一共有 170 个字符（C 是 Characters 的第 1 个字符）。最底部的 1,1 表示目前光标是在第 1 行的第 1 个字符处，其中前面的 1 表示第 1 行，后面的 1 表示第 1 个字符。如果移动光标的位置，这个行号或字符号也会随之而变。右下角的 All 表示目前显示的是文件中的全部内容。vi 编辑器显示的信息是不是非常清晰？但前提是你必须要先学会阅读这些有用的信息。

【例 12-1】

[dog@dog backup]$ vi news

如果要退出 vi 编辑器，就可以输入冒号（:）之后再输入小写字母 q 并按 Enter 键，如图 12-2 所示。

图　12-1

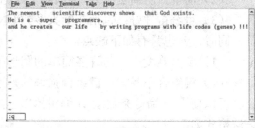
图　12-2

下面可以使用例 12-2 的 vi 命令来编辑一个根本不存在的文件 nothing，进入 vi 编辑器之后可以看到文件是空的，如图 12-3 所示。在这个图的左下角，首先显示文件名 nothing，之后显示这个文件是一个新文件[New File]。

【例 12-2】

[dog@dog backup]$ vi nothing

为了验证"如果文件不存在，vi 编辑器将在所编辑的内容第 1 次存盘时创建该文件"这一结论，需要再开启一个终端窗口，之后使用例 12-3 的 ls 命令列出以 no 开头的所有文件（注意，一定要在 dog 家目录下的 backup 子目录下）。

【例 12-3】

[dog@dog backup]$ ls no*
ls: no*: No such file or directory

从例 12-3 的显示结果可以看出 nothing 这个文件还没有生成。之后切换到第 1 个（vi 所在的）终端窗口，按 i 键（切换到插入模式，接下来会详细介绍）并随便输入一些内容，如 if you need a best friend, contact our dog project!!!，如图 12-4 所示。在这个图的左下角的显示已经变为--INSERT--，之后显示的 1,54 表示光标在第 1 行第 54 个字符上。

之后按 Esc 键，输入冒号（:）之后输入小写的 w 并按 Enter 键将 vi 编辑器中的内容存盘，如图 12-5 所示。随后 vi 界面的左下角将变为"nothing" [New] 1L, 54C written，如图 12-6 所示。其含义是共有 1 行 54 个字符被写入新文件 nothing 中。

图　12-3

图　12-4

图　12-5

图　12-6

接下来，切换到另一个终端窗口，在这个终端窗口中使用例 12-4 的 ls 命令再次列出以 no 开头的所有文件。

【例 12-4】

[dog@dog backup]$ ls -l no*
-rw-rw-r--　1 dog dog 53 Feb 23 13:43 nothing

从例 12-4 的显示结果可以看出 nothing 这个文件已经生成。这也就证明了"如果文件不存在，vi 编辑器将在所编辑的内容第 1 次存盘时创建该文件"这一结论的正确性。随后再次切换到第 1 个（vi 所在的）终端窗口，输入冒号（:）之后再输入小写字母 q 并按 Enter 键以退出 vi 编辑器。

12.2　vi 编辑器的操作模式

从某种意义上讲，vi 编辑器就像 UNIX 或 Linux 操作系统中的另外一个"操作系统"，它如此的复杂，因此读者很难只通过一章的学习就完全掌握它的使用方法。对于已经习惯了微软的图形编辑器的读者来说，在开始学习 vi 时会感到有些沮丧，因为在传统的 vi 编辑器中是不能使用鼠标的。但是通过本章的学习和反复的练习，可能会慢慢地喜欢上这一编辑器。因为一旦你熟练地使用一些命令和组合键操作之后，你会发现使用 vi 的工作效率明显地高于一般的图形编辑器，而且还能完成一些使用图形编辑器很难完成的工作。

在读者开始真正使用 vi 编辑器之前，你必须理解 vi 编辑器的操作方式。首先 vi 是一种有模式的编辑器。一种模式就像一个环境一样，在不同的 vi 模式下相同的键会被 vi 解释为不同的含义。作为一种命令行编辑器 vi 具有以下 3 种基本模式。

➧ 命令行模式：vi 的默认模式。在这一模式中，所有的输入被解释成 vi 命令，可以执行修改、复制、移动、粘贴和删除正文等命令，也可以进行移动光标、搜索字符串和退出 vi 的操作等。

➧ 编辑模式：在编辑模式中，可以往一个文件中输入正文。在这一模式下，输入的每一个字符都被 vi 编辑器解释为输入的正文。使用 Esc 键返回命令行模式。

➧ 扩展模式：在一些 UNIX 系统上也叫最后一行模式。在这一模式下，可以使用一些高级编辑命令，如搜寻和替代字符串、存盘或退出 vi 编辑器等。要进入最后一行模式，需要在命令行模式中输入冒号（:），冒号这一操作将把光标移到屏幕的最后一行。

在 vi 编辑器中，按 Esc 键将退出当前的 vi 模式，连续两次按 Esc 键返回命令行模式。由于在不同的 vi 模式下相同的键会被 vi 解释为不同的含义，所以读者在进行任何 vi 操作时必须清楚目前 vi 的模式。但是有时可能会忘记 vi 目前的模式，此时一个最简单有效的方法就是连续两次（或多次）按 Esc 键先退回到命令行模式。

12.3 在 vi 编辑器中光标的移动

使用过微软图形编辑器的读者可能还记得如果想在编辑器中编辑某个字符或字符串，就需要将光标首先移到要编辑的部分。在图形编辑器中是使用鼠标来移动光标位置的，但在 vi 中你是无法使用鼠标来移动光标位置的，必须使用命令（键盘上的键）来移动光标的位置。在移动光标时必须在命令行模式，其实当一进入 vi 编辑器时，vi 就处于命令行模式。表 12-1 给出了在 vi 编辑器中用来移动光标位置的键（也有人称为命令）与光标移动之间的关系。

表12-1

键组合（命令）	光标的移动
h、左箭头或 Backspace	光标向左移动一个字符
j 或下箭头	光标向下移动一行
k 或上箭头	光标向上移动一行
l、右箭头或空格键	光标向右（向前）移动一个字符
w	光标向前移动一个字（单词）
b	光标向后移动一个字（单词）
e	光标移动到当前字的结尾
$	光标移动到当前行的结尾
0（零）	光标移动到当前行的开始
^	光标移动到当前行中第 1 个非空白字符
Enter 键	光标移动到下一行的开始
(	光标向后移动一个句子
)	光标向前移动一个句子
{	光标向上移动一个段落
}	光标向下移动一个段落

为了后面的演示方便，我们先做些准备工作。首先使用例 12-5 的复制命令将 dog 用户的家目录中的 game.txt 复制到当前目录。命令中的~表示当前用户的家目录，.表示当前目录，还记得吗？这里我们偷了点懒，要复制的文件名使用了 g*，这是因为在 dog 用户的当前目录中只有一个以 g 开始的文件。

【例 12-5】

[dog@dog backup]$ cp ~/g* .

系统执行完以上命令不会产生任何提示信息，因此应该使用 ls 命令验证以上所做的文件复制是否成功。当确认了 game.txt 文件已经存在之后，应该使用例 12-6 带有-A 选项的 cat 命令列出 game.txt 文件中的全部内容。为了节省篇幅，这里省略了大部分的显示输出。

【例 12-6】

[dog@dog backup]$ cat -A game.txt
How important is gaming in teaching to become an expert? ^M$
^M$
……
^M$

从例 12-6 的显示结果可知这个文件的格式是微软的 DOS 格式，因此可以使用例 12-7 的命令将 game.txt 文件的格式转换成 UNIX 的格式。

【例 12-7】

[dog@dog backup]$ dos2UNIX game.txt
dos2unix: converting file game.txt to unix format ...

当格式转换成功之后，最好使用例 12-8 的 fmt 命令调整 game.txt 文件的格式并将结果存入 game.fmt 文件中。

【例 12-8】

[dog@dog backup]$ fmt -u game.txt > game.fmt

系统执行完以上命令不会产生任何提示信息，因此应该使用例 12-9 带有-A 选项的 cat 命令列出 game.fmt 文件中的全部内容以验证转换是否满足要求。

【例 12-9】

[dog@dog backup]$ cat -A game.fmt
How important is gaming in teaching to become an expert?$
$
An old Chinese proverb, M-!M-0Tell me and I will forget, show me and I$
……

确认 game.fmt 文件中的内容准确无误之后，就可以使用例 12-10 的 vi 命令开始编辑 game.fmt 文件了。

【例 12-10】

[dog@dog backup]$ vi game.fmt

系统执行完以上命令之后将出现如图 12-7 所示的 vi 编辑画面，此时光标停留在第 1 行第 1 个字母 H 上。接下来，就可以使用表 12-1 中所介绍的移动光标键（命令）来移动光标的位置了。如首先按 l 键，每按一次 l 键光标就向右移动一个字符。连续按多次 l 键直到光标停在 to 单词的 o 字母上为止，如图 12-8 所示（其详细操作可以参阅本章的视频和表 12-1 来练习你感兴趣的操作）。

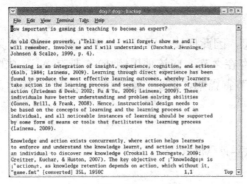

图 12-7　　　　　　　　　　　　　　　　　　图 12-8

在以上 vi 操作中使用的 game.fmt 文件或 game.txt 文件中的内容是摘自本书的作者之一何茜颖的一篇论文。也许有读者看了这个文件中的第 1 行就觉得这篇论文是不是有点耸人听闻了？这游戏怎么能把一个人教成专家呢？简直是笑话！

其实，专家就是一件事干久了干熟练了。所以要成为专家关键是要能坚持下去，而游戏恰好能使你上瘾，你也就能很轻松而且很高兴地坚持下去了。

12.4　进入插入模式

12.3 节中所介绍的光标移动操作都是在 vi 的命令行模式下进行的，但是用户会经常使用 vi 编辑器来向文件中输入（插入）正文信息。而在插入正文之前，vi 编辑器必须处在插入模式，从 vi 的命令行模式进入插入模式的命令如下。

- ➥ a: 进入插入模式并在光标之后进行添加。
- ➥ i: 进入插入模式并在光标之前进行插入。
- ➥ A: 进入插入模式并在当前（光标所在）行之后进行添加。
- ➥ I: 进入插入模式并在当前（光标所在）行之前（开始）进行插入。
- ➥ o: 进入插入模式并在当前（光标所在）行之下开启新的一行。
- ➥ O: 进入插入模式并在当前（光标所在）行之上开启新的一行。

为了演示以上命令，应该使用与例 12-10 完全相同的 vi 命令编辑 game.fmt 文件，如例 12-11 所示。

【例 12-11】

[dog@dog backup]$ vi game.fmt

系统执行完以上命令之后将出现如图 12-9 所示的 vi 编辑画面，此时光标停留在第 1

行第 1 个字母 H 上。接下来，就可以使用上面所介绍的任何一个命令从 vi 的命令行模式进入到插入模式。

　　首先按 i 键将进入 vi 的插入模式，如图 12-10 所示。此时光标会停在原来的位置（H 字母上），vi 窗口的左下角会出现-- INSERT --，这就表示已经进入了 vi 的插入模式。

图　12-9　　　　　　　　　　　　　　　　　图　12-10

　　此时，所有的输入都会放在光标的前面（即 H 字母的前面），你可以输入感兴趣的任何字符或数字（其详细操作可以参阅本章的视频和本节所列的进入插入模式的命令）。

12.5　在命令行模式下修改、删除与复制的操作

　　与微软的图形界面编辑器不同，vi 在进行正文的修改、删除和复制等操作时必须处在命令行模式下。vi 编辑器提供了许多编辑（操作）正文的命令，表 12-2 所示为使用频率较高的一些命令。

表　12-2

	Change	Delete	Yank(copy)
Line	cc	dd	yy
Letter	cl	dl	yl
Word	cw	dw	yw

　　这里需要对表 12-2 中的内容做进一步的解释。在表中每一栏中的第 1 个字母表示命令，它是该列名的第 1 个字母，因此 c 就是 Change 的第 1 个字母，d 就是 Delete 的第 1 个字母等。在方框中每一栏中的第 2 个字母是要操作的对象（是行、字符还是字），应该是所对应的第 1 列的第 1 个字母，但是这里有一个例外。那就是第 1 行的第 1 列是 Line，可是 L 已经被 Letter 占用了，所以 vi 的作者想出来一个替代方法，就是重复使用代表命令的字母（列名的第 1 个字母）。

　　为了帮助读者更好地理解这些命令，我们将表 12-2 做进一步细化。有关编辑光标所在位置的命令的含义如下（以下的 Yank 是复制（copy）的意思）。

　　➥　cc：修改光标所在行（Change Line）。其中，第 2 个 c 是代替 Line 的。

　　➥　dd：删除光标所在行（Delete Line）。其中，第 2 个 d 也是代替 Line 的。

➥ yy: 复制光标所在行（Yank Line）。其中，第 2 个 y 也是代替 Line 的。

➥ cl: 修改光标所在字符（Change Letter）。其中，l 是 Letter 的第 1 个字符。

➥ dl: 删除光标所在字符（Delete Letter）。其中，l 是 Letter 的第 1 个字符。

➥ yl: 复制光标所在字符（Yank Letter）。其中，l 是 Letter 的第 1 个字符。

➥ cw: 修改光标所在字（Change Word）。其中，w 是 Word 的第 1 个字符。

➥ dw: 删除光标所在字（Delete Word）。其中，w 是 Word 的第 1 个字符。

➥ yw: 复制光标所在字（Yank Word）。其中，w 是 Word 的第 1 个字符。

除了以上介绍的修改、删除和复制操作命令之外，Linux 系统还有对句子和段落进行类似操作的如下命令。

➥ c): 向前修改光标所在的句子。

➥ d): 向前删除光标所在的句子。

➥ y): 向前复制光标所在的句子。

➥ c(: 向后修改光标所在的句子。

➥ d(: 向后删除光标所在的句子。

➥ y(: 向后复制光标所在的句子。

➥ c{: 向上修改光标所在的段落。

➥ d{: 向上删除光标所在的段落。

➥ y{: 向上复制光标所在的段落。

➥ c}: 向下修改光标所在的段落。

➥ d}: 向下删除光标所在的段落。

➥ y}: 向下复制光标所在的段落。

12.6 粘 贴 命 令

vi 编辑器中的粘贴命令是 p（小写）或 P（大写）。虽然有的 Linux 资料将 p 或 P 解释成 paste（粘贴）的第 1 个字母，但是根据权威的 UNIX 书籍的解释这里的 p 是 put（放、置）的第 1 个字母。与之前介绍过的命令一样，粘贴（p 或 P）命令也只能在 vi 的命令行模式中使用，而且粘贴命令是用来粘贴删除、修改或复制数据（信息）的。

粘贴命令具有如下特性，如果之前操作（删除、修改或复制）的是数据行：

➥ p（小写）将数据放置（粘贴）在当前行之下。

➥ P（大写）将数据放置（粘贴）在当前行之上。

如果之前操作（删除、修改或复制）的数据是字符：

➥ p（小写）将数据放置（粘贴）在光标之后。

➥ P（大写）将数据放置（粘贴）在光标之前。

12.7 复原和重做命令及 vi 的可视模式

在编辑正文文件的内容时，常常发生这样的事情，就是做了修改之后，发现修改是错误或没有必要的。此时，一定想将文件复原到修改之前的样子。复原命令就可以帮助轻松地完成这一工作。但是当文件复原到修改之前的样子之后，仔细端详了一会儿发现还是刚才修改过的内容更好。要达到这一目的也很简单，那就是使用取消复原命令。在 vi 编辑器中提供了如下恢复（复原）和取消恢复（重做）命令。

> ❧　u：复原最近一次的变更（操作），其中 u 是 undo 的第 1 个字母。
> ❧　Ctrl+R：取消最近一次的复原（重做上一个操作），其中 R 是 Redo 的第 1 个字母。
> ❧　U：复原当前行（光标所在行）的所有变化。

在微软图形界面的文字编辑器中，用户可以使用鼠标来选择要操作的字符或字符串等。这样会使一些操作变得相当简单。在 vi 编辑器中也有类似的功能，不过是通过使用键盘上不同键来完成的。为了要选择字符或字符串，必须首先进入 vi 的可视（Visual）模式，可以使用如下方式进入 vi 的可视模式。

> ❧　v：选择光标所在的字符并进入可视模式。
> ❧　V：选择光标所在的整行并进入可视模式。

可视键可以与光标移动键组合使用来选择所需的正文，其中的光标移动键包括 w、)、}、箭头等。

12.8　在命令行模式下关键字的搜索

经常操作的正文文件很大，这时如果想找到特定的内容就比较困难。因此 vi 编辑器提供了关键字（正文）搜索的方法来帮助用户快速而方便地找到所需的文件内容。在 vi 编辑器中既可以进行正向搜索也可以进行反向搜索，关键字（正文）搜索命令如下。

> ❧　/关键字：向下搜索关键字（正文）。
> ❧　?关键字：向上搜索关键字（正文）。

当使用以上之一的搜索命令搜索到关键字（正文）之后，可以使用如下的命令继续进行同方向或反方向的搜索。

> ❧　n：继续进行同方向的搜索。
> ❧　N：继续进行反方向的搜索。

下面还是通过例子来演示在 vi 编辑器中如何搜索特定的字符串（关键字）。假设你是某学术杂志的审稿人，你对所审查的论文不是很熟悉，就可以通过查看论文所引用的主要文章（书籍）是否新和这些文章是否是高水平学术出版物上发表的来间接地评估这篇论文。

因为何茜颖这位作者你以前从来没听说过而且她的论文所写的内容你以前也没见过。因此为了审查她的论文，可以使用 vi 命令打开她的论文（game.fmt 文件）。

系统执行完 vi 命令之后就将进入 vi 编辑器的命令行页面，此时光标会停留在上一次操作后退出时的位置。由于这篇论文是 2010 年初收到的，所以要浏览一下她所引用的所有2009 年出版的（也就是最新的）文章。因此输入/2009 向下搜索关键字（2009），如图 12-11所示。

当按 Enter 键之后，vi 编辑器将向下搜索并将光标停在第 1 个 2009 字符串的第 1 字符

2 上，如图 12-12 所示。现在就可以检查她所引用的这篇论文的出处了。

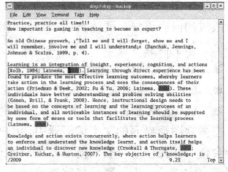

图 12-11   图 12-12

按 n 键进行同方向的搜索（即向下搜索），之后光标将停在下一个 2009 字符串的第 1 字符 2 上，继续按 n 键直到光标停在最后一行的 2009 字符串的第 1 字符 2 上为止。如果按 N 键，vi 将进行反向的搜索，即向上搜索。如果读者感兴趣可以自己试一下。

你也想浏览一下这篇论文中引用的比较老的文章，如至少 10 年前的文章。于是输入?19（因为目前光标已经在文件的最后一行了）向上搜索关键字（19）。当按 Enter 键之后，vi 编辑器将向上搜索并将光标停在第 1 个 19 字符串的第 1 个字符 1 上，现在就可以检查她所引用的这篇论文的出处了。

按 n 键进行同方向的搜索（即向上搜索），之后光标将停在上一个 19 字符串的第 1 字符 1 上，继续按 n 键，光标将不停地跳到上一个 19 字符串的第 1 字符 1 上。如果按 N 键，vi 将进行反向的搜索，即向下搜索。如果读者感兴趣可以自己试一下。

通过分析这篇论文所引用的文章的重要程度，基本上可以确定何茜颖这篇论文是否可以发表。如果她引用的主要是一些世界级学术刊物上最近发表的文章，而且这些文章的作者又是大专家，就可以发表她这篇论文，因为作为出版社你基本上没有冒什么风险。如果她引用的都是一些不知名的学术刊物上发表的文章，你可能就会决定不发表她这篇论文，因为作为出版社你所冒的风险可能很大。

12.9 一些编辑命令及编辑技巧

为了方便编辑正文文件以及加快编辑的速度，vi 中引入了许多编辑命令和使用这些命令加快编辑速度的技巧，现将其汇总如下。

- dtc: 删除从光标所在处到字符 c 的全部内容，其中 c 是任意一个字符。
- rc: 删除光标所在处的字符并以字符 c 取代，其中 c 是任意一个字符。
- cw: 进入插入模式用输入覆盖从光标处到这个单字结尾处的所有内容。
- x: 删除光标所在处的字符。
- J: 将当前行与之下的行合并。
- ~: 转换光标所在字母的大小写，将大写转换成小写而将小写转换成大写。
- ndd: 删除 n 行（从光标所在行算起），其中 n 是自然数，如 3、4、5。

- nyy：复制 n 行（从光标所在行算起），其中 n 是自然数，如 3、4、5。
- nx：删除 n 个字符（从光标所在处算起），其中 n 是自然数。
- R：以输入的字符替代原有的字符直到按 Esc 键为止。
- .：重复之前的命令。

12.10　扩展模式与文件的存储和退出

vi 的扩展模式（Extended mode）也叫最后一行模式（Last line mode）。通过前面几节的学习相信读者掌握了不少 vi 的编辑命令和技巧，但是怎样才能利用它们将所做的修改存入到磁盘文件中呢？这就需要使用扩展模式下的 w 命令。

要想进入 vi 的扩展模式只要在命令行模式下（也必须在命令行模式下）按冒号（:）键即可，这个冒号将出现在 vi 窗口的最后一行（左下角），这也许是扩展模式也被称为最后一行模式的原因。这时就可以输入扩展模式的命令了。在扩展模式下，可以按 Esc 键重新返回命令行模式。在扩展模式下可以使用的命令如下。

- :w：将文件存入/写入（saves/writes）磁盘。
- :q：退出（quits）vi 编辑器（并不存盘）。
- :wq：将文件存入/写入（saves/writes）磁盘并退出（quits）vi 编辑器。

在以上的每个命令之后都可以加上!，!是强制执行的意思，加上!之后这些命令变为如下格式。

- :w!：强行将文件存入/写入磁盘，即使是只读文件也存盘。
- :q!：强行退出 vi 编辑器，如果文件做过修改可能会丢失数据。
- :wq!：强行将文件存入/写入磁盘并退出 vi 编辑器。

要想将文件存盘或退出 vi 编辑器就必须先进入 vi 的扩展模式，因为所有的存盘和退出命令都是扩展模式下的命令。

12.11　快速移动光标在文件中的位置

通过前面的学习和操作，相信读者已经能够熟悉 vi 编辑器中的光标移动操作了。可能细心的读者已经发现了，这些移动光标的命令还是存在一些不足之处的，例如，一个文件很大有几十页甚至几百页，此时利用这些命令来长距离地移动光标就不是一件容易的事了。

没关系，vi 的设计者早就高瞻远瞩预见到了这一问题。在 vi 编辑器中还有如下适合长距离快速移动光标在文件中位置的命令。

- G：跳转到（光标放到）文件的最后一行，其中 G 是 go 的第 1 个字母。
- nG：跳转到（光标放到）文件的第 n 行，n 为自然数 1、2、3 等。
- Ctrl+d：光标向下移动半个屏幕，其中 d 是 down 的第 1 个字母。
- Ctrl+u：光标向上移动半个屏幕，其中 u 是 up 的第 1 个字母。

还是假设你是一位学术刊物的审稿人，你发现所审的论文引用的都是很新的高水平文章。但是为了稳妥起见，你可能还要查看一下这篇论文的结论，一般论文的结论都在文章的末尾，这时就可以使用 G 命令了。有时即使论文本身很好但结论如果太过前卫或激进（特别是在人文和社会科学领域），作为审稿人，你也可能决定不刊登这篇论文。如一篇历史研究方面的论文得出了如下结论：

> 历史上真正的苏妲己，她是一位受到诋毁最多的女性，是一位完全被妖魔化的女性。
> 事实上，她是事业上最成功的女性，也是一位最敬业的女性，是有史以来最出色的女间谍。
> 她用自己的美貌、个人魅力和机智勇敢彻底颠覆了汤商王朝，是建立大周朝的第一功臣。
> 极为讽刺的是，她对大周朝的赤胆忠心和卓越功勋换来的却是被顶天上司处死和千古骂名。
> 因为周武王和姜太公不想因为她的出色表现而损害了他们精心营造出的大周朝清明的声誉，
> 那些开国元勋们也不愿让她在大周朝胜利的大饼中再分去一大块，结果是自己人都盼她死。
> 其实，姜子牙掩面斩妲己，不是因为她美，而是作为她的顶头上司，他无颜面对自己的下属。
> 最后，周朝的最高决策层只能编造出来狐狸精附体这样的弥天大谎来哄骗天下和她的家人。
> 妲己一案向人们展示了周朝辉煌历史中一个最阴暗的角落，也展示了政治和人性肮脏的一面。
> 要敬畏历史。因为透过历史，我们可以看到政治中最肮脏的角落和人性最丑陋的内心深处!!!
> 妲己在爱情上可以说是一个彻底的失败者，为了事业，先后失去了两个真爱的人伯邑考和帝辛。

不管这篇论文的论据有多么充分，你都可能要封杀这篇论文不能刊登在你的学术刊物上。因为一旦刊登了，可能会遭到许多大专家大学者甚至"传统美德"的卫道士们的一片声讨和围攻，甚至可能会影响你所在单位的正常工作，也可能砸了你自己的饭碗。

12.12　快速移动光标在屏幕中的位置

除了以上介绍的几个快速在文件中移动光标位置的命令之外，vi 编辑器还引入了如下快速在屏幕中移动光标的位置的命令（这些命令都是在命令行模式下使用的）。

- H（High）：光标将跳到屏幕的第 1 行（也就是最上面的一行）。
- M（Middle）：光标将跳到屏幕正中间的那一行。
- L（Low）：光标将跳到屏幕的最后一行（也就是最下面的一行）。
- z<Enter 键>：使（光标所在）当前行变为屏幕的第 1 行。

12.13　vi 编辑器的过滤功能

vi 编辑器不仅提供了大量的命令来方便和加快我们的文件编辑工作，而且在 vi 编辑器中还可以直接使用 Linux（UNIX）操作系统的命令来进一步提高文件编辑的效率。这就是 vi 编辑器的所谓过滤（Filtering）功能，利用这一功能可以方便快捷地完成以下文件的操作：

- 将一个命令的输出结果存入正在编辑的文件。
- 将正在编辑的文件中的数据作为一个命令的输入。

为了应对金融海啸，你的老板为了公司的生存决定要进一步压缩经营成本。他要你打印一份全公司所有员工的清单并按工资由高到低排列，他要好好研究研究看看能不能找到降低运营成本的好方法。他还要求在这个报告的第 1 行加上员工工资报告的标题，接下来

还要印出打印这份报告的日期和时间（也就是所谓的时间戳）。为此，使用例 12-12 的 vi
命令创建一个名为 report.emp 的新文件。

【例 12-12】

[dog@dog backup]$ vi report.emp

当 vi 编辑器启动之后，进入插入模式并输入正文========= Employee Salary Report
==========，如图 12-13 所示。

紧接着返回到命令行模式，随即按下!!（注意，在这个操作之前，一定要将光标移到
正文的下一行，否则命令的输出将覆盖掉这行正文），之后在屏幕的左下角将出现:.!的提示
信息，这就表示可以输入 Linux（UNIX）命令了，如图 12-14 所示。

图　12-13

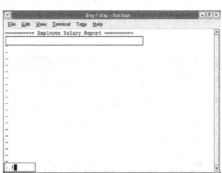
图　12-14

接下来，输入 date 命令并按 Enter 键。之后会发现系统的日期和数据已经出现在第 2
行，如图 12-15 所示。

为了增加报告的易读性，可以使用已经学习过的 vi 命令和技巧在当前行之上和之下插
入空行，如图 12-16 所示。

图　12-15

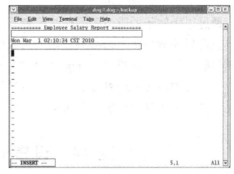
图　12-16

紧接着返回到命令行模式，随即按下!!，之后在屏幕的左下角将出现:.!的提示信息，此
时输入 cat emp.data 的 Linux（UNIX）命令并按 Enter 键，之后，emp.data 文件中的全部内
容将被添加到光标所在处，如图 12-17 所示。

将光标放在 emp.data 的数据的第 1 行的第 1 个字符上以方便之后的排序操作，随即按
下!}，之后在屏幕的左下角将出现:.,$!的提示信息。在这里，冒号后的.表示当前行，而$表

示最后一行，整个提示的意思是！后输入的命令是操作从当前行到最后一行的所有数据。接下来，输入 sort -nr -k4 命令对从当前行到最后一行的所有数据按工资进行反向排序，排序之后的结果如图 12-18 所示。

图 12-17　　　　　　　　　　　　　　　　　　图 12-18

当按 Enter 键之后，所指定范围的员工数据就已经按工资由高到低排列好了，如图 12-19 所示。最后为了增加报告的易读性，可以使用已经学习过的 vi 命令和技巧进一步编辑（调整）这个员工报告，如图 12-20 所示。

图 12-19　　　　　　　　　　　　　　　　　　图 12-20

通过以上例子的学习和操作，读者不难发现：只要将 Linux 的一些命令进行适当的组合，就可以完成许多之前必须使用购买来的软件才能完成的工作。现在就可以省下不少购买软件的费用了。如果对 Linux 命令达到一定的熟练程度之后，会发现与使用其他软件相比，常常是使用 Linux 命令完成工作的效率更高。而且这些命令非常稳定，在版本升级时变化也比图形工具小得多。其实这也就减少了重新学习或培训的时间。

12.14　设置 vi 编辑器工作方式

可以通过重新设置 vi 编辑器的变量（也被称为 set 命令的变量）的方式来改变 vi 编辑器的显示或工作方式以适应实际工作环境的需要。当设置了一个 vi 变量的值时，实际上就是用所设置的特性覆盖了 vi 默认的特性。

如果在 vi 的命令行模式下输入:set 命令，就可以浏览常用的（也有人认为是重要的）vi 变量及它们的默认设定值。如果在 vi 的命令行模式下输入:set all 命令，就可以浏览全部

vi 变量及它们的默认设定值。

下面还是使用例子来演示这两个命令的具体用法。首先可以使用 vi 命令开启 report.emp 文件，之后在 vi 的命令行模式下输入:set 命令，如图 12-21 所示。当按 Enter 键之后，在 vi 窗口的下半部分就会列出常用的 vi 变量及它们的默认设定值，如图 12-22 所示。

图　12-21

图　12-22

如果要返回原来的 vi 状态就按 Enter 键，之后就会返回到 vi 的命令行模式。此时，可以输入:set all 命令，如图 12-23 所示。当按 Enter 键之后，系统就会分页列出全部 vi 变量及它们的默认设定值，如图 12-24 所示。

图　12-23

图　12-24

请注意图 12-24 的左下角，根据这个信息我们猜测 vi 编辑器是以 more 命令的方式来显示这些变量和它们的设定值的。因此，可以利用按空格键以每次向下移动一屏幕（页）的方式来浏览所有的设置。当浏览完成之后，如果要返回原来的 vi 命令行状态就按 Enter 键，之后就会返回到 vi 的命令行模式。与之前介绍的两个命令类似，可以在 vi 的命令行模式下，输入:help 命令来比较轻松地获取 vi 的帮助信息。

☞ 指点迷津：

> 如果想浏览具体某个题目（命令）的帮助信息，可以使用:help topic 命令，这里 topic 为题目（命令）。如想浏览 yy 的帮助信息，就可以输入:help yy 命令。

当按 Enter 键之后，系统就会分页列出全部 vi 的帮助信息和帮助文件。之后就可以使用在本章中已经学习过的光标移动命令（按 j 键向下移动一行光标）来浏览这些帮助信息。当浏览完所需的帮助信息之后，如果要返回原来的 vi 命令行状态就输入:q 并按 Enter 键，之后就会返回到 vi 的命令行模式。

下面列出一些可能经常会用到的 vi 变量，其中包括显示行号、不可见字符（如制表键和行结束符）。

- :set nu: 显示行号，其中 nu 为 numbers 的前两个字母。
- :set nonu: 隐藏（不显示）行号，其中 nu 为 numbers 的前两个字母。
- :set ic: 指令中搜寻时忽略大小写，其中 ic 是 ignore case 的缩写。
- :set noic: 指令中搜寻时区分大小写，其中 ic 是 ignore case 的缩写。
- :set list: 显示不可见字符（如制表键和行结束符）。
- :set nolist: 关闭显示（不显示）不可见字符（如制表键和行结束符）。
- :set showmode: 显示当前操作的模式。
- :set noshowmode: 不显示当前操作的模式。

所有 set 命令设置的变量值只在本次会话中有效，即当退出 vi 编辑器之后再次使用 vi 编辑器开启文件时，所有的 vi 变量设置又恢复到默认值。如果在工作中每次开启 vi 编辑器时都需要某些变量的特定设置，可以将这些变量的特定设置放在一个名为.exrc 的文件中（这个文件一定要存放在用户的家目录中），在一些 Linux 操作系统中这个文件的名也可以是.vimrc（这个文件也必须存放在用户的家目录中），其具体操作步骤如下：

（1）在用户家目录中创建一个名为.exrc（在 Linux 操作系统中也可以是.vimrc）的文件。
（2）将设置 vi 变量值的命令放入.exrc（在 Linux 操作系统中也可以是.vimrc）的文件。
（3）在输入 set 命令时没有前导的冒号（:）。
（4）文件中每一行只存放一条命令。

每当用户开启一个 vi 会话（使用 vi 命令打开文件）时，无论用户的当前工作目录是哪个目录，vi 编辑器都要读用户家目录中的.exrc 文件并利用其中的命令来设置相应的 vi 变量。

12.15   搜寻和替代关键字

在编辑文件时，常常需要找到要修改的部分（字符串）并用正确的字符串替代它们。如果文件很大，利用已经学习和使用过的移动光标的方法找到需要修改的字符串可能是一项十分艰巨的工作。一个好消息是在 vi 编辑器中有自动查找并替代关键字的命令，用户可以使用这一命令来快速和方便地完成查找和替代工作。

查找和替代关键字（字符串）命令必须在 vi 的扩展（最后一行）模式下使用。另外，查找和替代命令是使用 sed 的方式进行查找和替代的。我们在第 11 章中已经比较全面地介绍了 sed 命令的用法，相信读者应该已经熟悉了。可以使用如下方式为查找和替代命令指定搜寻和替代的范围（定址范围）。

- 不指定: 仅为当前行。
- n1，n2: 从 n1 到 n2 行，其中 n1 和 n2 都是自然数。
- 1，$或%: 整个文件。
- .,.+n: 从当前行到当前行加 n 行（.+n），其中 n 为自然数。
- .,.-n: 从当前行到当前行减 n 行（.-n），其中 n 为自然数。

12.16　间接（高级）读写文件操作

有时用户可能需要同时编辑多个文件，为了帮助用户能快速和便捷地完成这样的工作，vi 编辑器引入了一些同时编辑（操作）多个文件的命令（功能），所有的这些命令也是必须在扩展模式使用的，其中常用的读写不同文件的命令如下。

- :r dog：将名为 dog 的文件（必须存在）中的内容读入到当前文件中。
- :n1,n2w cat：将 n1 到 n2 的内容写入文件 cat。
- 1,$w wolf：将当前文件中的全部内容写入文件 wolf。
- :n1,n2w >>fox：将 n1 到 n2 的内容添加到文件 fox 的末尾。

在以上命令中，文件名是用户自己给的，r 是 read 的第 1 个字母，w 是 write 的第 1 个字母。假设你现在仍然在 dog 家目录下的 backup 目录。

假设老板觉得虽然你给他的员工报告很好，但是他老人家说他现在只考虑工资在 2000元以上的员工。为此，可以使用 vi 编辑器开启 report.emp，之后使用:5,10w Salary.Hi 来完成老板的这一重托，如图 12-25 所示。因为 5～10 行的员工就是所有工资高于 2000 元者。

当按 Enter 键之后，在 vi 窗口的左下角出现了一些提示信息，这些信息告诉我们已经有 6 行 209 个字符被写入了新文件 Salary.Hi 中，如图 12-26 所示。

图　12-25　　　　　　　　　　图　12-26

下面使用例 12-13 的 cat 命令列出 Salary.Hi 中所有的内容以验证你的操作是否达到了预期的效果。

【例 12-13】

[dog@dog backup]$ cat Salary.Hi

7839	KING	PRESIDENT	5000	17-NOV-81
7902	FORD	ANALYST	3000	03-DEC-81
7788	SCOTT	ANALYST	3000	19-APR-87
7566	JONES	MANAGER	2975	02-APR-81
7698	BLAKE	MANAGER	2850	01-MAY-81
7782	CLARK	MANAGER	2450	09-JUN-81

老板看了使用 Salary.Hi 文件产生的员工清单之后感到非常满意，但是他觉得美中不足的是这张清单中没有产生清单的日期和时间。因为他老人家是经常要你打印类似的员工清

单给他，时间长了他也记不得哪张清单是什么时候打印的了。因此他要求你在这份极为重要的员工清单上加上生成的日期和时间。于是，将光标移到第3行的第1个字母 M 上，之后输入:.w >> Salary.Hi 命令将当前行（即第3行）添加到 Salary.Hi 文件的末尾，如图 12-27所示。

当按 Enter 键之后，在 vi 窗口的左下角出现了一些提示信息，这些信息告诉我们已经有1行29个字符被添加到了文件 Salary.Hi 末尾，如图 12-28 所示。当完成了所有的操作之后，可以输入:q 命令退出 vi 编辑器或输入:q!命令强行退出 vi 编辑器。

图　12-27　　　　　　　　　　　　　图　12-28

接下来，应该使用例 12-14 的 cat 命令再次列出 Salary.Hi 中所有的内容以验证你的操作是否达到了预期的效果。

【例 12-14】

[dog@dog backup]$ cat Salary.Hi

7839	KING	PRESIDENT	5000	17-NOV-81
7902	FORD	ANALYST	3000	03-DEC-81
7788	SCOTT	ANALYST	3000	19-APR-87
7566	JONES	MANAGER	2975	02-APR-81
7698	BLAKE	MANAGER	2850	01-MAY-81
7782	CLARK	MANAGER	2450	09-JUN-81
Mon	Mar	1	02:10:34	CST 2010

余下命令的操作与上面所介绍的非常相似，这里不再一一介绍，有兴趣的读者可以自己尝试一下。

除了以上介绍的命令之外，在使用 vi 编辑器的同时编辑（开启）多个文件时，还可以使用如下 vi 命令在不同的文件之间进行切换。

➭ :n: 从当前文件切换到下一个文件，其中 n 是 next 的第1个字母。

➭ :rew: 倒转到第1个文件，其中 rew 是 rewind 的前3个字母。

➭ :n#: 跳转到前一个文件，可以用来在两个文件之间来回跳转。

12.17　练　习　题

1. 在 UNIX 和 Linux 操作系统上，vi 是必备的文件编辑器，它是适合于专业人员的工具，请问 vi 的主要优点包括哪 3 个？

　　　　A．速度快——可以使用较少的输入完成较多的操作

　　　　B．键组合容易记——同时键组合也提高了操作速度

　　　　C．简单——不依赖于鼠标或图形界面

　　　　D．可获得性好——包括在绝大多数 UNIX 类型的操作系统中

　　2. 在 Red Hat Linux 和 Oracle Linux 系统上的 vi 编辑器实际上是 vim。在以下有关 vim 的陈述中，哪一个更符合 vim 官方网站的说法？

　　　　A．vim 只是一个纯文本编辑器

　　　　B．vim 是一个程序开发工具

　　　　C．与传统的 vi 相比，vim 并未增加新的功能

　　　　D．vim 并不属于开源的正文编辑器

　　3. vi 是一种有模式的编辑器，在不同的 vi 模式下相同的键会被 vi 解释为不同的含义。请问，vi 具有以下哪 3 种基本模式？

　　　　A．命令行模式　　　　　B．图形模式　　　　　C．二进制模式

　　　　D．编辑模式　　　　　　E．扩展模式

　　4. 由于在不同的 vi 模式下相同的键会被 vi 解释为不同的含义，所以在进行任何 vi 操作时必须清楚目前 vi 的模式，但是有时可能会忘记 vi 目前的模式。请问，此时一个最简单有效的方法是什么？

　　　　A．连续两次按 i 键先进入到编辑模式

　　　　B．连续两次按 a 键先进入到编辑模式

　　　　C．连续两次按 Esc 键先退回到命令行模式

　　　　D．连续两次按：键先进入到扩展模式

第 13 章　配置 Bash Shell 和系统配置文件

　　虽然读者在之前的学习过程中一直在使用 Bash Shell，但都是使用 Bash Shell 的默认配置。在有些情况下这些默认的配置并不完全适合于实际的工作环境，因此 Linux 操作系统管理员就需要重新配置 Bash Shell。本章将介绍如何配置 Bash Shell 以及一些相关的内容。

13.1　Bash Shell 的配置与变量

　　与微软的操作系统不同，Linux（UNIX）操作系统都赋予了操作系统使用者（用户）相当大的自主性，Linux（UNIX）操作系统的使用者可以根据需要来方便地重新配置他们的系统。其中在 Linux 系统中最常用的就是重新配置 Bash Shell，可以通过以下几种方式来完成：

　　（1）利用局域（部）变量来设定（配置）Bash Shell。

　　（2）通过别名和函数来设定 Bash Shell。

　　（3）通过 set 命令来设定 Bash Shell。

　　（4）通过环境变量来设定 Bash Shell 中的其他命令和应用程序。

　　谈到 Shell 的设定就无法回避 shell 变量，其实有关 shell 变量在第 5 章中已经简单地介绍过。但是要想熟练地使用 shell 变量来设定 Shell，前面的内容显然是不够的，因此接下来要比较详细地介绍 shell 变量。

　　shell 变量是内存中一个命了名的临时存储区，在其中可以存放数字或字符等信息（计算机的术语是值）。可以利用 shell 变量来设定 Shell 或其他的程序，而且变量只存在于内存中。除此之外，shell 变量还具有以下特性：

➦　shell 变量分为两种类型，即局部（自定义的）变量和环境变量。

➦　局部变量只能在当前的工作环境（shell）中使用。

➦　环境变量不但可以在当前的工作 shell 中使用，而且还会传给它的所有子 shell。

　　那么怎样才能显示 shell 变量（名）和变量的值呢？可以使用以下两个命令来完成：

　　（1）使用 set 命令显示所有的变量，其中既包括了局部变量，也包括了环境变量。

　　（2）使用 env 命令显示环境变量，其中 env 是 environment（环境）的前 3 个字母。

　　可以使用例 13-1 以 set 开头的组合命令分页显示系统所有 Bash Shell 变量的信息。为了减少篇幅，这里只给出了部分的显示结果。

【例 13-1】

```
[dog@dog ~]$ set | more
BASH=/bin/bash
HISTFILE=/home/dog/.bash_history
HISTSIZE=1000
HOME=/home/dog
```

```
HOSTNAME=dog.super.com
--More--
```

在例 13-1 的显示结果中用方框框起来的 3 个变量之前已经碰到过，相信读者应该有些印象。也可以使用例 13-2 中以 env 开始的组合命令分页显示所有 Bash Shell 环境变量的信息。为了减少篇幅，这里也只给出了部分的显示结果。

【例 13-2】

```
[dog@dog ~]$   env | more
REMOTEHOST=192.168.11.1
HOSTNAME=dog.super.com
SHELL=/bin/bash
PATH=/usr/kerberos/bin:/usr/local/bin:/bin:/usr/bin:/usr/X11R6/bin:/home/ dog/bin
PWD=/home/dog
--More--
```

13.2　通过局部变量来设定 Shell

Shell 脚本中的数据以及 Shell 环境的设置都将被放在 shell 变量中，所以要通过创建 shell 变量或修改变量中的值来设定 Shell。在 UNIX 和 Linux 操作系统中通常习惯用大写的字母作为 shell 变量名。创建 shell 局部变量的方法是在操作系统提示符下输入：

变量名=变量的值

如 DOG1_COLOR=black，其中 DOG1_COLOR 为 shell 变量名，而 black 为 shell 变量的值。如果要提取 shell 变量中的值在变量之前冠以$符号，如在操作系统提示符下输入：

Echo $DOG1_COLOR

接下来，可以使用例 13-3 的命令创建一个名为 DOG1_COLOR 的 Bash Shell 局部变量并将 black（黑色）赋予这个变量（即这个变量的值是 black）。

【例 13-3】

```
[dog@dog ~]$ DOG1_COLOR=black
```

系统执行完以上命令之后不会有任何提示信息，因此为了验证这个命令是否正确执行，应该使用例 13-4 中以 set 开始的组合命令再次分页显示所有 Bash Shell 变量的信息。为了减少篇幅，这里也只给出了部分的显示结果。

【例 13-4】

```
[dog@dog ~]$ set | more
BASH=/bin/bash
COLORS=/etc/DIR_COLORS
DOG1_COLOR=black
HOSTNAME=dog.super.com
--More--
```

例 13-4 的显示结果清楚地表明已经成功地创建了一个名为 DOG1_COLOR 的 Bash Shell 局部变量，而这个变量的值是 black。也可以通过使用例 13-5 的 echo 命令来直接显示 Bash Shell 变量 DOG1_COLOR 中的值。

【例 13-5】

```
[dog@dog ~]$ echo $DOG1_COLOR
black
```

为了后面的演示需要，还要使用例 13-6 的命令创建一个名为 DOG2_COLOR 的 Bash Shell 局部变量，并将 grey 赋予该变量。

【例 13-6】

```
[dog@dog ~]$ DOG2_COLOR=grey
```

如果由于项目开发的需要，项目的开发人员已经为该项目创建了许多以 DOG 开始的 shell 变量。现在项目经理让你为他列出一张所有与项目相关的变量清单，你又该怎么办呢？还记得第 11 章中讲述的 grep 命令吗？因此可以使用例 13-7 的组合命令来完成经理交给你的艰巨任务。

【例 13-7】

```
[dog@dog ~]$ set | grep DOG
DOG1_COLOR=black
DOG2_COLOR=grey
```

例 13-7 的显示结果给出了所有名字以 DOG 开始的变量和它们的值，是不是很方便？只要发挥想象力，你就可以利用学过的命令进行巧妙的组合来获取所需的信息。

从例 13-1 的显示结果可知，实际上 Linux 系统预定义了许多 Bash Shell 变量，以下是几个预定义 shell 变量的例子。

- COLUMNS：设置终端窗口的宽度。
- LINES：设置终端窗口的高度。
- HISTFILESIZE：决定将多少条命令在用户退出系统时存入历史文件。

一般没有特殊需要，用户没有必要修改这些系统预定义的 shell 变量。可以使用 set 命令获取它们的预设（默认）值。可能会有读者问怎样才能确定一个变量是局部变量而不是环境变量呢？办法也比较简单，就是使用 set 和 env 命令，在 set 命令的显示结果中出现了但是在 env 命令的显示结果中没有的一定是局部变量。

有些读者现在可能还是不能完全理解，没关系，下面通过一个例子就能很好地理解上述内容了。可以使用例 13-8 的以 set 命令开始的组合命令列出 LINES 变量的值，之后再使用例 13-9 的以 env 命令开始的组合命令列出 LINES 变量的值。

【例 13-8】

```
[dog@dog ~]$ set | grep LINES
LINES=25
```

【例 13-9】

[dog@dog ~]$ env | grep LINES

由于使用 set 命令可以显示 LINES 的值（LINES=25），但是使用 env 命令却找不到 LINES 这个变量，所以可以断定 LINES 是一个局部变量而不是环境变量。

如果使用同样的方法确定 PS1 的变量类型，又会产生什么结果呢？可以首先使用以 set 命令开始的组合命令列出 PS1 变量的值，之后再使用以 env 命令开始的组合命令列出 PS1 变量的值。由于使用 set 命令可以显示 PS1 的值（PS1='[\u@\h \W]\$ '），但是使用 env 命令却找不到 PS1 这个变量，所以可以断定 PS1 也是一个局部变量而不是环境变量。

13.3　局部变量 PS1

PS1 变量主要用来设置 Bash Shell 提示符所显示的信息，也就是常常看到的$符号（或#符号）和它之前的信息，例如[dog@dog ~]$。有时由于实际工作的需要，在从事不同的工作时需要使用不同的提示信息，这时就可以利用重新设置 PS1 的方法来按工作的要求显示提示信息。

也许 PS1 是用户修改得最多的 shell 变量之一，可以将一些换码序列（escape sequences）插入到 PS1 变量中，这些换码序列就成了提示信息的一部分。通过这些换码序列和字符串的不同组合，用户几乎可以随心所欲地构造出所希望的 Shell 提示信息，在 PS1 中可以使用的换码序列如下。

- \d: 系统当前的日期，d 应该是 date（日期）的第 1 个字母。
- \t: 系统当前的时间，t 应该是 time（时间）的第 1 个字母。
- \h: 简短形式的主机名，h 应该是 host（主机）的第 1 个字母。
- \u: 当前用户名，u 应该是 user（用户）的第 1 个字母。
- \w: 当前的工作目录，w 应该是 working directory（工作目录）的第 1 个字母。
- \!: 当前命令的历史编号，!为执行历史命令的第 1 个字符。
- \$: 如果是普通用户显示$，而如果是 root 用户显示#。
- \l: 显示 shell 终端设备的基本名，l 应该是 line 的第 1 个字母。

接下来，可以使用例 13-10 的 echo 命令显示 PS1 变量中的值，也就是 PS1 的系统预设（默认）值。

【例 13-10】

[dog@dog ~]$ echo $PS1
[\u@\h \w]\$

现在顺序地解释例 13-10 显示结果的具体含义。系统按顺序首先显示的信息是[，之后是当前用户名（\u），紧接着是@，随后是简短形式的主机名（\h），之后是一个空格，随后是当前的工作目录（\w），接着是]，最后如果是普通用户显示$，而如果是 root 用户就显示#。

现在读者应该清楚例 13-10 的命令中提示信息部分的含义了吧？其中，~为用户的家目录。提示信息告诉我们目前使用的主机名为 dog，登录的用户名为 dog，目前正在 dog 用户的家目录中工作，而且 dog 用户是一个普通用户（如果是特权用户最后的提示符应该是#）。

下面可以使用例 13-11 的命令来重新设定 Shell 的 PS1 变量，以便操作系统的提示信息更加丰富。

【例 13-11】

[dog@dog ~]$ PS1='[\u@\h \w TTY\l \d \t \!]\$'
[dog@dog ~ TTY1 Tue Mar 02 20:37:58 1002]$

通过例 13-11 中对 PS1 变量的设置，系统的提示信息是：[用户名@主机名 当前工作目录 TTY 后跟所使用的终端号 当前系统日期 当前系统时间 该命令的历史编号]。如果是普通用户显示$，而如果是 root 用户就显示#。

系统的提示信息表明目前使用的主机名为 dog，登录的用户名为 dog，目前正在 dog 用户的家目录中工作，使用的终端为 TTY1，目前的系统日期是 3 月 2 日星期二，当前时间是 20 点 37 分 58 秒，这个命令在历史记录中排 1002 号，而且 dog 用户是一个普通用户。

这里需要注意的是每当输入一个命令并按 Enter 键执行后，不但提示信息中的时间要发生变化，而且历史记录的编号也会加 1。如果只按 Enter 键，历史记录的编号就会保持不变。可以使用例 13-12 的 echo 命令，等执行完之后只按 Enter 键以观察这些操作对提示信息的影响。

【例 13-12】

[dog@dog ~ TTY1 Tue Mar 02 20:49:29 1002]$echo $DOG1_COLOR
black
[dog@dog ~ TTY1 Tue Mar 02 20:49:44 1003]$ #只按下 Enter 键
[dog@dog ~ TTY1 Tue Mar 02 20:50:13 1003]$

可是现在发现这时系统提示信息实在太多了，看上去有点眼晕。是不是又怀念起了过去的美好时光，想将 PS1 恢复到默认配置？那又该怎么办呢？可能有读者已经想到了就是再把 PS1 的值重新设回来不就行了吗？这样做当然可以，不过有点麻烦，另外如果你已经忘了默认设置，那又该如何处理呢？其实办法非常简单，就是退出 Linux 系统，之后再重新登录就行了。不用把问题想得过于复杂，很多时候最简单的办法是最有效的。

13.4　别名的用法及设定

通过前面的学习，读者可能已经注意到了，有些 Linux（UNIX）的命令（包括参数）很长，如果它们是经常使用的，每次输入这么长的命令不但效率很低，而且也容易出错。因此 Linux（UNIX）引入了 alias（别名）命令，alias 命令使用户可以为一个很长的命令建立一个简短的别名，之后用户就可以使用这个简单易记的别名来执行该命令而不必输入原来的长命令了。

别名就是 Shell 中命令的一种速记法，它使用户能够按自己的需求定制和简化 Linux

（UNIX）命令。alias 命令很简单，其语法格式如下：

　　alias　别名的名字=命令字符串

其中，命令字符串可能要使用单引号括起来，如 alias dir='ls -laF'，在这个例子中 dir 就是别名。

Shell 维护一个别名的列表，每当有命令输入时，Shell 都要搜寻这个别名列表。如果命令的第 1 个单词是一个别名，Shell 将使用（定义）别名的正文代替这个单词。当创建一个别名时，要遵守如下规则：

（1）在等号的两边都不能有任何空格。

（2）如果命令字符串中包含任何选项、元字符或空格，命令就必须使用单引号括起来。

（3）在一个别名中的每一个命令必须用分号（;）隔开。

Bash Shell 本身包含了若干个预定义的别名，可以使用 alias 命令（不带任何参数）来显示这些别名，同时也会显示用户定义的别名。可以使用例 13-13 的 alias 命令来显示系统中的所有别名。

【例 13-13】

```
[dog@dog ~]$ alias
alias l.='ls -d .* --color=tty'
alias ll='ls -l --color=tty'
alias ls='ls --color=tty'
alias vi='vim'
alias which='alias | /usr/bin/which --tty-only --read-alias --show-dot -- show-tilde'
```

请注意例 13-13 的显示结果的方框中别名 vi 的定义，读者现在应该知道 Linux 系统默认的 vi 编辑器实际上是 vim 的原因了吧？

假设项目的工作人员绝大部分是来自微软系统的，他们对微软的 DOS 系统命令很熟悉，而且他们最常使用的操作是列出当前目录中的所有文件和目录。由于 DOS 系统的列目命令是 dir，因此就可以为这些用户定义一个 dir 别名来完成列出当前目录中的所有文件和目录操作。这样也就节省了培训的时间，提高了他们的工作效率，而且也减少了他们出错的几率。于是，使用例 13-14 的 alias 命令来定义这个 dir 别名。

【例 13-14】

```
[dog@dog ~]$ alias dir='ls -laF'
```

系统执行完以上命令之后不会有任何提示，因此需要使用例 13-15 的 alias 命令来验证以上这个命令是否正确。

【例 13-15】

```
[dog@dog ~]$ alias dir
alias dir='ls -laF'
```

当确认了别名 dir 已经被正确地创建之后，就可以使用这个别名了。现在可以使用例 13-16 的命令列出当前目录中所有的内容。为了节省篇幅，这里省略了大部分输出结果。

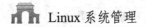

【例 13-16】

```
[dog@dog ~]$ dir
total 16992
drwx------    21 dog    dog        4096 Mar   2 18:33 ./
drwxr-xr-x    7 root    root       4096 Dec 25 04:51 ../
......
```

其实，dir 这个别名只列出当前目录中的所有内容，因此列出的内容完全取决于用户所在的当前目录。如使用 cd 命令切换到/home/dog/wolf 目录，之后再使用 dir 命令列出所在目录的全部内容，列出的将是/home/dog/wolf 目录中的所有文件和目录。

项目的多数工作人员打字速度都比较慢，而且英语也不好，但是他们使用的命令很少，而且重复的频率很高，因此他们希望能方便地重复使用他们以前使用过的命令。于是，根据他们的需要为 history 命令创建了别名 h。使用例 13-17 的 alias 命令来创建这一别名。

【例 13-17】

```
[dog@dog wolf]$ alias h=history
```

当确定 h 别名创建成功之后，项目的工作人员就可以使用例 13-18 的简单命令获取他们曾经输入过的历史命令，之后就可以方便地重复执行所需的命令了，其中第 1 行的……表示省略了之前的显示输出。

【例 13-18】

```
[dog@dog wolf]$ h
......
1004   dir
1005   alias h=history
1006   h
```

由于项目的多数工作人员已经习惯了微软系统的工作方式，因此他们中的多数人会想当然地认为 Linux 系统中所删除的文件也被放入回收站中，如果需要还可以从回收站恢复过来。但是实际上在 Linux 系统中使用 rm 命令删除的文件是彻底地删除，并未受到回收站的保护。为了防止他们误删重要的文件，使用例 13-19 的 alias 命令为他们创建一个名为 del 的别名。

【例 13-19】

```
[dog@dog wolf]$ alias del='rm -i'
```

当确定 del 别名创建成功之后，项目的工作人员使用这个别名进行文件删除时就会更安全，因为每删除一个文件之前系统都会询问是否删除该文件。例如，用户可以使用例 13-20 的简单命令删除 dog3.wolf.boy 文件。当按 Enter 键后系统会出现提示信息询问是否要删除 dog3.wolf.boy 文件，如果发现文件名是错误的，就可以回答 n，系统就不删除这个文件。只有回答是 y 时才删除这个文件。

【例 13-20】

[dog@dog wolf]$ del dog3.wolf.boy
rm: remove regular empty file `dog3.wolf.boy'? n

系统执行完以上命令之后不会有任何提示，因此可以使用 dir 命令来验证 dog3. wolf.boy
文件是否还存在。接下来，可以使用例 13-21 的 alias 命令列出所有的别名。

【例 13-21】

[dog@dog wolf]$ alias

alias del='rm -i'
alias dir='ls -laF'
alias h='history'
……

例 13-21 的显示结果除了显示出系统预定义的别名外，还给出了刚刚定义的 3 个新别名。

经过一段时间的实践，项目的工作人员开始渐渐喜欢上了 Linux 系统，随着对系统的
熟悉，他们已经很少使用为他们所创建的别名了，而现在他们更愿意直接使用 Linux 命令
来工作，因为这样更容易控制系统，而且看上去也更专业。

因此现在就可以使用取消别名命令来取消为他们所定义的别名了，取消别名命令的语
法格式如下：

unalias 别名的名字

现在就可以分别使用例 13-22 的 unalias 命令取消之前定义的别名 dir，当然也可以使用
unalias 命令取消之前定义的其他几个别名。

【例 13-22】

[dog@dog wolf]$ unalias dir

系统执行完以上命令之后不会有任何提示，因此可以使用不带任何参数的 alias 命令列
出所有的别名来验证以上命令是否正确。alias 命令的显示结果将表明之前所定义的 3 个别
名已经被成功地删除了。

还可以将几个命令放在一行上定义成一个别名，其中每个命令之间由分号分隔（系统
将顺序执行所定义的命令）。由于项目不断地扩大，现在的项目信息已经放到了多个不同的
Linux 服务器上了。由于工作的需要一些用户经常同时连接到多个服务器上（而且可能使用
的不同用户名），时间一长就记不得了。为此他们需要经常确定主机名、登录的用户名和日
期及时间。为此，可以使用例 13-23 的 alias 命令为他们创建一个名为 info 的别名。

【例 13-23】

[dog@dog wolf]$ alias info='hostname; whoami; date'

当确认了别名 info 已经被正确地创建了之后，他们就可以使用这个别名了。现在可以
使用例 13-24 的命令列出所需要的信息了。

【例 13-24】

```
[dog@dog wolf]$ info
dog.super.com
dog
Wed Mar    3 06:56:57 CST 2010
```

别名的功能强大吧？其实还远不止于此，在别名的定义中还可以使用管道将多个命令连起来。由于受到篇幅的限制，这里就不给出具体的例子了，有兴趣的读者可以自己试一试。

13.5　利用 set 进行 Shell 的设置

在 13.1 节已经介绍了通过 set 命令可以设定 Bash Shell，而且讲解了如何通过使用没有任何选项的 set 命令来显示所有的变量和它们的值。除此之外，set 命令还能够执行更多的 Shell 设置工作，有许多 Shell 参数可以通过 set -o 命令来设定。可以使用例 13-25 的带有 set 的组合命令来显示全部可以通过 set -o 命令设置的参数及这些参数的默认值。为了节省篇幅，这里只显示了部分输出结果。

【例 13-25】

```
[dog@dog ~]$ set -o | more
allexport        off
history          on
noclobber        off
vi               off
```

请注意例 13-25 显示结果中的 noclobber 参数，它的默认值是 off。这里的 clobber 是损毁的意思，noclobber 也就是不损毁的意思。如果将参数 noclobber 的值开启（设置为 on），则意味着当使用>或>&操作符时不会损毁已经存在的文件，也就是说当使用输出重定向符号>或>&时，如果>或>&右边的文件已经存在，系统将不会执行这一输出重定向命令，以保证已经存在的文件不会遭到损坏。但是由于这个参数的默认值是 off，所以输出重定向操作将覆盖原有的文件（如果文件已经存在）。

下面还是通过例子来进一步解释 noclobber 参数的用法和设置。首先做一些准备工作。要使用 cd 命令切换到/home/dog/wolf 目录中，之后使用例 13-26 的 cp 命令创建一个新的名为 boy 的文件，最后使用 cat 命令列出 boy 文件中的所有内容以验证复制命令的正确性。

【例 13-26】

```
[dog@dog wolf]$ cp dog.wolf.baby boy
```

过了一段时间经理让你为他制作一个 wolf 目录中所有文件的列表（文件），此时你已经忘记了有这么一个重要的 boy 文件了，如果使用类似 la -l >& boy 或 la -l > boy 试图完成这一工作，原来 boy 文件中的有用内容将被无用的错误信息所覆盖或被清空。为了防止已经存在的文件中的数据被意外地覆盖掉，可以使用例 13-27 的 set 命令重新设置 noclobber

参数的值。

【例 13-27】

[dog@dog wolf]$ set -o noclobber

系统执行完以上命令之后不会有任何提示，因此可以使用例 13-28 的组合命令列出 noclobber 参数的当前值。

【例 13-28】

[dog@dog wolf]$ set -o | grep noclob
noclobber　　　　　on

例 13-28 的显示结果清楚地表明 noclobber 参数的值已经从 off 变为了 on，这下就放心多了。现在试着执行例 13-29 的危险命令，但是系统拒绝执行这条命令，并显示不能覆盖已经存在的文件 boy。试着执行例 13-30 的危险命令，系统也同样拒绝执行这条命令。

【例 13-29】

[dog@dog wolf]$ la -l >& boy
-bash: boy: cannot overwrite existing file

【例 13-30】

[dog@dog wolf]$ la -l > boy
-bash: boy: cannot overwrite existing file

之后，使用例 13-31 的 cat 命令再次列出 boy 文件中的全部内容，会发现文件中的信息完好无损。

【例 13-31】

[dog@dog wolf]$ cat boy
weight: 23 Kg
gender: M
age: 3

但是将 noclobber 的参数设置成 on，对>>重定向符号并不产生任何影响，这是因为>> 将数据附加到文件的末尾并不会造成文件中原有数据的任何丢失。如现在想在 boy 文件的末尾加上系统的日期和时间，就可以使用例 13-32 的带有>>符号的命令。

【例 13-32】

[dog@dog wolf]$ date >> boy

系统执行完以上命令之后也不会有任何提示，因此可以使用例 13-33 的 cat 命令列出 boy 文件中的全部内容。

【例 13-33】

[dog@dog wolf]$ cat boy
weight: 23 Kg

```
gender: M
age: 3
Wed Mar   3 10:58:56 CST 2010
```

在 Linux 操作系统中 Bash Shell 命令行默认是使用 emacs（编辑器的）语法，但是有些 vi 高手可能更喜欢 vi 的语法，此时可以使用 set -o vi 进行重新设置。为此，应该先使用例 13-34 的组合命令列出 emacs 和 vi 参数的设置。

【例 13-34】

```
[dog@dog wolf]$ set -o | egrep 'emacs|vi'
emacs              on
privileged         of
vi                 off
```

例 13-34 的显示结果表明 emacs 参数的值是 on，而 vi 参数的值是 off，也就表示 Bash Shell 命令行目前使用的是 emacs 语法。接下来，使用例 13-35 的 set 命令将 Bash Shell 命令行目前使用的语法改成 vi 的语法。

【例 13-35】

```
[dog@dog wolf]$ set -o vi
```

系统执行完以上命令之后也不会有任何提示，因此应该使用例 13-36 的组合命令再次列出 emacs 和 vi 参数的设置。

【例 13-36】

```
[dog@dog wolf]$ set -o | egrep 'emacs|vi'
emacs              off
privileged         off
vi                 on
```

例 13-36 的显示结果表明 emacs 参数的值是 off，而 vi 参数的值是 on，这也就表示 Bash Shell 命令行目前使用的已经是 vi 语法了。因为你现在还不是 vi 高手，所以最好使用例 13-37 的 set 命令将 Bash Shell 命令行目前使用的语法再重新改回到原来默认的 emacs 语法。

【例 13-37】

```
[dog@dog wolf]$ set -o emacs
```

13.6 将局部变量转换成环境变量

当用户创建了一个变量之后，这个变量只能在该用户目前工作的 shell 环境中使用（生效）。一旦离开了当前的 shell 环境，该变量就失效了。只有环境变量才能不仅在当前的 shell 环境中生效（可以使用），而且还可以在它的所有子 shell 中生效。因此如果想让自定义的变量可以在当前的 shell 和它的每一个子 shell 中使用，就必须将这个自定义的变量转换（升级）成环境变量，将自定义的变量升级成环境变量的命令的语法格式如下：

　　export 变量名

　　这里的 export 在商业贸易中的含义是出口。从商业贸易角度讲，可能 UNIX 的作者认为局部变量就有点像国内本地的货物，而环境变量既然是所有的 shell（用户）都可以使用，也就相当于出口到全世界各地的货物。因此将局部（本地）变量升级为环境变量就是要将本地变量（货物）出口到世界各地。这可能就是 export 这个命令的含义吧。

　　如果读者对当前工作的 shell 和它的子 shell 这样的表述不十分理解，也没有关系。你可以把当前工作的 shell 看成一个主程序，将它的子 shell 看成这个主程序的一些子程序，而环境变量就相当于全局变量，因此环境变量可以在主程序和它的所有子程序中使用。

　　下面通过首先定义局部变量，之后再将其升级为环境变量的例子来进一步解释将局部变量升级为环境变量的具体操作。下面还是使用 DOG1_COLOR 和 DOG2_COLOR 这两个自定义的变量，首先应该使用例 13-38 的以 set 开始的组合命令来查看要创建的变量是否存在。

【例 13-38】

[dog@dog ~]$ set | grep DOG

　　当确认变量确实不存在后，可以使用例 13-39 的命令创建这一变量，并将它的值设定为 black。

【例 13-39】

[dog@dog ~]$ DOG1_COLOR=black

　　系统执行完以上命令之后也不会有任何提示，因此应该使用例 13-40 的以 set 开始的组合命令来查看变量 DOG1_COLOR 和它的值。

【例 13-40】

[dog@dog ~]$ set | grep DOG
DOG1_COLOR=black

☞ 指点迷津：

> 有些 Linux 的教材是直接使用 set 或 set | more 命令进行测试的，但是这样会显示太多毫不相关的变量。建议读者在学习 Linux 或 UNIX 的起步阶段就养成一个好习惯，即只查找和显示所需的信息。这样做的好处是不但会减少工作量，而且也减少了出错的机会。

　　当确认了变量 DOG1_COLOR 已经存在，并且它的值也正确无误之后，可以使用例 13-41 的 su 命令切换到 cat 用户（也可以是其他用户），注意这里在 su 和 cat 之间不能使用-，即不能使用 su - cat，其中的原因稍后会详细解释。

【例 13-41】

[dog@dog ~]$ su cat

　　当确认已经在 cat 用户下之后，应该使用例 13-42 的以 set 开始的组合命令来查看变量 DOG1_COLOR 和它的值。

◀》提示：

有些 Linux 的书籍是使用 whoami 命令来确认目前所在的用户的。这里使用一个小技巧来减少一些工作量，读者只要注意 shell 提示符中[之后的用户名就能确定当前用户了。

【例 13-42】

[cat@dog dog]$ set | grep DOG

系统执行完以上命令之后也没有任何显示结果出现，这表明在 cat 用户的环境中根本没有 DOG1_COLOR 这个变量，也就是 cat 用户无法使用 dog 用户的变量 DOG1_COLOR。这也就证明了局部变量只在当前的 shell 中有效。在这里由于是在 dog 用户中使用 su 命令切换到 cat 用户，所以 dog 用户使用的 shell 称为主（parent）shell，而 cat 用户使用的 shell 称为子（child）shell。之后使用例 13-43 的 exit 命令退出 cat 用户，也就返回到 dog 用户。

【例 13-43】

[cat@dog dog]$ exit
exit

接下来，使用例 13-44 的 export 命令将自定义的变量 DOG1_COLOR 升级为环境变量。

【例 13-44】

[dog@dog ~]$ export DOG1_COLOR

系统执行完以上命令之后也不会有任何提示，因此应该使用例 13-45 的以 env 开始的组合命令来查看 DOG1_COLOR 是否已经升级成了环境变量。

【例 13-45】

[dog@dog ~]$ env | grep DOG
DOG1_COLOR=black

当确认了环境变量 DOG1_COLOR 已经存在，并且它的值也正确无误之后，就可以使用例 13-46 的 su 命令再次切换到 cat 用户。

【例 13-46】

[dog@dog ~]$ su cat

系统执行完以上命令之后也不会有任何提示，因此应该使用例 13-47 以 set 开始的组合命令和例 13-48 以 env 开始的组合命令来查看变量 DOG1_COLOR 是否存在。

【例 13-47】

[cat@dog dog]$ set | grep DOG
DOG1_COLOR=black

【例 13-48】

[cat@dog dog]$ env | grep DOG
DOG1_COLOR=black

例 13-47 和例 13-48 的显示结果证明了环境变量在当前的 shell 和它的子 shell 中都是有效的。之后使用例 13-49 的 exit 命令再次退出 cat 用户。

【例 13-49】

```
[cat@dog dog]$ exit
exit
```

其实，也可以在定义变量的同时就将这个变量升级为环境变量。可以使用例 13-50 的 export 命令定义一个名为 DOG2_COLOR 的变量，并将它升级为一个环境变量。

【例 13-50】

```
[dog@dog ~]$ export DOG2_COLOR=grey
```

当一个变量不再需要时，可以使用 unset 取消这个变量。可以使用例 13-51 的 unset 命令取消变量 DOG2_COLOR。假设目前是在 cat 用户下。

【例 13-51】

```
[cat@dog dog]$ unset DOG2_COLOR
```

系统执行完以上命令之后也不会有任何提示，因此应该使用例 13-52 以 env 开始的组合命令来查看变量 DOG2_COLOR 是否还存在。

【例 13-52】

```
[cat@dog dog]$ env | grep DOG
DOG1_COLOR=black
```

例 13-52 的显示结果清楚地表明变量 DOG2_COLOR 已经被取消了。但是如果在子 shell 中，unset 命令则只能取消当前 shell 中的变量，而其他 shell 中的变量不受影响。为了证明这一点，使用例 13-53 的 exit 命令再次退出 cat 用户。

【例 13-53】

```
[cat@dog dog]$ exit
exit
```

当确认当前用户为 dog 之后，还是应该使用例 13-54 以 env 开始的组合命令来查看变量 DOG2_COLOR 是否还存在。

【例 13-54】

```
[dog@dog ~]$ env | grep DOG
DOG2_COLOR=grey
DOG1_COLOR=black
```

例 13-54 的显示结果表明环境变量 DOG2_COLOR 依然完好无损。但如果是在主（parent）shell 中就不同了，如果在主 shell 中，unset 命令不但取消当前 shell 中的这个变量，而且它的所有子 shell 也都不能再访问这个变量了。

☞ 指点迷津：

有些 Linux 的教材说环境变量会在整个主机上生效，这是有问题的。需要指出的是所有的子 shell 与所有的 shell（用户）并不是一个概念。可以使用下面简单的方法来测试一下：再开启一个终端窗口（或使用 telnet 重新以 cat 用户登录 Linux 系统），之后使用 env | grep DOG 命令会发现没有任何显示，这也就说明不是子 shell 的其他 shell 是不能使用这些环境变量的。即使是在 root 用户中创建的环境变量也是一样的，有兴趣的读者可以自己试一下。

13.7 常用的环境变量

从例 13-2 的 env | more 命令的显示结果可以知道，在 Linux 系统中有许多预设的环境变量，但是用户经常使用的却并不多，以下就是一些用户可能经常使用的环境变量及操作环境的命令。

- HOME：用户家目录的路径。
- PWD：用户当前的工作目录。
- LANG：标识程序将要使用的默认语言。
- TERM：用户登录终端的类型。
- reset：当屏幕崩溃（如出现乱码等），重新设置终端的命令（不是变量）。
- PATH：可执行文件（命令）搜索路径，即搜寻存放程序的一个目录列表。
- which：定位并显示可执行文件（命令）所在路径的命令（不是变量）。
- SHELL：用户登录 shell 的路径。
- USER：用户的用户名。
- DISPLAY：X 显示器的名字。

现在假设你还是以 dog 用户登录的 Linux 系统，可以使用例 13-55 以 env 开始的组合命令获取环境变量 HOME 的信息。

【例 13-55】

[dog@dog ~]$ env | grep HOME
HOME=/home/dog

例 13-55 的显示结果表明 dog 用户的家目录就是我们已经非常熟悉的/home/dog。如果已经切换到了 root 用户，则以上命令的结果为：HOME=/root。其实，可以使用例 13-56 的 echo 命令来获取与例 13-55 完全相同的信息，这个命令就是显示变量 HOME 的值。但是，感觉还是使用以 env 开始的组合命令获取环境变量的信息更清晰些。

【例 13-56】

[root@dog ~]# echo $HOME
/root

操作完成之后使用 exit 命令返回 dog 用户，根据提示符中的~，可以断定是在 dog 用户的家目录中。此时，可以使用例 13-57 以 env 开始的组合命令获取环境变量 PWD 的信息。

【例 13-57】

[dog@dog ~]$ env | grep PWD
PWD=/home/dog

接下来，使用例 13-58 的 cd 命令切换到 dog 用户家目录的 wolf 子目录。之后，使用例 13-59 以 env 开始的组合命令再次获取环境变量 PWD 的信息。

【例 13-58】

[dog@dog ~]$ cd wolf

【例 13-59】

[dog@dog wolf]$ env | grep PWD
PWD=/home/dog/wolf
OLDPWD=/home/dog

仔细观察例 13-57 和例 13-59 的显示结果，可以发现 PWD 变量存放的就是当前工作目录的路径，PWD 变量的值与 pwd 命令的结果完全相同（读者可以自己试一下）。

现在，可以使用例 13-60 以 env 开始的组合命令来获取环境变量 PATH 的值，即在执行命令（可执行文件）时要搜索的全部路径，路径之间用冒号隔开。

【例 13-60】

[dog@dog ~]$ env | grep PATH
PATH=/usr/kerberos/bin:/usr/local/bin:/bin:/usr/bin:/usr/X11R6/bin:/home/dog/bin

13.8　Shell 启动脚本和登录 Shell

已经介绍了创建变量并将它升级成环境变量的具体方法，但还是有一个问题没有彻底解决，那就是如果用户退出 Linux 系统或系统重新启动了，之后再次登录时原来定义的变量就全部消失了。如果要想继续使用这些局部或环境变量就要重新定义并升级这些变量，是不是太麻烦了？有没有办法将这些设定永久地保持下去？当然有，那就是将这些变量定义和升级为环境变量的操作存入 Shell 启动脚本中。

脚本就是存放了一些 Linux（UNIX）命令的正文文件，而 Shell 启动脚本（Shell Startup Scripts）是在 Linux 系统启动之后立即自动执行的脚本，其中包含了系统启动后需要执行的命令和系统配置。Shell 启动脚本的作用包含以下 4 点：

❧ 通过在启动脚本文件中设置局部变量或运行 set 命令来设置 shell。
❧ 通过在启动脚本文件中建立环境变量来设置其他的程序。
❧ 在启动脚本文件中创建（启用）别名。
❧ 在启动脚本文件中定义系统启动时要执行的程序。

在有些 UNIX 或 Linux 书中，也将启动脚本文件称为 Shell 初始化文件（Initialization Files）或系统配置文件（System Configuration Files）。除了 Shell 启动脚本之外，与系统启动和用户登录相关的另外两个非常重要的概念就是登录 Shell（Login shell）和非登录 Shell（Non-login shell）。

登录 Shell 就是由用户登录（包括使用图形界面登录）的操作而触发所运行的 shell，即用户登录后所使用的 shell。通过"su - 用户名"命令进行用户切换，这个用户使用的也是他的登录 Shell（Login shell）。

非登录 Shell 是以其他方式启动的一个 shell，具体地说非登录 Shell 是由以下的方式启动的：

- 使用 "su 用户名"命令，注意这里的 su 命令没有使用-。
- 使用图形终端。
- 执行脚本。
- 从一个 shell 中启动的 shell。

13.9　Login shell 执行的启动脚本和顺序

Login shell 和 Non-login shell 会执行不同的启动脚本。首先介绍 Login shell 执行的脚本及其执行的顺序，当一个用户登录 Linux 系统时，Login shell 按如下顺序执行所需的脚本。

（1）执行/etc/profile 这个启动脚本（Startup Script），在/etc/profile 这个 Startup Script 中会调用/etc/profile.d 目录下的所有 Startup Scripts。

（2）执行~/.bash_profile（用户家目录中的.bash_profile）这个 Startup Script，在~/.bash_profile 这个 Startup Script 中又会调用~/.bashrc（用户家目录中的.bashrc）这个 Startup Script，而~/.bashrc 这个 Startup Script 又将调用/etc/bashrc 这个 Startup Script。

通常 Linux 系统为每一个用户都自动创建了.bash_profile 和.bashrc 脚本文件，这两个文件就存放在用户的家目录中。

下面简要地解释/etc/profile 的 Startup Script 是怎样调用/etc/profile.d 目录下的所有 Startup Scripts 的。首先使用例 13-61 带有-l 选项的 ls 命令列出/etc/profile.d 目录中所有的内容。为了节省篇幅，在显示输出中删除了所有以.csh 结尾的 C shell 脚本。

【例 13-61】

```
[dog@dog ~]$ ls -l /etc/profile.d
total 120
-rwxr-xr-x  1 root root   713 Oct   7   2006 colorls.sh
-rwxr-xr-x  1 root root   190 Oct   7   2006 glib2.sh
-rwxr-xr-x  1 root root    70 Oct   7   2006 gnome-ssh-askpass.sh
-rwxr-xr-x  1 root root   210 Oct   7   2006 krb5.sh
-rwxr-xr-x  1 root root  2470 Oct  23   2006 lang.sh
-rwxr-xr-x  1 root root   108 Oct   7   2006 less.sh
-rwxr-xr-x  1 root root   181 Oct   8   2006 vim.sh
-rwxr-xr-x  1 root root   170 Oct   8   2006 which-2.sh
```

从例 13-61 的显示结果可知在/etc/profile.d 目录中存放的都是以.sh 或.csh 结尾的 shell

脚本文件。接下来，可以使用例 13-62 的 tail 命令列出/etc/profile 文件最后 8 行的内容。

【例 13-62】

```
[dog@dog ~]$ tail -8 /etc/profile
for i in /etc/profile.d/*.sh ; do
    if [ -r "$i" ]; then
        . $i
    fi
done

unset i
unset pathmunge
```

例 13-62 显示结果的第 1 行的 for i in /etc/profile.d/*.sh ; do 表示只要/etc/profile.d 目录中还有以.sh 结尾的 shell 脚本文件就继续执行循环体中的语句（*.sh 表示以.sh 结尾的所有文件），其实循环体中只有一个条件语句（这个条件语句占据了第 2、第 3 和第 4 行）。

第 2 行的 if [-r "$i"]; then 表示如果变量 i 的值所表示的文件是可读的就执行 then 后面第 3 行的语句。

注意，参考例 13-62 的显示结果可以看出在第 1 次循环时，i 的值为 colorls.sh；第 2 次循环时，i 的值为 glib2.sh 等。

第 3 行的. $i 表示调用（执行）变量 i 的值所代表的脚本文件，在第 1 次循环时调用 colorls.sh，第 2 次循环时调用 glib2.sh 等。

第 4 行的 fi 为 if（条件）语句的结束标志，而第 5 行的 done 为 for 循环语句的结束标志。

提示：

> 如果读者对以上关于 shell 程序的解释不十分理解也没有关系，不会影响后面的学习。其实，以上程序语句的详细解释是属于 Linux 的 shell 程序设计课程的内容。这段解释的目的是使那些有一定程序设计基础的读者对/etc/profile 这个重要脚本的运作方式有一个概括的了解。限于本书的篇幅和范围，这里就不对用户家目录中的.bash_profile 做进一步的解释了。其实，它的运作方式与/etc/profile 差不多，甚至还要简单点。如果读者掌握了 shell 程序设计的知识，对这些脚本文件中的 shell 语句就不难理解了。

13.10　Non-login shell 执行的启动脚本和顺序

与 Login shell 有所不同，Non-login shell 并不执行/etc/profile 这个启动脚本，也不执行~/.bash_profile（用户家目录中的.bash_profile）这个启动脚本。

当用户以 Non-login shell 登录 Linux 系统时，将首先执行~/.bashrc（用户家目录中的.bashrc）脚本文件，而~/.bashrc 脚本文件将调用/etc/bashrc 这个脚本文件。当执行完了这两个启动脚本文件之后，Non-login shell 才会执行/etc/profile.d 目录中全部相关的脚本文件。

可能有些读者要问：到底什么情况是以 Non-login shell 登录呢？一种情况是使用不带-的 su 命令，另一种就是在当前的系统提示符下启动一个新的 shell。

13.11 /etc/profile 文件和/etc.prpfile.d 目录

当一个用户登录 Linux 系统或使用 su -命令切换到另一用户时,也就是 Login shell 启动时,首先要确保执行的启动脚本就是/etc/profile。这里需要再一次强调:只有 Login shell 启动时才会运行/etc/profile 这个脚本,而 Non-login shell 不会调用这个脚本。

一些重要的变量就是在这个脚本文件中设置的,如 PATH、USER、LOGNAME、HOSTNAME、MAIL、HISTSIZE 和 INPUTRC。其中,INPUTRC 指向/etc/inputrc 文件,这是一个 ASCII 码文件,其中存放的是针对键盘热键设置的信息。其他变量的含义如下。

- PATH: 预设可执行文件或命令的搜索路径。
- USER: 用户登录时使用的用户名。
- LOGNAME: 其值为$USER。
- HOSTNAME: 所使用的主机名。
- MAIL: 存放用户电子邮件的邮箱(实际上是一个 ASCII 码文件)。
- HISTSIZE: 历史记录的行数。

要注意的是在/etc/profile 文件中设置的变量是全局变量。下面稍微详细地介绍变量 USER、LOGNAME 和 MAIL,如果读者对/etc/profile 文件中的任何变量的定义不清楚,也可以采取类似的方法来处理。首先可以使用例 13-63 的命令列出在/etc/profile 文件中变量 USER 和与它相关的变量的定义。

【例 13-63】

```
[dog@dog ~]$ cat /etc/profile | grep USER
USER="`id -un`"
LOGNAME=$USER
MAIL="/var/spool/mail/$USER"
export PATH USER LOGNAME MAIL HOSTNAME HISTSIZE INPUTRC
```

首先看例 13-63 显示结果的第 1 行变量 USER 的定义,读者应该还记得 id 这个命令,本书第 8 章中曾经简单地介绍过,在这里再略微详细地介绍一下该命令的用法。可以使用例 13-64 的不带任何参数的 id 命令列出当前用户比较详细的信息。

【例 13-64】

```
[dog@dog ~]$ id
uid=500(dog) gid=500(dog) groups=500(dog),503(friends)
```

如果需要当前用户的 uid,则可以使用例 13-65 的带有-u 选项的 id 命令,这里-u 选项表示要列出有效用户 id,也就是 uid。

【例 13-65】

```
[dog@dog ~]$ id -u
500
```

例 13-65 的显示结果表明当前用户的 uid 是 500。如果想让 id 命令列出用户名，则可以使用例 13-66 的带有-un 选项的 id 命令。

【例 13-66】

[dog@dog ~]$ id -un
dog

例 13-66 的显示结果表明当前用户名是 dog，现在明白例 13-63 显示结果中 USER="`id -un`"这一行的含义了吧？实际上现在的变量 USER 的值就是 dog，可以再使用例 13-67 的 echo 命令测试一下。

【例 13-67】

[dog@dog ~]$ echo $USER
dog

从例 13-63 显示结果的第 2 行变量 LOGNAME 的定义可知，当前变量 LOGNAME 的值也是 dog，也可以使用例 13-68 的 echo 命令再测试一下。

【例 13-68】

[dog@dog ~]$ echo $LOGNAME
dog

从例 13-63 显示结果的第 3 行变量 MAIL 的定义可知，当前变量 MAIL 的值应该是 /var/spool/mail/dog，也可以使用例 13-69 的 echo 命令再测试一下。

【例 13-69】

[dog@dog ~]$ echo $MAIL
/var/spool/mail/dog

接下来，可以使用例 13-70 的 file 命令来确定/var/spool/mail/dog 这个文件的文件类型以决定下一步的操作。

【例 13-70】

[dog@dog ~]$ file /var/spool/mail/dog
/var/spool/mail/dog: ASCII mail text

例 13-70 的显示结果表明/var/spool/mail/dog 这个文件是一个 ASCII 文件，所以可以使用 cat 命令列出这个邮箱中的全部内容。

通过以上这些例子，相信读者应该基本理解 USER、LOGNAME 和 MAIL 这 3 个变量的含义了。

☞指点迷津：

绝大多数 Linux 和 UNIX 的资料，甚至教材在介绍与本节类似的内容时都非常简练，就像本节开始时只简单地列出了变量的含义（有的书甚至更简单），初学者要想通过这么简单的叙述就能掌握所介绍的内容是相当困难的。本书就是想通过例 13-63～例 13-70 的这些例子教会读者自己使用已经学习过的命令和方法一步步地通过自己的努力来发现问题的真正答案。这在实际工作中是非常重要的，因为工作中出现的问题往往在书中是找不到答案的。而答案就在你的手下，但是要靠你自己去寻找。

下面将继续介绍/etc/profile.d 目录中的脚本文件,其实在本章第 13.9 节的开始部分读者已经看到了这个目录中所存放的全部脚本文件。在/etc/profile.d 这个目录中存放的是一些应用程序所需的启动脚本,其中包括了颜色、语言、less、vim 及 which 等命令的一些附加设置。

这些脚本文件之所以能够被自动执行,是因为在/etc/profile 中使用一个 for 循环语句来调用这些脚本,这点在例 13-62 的显示结果的解释中已经比较详细地介绍过。而这些脚本文件是用来设置一些变量和运行一些初始化过程的。

下面通过一些例子大致地介绍/etc/profile.d 目录下一些脚本文件中的具体内容。首先,使用例 13-71 的 cd 命令切换到/etc/profile.d 目录。之后,使用例 13-72 的 ls 命令列出/etc/profile.d 目录中的所有脚本文件(在这个目录中只有脚本文件)。

【例 13-71】

[dog@dog ~]$ cd /etc/profile.d

【例 13-72】

[dog@dog profile.d]$ ls

colorls.csh	glib2.sh	krb5.csh	lang.sh	vim.csh
colorls.sh	gnome-ssh-askpass.csh	krb5.sh	less.csh	vim.sh
glib2.csh	gnome-ssh-askpass.sh	lang.csh	less.sh	which-2.sh

接下来,使用例 13-73 的 file 命令确定 less.sh 文件的文件类型。在确定了这个文件是一个 ASCII 码文件之后,使用例 13-74 的 cat 命令列出 less.sh 文件中的全部内容。

【例 13-73】

[dog@dog profile.d]$ file less.sh
less.sh: ASCII text

【例 13-74】

[dog@dog profile.d]$ cat less.sh
less initialization script (sh)
[-x /usr/bin/lesspipe.sh] && export LESSOPEN="|/usr/bin/lesspipe.sh %s"

例 13-74 显示结果的第 1 行表示这是一个 shell 的 less 命令的初始化脚本文件。如果对其他的脚本文件的内容感兴趣,可以使用以上的方法确认文件的类型之后再显示脚本文件中的内容。

13.12 ~/.bash_profile 和~/.bashrc 及其他的一些系统文件

~/.bash_profile 和~/.bashrc 这两个脚本文件中主要是存放用户自己的一些设定,其中包括了用户自己定义的变量和别名。如果在登录时需要执行某些将把输出信息传送到屏幕上的指令,那么应该将这些指令存放在~/.bash_profile 文件中,而不要放在~/.bashrc 文件中。

/etc/bashrc 这个脚本文件中的信息是全局性的,其中包括了一些全系统使用的函数和别名的设定,如 umask 的设定。但是环境变量的设定并不放在这个文件中,而是放在/etc/profile 文件中。

~/.bash_logout 这个脚本文件也是存放在用户（每个用户一个这样的文件）的家目录中，每当用户退出系统时就会运行该脚本文件。它的主要作用是在用户退出系统时，自动运行某些程序。如自动备份一些重要的并在用户登录后更改过的文件，及删除没用的临时文件等。

在 Linux 系统中支持多种语言（必须安装过），这些有关语言信息的变量就是由/etc/sysconfig/i18n 文件来维护的。可以使用例 13-75 的 ls 命令来验证该文件是否存在。

【例 13-75】

```
[dog@dog ~]$ ls -l /etc/sysconfig/i18n
-rw-r--r--   1 root root 101 Oct   8 18:15 /etc/sysconfig/i18n
```

当确认了/etc/sysconfig/i18n 文件存在之后，使用例 13-76 的 file 命令检查一下该文件的文件类型是不是正文文件。

【例 13-76】

```
[dog@dog ~]$ file /etc/sysconfig/i18n
/etc/sysconfig/i18n: ASCII text
```

当获知这个文件是 ASCII 文件之后，就可以使用例 13-77 的 cat 命令列出该文件的全部内容了。

【例 13-77】

```
[dog@dog ~]$ cat /etc/sysconfig/i18n
LANG="en_US.UTF-8"
SUPPORTED="zh_CN.UTF-8:zh_CN:zh:en_US.UTF-8:en_US:en"
SYSFONT="latarcyrheb-sun16"
```

例 13-77 的显示结果表明目前这个系统所使用的系统语言是美国英语，同时还支持简体中文（因为我们安装了中文简体字）。

~/.bash_history 文件是存放用户使用过的命令，每个命令一行。每当用户登录 bash 之后，bash 就会立即将这个文件中的所有历史命令读入内存，这也是为什么用户可以查看到他使用过的历史命令的原因。可以使用例 13-78 的命令获取历史命令的总数。

【例 13-78】

```
[dog@dog ~]$ history | wc -l
999
```

由于历史命令的记录太多（999），因此为了减少输出，使用例 13-79 的 tail 命令列出最近所发的 10 个命令。

【例 13-79】

```
[dog@dog ~]$ tail .bash_history
……
cat /etc/sysconfig/i18n
exit
cat /etc/sysconfig/i18n
exit
```

293

不过例 13-79 的显示结果好像有些问题，因为它只包含了上次退出 bash 之前使用过的命令，那些这次登录后使用过的命令却没有显示出来。于是，决定使用例 13-80 的以 history 开始的组合命令来验证一下。

【例 13-80】

```
[dog@dog ~]$ history | tail
……
 999    history | wc –l
1000    tail .bash_history
1001    history | tail
```

例 13-80 的显示结果就包括了所有的历史命令。这也就说明了 ~/.bash_history 中的内容并不是实时更新的。

◀»提示：

> 历史命令的机制确实给我们提供了不少方便，但是它也是一把双刃剑，因为通过查阅历史记录，其他人特别是 root 用户就可以方便地获取你曾经使用过的命令。有时你不想让别人知道你在系统上干了什么（如你偷看了你不该看的东西，或者你是一位 Linux 的顾问等），此时历史命令机制就带来了麻烦。这里有一个简单的方法可以解决这些看起来比较棘手的问题，那就是将.bash_history 文件清空。

现在再也没人知道你在系统上做过，但是又不想让其他人知道的那些事情了。只是使用了几个简单的命令就把证据销毁得一干二净，你现在也应该算是一个 Linux 大虾了吧？

13.13　练　习　题

1．在 Liunx 系统中，shell 变量分为两种类型，即局部（自定义的）变量和环境变量。请问，在以下有关 shell 变量的描述中，哪两个是正确的？

　　A．局部变量只能在当前的工作环境（shell）中使用

　　B．局部变量能在当前的工作环境（shell）中使用并且可以传给它的所有子 shell

　　C．环境变量不但可以在当前的工作 shell 中使用，而且还会传给它的所有子 shell

　　D．环境变量只能在当前的工作环境（shell）中使用

2．作为一位 Linux 操作系统管理员，你要显示 shell 变量的信息（名和变量的值）。请问，在以下所列的方法中，哪两个是正确的？

　　A．使用 set 命令只显示所有的局部变量

　　B．使用 set 命令显示所有的变量，其中既包括了局部变量，也包括了环境变量

　　C．使用 env 命令显示环境变量

　　D．使用 echo 命令显示所有的变量

3．有时由于工作的需要，要将自定义的变量升级成环境变量。请问你将使用以下的哪一个命令来完成这一工作？

　　A．set　　　　　　B．env　　　　　　C．export　　　　　D．alias

第 14 章　系统安装注意事项及相关的概念

现在，Linux 学习将处在一个新起点上，因为即将开始的是 Linux 系统管理和维护的学习。这些内容对于 Linux 操作系统管理员来说是必需的，当然对于其他 Linux 用户也是相当有益的。

由于在第 0 章中已经比较详细地介绍了 Red Hat Enterprise Linux 4（RHEL 4）的安装过程，所以在本章中将不再重复已经介绍过的内容，而把重点放在比较重要的系统配置和有关概念上。

14.1　RHEL 安装的硬件需求及相关的概念

对于任何一个操作系统而言，访问（操作）计算机硬件是其主要任务之一，当然 Linux 操作系统也不例外。Linux 操作系统的内核（Kernel）本身就包括了访问计算机关键硬件（如 CPU 和内存等）的代码，通常 Linux 系统自动地探测和配置这些硬件。

通常 Linux 系统通过内核的设备驱动程序来实现对外部设备的支持。大多数设备驱动程序是静态地编译在 Linux 系统的内核中的，也有一些是以动态地可载入模块来实现的。

在安装 RHEL（红帽企业版 Linux，也包括 Oracle Linux）操作系统之前，要先确定你的计算机硬件是否与 RHEL 系统兼容。RHEL 除了支持 x86 体系结构的 CPU 之外，还支持 Intel IA-64、AMD64/EM64、Compaq Alpha 及 IBM S/390 等多种体系结构的 CPU。而且随着 Linux 市场的迅速扩展，RHEL 所支持的 CPU 种类也在不断地增加。

在实际工作中，Linux 的硬件兼容问题并不像许多人说的那么严重，因为在你购买 Linux 服务器时厂商早就把服务器的兼容问题解决了，他不解决就不买了，所以关键是你的资金足不足。

若必须自己来判断某一计算机系统是否与 RHEL 操作系统兼容，可以使用网络浏览器登录 http://www.redhat.com/support/hardware 来查看你所关心的那个型号的计算机系统。当输入了以上网址并按 Enter 键（"转到"按钮）之后，系统实际上将自动转到 https://hardware.redhat.com/网址，并打开相关页面。随后单击所要安装的 RHEL 版本所对应的 System 超链接就将出现 Red Hat 认证的所有计算机（硬件）系统。此时你就可以慢慢地寻找所关心的系统了，如果这个系统出现在这个名单中，就可以放心地购买了，否则就要小心点了。

Red Hat Enterprise Linux 支持多 CPU（SMP 类型的计算机）。虽然 Linux 内核的设计可以支持最多 32 个 CPU，但是到目前为止几乎没有超过 8 个 CPU 的 x86 体系结构的 Linux 服务器。实践表明，当 CPU 的个数达到 4 个时，再增加 CPU 的个数对系统整体的效率已经没什么改进了。

32 位的 Linux 操作系统所支持的内存大小与 CPU 的类型有关，对于 i586 的内核只能支持 1GB 的内存，对于标准的 i686/athlon 内核可以支持 4GB 的内存，对于 SMP（对称性多处理器体系结构）i686/athlon 内核可以支持 16GB 的内存，在基于支持英特尔的物理地址扩展（Physical Address Extensions，PAE）技术的处理器（CPUs）上大内存（bigmem）内核支持最大 64GB 的内存。

下面简单地解释什么是 SMP（对称性多处理器体系结构）计算机系统。SMP 是 Symmetric Multiple Processing 的缩写，SMP 计算机系统具有多个 CPUs，CPU 的个数为 2～64 个（但是 Linux 只支持最多 32 个）。在一个 SMP 计算机中所有的 CPUs 共享相同的内存、系统总线和 I/O 设备（系统），而由一个单一的操作系统控制着所有的 CPUs，SMP 计算机系统的体系结构如图 14-1 所示。

接下来简单地介绍 32 位 Linux 系统是怎样实现支持 64GB 内存的。由于一个 32 位的系统可以线性寻址的最大范围是 2^32（2 的 32 次方），即大约为 4GB，为了在 IA-32 体系结构上可以访问 4GB 以上的内存，在 Linux 操作系统中使用了一种名为页地址扩展（PAE）的技术。其实，PAE 有两种解释，一种是 Page Address Extensions，中文意思是页地址扩展；另一种解释就是 Physical Address Extensions，中文意思是物理地址扩展。PAE 技术是将原来的线性寻找范围增加 4 位，即从 2^32 位增加到 2^36 位，即大约为 64GB。PAE 技术的示意图如图 14-2 所示。注意 64 位的 Linux 不需要 PAE 技术，因为 64 位系统的线性寻址范围最大可以到 2^64。

图 14-1

图 14-2

一般在安装 RHEL 之前最好看一下版本注释，中国香港、台湾地区翻译成发行公告（Release Notes）。可以在 RHEL 的第 1 张安装光盘上找到这些文件。要查看这些文件的内容，首先要将 Linux 系统第 1 张安装光盘插入 CD 光驱。之后使用例 14-1 的 ls 命令列出所有以 REL 开始的文件的相关信息（注意，要使用 root 用户登录，否则将无法加载 cdrom）。

【例 14-1】

```
[root@dog ~]# ls -l /media/cdrom/REL*
ls: /media/cdrom/REL*: No such file or directory
```

例 14-1 的显示结果表明没有该文件或目录，如果看到这样的显示结果，请不要慌，其实你没做错任何事情。这是因为 cdrom 没有挂载，因此使用例 14-2 的 mount 命令挂载 cdrom。

【例 14-2】

```
[root@dog ~]# mount /media/cdrom
mount: block device /dev/hdc is write-protected, mounting read-only
```

挂载完成之后，使用例 14-3 的 ls 命令再次列出所有以 REL 开始的文件的相关信息。

之后你就会发现所需的版本注释文件了（在一些版本的 RHEL 中会有多种不同语言的版本
注释文件）。

【例 14-3】

[root@dog ~]# ls -l /media/cdrom/REL*
-r--r--r--　3 root root 3701 Oct 25　2006 /media/cdrom/RELEASE-NOTES-en.html

可以发现 Linux 系统版本注释文件的格式为.html。在 Liunx 系统的图形桌面上，双击
光驱图标和 cdrom 目录中 RELEASE-NOTES-en.html 文件的图标。之后 Linux 系统将使用它
的默认网络浏览器 Mozilla Firefox 打开这个文件。现在就可以慢慢地阅读这个文件的内容了。

除了可以在光盘上找到这些版本注释文件之外，还可以登录 Red Hat 公司的官方网站
（其网址为 http://www.redhat.com/）来查找这些文件。当登录 Red Hat 公司的官方网站之后，
在网页右上角的搜索栏中输入要搜寻的文件，如 RHEL4 Release notes，之后单击搜索栏右
侧的 Search 按钮就开始了搜索。

当搜寻完成后，单击 Red Hat Enterprise Linux AS 4 Release Notes 超链接即可打开这个
版本注释文件。注意，Red Hat 公司的官方网站主页和其他页面曾经发生过变化，将来也可
能变化，所以登录时的页面可能会与本书介绍的有所不同。

14.2　硬件设备与文件的对应关系

与 UNIX 操作系统相同，在 Linux 系统中所有的硬件设备都被当作文件，这样硬件的
管理和维护就与文件的管理和维护统一起来。在 Linux 操作系统中，硬件设备被分为两大
类，分别是：

（1）块设备（Block Devices）。

（2）字符设备（Character Devices）。

块设备主要有 3 种，以下给出了每种块设备在 Linux 系统中对应的文件。

- /dev/hda: IDE（Integrated Device Electronics）硬盘驱动器。其中，hda 中的 a 是
  IDE 硬盘的编号。如有第 2 个 IDE 硬盘，将对应到文件/dev/hdb 等。如果 IDE 硬
  盘被分成了几个分区（Partitions），每一个分区都会有一个编号并将对应到文件
  /dev/hda1、/dev/hda2 等。

- /dev/sda: SCSI（Small Computer System Interface）硬盘驱动器。其中，sda 中的 a
  是 SCSI 硬盘的编号。如有第 2 个 SCSI 硬盘，将对应到文件/dev/sdb 等。如果这
  个 SCSI 硬盘被分成了几个分区（Partitions），每一个分区都会有一个编号并将对
  应到文件/dev/sda1、/dev/sda2 等。

- /dev/fd0: 标准软盘驱动器。其中，fd0 中的 0 是软盘驱动器的编号。

以下是几个字符设备以及它们所对应的文件的例子。

- /dev/tty[0-7]: 虚拟终端窗口。

- /dev/st0: SCSI 磁带机。

块设备与字符设备之间有许多不同之处，表 14-1 是这两类不同设备之间的一个比较。

既然它们也是文件，所以也就具有访问权限，用户当然也可以通过设备所对应的文件来访问这些设备。

表14-1

设　　备	块　设　备	字　符　设　备
访问单位	块（512/1024 字节），每次访问一块	一个字符（一个字节），每次访问一个字符
特性	访问速度快，随机访问	访问速度慢，顺序访问
权限	brw-rw----	crw-rw----

接下来，可以使用例 14-4 带有-li 选项的 ls 命令列出/dev 目录中所有以 h 或 s 开头的第 2 个字符是 d 的所有文件。实际上，就是所有的 IDE 和 SCSI 硬盘（包括硬盘分区）。

【例 14-4】

```
[root@dog ~]# ls -li /dev/[hs]d*
729 brw-rw----  1 root disk 22, 0 Mar   8   2010 /dev/hdc
840 brw-rw----  1 root disk  8, 0 Mar   8   2010 /dev/sda
846 brw-rw----  1 root disk  8, 1 Mar   8   2010 /dev/sda1
……
```

从例 14-4 的显示结果可知，每一个设备的分区都对应一个文件，这个文件要占用一个 i 节点，而且每个设备文件（无论是 IDE 还是 SCSI 硬盘的每一个分区）的权限部分都是以 b 开头（其中，b 是 block 的第 1 个字母）的。

随后，可以使用例 14-5 带有-li 选项的 ls 命令列出/dev 目录中文件 tty0～tty7 的相关信息。实际上，就是终端 tty0～tty7 的相关信息。

【例 14-5】

```
[root@dog ~]# ls -li /dev/tty[0-7]
 491 crw-rw----  1 root root 4, 0 Mar   8   2010 /dev/tty0
1822 crw-------  1 root root 4, 1 Mar   8   00:42 /dev/tty1
1823 crw-------  1 root root 4, 2 Mar   8   00:42 /dev/tty2
……
```

从例 14-5 的显示结果可知，每一个终端设备都对应一个文件，这个文件也要占用一个 i 节点，而且每个设备文件的权限部分都是以 c 开头（其中，c 是 character 的第 1 个字母）的。

一个设备文件提供了访问这个设备的一种机制。与普通文件、目录和符号连接不同，设备文件并不使用数据块，因此设备文件也就没有大小（size）。在设备文件中，i 节点中文件大小这个字段存放的是访问设备的设备号。

设备号用两个数表示，前面是主要（major）设备号，后面是辅助（minor）设备号，两者之间用逗号分开。这一点读者可以从例 14-4 和例 14-5 的显示结果中看出。如设备文件/dev/sda1 的主要设备号是 8，而辅助设备号是 1。

Linux 操作系统就是根据主要设备号来确定驱动程序入口（就是采用哪个驱动程序），而 Linux 操作系统根据辅助设备号来确定相同驱动程序中使用的具体设备（也就是同类设备中，此设备的内部编号）。

以下通过一个具体例子来进一步解释 Linux 系统是如何使用设备文件来访问（操作）具体的物理设备的。

在图 14-3 中，/dev/sda 表示一个设备文件，文件名/dev/sda 指向编号为 840 的 i 节点。根据在这个 i 节点记录中的 size 字段存放的设备号（major number 为 8，minor number 为 0），Linux 系统就可以找到 8 所指向的 SCSI 硬盘驱动程序和 0（0 号分区表示整个硬盘）所指向的具体分区。Linux 系统通过执行这个硬盘驱动程序就可以对硬盘进行读写操作。

图　14-3

14.3　安装 RHEL 的方法和一些安装选项

安装 RHEL（红帽企业版 Linux，也包括 Oracle Linux）分为两个阶段，在第 1 个阶段中必须要有开机用的映像文件（Images）。存有开机所用映像文件的介质（媒体）也被称为引导介质或启动介质（boot media），RHEL 系统所支持的引导介质包括：

（1）包含 bootimg.img 文件的 USB 设备，如 USB 散存。也就是所谓的使用 USB 来开机，但在决定使用 USB 作为引导设备之前，必须确定所使用的计算机的 BIOS 版本支持 USB 开机。

（2）RHEL 4（第 4 版）和 RHEL 5（第 5 版）已经不再支持软盘引导了。

（3）boot.iso 文件，它是一种 ISO9660 标准的文件系统格式的文件，一般这种文件刻录在 CD 或 DVD 光盘上，也就是使用光盘开机。

（4）pxeboot 目录，其中 pxe 是 Pre-boot Execution Environment（预启动执行环境）的缩写。这种方式在大量安装 Linux 系统时使用是非常有效的，可以通过参考文件/usr/share/doc/syslinux-2.11/pxelinux.doc 来设置这一目录。

为了了解 pxeboot 目录的设定，可以首先使用例 14-6 的 file 命令确定一下目录/usr/share/doc/syslinux-2.11 中 pxelinux.doc 文件的类型。

【例 14-6】

```
[root@dog ~]# file /usr/share/doc/syslinux-2.11/pxelinux.doc
/usr/share/doc/syslinux-2.11/pxelinux.doc: ASCII English text
```

当确认了 pxelinux.doc 文件是英语 ASCII 正文文件之后，就可以使用例 14-7 的 more 命令一页一页地列出这个文件中的内容。之后就可以慢慢地品味了。这里为了节省篇幅，省略了输出结果。

【例 14-7】

[root@dog ~]# more /usr/share/doc/syslinux-2.11/pxelinux.doc

在第 2 个阶段中就可以安装 RHEL 系统了。可以选择使用图形界面来进行安装，也可以选择使用文字界面来进行安装。此外，也可以选择使用特殊需求（Noprobe）模式进行安装，或者选择自动（Kickstart）模式进行安装。

使用图形界面安装是 RHEL 的默认安装方式，只有在使用 CDROM、硬盘和 NSF 进行安装时才可以使用图形界面安装。文字模式的安装是以菜单的方式进行的，而且文字模式适合于任何形式的安装方法。如果是使用光盘安装 RHEL，在安装时系统会自动测试光盘以保证光盘上所存的内容没有问题。

在安装 RHEL 之前，可能需要重新设置 BIOS，以决定开机（引导系统）的顺序。BIOS 是 Basic Input/Output System（基本输入/输出系统）的缩写。在开机后立即按 Delete 键（在 VMware 上开机时按 F2 键）将进入 BIOS 的设定页面，选择光驱作为开机的引导设备。

完成了 BIOS 的设定之后就可以安装 RHEL（这里实际上安装的是与 RHEL 完全兼容的 Oracle Linux）了。开机不久就会出现 Oracle Linux 选择安装方法的画面，此时如果直接按 Enter 键就会使用光盘安装 Linux。在这里为了演示如何选择不同的安装方法，我们输入 Linux askmethod 并按 Enter 键，如图 14-4 所示。

稍等片刻（屏幕上会出现一些信息）将出现选择语言的菜单，这里选择最下面的 English 选项，之后单击 OK 按钮，如图 14-5 所示。

图　14-4　　　　　　　　　　　　图　14-5

接下来选择键盘的类型，这里选择美式键盘，如图 14-6 所示。单击 OK 按钮之后将进入安装方法菜单，Oracle Linux 与 RHEL 一样，提供了 5 种不同的安装方法，在这里选择 Local CDROM，如图 14-7 所示。当单击 OK 按钮之后即开始使用光盘安装 Linux 系统，这与在图 14-4 所示的页面上直接按 Enter 键的效果是一样的。

在图 14-7 中所示的 5 种方法中，后 3 种需要先安装相应的 Linux 网络服务器（如安装 HTTP 服务器），之后才能考虑使用。如果是大规模安装，即要在许多台计算机上安装 Linux 操作系统才能使用。

当打开安装类型（Installation Type）对话框时，要选择服务器（Server）。因为本书所介绍的内容全部都是在 Linux 服务器上完成的，如果选择了其他类型，如工作站（Workstation），有可能书中个别操作无法完成。

图 14-6   图 14-7

接下来就会打开磁盘分区设置（Disk Partitioning Setup）界面，此时选中 Manually partition with Disk Druid 单选按钮，之后继续单击 Next 按钮。当然也可以选择自动分区。

14.4 硬盘的结构及硬盘分区

一个新的硬盘在使用之前，首先要将它划分成一个或数个分区（Partitions），分区类似于 Windows 系统的逻辑硬盘。那么为什么要进行这种硬盘分区呢？许多 Linux 和 UNIX 书（也包括红帽 Linux 公司的官方培训教材）中的解释是：

（1）更容易管理和控制系统，因为相关的文件和目录都放在一个分区中。

（2）系统效率更高。

（3）可以限制用户使用硬盘的份额（磁盘空间的大小）。

（4）更容易备份和恢复。

但是所有的书籍对硬盘分区这样一个重要概念的解释都相当简练，初学者想从这一解释的字里行间真正地理解硬盘分区的概念是很难的。为了能使读者比较透彻地理解硬盘分区这一概念，下面首先简要地介绍硬盘的结构。

一个硬盘设备中的组件既可以是物理组件也可以是逻辑组件。一个硬盘的物理组件包括盘片和读写磁头等。而逻辑组件包括磁盘分区（Partitions/Slices）、磁柱（Cylinders）、磁道（Tracks）和数据块（Blocks/Sectors）。

一个硬盘物理上由一系列的盘片组成，这些盘片表面上被涂上了磁性材料并且一起叠放在一个旋转轴上。对硬盘的读写操作就是依靠旋转轴带动所有盘片的转动和读写磁头径向（沿半径的）移动来完成的，如图 14-8 所示。根据以上解释和图 14-8，可以对硬盘的物理结构及组成的各个部件和工作原理总结如下：

（1）硬盘的存储区由一个或多个盘片所组成。

（2）所有的盘片一同旋转。

（3）磁头驱动（移动）臂沿径向一个单位一个单位地移动读写磁盘。

（4）移动读写磁头读写盘片两面磁介质上的数据。

介绍完硬盘的物理结构之后，现在来解释硬盘的逻辑结构及其逻辑组件。一个硬盘逻辑上可以被划分成块（Blocks/Sectors）、磁道（Tracks）、磁柱（Cylinders）和分区（Partitions/Slices）。

图　14-8

（1）块（Blocks/Sectors）是盘片上寻址（访问）的最小单位，一个块可以存储一定字节的数据，如图 14-9 所示。

（2）磁道（Tracks）是由一系列头尾相连的块所组成的圆圈，如图 14-10 所示。

图　14-9

图　14-10

（3）磁柱（Cylinders）是一叠磁道，由在相同半径上每个盘面的磁道所组成，如图 14-11 所示。

（4）分区（Partitions/Slices）由一组相邻的磁柱所组成，如图 14-12 所示。

图　14-11

图　14-12

从以上的解释和图示可以知道，在盘片上每一磁道的块数取决于这个磁道的半径，因此越靠外侧（盘片边缘）的磁道上的块数越多（也就是读写速度越快），而越靠内侧（盘片中心）的磁道上的块数越少（也就是读写速度越慢）。

由于磁盘的读写操作是机械操作（磁盘的旋转和磁头驱动臂带动磁头的移动），所以磁盘的读写速度与内存的读写速度相比，可以说是太慢了（一般慢 1000～100000 倍）。因此硬盘的读写速度可能会影响到整个计算机系统的效率。

那么怎样才能提高一个现有硬盘的速度呢？实际上磁盘的读写速度是由磁盘的转速和磁头移动速度以及磁头移动的距离所决定的，而磁盘的转速和磁头驱动臂移动的速度是一定的（我们无法改变）。因此要想提高磁盘的读写速度，唯一的解决方案就是减少磁头移动的距离，当然如果所访问的数据都在一个磁柱上是最理想的。

如果将系统的数据都放在一个磁柱或相邻的磁柱上，磁盘的读写速度将得到很大的提高。实际上这就是分区的概念。有了分区的概念，现在回过头来看本节开始部分给出的红帽 Linux 公司官方培训教材中为硬盘分区列出的 4 点好处。以下是对红帽 Linux 公司为硬盘分区列出的 4 点好处的进一步解释。

（1）更容易管理和控制系统。因为相关的文件和目录都放在一个分区里，如果不使用这些文件和目录，可以将这个分区卸载，这样也更安全（其实也提高了系统的效率，因为系统管理的文件和目录少了）。

（2）系统效率更高。因为系统读写磁盘时，磁头移动的距离缩短了。

（3）可以限制用户使用硬盘的份额（磁盘空间的大小）。可以限制用户只能使用指定的硬盘分区。

（4）更容易备份和恢复。可以只对所需的分区进行备份和恢复操作，这样备份和恢复的数据量会大大下降。

14.5　Linux 系统中硬盘的分区

在 Linux（UNIX 和其他的操作系统也一样）操作系统中，当你购买了一个新的硬盘后，如果要使用这个新硬盘，就必须首先将这个硬盘划分成一个或几个分区（Partitions）。接下来通常会将这些分区格式化（format）成指定的文件系统，在 RHEL 4 和 RHEL 5（Oracle Linux）系统中默认的文件系统是 ext3（这部分内容将在以后详细介绍）。

硬盘的分区又分为主分区（Primary Partitions）、扩展分区（Extended Partitions）和逻辑分区（Logical Partitions），在一个硬盘上最多可以划分出 4 个主分区（Primary Partitions），如果 4 个主分区不够用，可以将其中一个分区划分成扩展分区，之后在这个扩展分区中再划分出多个逻辑分区。

可以使用软件 RAID 和逻辑卷管理（LVM）将多个分区组合在一起，构成一个较大的虚拟分区以方便管理和维护。

Linux 操作系统的内核支持每个硬盘上的分区数量还是有一定限制的，Linux 内核在每个硬盘上可以最多支持：

➥ 在 SCSI 硬盘上划分 15 个分区（Partitions）。

➥ 在 IDE 硬盘上划分 63 个分区（Partitions）。

当一个分区被格式化成指定的文件系统之后，还必须将这个分区挂载（mount）到一个挂载点（mount point）上，然后才能够访问这个分区。挂载点实际上就是 Linux 文件系统层次结构中的一个目录，可以通过这个目录来访问这个分区以对这个分区进行数据的读写操作（这部分内容在以后也会有专门的章节详细介绍）。

接下来将继续介绍在 Linux 操作系统中硬盘分区的结构，这里以使用 IDE 硬盘为例，这个硬盘所对应的设备文件是/dev/hda。

在这个例子中，IDE 硬盘/dev/had 被划分出 3 个主分区（Primary Partitions），如图 14-13 所示，以及一个扩展分区（Extended Partitions），而在这个扩展分区中又划分出 4 个逻辑分区（Logical Partitions），并且还剩下一些没有使用（划分）的磁盘空间，如图 14-14 所示。

图　14-13　　　　　　　　　　　　　　　图　14-14

所有的分区（包括主分区、扩展分区和逻辑分区）都对应于/dev 目录中的一个以 hda 开头后面紧跟一个数字编号的（设备）文件，而整个硬盘又对应着/dev/hda 这个设备文件。

在图 14-13 或图 14-14 最上面的是 MBR，MBR 是 Master Boot Record 的缩写。有同行将 MBR 翻译成主引导记录，港台的一些书籍将其翻译成主要开机磁区。要注意的是，MBR 并不属于任何分区，也正因为如此 MBR 也就不会对应于 Linux 系统中的任何设备文件。MBR 不属于任何一个操作系统，也不能用操作系统提供的磁盘操作命令来读取它。

MBR 会被存储在第 1 个硬盘的第 0 号磁道上，并且它的大小固定为 512 字节，而 MBR 中又包括 3 个部分，分别是：

（1）boot loader（中文翻译是自举引导程序或引导装（加）载程序），其大小固定为 446 字节。在 boot loader 中存放了开机所必需的信息，这些信息最主要的作用是选择从哪个分区装入操作系统。如果安装了 GRUB 管理程序（以后将要介绍），GRUB 第一阶段的程序代码就会被存储在这里，如图 14-15 所示。

（2）分区表（partition table），其大小固定为 64 字节。在分区表中存放了每一个分区的起始磁柱和结束磁柱，而记录每一个分区的起始磁柱和结束磁柱所需的空间固定为 16 字节，所以在一个硬盘上最多只能划分出 4 个主分区（64/16=4），因为此时分区表的空间已经用完了，如图 14-16 所示。

图　14-15　　　　　　　　　　　　　　　图　14-16

（3）magic number（幻数），其大小固定为 2 字节。在 magic 中存放了每一个 BIOS 的 magic number（号），如图 14-17 所示。

如果 4 个主分区不够用，可以将其中一个分区划分成扩展分区，也就是所谓的 3P+1E 技术（3 个 Primary Partitions+1 个 Extended Partition）。扩展分区不能单独使用，必须在扩展分区中划分出逻辑分区，而信息只能存放在逻辑分区中。在扩展分区中会使用链接，也就是 link list（链接列表）的方式来记录每一个逻辑分区所对应的磁柱。所谓的链接方式就是在 MBR 中要记录扩展分区的起始磁柱和结束磁柱，如图 14-18 所示。

図　14-17　　　　　　　　　　図　14-18

而在扩展分区中的每一个逻辑分区的第 1 个块中也会记录自己这个逻辑分区的起始磁柱和结束磁柱，如图 14-19 所示。同时还要记录下一个逻辑分区的起始磁柱和结束磁柱，如图 14-20 所示。

図　14-19　　　　　　　　　　図　14-20

就这样利用每一个逻辑分区的起始磁柱和结束磁柱，以及下一个逻辑分区的起始磁柱和结束磁柱将所有的逻辑分区都链接在了一起，如图 14-21 所示。

其实包括主分区的所有分区也是以这种方式链接在一起的，也叫做链接方式，如图 14-22 所示。

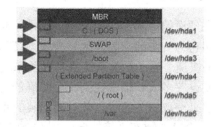

図　14-21　　　　　　　　　　図　14-22

为了进一步理解以上所讲述的内容，可以使用例 14-8 带有-l 选项的 fdisk 命令列出设备文件/dev/sda 所对应的硬盘中所有分区及相关的信息。

【例 14-8】

```
[root@dog ~]# fdisk -l /dev/sda
……
```

Device Boot		Start	End	Blocks	Id	System
/dev/sda1	*	1	33	265041	83	Linux
/dev/sda2		34	1053	8193150	83	Linux
/dev/sda3		1054	1314	2096482+	82	Linux swap
/dev/sda4		1315	1958	5172930	5	Extended
/dev/sda5		1315	1958	5172898+	83	Linux

例 14-8 的显示结果清楚地表明，每一个分区的起始磁柱都与相邻的上（前）一个分区的结束磁柱相连，就这样构成了一个（分区）链接。

14.6 配置文件系统的注意事项

在安装 RHEL（Oracle Linux）操作系统时，安装程序会要求你划分分区。当出现硬盘分区配置（Disk Partitioning Setup）页面时，需要选择是自动分区（会将分区自动格式化为系统默认的文件系统）还是手动分区，这里选择手动分区。

之后会出现警告页面，警告创建新分区会造成硬盘上的数据丢失，单击 Yes 按钮。随后进入硬盘配置（Disk Setup）页面，此时就可以开始在硬盘上划分分区并格式化为所需的文件系统了。

在使用安装程序划分硬盘分区时，必须要为每一个分区指定挂载点、分区的大小和文件系统的类型。在划分硬盘分区时，可以参考如下的设定原则：

（1）/etc、/bin、/lib、/sbin 和/dev 文件系统（目录）必须包含在根（/）文件系统中。

（2）交换区（Swap Space）一般为物理内存的两倍。

（3）最好使用/boot、/home、/usr、/usr/local、/var、/tmp 和/opt 目录当作挂载点。

☞指点迷津：

> 如果系统比较小，也可以将/home、/usr、/usr/local、/var、/tmp 和/opt 都归入根（/）分区。在 Linux 安装中只将/home 作为一个单独的分区处理，而其他的分区也都并入了根（/）分区。但是许多 Linux 专业人员往往喜欢将/boot 作为一个独立的分区来处理。

在预设的情况下，所有开机要用到的文件要存放在/boot 目录中，使用/boot 来当作挂载点（即它为一个独立的分区）会使系统启动的速度加快，同时也使得它的备份和恢复更容易、更快捷。为了加快系统启动以及系统检测的速度，通常/boot 分区都设置得很小。但是具体要设置多大？很难找到一个明确的答案。一个简单的办法就是通过对现有的类似系统的观察来获取相关的信息并对要安装的系统进行预测，于是可以使用例 14-9 的带有-h 选项的 df 命令获取现有系统的/boot 分区的大小。

【例 14-9】

```
[root@dog ~]# df -h /boot
```

Filesystem	Size	Used	Avail	Use%	Mounted on
/dev/sda1	251M	16M	223M	7%	/boot

从例 14-9 的显示结果可以看出现有系统的/boot 分区的设置偏大了，如果要安装的系统与这一系统类似，可以考虑减小这一分区的大小，即使减到 128MB 也没有问题。

/home 目录是用来存放所有用户个人文件的目录，使用/home 当作挂载点（即将/home 划分成一个单独的分区）可以使用户信息的备份与恢复以及管理和维护变得更简单易行。

在预设的情况下，/usr 目录中存放的是系统的应用程序和与命令相关的系统数据，其中包括系统的一些函数库及图形界面所需的文件等。将/usr 划分成一个单独的分区同样也是为了/usr 目录中信息的备份与恢复更加方便。

/var 目录用来存放系统运行过程中经常变化的文件，如 log 文件和 mail 文件等。而/tmp 目录用来存放用户或程序运行时所需的临时文件。将/var 和/tmp 分别划分成单独的分区可以减少备份和恢复的数据量，因为这两个分区（目录）中的数据是不需要进行备份的。

除了 RHEL（Oracle Linux）提供的外部命令（可执行文件）和软件包之外，其他厂商提供的程序和软件包都会存放在/usr/local 和/opt 目录中。将/usr/local 和/opt 分别划分成单独的分区也是为了方便备份与恢复。

接下来，可能有读者问每个分区的大小到底应该设置为多少？如果你阅读过一些 Linux 的资料，会发现上面会说类似于如下的话：“不同系统分区的设置和大小会有差异”，有的资料还会继续解释：“分区的设置和大小要根据具体的业务而定”。不知读者看懂了没有。以上的话句句是真理，都是绝对正确的。问题是到底怎么设置我们还是不知道。

我们在设置这些分区时必须给出具体的大小，而不能告诉计算机根据具体的业务而定。这里给出一个简单易行的方法，那就是找到一个已经安装的系统（可以是其他人安装的），当然最好与你要安装的系统类似，之后使用 Linux 命令获取现有系统中这些分区的大小信息。例如可以使用例 14-10 的带有-hs 选项的 du 命令来获取这方面的信息。这个命令要执行一段时间之后才能获得显示结果。

【例 14-10】

```
[root@dog ~]# du -hs /home /usr /usr/local /var /tmp
30M      /home
3.5G     /usr
176K     /usr/local
99M      /var
55M      /tmp
```

要注意，在这个 du 命令中最好使用-s 选项，否则显示的信息会太多（阅读起来比较困难）。还有，这些分区的大小只是你在配置新系统时的参考值，它们应该被看成最低值，最后一定要在系统运行了一段时间而且是正常的业务时间来获取这些信息。

其实，所需要的信息常常就在你的手下，利用已经学习过的命令就能获取你所急需的信息，而查书、查文档可能查了几天还是一头雾水。学习 Linux 系统一定要学用结合，要将你已经知道的命令和知识不断地付之实践，这样才能迅速地提高你的 Linux 系统的应用和管理水平。

14.7　Linux 系统安装时的网络配置

在安装 RHEL（Oracle Linux）操作系统的过程中，另一个令一些初学者感到畏惧的地方可能就是网络的配置。本节只是对网络配置所需的概念给出形象的解释，并介绍必要的网络配置以完成 Linux 系统的安装。

当进入网络配置（Network Configuration）页面后，会发现你的计算机中的所有网络卡，笔者系统中只有一个网络卡 eth0。此时默认的设置是使用 DHCP（自动获取 IP），由于我们需要使用静态 IP（网络地址），所以要单击 Edit 按钮，如图 14-23 所示。

之后会出现编辑 eth0 的窗口，取消选中 Configure using DHCP 复选框，输入 IP Address（192.168.137.38）和 Netmask（255.255.255.0），最后单击 OK 按钮，如图 14-24 所示。在这里网络地址（IP Address）最好与 VMnet8（NAT）的网址在一个网段，因为这样就可以使用 Windows 操作系统与 Linux 操作系统通过虚拟网络进行通信了。

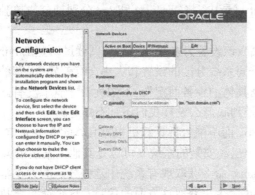

图　14-23　　　　　　　　　　　　　　　　　　图　14-24

在 Set the hostname 处选中 manually 单选按钮并输入主机名（这里输入 dog.super.com），之后在 Gateway 文本框中输入 192.168.137.1，在 Primary DNS 文本框中输入 192.168.137.38，单击 Next 按钮，如图 14-25 所示。

图　14-25

接下来对本节中出现的几个常用的网络术语和概念解释如下（有关这些网络术语和概念的详细介绍是属于 Linux 网络服务器课程的内容）。

在一个计算机网络中，每一台计算机都有一个唯一的网络地址（如 192.168.137.38），实际上计算机之间的通信就是使用这个网址来进行的。可以将网址（IP）想象为街道的门牌号，而网段就相当于整个街道（即包括了该街道的所有门牌号）。

由于网络 IP 很难记，所以可以为每台计算机取一个计算机名，用户就可以通过这个容易记忆的计算机名来访问计算机。计算机名就相当于住户名。

Gateway 中文的翻译是网关或网间链接器。当与其他网段的计算机进行通信时，计算机先将通信的封包（信息）发送到 Gateway（所在的主机），之后再由 Gateway 转发给这个计算机。其实，Gateway 就类似于单位（公司）的收发室。当员工发信时，只需要将信件送到收发室就行了，之后再由收发室决定使用何种方式将信件发送到目的地。当然收信的过程也极为类似。

当在网络中计算机很多时，计算机名和 IP 地址的转换将变得困难起来，这时就可以设置 Primary DNS（Domain Name Server，主域名服务器）来完成计算机名和 IP 地址的转换（解析）工作。Primary DNS 类似于 114 查号台，当你想知道某个单位或公司的电话时就可以打电话到 114 询问，只要这个公司是存在的（当然要有电话），操作员就会告诉你，之后你就可以使用获得的电话号码打电话给这个公司了。Primary DNS 也完成类似的工作，但它返回给计算机的是所要通信的计算机的 IP，而且操作都是自动的，你也看不见它的这些操作。

如果网络太大，一个 DNS 不堪重负，就可以配置第 2 个 DNS（Secondary DNS）甚至于第 3 个 DNS（Tertiary DNS）。当然也可能是为了安全，即一个 DNS 坏了，还有第 2 个顶上，将 DNS 冗余。

接下来将介绍防火墙（Firewall Setup）。防火墙的目的是为了限制远程的用户（使用者）可以访问你的计算机上的哪些资源。在安装 Linux 的过程中，在防火墙设置（Firewall Configuration）页面选择是否启用防火墙，为了方便，这里选择不启用防火墙（No firewall），如图 14-26 所示。如果启用了防火墙（Enabled firewall），就可以再开启一些网络服务以允许远程的用户连接到这台计算机并可以访问这些服务。

在 Enabled SELinux 下拉列表框中选择 Disabled，最后单击 Next 按钮，如图 14-26 所示。在这里是为了方便，才不启用安全的。

Oracle Linux 系统默认将启用防火墙，并询问你要开启哪些网络服务。如果没有选择（开启）任何网络服务，防火墙就会挡掉所有远程的连接，如图 14-27 所示。可能系统的设计者认为来自外面（远程）的攻击就像火灾一样，防火墙的作用就是将火挡在计算机的外面使之不会烧到计算机的内部。

图　14-26

图　14-27

如果选择（开启）了某个（某些）网络服务，那么防火墙就会开启相应的端口（ports），如图 14-28 所示。而远程用户（使用者）就可以通过这些服务所使用的端口连接到你的主机上，也就是可以通过防火墙的限制来存取你这台计算机上的资源，如图 14-29 所示。

图 14-28   图 14-29

14.8   Linux 系统安装时的其他配置

在 Oracle Linux 系统的安装光盘中有许多软件包，如果磁盘空间足够，最简单的办法是选择安装全部软件包（即选中 Everything 复选框）。或者也可以安装预定义的软件包（Install default software packages）。

而预设要安装的清单存放在 Oracle Linux 系统安装光盘的第 1 张光盘的文件/media/cdrom/Enterprise/base/comps.xml 中，可以使用例 14-11 的 ls 命令来验证这一文件的存在。

【例 14-11】

```
[root@dog ~]# ls -l /media/cdrom/Enterprise/base
total 139221
-r--r--r--   1 root root   9148316 Oct 27   2006 comps.rpm
-r--r--r--   3 root root    571500 Oct 27   2006 comps.xml
……
```

当确定这一文件存在后，也可以使用其他命令，如 more 或 vi 打开这个文件并进行浏览。

你也可以根据实际需要，自己决定安装哪些软件包。如果达到了可以自己定义所安装的软件包的水平，你也应该算是一位 Linux 系统的高手了。

当 Oracle Linux 操作系统安装完成之后，系统会要求重新启动计算机。当重新启动时，系统会搜寻这台计算机中的硬件设备，并且会将这些硬件设备的信息显示在屏幕上。由于屏幕上的信息滚动很快，所以很难阅读。因此可以使用例 14-12 的以 dmesg 开始的组合命令来查看系统中这些相关的信息。为了节省篇幅，这里省略了命令的输出结果。

【例 14-12】

```
[root@dog ~]# dmesg | more
```

也可以使用例 14-13 的 more 命令（也可以是 vi 命令或 less 命令）打开/var/log/dmesg

日志文件来浏览系统中这些相关的信息。为了节省篇幅，这里省略了命令的输出结果。

【例 14-13】

[root@dog ~]# more /var/log/dmesg

当系统出现问题时，系统会将所有的出错信息都写到/var/log/messages 这个日志文件中。所以也可以打开这个文件，通过阅读其中的内容以发现系统是否出现了问题。安装程序会将安装过程中所有的信息都存放在/root/install.log 日志文件中，所以也可以查看这个文件来发现安装过程中的问题。

最后安装程序会引导我们创建一个非 root 用户的账户，最好创建一个。因为 root 是Linux 系统的最高级别的用户，其权限很大。使用 root 用户进行日常的系统管理和维护，如果操作失误，可能对系统产生灾难性的后果，因此，最好创建一个新用户，如这个用户的名为 dog，填入所需的信息之后单击 Next 按钮。还有 dog 用户可以通过 telnet 和 ftp 连接到这个 Linux 系统上，但 root 用户是不能进行这样的远程连接的。

现在不需要安装 Additional CDs，所以在附件 CDs 界面中直接单击 Next 按钮。这样就顺利地完成了 Oracle Linux 操作系统的安装。

14.9 练 习 题

1. 要想在一个硬盘上成功地安装一个 Linux 操作系统，这个硬盘至少需要被划分成几个分区（partitions）？

    A．2   B．4   C．1   D．3

2. 在 Linux 或 UNIX 系统上，当一个新的硬盘在使用之前，首先要将它划分成一个或数个分区（Partitions）。请问，以下哪一个是分区的定义？

    A．是盘片上寻址（访问）的最小单位

    B．是由一系列头尾相连的块所组成的圆圈

    C．是一叠磁道，由在相同半径上每个盘面的磁道所组成

    D．由一组相邻的磁柱所组成

3. 在以下有关 Linux 系统中硬盘的分区的叙述中，哪两个是正确的？

    A．在 SCSI 硬盘上最多可以划分 15 个主分区

    B．在 SCSI 硬盘上最多可以划分 15 个分区

    C．在 IDE 硬盘上最多可以划分 63 个主分区

    D．在 IDE 硬盘上最多可以划分 63 个分区

第 15 章　系统的初始化和服务

本章实际上就是介绍 Linux 系统开机和关机的流程。这里所说的流程并不是我们看到的按下计算机开关等，而是系统内部的流程。虽然我们无法直接看到这些流程的具体操作，但是通过了解它们，可以配置出更安全可靠和高效的 Linux 系统来，也会使日常的管理和维护更加容易。

15.1　Linux 系统引导的顺序

当打开计算机的电源时，计算机就会进入 BIOS。BIOS 的工作是检查计算机的硬件设备，如 CPU、内存和风扇速度等，如图 15-1 所示。

检查完之后（如果没有问题），将进入 MBR，也就是进入引导加载程序（boot loader）。MBR 会在启动盘的第 1 个块中，大小为 512B。其中，前 446B 中的程序代码是用来选择 boot partition（分区），也就是要由哪个分区来装入开机用的程序代码，如图 15-2 所示。

图　15-1　　　　　　　　　　　　　　　图　15-2

载入开机用的程序代码之后就会载入操作系统内核（Kernel）的代码，在内核部分主要是装入计算机设备的驱动程序以便操作系统可以控制计算机上的设备，如图 15-3 所示。并且以只读的方式挂载/（根）文件系统，也就是此时操作系统只能读到根文件系统（目录）所在的分区。可以使用例 15-1 的 df 命令获取/（根）文件系统（目录）所在的分区等信息，也就是说开机的第 3 个阶段操作系统只能阅读/dev/sda2 这个分区。所以必须将/etc、/bin、/lib、/sbin 和/dev 这些文件系统包含在/dev/sda2 这个分区中，如图 15-4 所示。

【例 15-1】

```
[root@dog ~]# df -h /
```

Filesystem	Size	Used	Avail	Use%	Mounted on
/dev/sda2	7.7G	3.3G	4.1G	46%	/

最后内核（Kernel）会执行 init 程序，所以 init 程序的进程（process）id 为 1，即 Linux 操作系统第 1 个执行的程序。可以使用例 15-2 带有-C 选项的 ps 命令列出有关名为 init 命令的进程状态。ps 是 process status（进程状态的缩写），-C 选项中的 C 是 Command（命令）

的第 1 个字母，这一选项之后要紧跟一个命令名。

图 15-3

图 15-4

> 如果读者没有学习过计算机原理或计算机操作系统原理之类的课程，可以把进程看成一段在内存中正在运行的程序。

【例 15-2】

[root@dog ~]# ps -C init

PID TTY	TIME CMD
1 ?	00:00:01 init

例 15-2 的显示结果清楚地表明 init 这一命令的进程 ID（PID）为 1。也可以使用例 15-3 带有-p 选项的 ps 命令列出 PID 为 1 的进程状态，其中-p 选项中的 p 是 process（进程）的第 1 个字母，这一选项之后要紧跟一个 PID。

【例 15-3】

[root@dog ~]# ps -p 1

PID TTY	TIME CMD
1 ?	00:00:01 init

从例 15-3 的显示结果可以清楚地看出它与例 15-2 的显示结果完全相同。现在你对 init 这个程序的进程（process）id 为 1 这一结论不会有任何怀疑了吧？

另外，init 这个程序还会根据 run level 来运行图 15-5 中的一些程序。这些程序在后面将详细介绍。

图 15-5

15.2 BIOS 的初始化和引导加载程序

BIOS 是 Basic Input/Output System（基本输入/输出系统）的缩写，它是硬件与软件之间的接口，而且是非常基本的接口。BIOS 提供了一组基本的操作系统使用的指令，系统启动的成功与否依赖于 BIOS，因为事实上是由 BIOS 为外围设备提供了最低级别的接口和控制。BIOS 的初始化主要有以下 3 项工作：

（1）检查（检测）计算机硬件和外围设备，当 BIOS 一启动就会做一个自我检测的工作，也叫加电自检（英文为 POST，是 Power On Self Test 的缩写），以检测计算机上的硬件和外围设备，如 CPU、内存、风扇等。

（2）选择由哪一个设备来开机，在第 14 章的 14.3 节中已经详细地介绍了如何在 BIOS 中设置开机的顺序。

（3）在选择了使用哪个设备开机后，就会读取开机设备的第 1 个块（其实也就是 MBR）中的内容并执行这段代码。到此为止，BIOS 也就完成了它的使命。

接下来也就进入了系统引导的第二阶段，也就是引导加载程序（boot loader）的操作。boot loader 可以安装在启动（开机）硬盘的 MBR 中，也可以安装在开机硬盘的一个分区上。如一块 IDE 的硬盘被划分成为 3 个分区，如图 15-6 所示。我们知道在一个硬盘上只能有一个 MBR，其大小为 512B，可以将 boot loader 安装在 MBR 上，如图 15-7 所示。

图 15-6　　　　　　　　　　图 15-7

有时也可能将 boot loader 安装在这个硬盘的某个分区上（在这个分区的第一块，也叫引导块上），如图 15-8 所示。其中的原因可能是 MBR 区已经被其他的程序占用，如被 SPFDisk 开机管理程序所占用了，如图 15-9 所示。

图 15-8　　　　　　　　　　图 15-9

boot loader 的程序代码分为两个阶段，第一阶段的程序代码很小只有 446B（字节），它可以存放在 MBR 或硬盘分区的引导（启动）块中，它的第二阶段的程序代码是从 boot 分区载入的。下面通过 3 个不同的开机流程的范例来进一步解释 boot loader 是如何工作的，假设在一个 IDE 硬盘（如 hda）上安装了 Windows 2003 和 Red Hat Enterprise Linux 4 两个操作系统，如图 15-10 所示。

◆》提示：

Oracle Linux（RHEL）操作系统的默认 boot loader 是 GRUB，GRUB 是 Grand Unified Bootloader 的缩写。如果要想使用 GRUB 在一台计算机上安装多个操作系统，要先安装其他操作系统，最后安装 Linux 操作系统。

第 1 个范例是使用 MBR 来启动 Linux 操作系统。当开机时 BIOS 读入 MBR 的前 446B

的程序代码（即 boot loader 的第一阶段的程序代码），如图 15-11 所示。

图　15-10

图　15-11

boot loader 的第一阶段的程序代码运行之后，将载入 boot loader 的第二阶段的程序代码并进入 GRUB 的开机选单，如图 15-12 所示。

在 GRUB 的开机选单中，列出了在这台计算机上可以启动的所有操作系统，如图 15-13 所示。在这个开机选单中就可以选择开机的操作系统了。

图　15-12

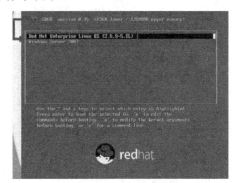

图　15-13

此时，选择最上面的 Red Hat Enterprise Linux 4 操作系统，如图 15-14 所示。之后，GRUB 就会选择 Red Hat Enterprise Linux 4 操作系统的内核（Kernel）来开机，如图 15-15 所示。

图　15-14

图　15-15

第 2 个范例是使用 MBR 来启动 Windows 2003 操作系统。当开机时 BIOS 还是读入 MBR 的前 446B 的程序代码（即 boot loader 的第一阶段的程序代码），如图 15-16 所示。

boot loader 的第一阶段的程序代码运行之后，将载入 boot loader 的第二阶段的程序代码并进入 GRUB 的开机选单，如图 15-17 所示。

图 15-16

图 15-17

这次在开机选单中选择 Windows Server 2003 开机，因此 GRUB 就会选择 Windows Server 2003 操作系统的内核（Kernel）来开机，如图 15-18 所示。

第 3 个范例是 MBR 已经被其他的程序占用了。此时还要使用 Linux 开机，如图 15-19 所示。

图 15-18

图 15-19

当计算机开机时，同样会进入 MBR，但是 MBR 已经被 SPFDisk 程序占用了，所以这时会到/boot 分区（/boot 目录）的引导块来载入 boot loader 的第一阶段的程序代码，如图 15-20 所示。

boot loader 的第一阶段的程序代码运行之后，会载入 boot loader 的第二阶段的程序代码进入 GRUB 的开机选单，如图 15-21 所示。

图 15-20

图 15-21

如果选择 Linux 系统开机，之后 GRUB 就会选择 Red Hat Enterprise Linux 4 操作系统的内核（Kernel）来开机，如图 15-22 所示。

因此这进一步证明了，如果 MBR 被其他程序的代码占用了，那么 boot loader 就会改放在/boot 分区的引导块（boot sector）上，如图 15-23 所示。

图　15-22

图　15-23

15.3　GRUB 程序和 grub.conf 文件

其实，从 MBR 载入 boot loader 开始到系统执行 init 程序之间所有操作都是由 GRUB 这个多重开机管理程序所负责的，如图 15-24 所示。如果安装的是 RHEL 4，开机时就会立即进入 GRUB 的画面，如图 15-25 所示。

图　15-24

图　15-25

🔊提示：

> 在这里之所以使用 RHEL 系统的画面而没有使用 Oracle Linux 系统的画面，只是因为 Oracle Linux 的相应画面都是黑屏的，印在书上不易阅读，而 RHEL 的系统画面的底色是蓝色，比较容易阅读。

如果按键盘上任意一个键就会出现开机选单，图 15-26 表明这台计算机有两个操作系统，一个是 RHEL，另一个是 Windows Server 2003。另外，还可以在这个画面的左上角看到 GRUB 的版本号是 0.95，如图 15-27 所示。

图　15-26

图　15-27

GRUB 是 Grand Unified Bootloader（多重操作系统启动管理器）的缩写，这个多重开机管理程序具有以下特性：

（1）具有一个命令行界面并可以在开机提示字符下输入 GRUB 的命令。

（2）可以使用多种文件系统开机，其中包括 ext2/ext3、ReiserFS、FAT、JFS、minix 或 FFS 文件系统。

（3）支持使用 MD5 加密技术以保护 GRUB 的密码。

（4）GRUB 的设置存放在/boot/grub/grub.conf 配置文件中。

（5）变更/boot/grub/grub.conf 文件中的内容会立即生效。

（6）如果硬盘上的 MBR 损坏了，可以使用/sbin/grub-install 命令重新将 boot loader 安装到 MBR 中。

当出现 GRUB 的开机选单后，按 c 键就会进入 GRUB 的命令行界面，如图 15-28 所示。

之后就会进入以 grub>提示符开始的 GRUB 命令行界面，如图 15-29 所示。此时，就可以输入 GRUB 的命令了。

图 15-28   图 15-29

接下来将详细地介绍/boot/grub/grub.conf 这个 grub 配置文件的内容和语法格式。注意，在进行下面操作之前要以 root 用户登录 Linux 或切换到 root 用户。为了操作方便，可以使用 cd 命令切换到/boot/grub 目录。grub.conf 文件是一个 ASCII 码文件，可以使用 file 命令来确定这一点。可以使用例 15-4 的 more 命令列出 grub.conf 文件中的全部内容，也可以使用 cat 命令。但是在浏览或查看这个文件时，最好不要使用 vi 以免意外地修改和损坏这个文件。

【例 15-4】

```
[root@dog grub]# more grub.conf
# grub.conf generated by anaconda
#
# Note that you do not have to rerun grub after making changes to this file
# NOTICE:    You have a /boot partition.    This means that
#            all kernel and initrd paths are relative to /boot/, eg.
#            root (hd0,0)
#            kernel /vmlinuz-version ro root=/dev/sda2
#            initrd /initrd-version.img
#boot=/dev/sda
```

```
default=0
timeout=5
splashimage=(hd0,0)/grub/splash.xpm.gz
hiddenmenu
title Enterprise (2.6.9-42.0.0.0.1.ELsmp)
        root (hd0,0)
        kernel /vmlinuz-2.6.9-42.0.0.0.1.ELsmp ro root=LABEL=/ rhgb quiet
        initrd /initrd-2.6.9-42.0.0.0.1.ELsmp.img
```

在 grub.conf 文件中，所有以#开头的都是注释，系统不会执行这些信息。这个文件的第 3 行（以方框框起来的那一行）的意思是说修改了这个文件之后不必返回 grub，这可能就是 grub 程序的特性之一"变更/boot/grub/grub.conf 文件中的内容会立即生效"的依据吧！

在文件的第 4、第 5 和第 6 行中的内容：这个系统有一个/boot 分区，所有的内核（Kernel）和初始化（initrd）程序的路径都指向/boot/，根分区（/）对应于(hd0,0)。第 7 行表示内核存放在/dev/sda2 分区，第 9 行表示启动盘是/dev/sda 盘。

📢提示：

以下部分使用的是 Red Hat Enterprise Linux 4 的另一个版本，所以显示有略微的差异（在内核的版本处）。

介绍完注释部分之后，将介绍正文部分。这个文件以 title 这行为分界线，分为上下两部分，如图 15-30 所示。其中，上面的（第 1）部分就是基本设定，如图 15-31 所示。

图　15-30　　　　　　　　　　　　　　　图　15-31

下面的（第 2）部分是区分多个操作系统的开机设定，如图 15-32 所示。由于现在这台计算机上只安装了一套操作系统，所以只有一组开机设定。

在第 1 部分的基本设定里，如果设置为 default=0，是指预设（默认）以第 1 组操作系统来开机，如图 15-33 所示。

如果有两组操作系统的设定，且如果设置为 default=1，则是指预设（默认）以第 2 组操作系统来开机，如图 15-34 所示。

在第 1 部分的基本设定里，timeout=5 表示在进入 grub 页面之后，预设（默认）会要求用户在 5s 之内选择哪个操作系统开机，如图 15-35 所示。

此时 grub 页面上的时钟会一秒一秒地递减，如图 15-36 所示。如果在 5s 内用户没有应答，grub 就会按 default 的值来启动预设开机操作系统。与 default 一样 timeout 的值也可以修改。

图　15-32

图　15-33

图　15-34

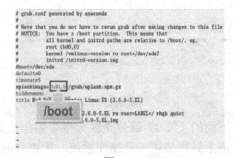

图　15-35

在第 1 部分的基本设定里，splashimage 的设定是指开机时使用的背景画面（图案）。这里必须解释的一点是(hd0,0)的含义，也就是 grub 的路径表示法：其中，hd0 表示第 1 个硬盘，逗号后面的 0 表示这个硬盘上的第 1 个分区，所以(hd0,0)表示的是第 1 个硬盘的第 1 个分区。由于在这个系统中，/boot 分区对应于/dev/sda1，也就是第 1 个硬盘的第 1 个分区，因此(hd0,0)就对应着/boot 目录（分区），如图 15-37 所示。

图　15-36

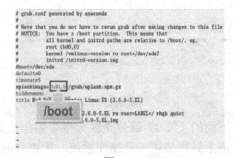

图　15-37

在这套系统中，splashimage 所指定的开机背景图案文件存放在/boot/grub 目录中的 splash.xpm.gz 文件中。假设现在的当前工作目录仍然是/boot/grub，就可以使用例 15-5 的 ls 命令列出这个文件的相关信息。

【例 15-5】

```
[root@dog grub]# ls -l sp*
-rw-r--r--  1 root root 1330 Oct 25   2006 splash.xpm.gz
```

在第 1 部分的基本设定里，hiddenmenu 的设定是要隐藏 grub 的开机选单，如图 15-38 所示。如果在 grub.conf 文件中使用了 hiddenmenu 指令，那么在开机时是看不到开机选单的，如图 15-39 所示。要按下任意键之后，才能出现 grub 的开机选单。

图　15-38　　　　　　　　　　　　　　　　　　图　15-39

介绍完 grub.conf 文件中第 1 部分的设定之后，接下来介绍第 2 部分的设定。这一部分的第 1 行也就是标题，它设置了开机时开机选单中显示的标题（也就是要选择的操作系统）名称，如图 15-40 所示。

接下来的 root (hd0,0)设置了 grub 程序将要使用的文件所在的目录，其实(hd0,0)同样对应着/boot 目录（分区），如图 15-41 所示。

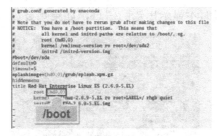

图　15-40　　　　　　　　　　　　　　　　　　图　15-41

☞指点迷津：

实际上标题名称可以随便填写并不需要与所使用的操作系统有关，但是在实际应用中一般都会使用与实际使用的操作系统相关的信息。

接着设定的是内核（Kernel）的存放位置，由于在上一行设定了(hd0,0)，所以内核就存放在(hd0,0)里，也就是/boot 目录，如图 15-42 所示。

接下来，ro root=LABEL=/是设定/这个根目录的位置。其中，ro 为只读（read only）。所以整个 ro root=LABEL=/的含义是以只读的方式挂载根（/）目录，如图 15-43 所示。这也就是前面所介绍的 grub 以只读的方式挂载根（/）目录的原因。

图　15-42　　　　　　　　　　　　　　　　　　图　15-43

正是因为有 ro root=LABEL=/这一设定，所以 grub 才能以只读的方式读到根目录。但是除了 root=LABEL=/这样设定方式之外，还有另外两种不同的表示方法。由于 Linux 系统的根分区（/）是对应着/dev/sda2，所以也可以使用 root=/dev/sda2 来表示/这一根目录的位置。或是使用 LVM（逻辑卷）的格式，如 root=/dev/VOL/GROUP00/LVVOL00 来表示。可以使用例 15-6 的 df 命令列出根目录（/分区）所对应的磁盘分区。

【例 15-6】

```
[root@dog ~]# df -h /
```

Filesystem	Size	Used	Avail	Use%	Mounted on
/dev/sda2	7.7G	3.3G	4.1G	46%	/

接下来介绍 rhgb，它是 Red Hat Graphical Boot 的缩写。这个设定的含义是在开机时以图形画面取代传统的命令行界面。Linux 开机的传统画面会将开机的过程都以文字的方式列在屏幕上，如图 15-44 所示。但是在 Oracle Linux（RHEL 4 和 RHEL 5）中，预设开机时会使用图形界面，如图 15-45 所示。如果想在开机时使用传统的显示方式，只要删除 rhgb 就可以了。这样也许使配置的系统看上去更专业，最起码在外行人看来。而设置 quiet 是为了在开机时不显示出错的信息，如果想要显示这些错误的信息，也只需删除 quiet 就行了。

图 15-44　　　　　　　　　　　　　　　图 15-45

最后一行的设定是将 initrd 映像文件装入内存中，initrd 映像文件存放的是一些启动程序。可以使用例 15-7 的 ls 命令列出 initrd 映像文件的相关信息（你的系统上可能只有一个 initrd 映像文件）。

【例 15-7】

```
[root@dog ~]# ls -l /boot/in*
-rw-r--r-- 1 root root 527478 Oct  8 17:41 /boot/initrd-2.6.9-42.0.0.0.1.EL.img
-rw-r--r-- 1 root root 516368 Oct  8 17:41 /boot/initrd-2.6.9-42.0.0.0.1.ELsmp.img
```

15.4　内核的初始化和 init 的初始化

根据 15.1 节所介绍的 Linux 系统引导顺序，接下来将继续介绍内核在初始阶段所进行的操作有哪些，内核（Kernel）在开机阶段要做的主要操作如下：

（1）发现（监测）计算机上有哪些设备。

（2）发现设备之后，将这些设备的驱动程序初始化并载入到内核中。

（3）当必要的驱动程序都载入之后，以只读的方式挂载根目录文件系统。

（4）内核将载入 Linux 系统的第 1 个进程，也就是 init 进程，所以 init 这个程序是第 1 个被执行的。

接下来就由 init 进程接管系统。init 进程（程序）首先要读取/etc/inittab 文件中的设定（这里 inittab 应该就是 init table 的缩写，也就是 init 表），并根据这些设定来配置系统以完成系统的初始化，以下就是 init 进程初始化时要做的工作：

（1）决定预设系统使用哪个 run level（有关 run level 以后将详细介绍）。

（2）init 执行一些系统初始化的脚本（程序）来初始化操作系统。

（3）init 会根据 run level 的设置来执行 run level 所对应目录中的程序（脚本）以决定要启动哪些服务。

（4）设定某些组合键。

（5）定义 UPS 不间断电源系统，即当电源出现问题时或电源恢复时要执行哪些程序。

（6）产生 6 个虚拟终端控制台（virtual console），也就是 tty1～tty6。

如果启动的 run level 是 5，就会初始化 X Windows 的环境，也就是图形环境。

接下来对 init 进程初始化时要做的工作一个个地加以解释，为此可以使用例 15-8 的 more 命令分屏列出 init 的配置文件/etc/inittab 中的全部内容。为了节省篇幅，这里只显示了部分的输出结果。

☞指点迷津：

有些 Linux 书是使用 vi 命令列出/etc/inittab 中的内容，但是建议最好不要使用 vi，而使用 more 或 cat 命令，这样可以避免意外地修改或损坏这个重要的文件。对其他系统配置文件也应奉行同样的原则，千万不要过于自信，要从一开始学习时就养成好习惯。

【例 15-8】

```
[root@dog ~]# more /etc/inittab
......
# Default runlevel. The runlevels used by RHS are:
#   0 - halt (Do NOT set initdefault to this)
#   1 - Single user mode
#   2 - Multiuser, without NFS (The same as 3, if you do not have networking)
#   3 - Full multiuser mode
#   4 - unused
#   5 - X11
#   6 - reboot (Do NOT set initdefault to this)
#
id:5:initdefault:
......
```

在这个文件中就设定了 init 程序要做哪些工作。其中，第 1 个工作就是决定预设（默认）要使用哪个 run levels（运行级别）。接下来，从例 15-8 的显示结果可以知道 Linux 操作系统的 run level 一共分 7 级，它们是 0～6。在这里只简单说明常用的 run level 1、3 和 5。

第 1 个常用的是 run level 1，就是单用户模式，单用户模式可以让 root 用户不使用密码就可以登录 Linux 系统，主要是用来维护系统时使用。

第 2 个常用的是 run level 3，它是 Full multiuser mode（完全的多用户模式），在这一模式下会启动完整（全部）的系统服务，但是在用户登录后会进入文字（正文）模式。

第 3 个常用的是 run level 5，它是 X11，也就是 X Windows 模式，在这一模式下也会启动完整的系统服务，但是在用户登录后会进入 X Windows 模式，也就是图形界面。

如果在/etc/inittab 文件中的 initdefault 之前设置为 5，如图 15-46 所示。这就表示系统的预设（默认）是 run level 5，也就是 X11（图形界面）来启动系统，如图 15-47 所示。

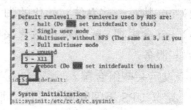

图　15-46　　　　　　　　　　　　　　　　　　图　15-47

接下来继续介绍 init 的第 2 个工作，它会执行一些系统初始化的脚本（程序）来初始化操作系统。在这个系统中，init 就会执行/etc/rc.d 目录中的 rc.sysinit 程序来初始化系统，如图 15-48 所示。其中，rc.sysinit 程序将在后面介绍。

init 的第 3 个工作是根据 run level 的设置来执行所对应目录中的程序，以决定要启动哪些服务。如果默认设定为 5，那么就会将 5 这个参数传给/etc/rc.d 目录中的 rc 这个程序，如图 15-49 所示。其实，它的含义也就是执行/etc/rc.d/rc5.d 目录中的所有程序。可以使用例 15-9 的 ls 命令列出/etc/rc.d 目录中的所有内容。

图　15-48　　　　　　　　　　　　　　　　　　图　15-49

【例 15-9】

```
[root@dog ~]# ls -l /etc/rc.d
total 112
drwxr-xr-x   2 root root   4096   Oct 16 11:51 init.d
-rwxr-xr-x   1 root root   2352   Mar 17  2004 rc
drwxr-xr-x   2 root root   4096   Oct 16 11:51 rc0.d
……
```

在例 15-9 的显示结果中列出了所有 run level 对应的目录，在这些目录中存放着对应 run level 要执行的程序（脚本），也就是所谓的要启动的服务。如果 run level 是 5，就会执行 rc5.d 目录中的程序，也就是要启动 rc5.d 目录中的服务。

第 4 个工作就是设定某些组合键，如图 15-50 所示就是设定按 Ctrl+Alt+Delete 键时，系统会执行 shutdown 的命令。在 shutdown 命令之后还有一些参数，在本章的最后部分将介绍它们。其实，同时按 Ctrl+Alt+Delete 键的操作与 Windows 系统上的非常类似。

第 5 个工作是定义 UPS 不间断电源系统，即当电源出现问题时或电源恢复时要执行哪些程序。在图 15-51 中，定义了当电源出现问题时要执行 shutdown 的命令来关机。

图　15-50

图　15-51

而在图 15-52 中，则定义了当电源恢复时会执行 shutdown -c 的命令，其中-c 这个参数就是在计算机关机之前取消关机的操作，c 应该是 cancel（取消）的第 1 个字母。因为可能是由于电压不稳，而造成瞬间断电，在这种情况下就应该取消关机的操作。

UPS 的功能是这样的：如果电源断电了，UPS 会提供短暂的电源供应给 Linux 系统的计算机。但是 UPS 的电量有限，不可能长时间地提供电力，因此 UPS 会通知计算机告诉 Linux 系统电源已经发生了问题，并要求 Linux 系统正常关机以将内存中的数据写回到硬盘上以避免丢失任何数据，如图 15-53 所示。

图　15-52

图　15-53

第 6 个工作是产生 6 个 virtual consoles，也就是 tty1～tty6。如在图 15-54 中的这 6 个命令就是使用 mingetty 这个指令来分别产生 tty1～tty6 这 6 个 virtual consoles。

最后一个工作是如果启动的是 run level 5，就会初始化 X Windows 的环境，如图 15-55 所示最后一行的设定就是初始化 X Windows 的环境，也就是图形环境。

图　15-54

图　15-55

根据以上的讨论，可以总结出 init 程序在进行系统初始化时的主要工作流程图，如图 15-56 所示。

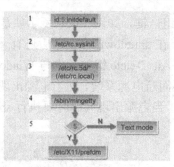

图　15-56

15.5　run levels（运行级别）

实际上，本节就是介绍 init 初始化工作流程中的第 1 个步骤，即载入系统预设（默认）的 run level。在 15.4 节中曾经提及到 run level 并简单地介绍了 3 个常用的 run level（1、3、5），在本节中将对每一个 run level 进行比较详细的介绍，其实，run level 除了 0～6 之外，还有 S 和 emergency（紧急）两种。表 15-1 列出了 Linux 系统中所有的运行级别（run levels）以及每一个运行级别的功能。

表15-1

run level	功　　能
0	关机，不能设置为 initdefault（即不能设置为默认的运行级别）
1、S、emergency	单用户模式，只有 root 用户可以登录，是用于系统维护的
2	多用户模式，但是没有启动网络功能
3	多用户模式，启动了网络功能，但是为文字界面
4	用户自定义模式，默认与 run level 3 相同
5	与 run level 3 相同，并且启动了 X11（即图形界面）
6	重新启动系统，不能设置为 initdefault

由于 run level 0 是作为关机用的，所以不能设为默认，即不能在/etc/inittab 文件中做 id:0:initdefault:这样的设置，否则，刚开机就进入 run level 0，也就是即刻关机。

与之类似，由于 run level 6 是重启系统，所以也不能设为默认，即不能在/etc/inittab 文件中做 id:6:initdefault:这样的设置，否则，刚开机就进入 run level 6，也就是重启系统。

一些媒体，特别是网络媒体把一些攻击计算机系统的黑客描写成计算机超人，但是实际上攻击一个系统要比维护一个系统容易得多。现在只要将某台计算机的默认 run level 改成 0 或 6 就达到了攻击的效果，攻击一个计算机系统是不是很简单？

其实，现实中也是一样。美国人花了那么多钱来搞导弹防御体系，可是本·拉登也就用了几架民航机就搞出一个改写历史的 9·11 来。防御要全方位地防御，而攻击只要找到一个薄弱点就可以了。

run level 1、S 和 emergency 都是单用户模式。单用户模式只允许 root 用户登录 Linux

系统，主要是做一些系统的维护工作，那么这 3 个 run levels 又有哪些不同呢？其主要的差别是执行程序的多少。

（1）在 run level 1 中，init 进程首先执行/etc/rc.sysinit 程序来初始化操作系统，之后再执行/etc/rc1.d 目录中的所有程序，可以表示为 init -> /etc/rc.sysinit -> /etc/rc1.d/*。

（2）在 run level S 中，init 进程只会执行/etc/rc.sysinit 程序来初始化操作系统，可以表示为 init -> /etc/rc.sysinit。

（3）在 run level emergency 中，init 进程只会执行/etc/rc.sysinit 脚本中某些必要的程序来初始化操作系统。

run level 2 允许所有的用户登录 Linux 系统，但是没有启动任何网络服务，也就是没有提供网络功能。

run level 3 同样允许所有的使用者登录 Linux 系统，而且拥有完整的功能，其中也包括网络功能，但是用户登录后会进入文字（字符）方式的界面。

run level 4 使用者（用户）可以自己定义，但 Linux 系统默认设置与 run level 3 的设置完全相同。

run level 5 与 run level 3 的功能基本相同，同样允许所有的使用者登录 Linux 系统，而且拥有完整的功能，其中也包括网络功能。唯一的不同是 run level 5 启动 X11，也就是会进入 X Windows 的图形界面。

Linux 系统使用哪个 run level 是由 init 进程（程序）来定义的，可以使用如下 3 种方式来选择使用哪一种 run level：

（1）在开机时使用的 run level 会预设在/etc/inittab 文件中，如在 Linux 系统上/etc/inittab 文件中的相关设置为 id:5:initdefault:，即这个 Linux 系统将使用 run level 5 来开机。

（2）从 boot loader 传一个参数给 Linux 系统的内核，如在开机之前，在 grub 的开机程序中修改内核参数以单用户模式登录之后修改 root 密码的方法。

（3）是在开机进入 Linux 系统后使用 init c 命令来进入指定的 run level，其中，c 是 run level 0～6、S 及 emergency。

接下来的问题就是怎样才能知道所使用的 Linux 系统目前以及之前的 run level 呢？可以使用/sbin 目录中的 runlevel 命令（程序），即运行/sbin/runlevel 命令。如例 15-10 使用 runlevel 命令列出目前以及之前的 run level。

【例 15-10】

```
[root@dog ~]# runlevel
N 5
```

例 15-10 的显示结果表明目前系统的 run level 是 5，即运行在图形界面模式，最前面的 N 是之前的 run level。因为这个系统一直都是使用 run level 5，所以没有之前的 run level。接下来，使用例 15-11 的 init 3 命令使这个 Linux 系统的 run level 变为 3，即以多用户文字模式运行。

【例 15-11】

```
[root@dog ~]# init 3
```

当 Linux 系统已经转换到 run level 3 之后，可以使用例 15-12 的 runlevel 命令再次列出相关的运行级别。

【例 15-12】

```
[root@dog ~]# runlevel
5 3
```

例 15-12 的显示结果表明目前系统的 run level 是 3，即运行在多用户文字模式，最前面的 5 是之前的 run level，因为之前是从 run level 5 转过来的。现在可以使用 init 5 命令让系统重新回到 run level 5，也可以使用 startx 命令进入图形界面。

15.6 /etc/rc.d/rc.sysinit 所做的工作

参考图 15-56 的 init 程序进行系统初始化的工作流程图，接下来将介绍流程图中的第 2 个步骤，即执行/etc/rc.d/rc.sysinit 程序（脚本）。可以使用 more/etc/rc.d/rc.sysinit 一页页地浏览/etc/rc.d/rc.sysinit 程序的内容，它是一个 shell 脚本文件，如果读者对 shell 程序设计比较熟悉，可以看看（因为详细介绍 shell 程序设计已经远远超出了本书的范畴），以下就是/etc/rc.d/rc.sysinit 程序（脚本）要做的主要工作（任务）：

（1）启动（激活）热插拔设备（udev），如 USB 设备，并且也会启用 SELinux（Security Enhanced Linux），详细介绍 SELinux 的内容是属于 Linux 的高级课程的内容。

（2）将内核（Kernel）的参数设定在/etc/sysctl.conf 文件中。

（3）设定系统时钟。

（4）载入 keymaps 的设定，即定义键盘，这样计算机在开机后才能知道相对应的键盘设定。

（5）启用交换（分）区这个虚拟内存区。

（6）设定主机名（hostname），主机名是在/etc/sysconfig/network 文件中设定的，这个文件是一个正文文件，可以使用 cat 命令来浏览其中的内容。

（7）检查 root 文件系统，也就是根（/）目录，如果没有问题就将其重新挂载成可读可写的状态。

（8）启用 RAID 磁盘阵列和 LVM 设备。

（9）启用磁盘配额功能，即限制用户最多可以使用多少磁盘空间。

（10）检查并挂载其他的文件系统。

（11）清除开机时用的临时文件以及一些已经无用的目录和文件。

15.7 执行对应/etc/rc.d/rc*.d 目录中的程序（脚本）

接下来介绍流程图中的第 3 个步骤，即根据 run level 的设置来决定执行/etc/rc.d 目录中所对应 rc?.d 子目录中的程序，以决定要停用和启用哪些服务，如设定的是 run level 3，就执行/etc/rc.d/rc3.d 子目录中的程序。

　　以下通过这台计算机上的具体设定来进一步解释 Linux 系统内部是如何进行相关操作的。使用 more 或 cat 命令列出/etc/inittab 文件中的内容，会发现系统默认的 run level 是 5，因此 init 进程就会将 5 这个参数传给/etc/rc.d/rc 程序，如图 15-57 所示。

　　随后，/etc/rc.d/rc 这个程序加上 5 这个参数就会执行/etc/rc.d/rc5.d 目录中的所有程序（脚本）来停用和启用相关的服务。所以每个 run level 都有相对应的目录，在这个相对应的目录中就存放了要停用和启用的服务所需的全部程序（脚本），如图 15-58 所示。

图 15-57

图 15-58

　　可以使用例 15-13 的 ls 命令列出/etc/rc.d 目录中的所有内容。从例 15-13 的显示结果可以看出在/etc/rc.d 目录中，0～6 每个 run level 都有对应的一个目录，而在这些目录中就存放着需要停用和启用的服务（程序）。

【例 15-13】

```
[root@dog ~]# ls -l /etc/rc.d
total 112
drwxr-xr-x    2 root root    4096 Oct 16 11:51 init.d
-rwxr-xr-x    1 root root    2352 Mar 17 2004    rc
drwxr-xr-x    2 root root    4096 Oct 16 11:51 rc0.d
……
```

　　接下来，可以使用例 15-14 的 ls 命令列出/etc/rc.d/rc5.d 目录中的所有内容，也就是 run level 5 所用的服务。为了节省篇幅，这里对输出结果进行了大规模的裁剪。

【例 15-14】

```
[root@dog ~]# ls -l /etc/rc.d/rc5.d
total 280
lrwxrwxrwx    1 root root 13 Oct  8 17:42 K01yum       -> ../init.d/yum
lrwxrwxrwx    1 root root 19 Oct  8 17:40 K05saslauthd -> ../init.d/saslauthd
lrwxrwxrwx    1 root root 18 Oct  8 17:39 K89netplugd  -> ../init.d/netplugd
……
```

　　例 15-14 的显示结果清楚地表明在/etc/rc.d/rc5.d 目录中存放的全部都是一些连接（link），并且所有的 link 都是指向（连接到）/etc/rc.d/init.d 目录中的某个程序（可执行文件）。其中../表示当前目录的父目录（上一级目录），而/etc/rc.d/rc5.d 目录的父目录就是/etc/rc.d 目录。而 init.d 中的最后一个 d 表示 daemon，其实，在/etc/rc.d/rc5.d 目录中的 rc.d 中的 d 和 rc5.d 中的 d 也是代表 daemon 的意思。Daemon 的意思是（希腊神话中）半人半神的精灵或守护神，在这里被翻译成守护进程。

15.8 守 护 进 程

在继续讨论 init 程序进行系统初始化的工作流程图之前，读者有必要先弄明白什么是守护进程以及这种进程的工作原理。简单地说守护进程就是一个在后台（背景）运行的一个程序，主要功能就是提供一些系统的服务，所有在/etc/rc.d/init.d 目录中的程序全部都是在后台运行的提供系统服务的程序（进程），如 httpd、vsftpd 和 smb 等。

而这些守护进程都是在后台一直运行并等待用户提出要求以便提供服务，如图 15-59 所示。httpd 程序（进程）就是提供 http 的服务，它会开启 80 号端口以让用户可以通过 80 号端口访问这台计算机，如图 15-60 所示。

图 15-59   图 15-60

这里进一步解释守护进程的工作原理：在后台运行的一个守护进程时刻等待一个请求（用 UNIX 的术语就是等待事件的发生）。当这个守护进程收到一个请求时，通常它会为这个请求再生成一个子进程来专门为这个请求服务，而原来那个守护进程（父进程）继续等待下一个请求。

守护进程又分成两种类型：

（1）独立（Standalone）守护进程。

（2）临时（Transient）守护进程，由超级守护进程（super daemon）控制的守护进程。

下面介绍这两种类型的守护进程之间的差别，它们的差别主要是提供服务的方式。

独立守护进程的工作方式是：当用户或程序提出需求时，独立守护进程会自己为用户或程序提供所需的服务，如图 15-61 所示。

临时守护进程的工作方式是：当用户或程序提出需求时会向 xinetd 超级守护进程要求服务，之后，xinetd 进程再调用相应的临时守护进程，最后再由这个临时守护进程为用户或程序提供所需的服务，如图 15-62 所示。

图 15-61   图 15-62

因此这两种类型的守护进程的最大差别就是 Transient 类型的守护进程必须要通过 xinetd 超级守护进程的调用才能向用户或程序提供所需的服务，也就是说，Transient 类型的守护进程不能自己直接向用户或程序提供服务。而独立守护进程是不需要通过 xinetd 超级守护进程的调用，它直接向用户或程序提供服务。xinetd 进程之所以叫做超级守护进程，是因为所有 Transient 守护进程都由它管理。

接下来，通过例子来进一步演示这两种类型的守护进程之间的不同之处。为此，先介绍在这些例子中要用的一个 Linux 命令和要用到的几个参数，这个命令就是 netstat。该命令将列出计算机网络连接方面的信息，在后面例子中要用到如下几个参数。

➡ -n: 不要进行名字解析，包括不解析主机名和用户名等，n 是 numeric 的第 1 个字母。

➡ -l: 显示计算机上有哪些端口正在监听，也就是允许其他用户连进来，l 是 listening 的第 1 个字母。

➡ -p: 显示哪个程序正在使用哪个端口，p 是 programs 的第 1 个字母。

➡ -t: 显示 tcp。

➡ -u: 显示 udp。

由于 telnet 服务是使用端口 23，所以可以使用例 15-15 的 netstat 显示与 telnet 服务有关的网络连接信息。

【例 15-15】

```
[root@dog ~]# netstat -tupln | grep :23
tcp        0      0 0.0.0.0:23      0.0.0.0:*      LISTEN      2656/xinetd
```

从例 15-15 的显示结果可以看出，监听端口 23 的并不是 telnetd 进程，而是 xinetd 超级守护进程。现在使用例 15-16 的 netstat 再次显示与 telnet 服务有关的网络连接信息，注意，这次不使用 l 参数。

【例 15-16】

```
[root@dog ~]# netstat -tupn | grep :23
tcp        0      0 192.168.11.38:23      192.168.11.1:1051      TIME_WAIT      -
```

从例 15-16 的显示结果可知现在没有用户使用 telnet 服务（即没有 telnet 连接）。现在在 Windows 系统上使用 telnet（telnet 192.168.11.38）以 dog 用户（也可以是其他用户）登录 Linux 系统，在登录成功之后，使用例 15-17 的 netstat 再次显示与 telnet 服务有关的网络连接信息。

【例 15-17】

```
[root@dog ~]# netstat -tupn | grep :23
tcp 0    0    192.168.11.38:23    192.168.11.1:1689    ESTABLISHED 4129/in.telnetd:19
```

从例 15-17 的显示结果可知现在端口 23 是由 in.telnetd 进程使用。现在使用例 15-18 的 netstat 再次显示与 telnet 服务有关的网络连接信息，注意，这次要加上 l 参数。

【例 15-18】

```
[root@dog ~]# netstat -tupln | grep :23
tcp        0      0 0.0.0.0:23      0.0.0.0:*      LISTEN      2656/xinetd
```

从例 15-18 的显示结果可以看出，监听端口 23 的也不是 telnetd 进程，还是 xinetd 超级守护进程。

接下来，我们看看独立（Standalone）守护进程的工作方式，由于提供 ftp 服务的进程是一个独立守护进程，因此可以使用例 15-19 的 netstat 显示与 ftp 服务有关的网络连接信息。如果 ftp 服务没有启动，可以先启动 ftp 服务。

【例 15-19】

```
[root@dog ~]# netstat -tupln | grep ftp
tcp    0    0 0.0.0.0:21      0.0.0.0:*       LISTEN       4485/vsftpd
```

从例 15-19 的显示结果可以看出，监听端口 21 的并不是 xinetd 超级守护进程，而正是 vsftpd 独立进程本身。

可能会有读者问独立守护进程不是工作得好好的吗？为什么还要引入 xinetd 超级守护进程和 Transient 守护进程？答案是提高系统的效率和资源利用率。想想看，如果在一个系统上有许多不常用的服务，如果完全采用独立守护进程来提供服务就会浪费许多系统资源并可能影响到系统整体的效率，因为不管有没有连接请求，这些独立守护进程都要在后台一直运行着，时刻等待着提供服务。有了 xinetd 超级守护进程和 Transient 守护进程就完全不一样了，因为平时只有 xinetd 超级守护进程在运行以监听来自用户或程序的服务请求，是不是节省了不少系统资源？

在 Linux 系统中，独立守护进程（Standalone processes）又分为两种：

（1）在开机时由 init 进程直接启动的，如虚拟终端控制台（virtual console）。

（2）System V 的守护进程，例如，httpd 和 vsftpd 就是 System V 的守护进程。

15.9　System V 脚本（程序）的特性

接下来将讨论 System V 脚本（程序）的特点。run level 就是要定义计算机开机时启动哪些服务。每个 run level 都有它相对应的目录，例如在/etc/rc.d 目录中就可以看到 rc0.d～rc6.d 的目录，这些目录就是 run level 0～6 所对应的目录。

用来初始化系统的 System V 的脚本（程序）存放在/etc/rc.d/init.d 目录中，可以使用例 15-20 的 ls 命令列出这些脚本。为了节省篇幅，这里只保留了少量的显示结果。

【例 15-20】

```
[root@dog ~]# ls -l /etc/rc.d/init.d
total 772
-rwxr-xr-x   1 root root    15578 Oct   7    2006 autofs
-rwxr-xr-x   1 root root     1368 Oct   7    2006 bluetooth
-rwxr-xr-x   1 root root     1355 Oct  25    2006 cpuspeed
……
```

那么 run level 为什么可以定义所提供的服务呢？这是因为在每个 run level 所对应的目录中都存放了一些连接（link），而这些连接就是指向 init.d 目录中的脚本（程序），并且每个连接都带有一个启动（start）或停止（stop）的参数，所以根据 run level 所对应的目录中的连接就可以设定系统启动后要提供哪些服务。例如可以使用例 15-21 的 ls 命令列出与 run level 5 所对应的目录/etc/rc.d/rc5.d 中的所有内容。

【例 15-21】

```
[root@dog ~]# ls -l /etc/rc.d/rc5.d
total 280
lrwxrwxrwx   1 root root 21 Oct    8 18:03 K01tog-pegasus -> ../init.d/tog-pegasus
lrwxrwxrwx   1 root root 13 Oct    8 17:42 K01yum -> ../init.d/yum
……
```

从例 15-21 的显示结果可以发现,在/etc/rc.d/rc5.d 目录中存放的全部都是连接并且都连接到/etc/rc.d/init.d 目录中的某个可执行文件,而这些可执行文件就是 System V 的程序。

接下来介绍这些连接名称的格式。在这些连接的名称里主要分为 3 个区域:第一区是以 K 或 S 开头,如图 15-63 所示;第二区是两位的数字,如图 15-64 所示;第三区是连接的 System V 的程序名称,如图 15-65 所示。在第一区中,如果是以 K 开头,表示要停用连接的这个服务,K 是 Kill 的第 1 个字母,如图 15-66 所示。

图 15-63   图 15-64

图 15-65   图 15-66

在第一区中,如果是以 S 开头表示要启用连接的这个服务,S 是 Start 的第 1 个字母,如图 15-67 所示。在第二区中是数字代表要执行的先后顺序,数字越小的越先执行,数字越大的越后执行,如图 15-68 所示。

但是在 K 和 S 之间是先执行 K 开头的连接,即先停用连接所指向的服务。之后再执行以 S 开头的连接,即后启用连接所指向的服务。这是因为在系统启动之前,应该先将系统复位（归零），也就是把所有的服务先都停用掉。

图　15-67　　　　　　　　　　　　　　　　图　15-68

所以当执行完以上这些连接所指向的脚本（程序）之后，就已经初始化了系统上所需的服务。

15.10　System V 服务的管理及/etc/rc.d/rc.local 脚本

System V 的守护进程脚本（程序）有一个特性，就是启动（start）和停用（stop）都是使用一个脚本（程序），只是在脚本（程序）后面加上不同的参数而已。除了 start 和 stop参数之外，在运行 System V 的脚本（程序）时还可以使用的一个参数就是 status，即确定这个 System V 服务（进程）的状态。

下面通过一组例子来演示如何操作 ftp 这个 System V 服务（进程）。首先在 Windows系统上开启一个 DOS 窗口并进入 F:\ftp 目录，之后使用例 15-22 的 ftp 命令连接 Linux 系统。

【例 15-22】

F:\ftp>ftp 192.168.11.38
Connected to 192.168.11.38.
Connection closed by remote host.

例 15-22 的显示结果表明你的 Linux 系统上并未开启 ftp 服务。之前都是使用 service命令来管理和维护 ftp 服务（进程）的，这次改用 System V 的操作方法。使用例 15-23 的命令来确定 vsftpd 进程（ftp 的服务）当前的状态。

【例 15-23】

[root@dog ~]# /etc/init.d/vsftpd status
vsftpd is stopped

例 15-23 的显示结果清楚地表明，vsftpd 进程现在处于停用状态，因此要使用例 15-24的命令来启动 vsftpd 进程（ftp 的服务）。

【例 15-24】

[root@dog ~]# /etc/init.d/vsftpd start
Starting vsftpd for vsftpd:　　OK　]

当执行了以上命令之后，为了保险起见，应该使用例 15-25 的命令再次查看 vsftpd 进程（ftp 的服务）当前的状态以确定 vsftp 进程是否在运行。

【例 15-25】

```
[root@dog ~]# /etc/init.d/vsftpd status
vsftpd (pid 3966) is running...
```

此时，就可以使用这台计算机上的 ftp 服务了。当用户操作完成之后，如果没有人使用 ftp 服务，就应该关闭（停用）ftp 服务。

☞ 指点迷津：

在实际工作中，要养成一个习惯，就是只要目前没用的服务一律停用掉，这样系统才不容易遭到攻击，也就更安全。现实生活当中也是一样，防止流行病的最有效方法就是隔离，如抗击非典时采用的方法。

也可以使用类似的方法来操作其他的 System V 的脚本（程序），如操作 HTTP 的服务。

init 进程在执行完 run level 所对应目录中的连接之后，就会执行/etc/rc.d/rc.local 程序。可以使用例 15-26 的 ls 命令将所有 run level 对应的目录中以 local 结尾的内容都显示出来。

【例 15-26】

```
[root@dog ~]# ls -l /etc/rc*.d/*local
lrwxrwxrwx    1 root root    11 Oct    8 17:40 /etc/rc2.d/S99local -> ../rc.local
lrwxrwxrwx    1 root root    11 Oct    8 17:40 /etc/rc3.d/S99local -> ../rc.local
lrwxrwxrwx    1 root root    11 Oct    8 17:40 /etc/rc4.d/S99local -> ../rc.local
lrwxrwxrwx    1 root root    11 Oct    8 17:40 /etc/rc5.d/S99local -> ../rc.local
-rwxr-xr-x    1 root root   220 Jun 24 2003 /etc/rc.d/rc.local
```

从例 15-26 的显示结果可以清楚地看到，run level 2~5 所对应的目录中都有 S99local 的连接，其中 S 是启用（start）的意思，99 代表最后才执行，而执行的程序都是 rc.local。

所以 init 进程在执行完 run level 所对应目录中的连接之后，都会执行 rc.local 程序。因此，可以修改 rc.local 脚本文件，将 run level 2~5 都要执行的指令或程序设定在这个文件中。

15.11　虚拟控制台

本节介绍 init 进程初始化系统的第 4 步，执行/sbin/mingetty 程序以启动 6 个虚拟终端控制台（virtual console），而 virtual consoles 具有如下几点特性。

（1）所有 virtual consoles 都是在/etc/inittab 文件中定义的。

（2）通过按 Ctrl+Alt+F 键来使用或切换 virtual console。

（3）virtual console n 所对应的设备文件为/dev/ttyn（n 是自然数）。

（4）/dev/tty0 代表目前使用的 virtual console。

（5）Oracle Linux（RHEL）默认以下 3 种类型的 virtual console 设定：

① 总共定义了 12 个 virtual consoles。

② 只有 1~6 的 virtual console 可以登录。

③ 如果使用 X server，也就是使用图形界面登录，则会使用 virtual console 7，也就是使用 tty7 来登录。

接下来，再略微详细地介绍 virtual console 的每一个特点。可以使用例 15-27 的组合命令列出在/etc/inittab 文件中 init 生成的 6 个 virtual console 指令。

【例 15-27】

```
[root@dog ~]# cat /etc/inittab | grep mingetty
1:2345:respawn:/sbin/mingetty tty1
2:2345:respawn:/sbin/mingetty tty2
3:2345:respawn:/sbin/mingetty tty3
4:2345:respawn:/sbin/mingetty tty4
5:2345:respawn:/sbin/mingetty tty5
6:2345:respawn:/sbin/mingetty tty6
```

从例 15-27 的显示结果可以看出，init 程序就是执行/sbin/mingetty 命令来分别产生 tty1～tty6 这 6 个 virtual console。这就是/etc/inittab 文件中关于 virtual consoles 的定义。

F 功能键就是键盘最上面的 F1～F12 键。如按 Ctrl+Alt+F3 键就会开启 tty3。可以使用例 15-28 的 ls 命令列出所有/dev 目录中与 virtual console 对应的设备文件。会发现/dev 目录中有许多以 tty 开始的字符类型的设备文件。

【例 15-28】

```
[root@dog ~]# ls -l /dev/tty*
crw-rw-rw-    1 root root 5,   0 Mar 17   2010 /dev/tty
crw-rw----    1 root root 4,   0 Mar 17   2010 /dev/tty0
crw-------    1 root root 4,   1 Mar 17 05:29 /dev/tty1
……
```

接下来，按 Ctrl+Alt+F1 键（在 Linux 的图形界面出现时）开启 tty1，之后以 root 用户登录 Linux 系统。登录后，可以使用例 15-29 的 echo 命令向 tty3 虚拟终端发送一条消息 dog your best partner。

【例 15-29】

```
[root@dog ~]# echo dog your best partner > /dev/tty3
```

此时，按 Ctrl+Alt+F3 键来开启虚拟终端 tty3，当进入 tty3 后就会发现在登录处显示了 dog your best partner，这就是由例 15-32 的 echo 命令发来的。

同时按 Ctrl、Alt 和 F（1～6）键后，就会出现登录页面。但是，同时按 Ctrl、Alt 和 F（8～12）键后，登录的画面全部变成黑色并且光标停在左上角。这也就进一步证明了在总共 12 个 virtual consoles 中，只有前 6 个可以用来登录系统而且是以文字模式登录。同时按 Ctrl+Alt+F7 键，之后就会出现图形方式的登录页面。

15.12   管理和维护服务

接下来介绍如何控制 Linux 操作系统上服务的停止和启动，当然也包括如何查看服务的工作状态。控制或启动 Linux 操作系统服务的工具分为两大类：

（1）控制 Linux 系统开机时默认（预设）会自动启动哪些服务的工具。

（2）在 Linux 系统开机之后，可以用来手动地控制服务的停止和启动，即可以立即控制服务状态的工具。

在第 1 种类型中，有以下 3 个工具可以控制 Linux 操作系统默认可以自动启动的服务。

（1）ntsysv：是一个基于控制台（终端）的交互类型的工具，可以在虚拟终端（命令行终端）上使用。在 Linux 系统安装时，系统会自动使用这个工具，但是也可以在终端中运行这一工具。默认情况下，这个工具只更改当前 run level 的服务设置，但是通过使用--level 选项就可以修改其他 run level 的服务设置。

（2）chkconfig：是一个可以在多数 Linux 系统上快速使用的命令行工具。当在 chkconfig 命令中使用--list 参数（没有服务名）就会显示所有 System V 脚本（服务）在每一 run level 上启动与停止的列表。

（3）system-config-service：这是一个图形界面的工具，因此只能在 X Windows 中执行。

接下来使用一些例子来演示这些工具的具体用法。既可以在图形终端窗口启动 ntsysv 工具，也可以在命令行界面的虚拟终端上启动这个工具，如按 Ctrl+Alt+F1 键开启 tty1 之后，以 root 用户登录 Linux 系统。登录之后，运行 ntsysv 命令，就会进入 ntsysv 的界面，如图 15-69 所示。

ntsysv 实际上是一个菜单驱动的程序，可以通过上下箭头在菜单选项之间移动并利用空格键来选取或取消服务，以决定在开机时要启动的预设服务。当设定完成，按 Tab 键，切换到 OK 按钮上，之后再按 Enter 键即完成了操作系统预设开机后要自动启动的服务，如图 15-70 所示。

图　15-69

图　15-70

但是，在运行 ntsysv 命令时，如果没有使用任何参数，则只能修改当前 run level 的服务设定。如果要设定其他 run level 的服务配置，就必须在 ntsysv 后加上--level 及要设定的 run level，如 ntsysv --level 35，就是要设定 run level 3 和 5 预设会自动启动的服务配置。

下面接着讨论 chkconfig 命令。如果刚刚接手一个 Linux 系统，可能很想知道在这个系统上到底每一 run level 都启用了哪些服务，此时就可以使用例 15-30 的 chkconfig 命令轻松地获取这些信息。为了节省篇幅，这里只显示了少量的显示结果。

【例 15-30】

[root@dog ~]# chkconfig --list

squid	0:off	1:off	2:off	3:off	4:off	5:off	6:off
cups-config-daemon	0:off	1:off	2:off	3:on	4:on	5:on	6:off
……							

chkconfig --list 命令是不是很方便？接下来，可以使用例 15-31 带有-l 选项的 ls 命令列出每一 run level 所对应 gpm 服务的预设自动启动的配置。gpm 服务是指 virtual consoles 使用鼠标的服务。

【例 15-31】

[root@dog ~]# ls -l /etc/rc*.d/*gpm

```
lrwxrwxrwx   1 root root 13 Oct   8 17:42 /etc/rc0.d/K15gpm -> ../init.d/gpm
lrwxrwxrwx   1 root root 13 Oct   8 17:42 /etc/rc1.d/K15gpm -> ../init.d/gpm
lrwxrwxrwx   1 root root 13 Oct   8 17:42 /etc/rc2.d/S85gpm -> ../init.d/gpm
lrwxrwxrwx   1 root root 13 Oct   8 17:42 /etc/rc3.d/S85gpm -> ../init.d/gpm
lrwxrwxrwx   1 root root 13 Oct   8 17:42 /etc/rc4.d/S85gpm -> ../init.d/gpm
lrwxrwxrwx   1 root root 13 Oct   8 17:42 /etc/rc5.d/S85gpm -> ../init.d/gpm
lrwxrwxrwx   1 root root 13 Oct   8 17:42 /etc/rc6.d/K15gpm -> ../init.d/gpm
```

例 15-31 的显示结果表明，run level 2～run level 5 的 gpm 服务都是以 S 开头，这也就是说，在 run level 2～run level 5 预设系统开机时 gpm 都会自动启动。为了检查在每一 run level 上 gpm 服务预设开机时是否会自动启动，也可以使用例 15-32 的 chkconfig 命令。

【例 15-32】

[root@dog ~]# chkconfig gpm --list

gpm	0:off	1:off	2:on	3:on	4:on	5:on	6:off

例 15-32 的显示结果表明，预设在 run level 2～run level 5 开机时 gpm 都会自动启动，这与例 15-31 的 ls 命令所得出的结论是完全相同的，但应该是使用例 15-32 的 chkconfig 命令更简单一些。现在，可以使用例 15-33 的 chkconfig 命令在 run level 2～run level 4 上停用 gpm 服务（在开机时不会再自动启动 gpm 服务了）。

【例 15-33】

[root@dog ~]# chkconfig gpm --level 234 off

当执行完以上命令之后，可以使用例 15-34 带有-l 选项的 ls 命令再次列出每一 run level 所对应 gpm 服务的预设自动启动的配置。

【例 15-34】

[root@dog ~]# ls -l /etc/rc*.d/*gpm

```
lrwxrwxrwx   1 root root 13 Oct   8 17:42 /etc/rc0.d/K15gpm -> ../init.d/gpm
lrwxrwxrwx   1 root root 13 Oct   8 17:42 /etc/rc1.d/K15gpm -> ../init.d/gpm
lrwxrwxrwx   1 root root 13 Mar 18 03:28 /etc/rc2.d/K15gpm -> ../init.d/gpm
```

lrwxrwxrwx	1 root root 13 Mar 18 03:28 /etc/rc3.d/K15gpm -> ../init.d/gpm
lrwxrwxrwx	1 root root 13 Mar 18 03:28 /etc/rc4.d/K15gpm -> ../init.d/gpm
lrwxrwxrwx	1 root root 13 Oct　8 17:42 /etc/rc5.d/S85gpm -> ../init.d/gpm
lrwxrwxrwx	1 root root 13 Oct　8 17:42 /etc/rc6.d/K15gpm -> ../init.d/gpm

例 15-34 的显示结果表明，run level 2～run level 4 的 gpm 服务已经变为以 K 开头，这也就是说，在 run level 2～run level 4 预设系统开机时 gpm 服务将不会自动启动了。为了检查在每一 run level 上 gpm 服务预设开机时是否会自动启动，也可以使用例 15-35 的 chkconfig 命令。

【例 15-35】

[root@dog ~]# chkconfig gpm --list
gpm　　　　　　0:off　　1:off　　2:off　　3:off　　4:off　　5:on　　6:off

例 15-35 的显示结果表明，预设在 run level 2～run level 4 开机时 gpm 都不会自动启动，这与例 15-34 的 ls 命令所得出的结论是完全相同的。做完了以上操作之后，应该使用 chkconfig 命令恢复 gpm 服务最初的设置。

接下来，演示 system-config-service 这个基于图形界面的工具，在图形界面的终端窗口中运行 system-config-service 程序之后，将进入程序的页面，如图 15-71 所示。在这个页面中，就可以选中那些在开机时要自动启动的服务的复选框了。但是，这些设置只是对应着当前的 run level。如果要设定其他的 run level，单击 Edit Runlevel 菜单，之后选择 Runlevel 就可以设置在这个 run level 上预设开机时要自动启动的服务了，但是在这个工具中只能设置 run level 3～run level 5，如图 15-72 所示。

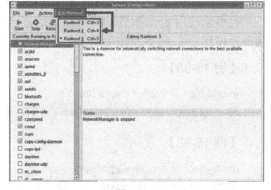

图　15-71　　　　　　　　　　　　图　15-72

在第 2 种类型的工具中，Linux 系统也提供了以下 3 个工具来手动控制服务的停止和启动，即立即控制（改变）服务的运行状态。

（1）service：可以立即启动和停用独立（Standalone）类型的服务。

（2）chkconfig：可以立即启动和停用 xinetd 超级守护进程所管理的服务。

（3）system-config-service：这是一个图形界面的工具，因此只能在 X Windows（也就是 Linux 系统的图形界面）中使用。

其实，在第 2 种类型的工具中的第 2 个和第 3 个工具与前面所介绍的在第 1 种类型的工具中的后两个工具完全相同，只是用在了不同的地方而已。

接下来，同样使用一些例子来演示这些工具的具体用法。service 这个命令在之前使用过，我们曾经使用这一命令来启动 ftp 服务以及确认这个服务的状态。在下面的例子中，操作另一个 Linux 系统常用的服务 gpm。当 gpm 服务开启时，才能使用鼠标进行操作。当 gpm 服务停用时就不能使用鼠标了。于是首先启动一个命令行的虚拟终端（如按 Ctrl+Alt+F1 键），之后以 root 用户登录 Linux 系统，随后使用例 15-36 的 service 命令查看 gpm 服务的状态。

【例 15-36】

```
[root@dog ~]# service gpm status
gpm (pid 2692) is running...
```

例 15-36 的显示结果清楚地表明，gpm 服务已经启动，此时就可以使用鼠标的复制功能来简化一些命令的操作。如可以使用鼠标选择 gpm（加亮 gpm 字符串）。之后按下鼠标中间的按钮（或右键）就可以将鼠标所选的 gpm 字符串复制到光标所在处。

接下来，使用例 15-37 的 service 命令来停用 gpm 服务。当这个命令执行之后，就会发现鼠标的显示已经不见了，而且也不能使用鼠标了。

【例 15-37】

```
[root@dog ~]# service gpm stop
Shutting down console mouse services:      OK   ]
```

例 15-37 的显示结果清楚地表明，gpm 服务已经停用了，因此所有鼠标的功能也就失效了。最后，应该使用 service 命令重新启动 gpm 服务。当这个命令执行之后，就会发现鼠标的显示又出现了，也就是可以使用鼠标的功能了。

也可以使用 gpm 服务的绝对路径的方法来停用和启动 gpm 服务，如可以使用例 15-38 的命令停用 gpm 服务和使用例 15-39 的命令启动 gpm 服务。

【例 15-38】

```
[root@dog ~]# /etc/init.d/gpm stop
Shutting down console mouse services:      OK   ]
```

【例 15-39】

```
[root@dog ~]# /etc/init.d/gpm start
Starting console mouse services:      OK   ]
```

有些 Linux 的书籍建议使用例 15-38 和例 15-39 的方法来停用和启动独立类型的服务，这是因为这种使用绝对路径的方法是 UNIX System V 的设计，所以在所有的 Linux 和 UNIX 系统上都可以使用，但是 service 这个工具在有些版本的 Linux 或 UNIX 上是不能使用的。我个人认为，如果你的系统上可以使用 service 命令，还是使用 service 这个命令简单一些。

另外，在使用绝对路径的方法中，除了使用 start 和 stop 之外，还可以使用 reload、restart 和 status 这 3 个参数。如可以使用例 15-40 的命令重新载入 gpm 服务。

【例 15-40】

```
[root@dog ~]# /etc/init.d/gpm reload
Shutting down console mouse services:     OK   ]
Starting console mouse services:     OK   ]
```

其实，reload 和 restart 这两个参数的功能完全相同，都是先立即停止服务，之后再立即重新启动这个服务，而 status 这个参数是显示当前服务的状态。

接下来，通过停用和启动读者已经非常熟悉的 telnet 服务来演示 chkconfig 是怎样立即启动和停用 xinetd 超级守护进程所管理的服务。首先，使用例 15-41 的 chkconfig 命令查看 telnet 服务当前的状态。

【例 15-41】

```
[root@dog ~]# chkconfig telnet --list
telnet              on
```

例 15-41 的显示结果表明，当前 telnet 服务已经启用，现在使用例 15-42 的 chkconfig 命令停用 telnet 服务（也就是常听到的关闭 telnet 服务，或将 telnet 口封掉）。

【例 15-42】

```
[root@dog ~]# chkconfig telnet off
```

如果现在是使用 telnet 连接到 Linux 系统上的，在原来的 telnet 窗口中将会出现类似如下的掉线信息：

```
失去了跟主机的连接。
```

如果再使用类似例 15-43 的命令使用 telnet 连接 Linux 系统，系统也会显示连接失败的信息。

【例 15-43】

```
C:\Documents and Settings\Administrator>telnet 192.168.11.38
正在连接到 192.168.11.38...不能打开到主机的连接，  在端口 23: 连接失败
```

现在使用例 15-44 的 chkconfig 命令（在图形或其他虚拟终端上）再次查看 telnet 服务当前的状态。

【例 15-44】

```
[root@dog ~]# chkconfig telnet --list
telnet                  off
```

例 15-44 的显示结果表明，当前 telnet 服务已经停用，现在使用例 15-45 的 chkconfig 命令启动 telnet 服务（也就是常听到的开启 telnet 服务，或将 telnet 口打开）。

【例 15-45】

```
[root@dog ~]# chkconfig telnet on
```

此时，再在 DOS 窗口中使用 telnet 连接 Linux 系统，当按 Enter 键之后就将出现 Linux 系统的登录页面，要求输入用户名，输入了用户名之后，系统将要求输入密码。

最后，演示怎样使用 system-config-service 这个基于图形界面的工具来手动控制服务的停止和启动，即立即控制（改变）服务的运行状态。开启一个图形终端窗口，输入 system-config-service 命令（在 root 用户下），当按 Enter 键之后出现 system-config-service 的页面，现在就可以选中要使用的服务的复选框。

之后，就可以单击 Start 按钮来开启这个服务，单击 Stop 按钮来停用这个服务，单击 Restart 按钮来重新启动这个服务。

☞ 指点迷津：

在 Linux 或 UNIX 系统中，进程是指在内存中运行的程序，而进程所提供的功能就是服务。其实，它们本来就是相同事物的不同方面。许多 Linux 或 UNIX 的专业人员，并不严格地区分这三者，常常是随便地使用它们，所以读者要根据上下文来区别。另外，程序多数是以脚本（scripts）文件的形式存放在硬盘上，而这些文件又都是可执行文件，所以程序、脚本和可执行文件也常常被混用。与其他操作系统不同的是，UNIX 和 Linux 是在几乎完全自由的情况下，由许多不同的开发人员开发出来的，所以一些 UNIX 和 Linux 的术语并没有十分严格的定义。

15.13 关闭系统及重启系统

Oracle Linux 系统与 Red Hat Linux 系统一样是非常稳定的操作系统，一般很少需要关闭或重启系统。按照 Oracle 公司和 Red Hat Linux 公司的话，只有增加或移去硬件、升级 Linux 或升级内核时才需要关闭或重启 Linux 系统。在 Oracle Linux（Red Hat Linux）系统中提供了以下 4 个关闭系统的命令。

（1）shutdown -h now：其中，h 是 halt（停止）的第 1 个字母，最后的 now 是时间，表示立即关闭系统，也可以输入其他的时间。

（2）halt：与 shutdown 相同，但是支持几个不同的参数，如-n 参数表示在关机之前不做同步的操作，这样关机的速度会快一些，但可能会丢失数据。

（3）poweroff：关闭系统同时也关闭计算机的电源。

（4）init 0：就是进入 run level 0 做关机的操作。

所有以上的 4 个命令在关机之前，都会自动运行 sync（synchronize）命令来同步系统。sync 命令的功能是强制将内存中已经变化的数据块和超级数据块（super block，这个内容以后将详细介绍）写回到硬盘中，这样就可以避免数据的丢失，如图 15-73 所示。如果系统中的数据已经做了大量的修改，而此时又要做一个比较危险的操作，在这种情况下可以直接运行 sync 同步命令以减少数据丢失的可能性。

图　15-73

在这 4 个关机命令中，shutdown 功能应该是最丰富的。这个命令有许多选项可以选择，可以使用--help 来查看这些选项（参数）的用法。其中，-k 参数可能比较有用，使用这个参数时，shutdown 命令并不真正关机而只是发一条警示信息。为了更好地演示这一用法，最好再开启一个终端窗口并以 dog 用户（可以是其他用户）登录 Linux。之后，回到 root 用户所在的终端窗口并输入例 15-46 的带有-k 参数的 shutdown 命令。

【例 15-46】

```
[root@dog ~]# shutdown -k now "Dog super server will shutdown at 23:30"
Broadcast message from root (pts/1) (Thu Mar 18 21:19:47 2010):
Dog super server will shutdown at 23:30
The system is going down to maintenance mode NOW!
Shutdown cancelled.
```

例 15-46 的 shutdown 命令并未真正关机，只是显示了以上包括了所发的警示信息之内的一些信息而已。现在，切换到 dog 用户的终端窗口，就可以发现在屏幕上显示了如下的系统提示信息：

```
Broadcast message from root (pts/1) (Thu Mar 18 21:19:47 2010):
Dog super server will shutdown at 23:30
The system is going down to maintenance mode NOW!
```

所以作为操作系统管理员，有时可以使用这种方法向所有的在线用户发布信息。另外，在 shutdown 的时间处可以不使用 now 而是具体的时间，如 23:55 就表示在 23 点 55 分关闭系统。那么这有什么好处呢？假如你工作的公司不大，公司可能要求每天晚上下班之后最后一个使用系统的用户退出系统后就要关闭系统。如果公司的员工经常加班，这样操作系统管理员就遇到了一个问题，那就是必须等最后一个用户退出系统后才能关机。如果公司员工加班是常态而且一般都加到很晚（可能是为了讨好老板，没事也在公司耗着），操作系统管理员如果天天等最后一个员工退出系统后再关机非累死不可，这时在 shutdown 命令中指定具体的时间就相当有用了，因为操作系统管理员可以到点就下班走人，系统到深夜指定的时间自己自动关机了。

再有，在以上 4 个关闭系统命令中，许多 UNIX 和 Linux 的专业人员更青睐于 init 0。知道为什么吗？那就是看上去非常专业，因为从 init 0 命令的字面意思很难看出与关机有什么关系。

最后，介绍重新启动 Linux 系统的命令，在 Oracle Linux（Red Hat Linux）系统中提供了以下 4 个重新启动 Linux 系统（也称为重新开机）的命令。

（1）shutdown -r now：其中，r 是 reboot 的第 1 个字母，也就是在 shutdown（关机）之后，立即重新启动（reboot）系统。最后的 now 也是时间，表示立即关闭系统，当然也可以输入其他的时间。

（2）reboot：重新启动系统。

（3）init 6：进入 run level 6 做重新开机的操作。

（4）在虚拟终端（控制台）上按 Ctrl+Alt+Delete 键。

在这里需要说明的是，在以上 4 个重新启动系统命令中，许多 UNIX 和 Linux 的专业人员更喜欢 init 6。也是看上去非常专业，因为在那些对 UNIX 和 Linux 一无所知的用户面前，一会儿使用 init 6，一会儿使用 init 0，用户一看就眼晕。

尽管许多 Linux 的书都认为作为一个非常稳定的操作系统，一般 Linux 系统很少需要关闭或重启系统。但是当系统出了问题时，而且又不知道问题的所在，往往重启系统可以解决问题。

☞指点迷津：

作为一个操作系统管理员，当系统出现问题时千万不要紧张（也没有必要紧张）。以下就是必须牢记的解决问题的灵丹妙药：

（1）检查所有的连线是否都连好了。

（2）如果连线没有问题，检查所有的开关是否都开了。

（3）如果所有的开关也都开了，重启系统。一般多数的问题都会解决了。

尽管以上的方法不能登大雅之堂，但是却很好用。不过一定要注意在写报告时或向领导汇报时千万别这么说，要说得越专业越好。在一个行当里混久了，就会发现：其实，说是说，做是做，说做从来都是两码事。

考古学家、历史学家和研究科学发展史的专家们发现：当有多种可能的技术方案来解决同一个问题时，如果不知道答案，往往最简单的就是答案，而我们的祖先或竞争对手（也可能是敌人）往往也是使用最简单的方法来解决问题。

15.14 练 习 题

1．Linux 系统正在以正文方式运行。若想在下一次重新启动时直接以图形方式启动。请问，应该怎样才能完成这一工作？

    A．编辑配置文件/etc/inittab 并将默认 run level 改为 5

    B．编辑配置文件/etc/inittab 并将默认 run level 改为 3

    C．编辑配置文件/etc/inittab 并将默认 run level 改为 1

    D．编辑配置文件/etc/inittab 并将默认 run level 改为 6

2．以 root 用户登录 Linux 系统并让 Linux 系统进入 run level 3。如果此时执行了 xinit 命令，Linux 系统将发生什么变化？

    A．系统变为 run level 5

    B．系统变为 run level 4

    C．系统继续以 run level 3 运行

    D．系统变为 run level 1（单用户模式）

3．Linux 系统默认的运行级别为 5，即 run level 5。以 root 用户登录 Linux 系统并让 Linux 系统进入 run level 3。如果此时执行了 init 6 命令，Linux 系统将发生什么变化？

    A．系统变为 run level 5

    B．系统变为 run level 4

    C．系统继续以 run level 3 运行

    D．系统变为 run level 1（单用户模式）

4．在 Oracle Linux（Red Hat Linux）系统中提供了多个关闭系统的命令。请问，在以

下的命令中，哪 4 个是 Linux 系统的关机命令？

  A．init 6　　　　　　B．init 0　　　　　　C．reboot

  D．shutdown　　　　E．poweroff　　　　F．halt

 5．作为一位 Linux 操作系统的管理员，root 用户在终端 tty1 上发出了如下的 shutdown 命令：

[root@dog ~]# shutdown -k -t 5 now "Superdog Server is going for a shutdown, Please save all your work"

请问，root 用户发这一命令的目的是什么？

  A．关闭 Superdog Server 并不显示警告信息

  B．向登录在 Superdog Server 上的所有用户发送警告信息，然后关闭 Superdog Server

  C．向登录在 Superdog Server 上的所有用户发送警告信息，然后重启 Superdog Server

  D．向登录在 Superdog Server 上的所有用户发送警告信息而并不真正地关闭 Superdog Server

第 16 章 Linux 内核模块及系统监控

在第 15 章中已经比较详细地介绍了系统开机时所载入的/boot 分区中的 Linux 系统内核部分。在本章将介绍内核模块，所介绍的内容包括内核将提供哪些方面的服务，以及如何配置系统的内核。

16.1 Linux 系统内核模块及其配置

Linux 系统内核模块实际上是对 Linux 系统小内核（开机时载入的内核部分，在有的书中称为核心）的扩充，这些模块可以在需要时装入，也可以在不需要时卸载。将这些模块与系统核心部分（开机时载入的内核部分）分开的好处是：在没有增加开机时载入内核映像大小的情况下，允许在需要时扩充内核。

内核中的许多组件可以被编译成可动态载入的形式，这些编译后的组件就是内核模块。内核模块是外挂在核心上的，这样在增加系统功能的同时，却不会增加核心的大小。内核模块有两个功能：

（1）提供计算机外围设备的驱动程序。

（2）提供一些其他的文件系统的支持。

在载入内核模块时，可以设定内核模块，所有的内核模块都存放在/lib/modules 目录中，可以使用例 16-1 的 ls 命令列出所有的内核模块（Kernel Modules）。

【例 16-1】

```
[root@dog ~]# ls -l /lib/modules
total 40
drwxr-xr-x   3 root root 4096 Oct   8 17:58 2.6.9-42.0.0.0.1.EL
drwxr-xr-x   2 root root 4096 Oct   8 17:59 2.6.9-42.0.0.0.1.Elhugemem
……
```

例 16-1 的显示结果只列出了每一类内核模块所在的目录，可以继续使用 ls 命令列出感兴趣的目录中的全部内容（所有内核模块）。

如果想要控制这些内核模块，可以使用 lsmod 命令列出目前已经载入了哪些模块。而可以使用 modprobe 命令来临时载入某个模块，modprobe 命令的语法格式如下：

modprobe 模块名

如果将一个没有 Red Hat 公司认证许可的模块加入到系统内核中，会使得内核变成一个受污染的内核（tainted kernel），而 Red Hat 公司不会对受污染的内核提供任何服务。还远不止如此，Oracle 公司也可能不会对受污染的内核提供服务。如果 Linux 系统的内核已经成了一个 tainted kernel，而这台计算机是 Oracle 服务器，可就遇到大麻烦了，因为操作系统和数据库厂商都可能不提供技术支持了。

☞ **指点迷津：**

> 其实，在许多领域都一样。如你买的家用电器，一般厂家都会声明：如果用户私自打开电器，厂家会拒绝继续提供保修的。可能有人觉得这厂家也太绝情了，说实在的，许多新产品出了问题，有时就连厂家自己也搞不明白。当然最简单的办法就是找个借口不提供服务，而且还可以把责任全都推到用户身上。所以这也给读者提个醒，如果你的系统是在保修期内或你的公司购买了服务，最好没事别捅它，因为一旦厂商找到了你动过系统的证据，他可就找到了修不好的理由了。其实，往往是他们的系统本来就很糟糕，他们自己清楚得很，正愁找不到借口呢！

接下来将介绍怎样设置内核模块。也许在设置某个模块之前，你很想知道这些模块目前的配置信息。可以使用/sbin/modinfo 命令来浏览某个模块的信息，其中 modinfo 是 module 和 information 两个英文单词的缩写，modinfo 命令的语法格式如下：

modinfo　模块名

"modinfo 模块名"命令将列出该模块的一些信息（参数）以及它的认证许可是由谁（哪家公司）签署的。

可以通过/etc/modprobe.conf 文件来设置模块，在这个文件中可以设定 alias（别名就是模块的名字），默认 alias 会记录 Ethernet interface（网络卡）、sound card（声卡）、usb controller（usb 控制程序所使用的驱动程序）。在这个文件中，还可以设定当某一模块被载入时需要传给这一模块的 parameters（参数）及 actions（操作）。actions 表示当这个模块被载入或卸载时要执行的操作（命令）。现在，可以使用例 16-2 的 cat 命令列出/etc/modprobe.conf 中的全部设定。

【例 16-2】

```
[root@dog ~]# cat /etc/modprobe.conf
alias eth0 vmnics
alias scsi_hostadapter mptbase
alias scsi_hostadapter1 mptscsi
......
```

接下来，可以使用例 16-3 的/sbin/modinfo 命令列出 mptscsi 这个模块的信息以及它的认证许可是由哪家公司签署的。

【例 16-3】

```
[root@dog ~]# modinfo mptscsi
filename:      /lib/modules/2.6.9-42.0.0.0.1.ELsmp/kernel/drivers/message/ fusion/mptscsi.ko
author:        LSI Logic Corporation
description:   Fusion MPT SCSI Host driver
license:       GPL
vermagic:      2.6.9-42.0.0.0.1.ELsmp SMP 686 REGPARM 4KSTACKS gcc-3.4
depends:       mptbase,scsi_mod
```

有些模块会调用其他模块中所提供的功能来应用到自身上，这就是模块的依赖性（相依性）。模块的相依性会记录在/lib/modules 目录中的$(uname -r)子目录下的 modules.dep 文件中。还记得$(uname -r)的含义吗？它的含义是取出 uname -r 命令的结果（值），而 uname

-r 命令就是获取当前 Linux 系统内核的版本信息。

知道了$(uname -r)之后，就可以使用例 16-4 的 ls 命令列出/lib/modules/$(uname -r)目录中的全部内容了。

【例 16-4】

```
[root@dog ~]# ls -l /lib/modules/2.6.9-42.0.0.0.1.ELsmp
total 664
lrwxrwxrwx    1 root root    45 Oct      8 18:00 build -> /usr/src/kernels/2.6. 9-42.0.0.0.1.EL-smp-i686
drwxr-xr-x    9 root root  4096 Oct      8 17:41 kernel
-rw-r--r--    1 root root 153564 Mar    19 17:20 modules.dep
-rw-r--r--    1 root root    73 Mar    19 17:20 modules.ieee1394map
……
```

例 16-4 的显示结果中确实列出了 modules.dep 这个记录了相依性的文件，这个文件是正文文件，可以使用 file 命令来验证这一点，但是该文件很长，内容很多。也可以使用例 16-5 的 lsmod 命令列出目前已经载入的模块列表。

【例 16-5】

```
[root@dog ~]# lsmod
Module          Size   Used by
lp             15661   0
autofs4        23109   0
……
```

可以使用 Linux 系统提供的 insmod 命令来手工地装入一个内核模块，其中 insmod 是 install moudule 的缩写，其功能与之前介绍的 modprobe 命令相同。但是使用 modprobe 命令载入模块时，可以同时载入相依赖的模块，使用起来可能更方便些。insmod 命令的语法格式如下：

insmod 模块名

可以使用 Linux 系统提供的 rmmod 命令来手工地卸载一个内核模块，其中 rmmod 是 remove moudule 的缩写，rmmod 命令的语法格式如下：

rmmod 模块名

16.2 /proc 虚拟文件系统

为了使内核与文件系统的管理和维护能够使用完全相同的方法，UNIX 操作系统引入了一个虚拟文件系统/proc，这样用户就可以使用在进行文件操作时已经熟悉的命令和方法来进行内核信息的查询和配置了。/proc 并不存在于硬盘上，而是一个存放在内存中的虚拟目录，可以借助修改这个目录中的文件来及时变更内核的参数。/proc 目录中包含了存放目前系统内核信息的文件，通过这些文件就可以列出目前内核的状态。Linux 系统继续沿用了这一技术，/proc 虚拟文件系统（目录）的特色可以总结如下：

（1）可以使用/proc 来获取内核的配置信息或对内核进行配置。

（2）/proc 是一个虚拟文件系统，所有的文件只存储在内存中，并不存放到硬盘上，这样访问/proc 文件系统的速度会相当快。

（3）由于/proc 文件系统只存在于内存中，所以系统重启后所有更改过的内容自动消失，又回到初始的设置。

（4）利用/proc 可以显示进程的信息、内存资源、硬件设备、内核所占用的内存等。

（5）在/proc 中有一些子目录，如/proc/PID/子目录中包含了所有进程（运行的程序）的信息（其中 PID 是以数字表示的进程号），/proc/scsi/子目录中包含了所有 scsi 设备的信息，/proc/sys/子目录中包含了内核参数等。

（6）可以利用/proc/sys/子目录下的文件来修改网络设置、内存设置或内核的一些参数。

（7）所有对/proc 的修改立即生效。

接下来，可以使用例 16-6 的 ls 命令列出/proc 目录中的详细内容，你会发现所有的文件大小都是 0，为了节省篇幅，这里省略了输出结果。

【例 16-6】

[root@dog ~]# ls -l /proc

尽管所有的文件大小都是 0，但是仍然可以使用 cat 命令打开这些文件，如可以使用例 16-7的 cat 命令列出内存的详细信息，当然也可以列出 CPU 或其他设备的信息，是不是很方便？

【例 16-7】

[root@dog ~]# cat /proc/meminfo

MemTotal:	807032	kB
MemFree:	637748	kB
Buffers:	12772	kB
……		

下面是一个通过修改/proc/sys/net/ipv4/icmp_echo_ignore_all 文件中的内容来修改内核参数的例子，通过这样的修改 Linux 系统就可以忽略 ICMP 的封包，也就是 ping 命令无法ping 通这台主机。其中，ICMP 是 Internet Control Message Protocol 的缩写。

为此，首先在微软的 Windows 系统上启动一个 DOS 窗口，之后使用例 16-8 的 ping 命令 ping Linux 主机（Linux 主机的 IP 可能有所不同）。

【例 16-8】

C:\Documents and Settings\Administrator>ping 192.168.11.38

Pinging 192.168.11.38 with 32 bytes of data:

Reply from 192.168.11.38: bytes=32 time=2ms TTL=64
Reply from 192.168.11.38: bytes=32 time<1ms TTL=64

……

例 16-8 的显示结果清楚地表明目前微软系统是可以 ping 通 Linux 主机的。随后，切换回 Linux 操作系统（要在 root 用户下）。现在，使用例 16-9 的 echo 命令将文件/proc/sys/net/

ipv4/ icmp_echo_ignore_all 中的内容更改为 1。

【例 16-9】

[root@dog ~]# echo "1" > /proc/sys/net/ipv4/icmp_echo_ignore_all

系统执行完以上命令之后不会有任何显示信息，为此使用 cat 命令列出这一文件的全部内容以验证所做的修改是否成功。当确认/proc/sys/net/ipv4/icmp_echo_ignore_all 文件中的内容已经是 1 之后，切换回微软系统，并在 DOS 窗口中使用例 16-10 的 ping 命令重新 ping Linux 主机。这次会发现已经无法 ping 通了，最后同时按 Ctrl+C 键退出 ping 的界面。

【例 16-10】

C:\Documents and Settings\Administrator>ping 192.168.11.38
……
    Packets: Sent = 3, Received = 0, Lost = 3 (100% loss),
Control-C
^C

这里需要指出的是，如果此时使用 telnet 连接 Linux 主机是可以连通的，有兴趣的读者可以自己试一下。不但远程的计算机无法 ping 通这台 Linux 主机，就是本机也无法 ping 通。切换到 Linux 主机，使用 ping 命令 ping 本机（其中，127.0.0.1 为本机回路的 IP）。此时，会发现同样无法 ping 通，最后按 Ctrl+C 键退出 ping 的界面。

做完以上实验之后，使用例 16-11 的 echo 命令将 proc/sys/net/ipv4/icmp_echo_ ignore_all 文件中的内容再改回为 0。

【例 16-11】

[root@dog ~]# echo "0" > /proc/sys/net/ipv4/icmp_echo_ignore_all

系统执行完以上命令之后也不会有任何显示信息，为此使用 cat 命令再次列出这一文件中的全部内容以验证所做的修改是否成功。

当确认/proc/sys/net/ipv4/icmp_echo_ignore_all 文件中的内容已经是 0 之后，使用 ping 命令 ping 本机，此时会发现已经可以 ping 通。切换回微软系统，并在 DOS 窗口中使用 ping 命令重新 ping Linux 主机。这次会发现微软系统又可以 ping 通 Linux 主机了。

在 16.1 节中介绍过，如果将一个没有 Red Hat 公司认证许可的模块加入到系统内核中，会使得内核变成一个受污染的内核（tainted kernel），而对于 tainted kernel 操作系统和数据库厂商都可能不提供技术支持。

可能会有读者问：那怎样才能知道我们的 Linux 系统是否是一个 tainted kernel 呢？办法很简单，就是查看/proc/sys/kernel/tainted 这个虚拟文件，如果其中的内容是 0，就是没有受到污染（not tainted）；如果其中的内容是 1，就是受到了污染（tainted）。可以使用例 16-12 的 cat 命令列出/proc/sys/kernel/tainted 虚拟文件中的全部内容。

【例 16-12】

[root@dog ~]# cat /proc/sys/kernel/tainted
1

16.3　通过 sysctl 命令永久保存/proc/sys 下的配置

在 16.2 节中已经介绍了怎样通过修改/proc/sys/目录中的文件来修改内核参数，但是由于/proc/sys/目录中的文件只存在于内存中，所以系统重启后所有更改过的内核参数自动消失。也就是只能暂时修改内核参数，即/proc/sys/目录中的文件无法保存所做的变更。

因此要使用 sysctl 命令来变更内核参数的设定才能将这些设定变成静态的，也就是变成永久的设置，这样在重新启动系统时这些设定才不会消失。使用 sysctl 命令所变更的参数会保存到/etc/sysctl.conf 系统设置文件中。可以使用例 16-13 的 more 命令列出/etc/sysctl.conf 文件中的全部内容。

【例 16-13】

```
[root@dog ~]# more /etc/sysctl.conf
# Kernel sysctl configuration file for Red Hat Linux
#
# For binary values, 0 is disabled, 1 is enabled.　See sysctl(8) and
# sysctl.conf(5) for more details.
……
```

在系统启动之后，init 程序进行系统初始化时会自动执行 rc.sysinit 程序（脚本），而 rc.sysinit 程序会自动读取/etc/sysctl.conf 系统设置文件并执行这个文件中的系统配置。可以使用例 16-14 的 ls 命令列出/proc/sys/目录中的全部内容。

【例 16-14】

```
[root@dog ~]# ls -l /proc/sys
total 0
dr-xr-xr-x　2 root root 0 Mar 20 19:15 debug
dr-xr-xr-x　7 root root 0 Mar 20 19:15 dev
……
```

之后可以继续使用 ls 命令列出/proc/sys/目录下的子目录的内容，也可以使用例 16-15 的 cat 命令列出/proc/sys/kernel/hostname 文件中的内容（也可以列出其他文件的内容）。

【例 16-15】

```
[root@dog ~]# cat /proc/sys/kernel/hostname
dog.super.com
```

使用 sysctl 命令可以进行系统配置和维护，也可以监督系统配置的变化，经常使用 sysctl 命令完成的工作有：

（1）列出所有当前的系统设置：sysctl -a。

（2）从/etc/sysctl.conf 文件中重新载入系统设置：sysctl -p。

（3）动态设置一个在/proc 目录中文件的值：sysctl -w kernel.shmmax=2147483648。

接下来，可以使用例 16-16 的以 sysctl 开始的组合命令分页列出所有当前的系统设置，

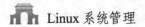

注意最后要使用 more，否则显示的内容很难阅读。

【例 16-16】

```
[root@dog ~]# sysctl -a | more
sunrpc.tcp_slot_table_entries = 16
sunrpc.udp_slot_table_entries = 16
......
```

之后，可以使用例 16-17 的带有-p 选项的 sysctl 命令从/etc/sysctl.conf 文件中重新载入系统设置。

【例 16-17】

```
[root@dog ~]# sysctl -p
net.ipv4.ip_forward = 0
net.ipv4.conf.default.rp_filter = 1
......
```

将例 16-17 的显示结果与例 16-13 命令所列出的/etc/sysctl.conf 文件中的内容进行比较，可以轻易地发现它们完全相同（除了注释信息之外）。

随后，可以使用例 16-18 的带有-w 选项的 sysctl 命令将 2147483648 写入/proc/sys/kernel/shmmax 虚拟文件中。之后，应该使用 cat 命令列出/proc/sys/kernel/shmmax 文件中的内容以验证该命令是否正确。

【例 16-18】

```
[root@dog ~]# sysctl -w kernel.shmmax=2147483648
kernel.shmmax = 2147483648
```

☞ 指点迷津：

例 16-18 的 sysctl -w 命令在安装 Oracle 数据库管理系统时可能要用到，它是将参数 shmmax 设置为 2GB。其实，安装 Oracle 数据库管理系统时，所需的几乎所有 Linux 操作系统参数的设置都是使用本章所介绍的方法完成的。

16.4 检测和监督 Linux 系统中的硬件设备

系统启动时可以在屏幕上看到引导信息，但是由于这些信息在屏幕上停留的时间很短（一直快速滚动），所以很难阅读。因此系统会使用一个叫做 klogd 的服务将这些信息写入到内存的一个环形缓冲区（ring buffer）中。可以使用 dmesg 命令来查看环形缓冲区中的信息，但是这个环形缓冲区的空间是有限的，所以当环形缓冲区被写满之后，系统将会把环形缓冲区中的信息写到/var/log/dmesg 日志文件中，这样就可以避免后来的信息覆盖掉前面的信息，所以也可以通过/var/log/dmesg 日志文件中的内容来查看内核的信息。以上所讲述的操作过程如图 16-1 所示。

图 16-1

可以使用例 16-19 的以 demsg 开始的组合命令列出环形缓冲区中的信息。也可以使用例 16-20 的 more 命令列出/var/log/dmesg 日志文件中的所有信息。

【例 16-19】

```
[root@dog ~]# dmesg | more
Linux version 2.6.9-42.0.0.0.1.ELsmp (root@ca-build10) (gcc version 3.4.6 200604
04 (Red Hat 3.4.6-3.1)) #1 SMP Sun Oct 15 14:02:40 PDT 2006
BIOS-provided physical RAM map:
……
```

【例 16-20】

```
[root@dog ~]# more /var/log/dmesg
Linux version 2.6.9-42.0.0.0.1.ELsmp (root@ca-build10) (gcc version 3.4.6 200604
04 (Red Hat 3.4.6-3.1)) #1 SMP Sun Oct 15 14:02:40 PDT 2006
BIOS-provided physical RAM map:
……
```

在 Linux 系统中有一个叫做 kudzu 的工具。这个工具可以维护系统中已经检测到的硬件设备数据库，当系统检测到某个设备或一个设备被移除时，kudzu 会自动设定系统并引导操作系统管理员来设定这个设备，同时还要将检测到的设备信息写入/etc/sysconfig/hwconf 文件中，可以使用例 16-21 的 more 命令来浏览/etc/sysconfig/hwconf 文件中的内容。

【例 16-21】

```
[root@dog ~]# more /etc/sysconfig/hwconf
class: OTHER
bus: PCI
……
```

kudzu 工具会使用/usr/share/hwdata 目录中的硬件设备（数据库）文件中的数据来检测系统的硬件设备。之后，系统会将检测到的设备的详细信息以文件的方式存放在/proc 目录中，如在/proc/cpuinfo 文件中就存放了与 CPU 相关的信息。

接下来，可以使用例 16-22 的 ls 命令列出/usr/share/hwdata 目录中所有的硬件设备文件。如果对某一类设备感兴趣，可以使用 more 或 cat 命令列出设备文件中的内容。

【例 16-22】

```
[root@dog ~]# ls -l /usr/share/hwdata
total 1360
-rw-r--r--  1 root root   2747 Oct 25   2006 CardMonitorCombos
-rw-r--r--  1 root root  88918 Oct 25   2006 Cards
……
```

接下来，可以使用例 16-23 的 ls 命令列出/proc 目录中所有以 info 结尾的文件，其中就有 cpuinfo。接下来，可以使用例 16-24 的 cat 命令列出/proc/cpuinfo 文件中的全部内容，也就是 CPU 的所有信息。

【例 16-23】

```
[root@dog ~]# ls -l /proc/*info
-r--r--r--  1 root root 0 Mar 21 12:19 /proc/buddyinfo
-r--r--r--  1 root root 0 Mar 21 12:19 /proc/cpuinfo
-r--r--r--  1 root root 0 Mar 21 12:19 /proc/meminfo
-rw-r--r--  1 root root 0 Mar 21 12:19 /proc/slabinfo
```

【例 16-24】

```
[root@dog ~]# cat /proc/cpuinfo
processor      : 0
vendor_id      : AuthenticAMD
cpu family     : 15
model          : 107
……
```

现在，在 linux-2.6 内核中已经开始使用 udev 工具来检测所有硬件设备，而 kudzu 工具有逐渐被取代的趋势。udev 工具能够根据系统中硬件设备的状态动态更新设备文件，包括设备文件的创建、删除等。设备文件通常放在/dev 目录下。使用 udev 后，在/dev 目录下就只包含系统中真正存在的设备。

udev 只支持 linux-2.6 内核，因为 udev 严重依赖于 sysfs 文件系统提供的信息，而 sysfs 文件系统只在 linux-2.6 内核中才有。udev 不是一个内核程序，而是用户程序（user-mode daemon）。

那么，udev 的配置文件放在哪里？udev 是一个用户模式程序。它的配置文件是/etc/udev/udev.conf，这个文件一般默认至少有以下几项：

- udev_root="/dev"：udev 产生的设备文件的根目录是/dev。
- udev_db="/dev/.udev.tdb"： 通过 udev 产生的设备文件形成的数据库。
- udev_rules="/etc/udev/rules.d"：用于指导 udev 工作的规则所在目录。
- udev_log="err"：当出现错误时，用 syslog 记录错误信息。

可以使用例 16-25 的 more 命令分页列出/etc/udev/udev.conf 文件的全部内容，为了节省篇幅，这里省略了输出显示结果。

【例 16-25】

```
[root@dog ~]# more /etc/udev/udev.conf
```

udev 的语句存放在/etc/udev/rules.d/目录中的文件中，这些语句包括文件名、权限、拥有者、属组以及发现一个新设备时要执行的命令。可以使用例 16-26 的 ls 命令列出/etc/udev/rules.d/目录中的所有文件。

【例 16-26】

```
[root@dog ~]# ls -l /etc/udev/rules.d/
total 32
-rw-r--r--  1 root root   152 Oct   7   2006 10-wacom.rules
```

-rw-r--r--	1 root root	3567	Oct	8	2006	50-udev.rules
-rw-r--r--	1 root root	507	Oct	8	2006	51-by-id.rules
-rw-r--r--	1 root root	324	Oct	7	2006	90-ib.rules

接下来，可以使用例 16-27 的 more 命令分页列出/etc/udev/rules.d/50-udev.rules 文件的全部内容，为了节省篇幅，这里省略了输出显示结果。

【例 16-27】

[root@dog ~]# more /etc/udev/rules.d/50-udev.rules

在 Linux 系统上也有一个图形界面的硬件检测工具——hwbrowser。可以通过这个工具以图形的方式来浏览系统中有哪些硬件设备。在操作系统的提示符下（在 root 用户下）输入 hwbrowser 并按 Enter 键后就进入了 hwbrowser 工具的控制页面（窗口）。在该页面中可以看到系统所监测到的硬件设备，此时可以根据需要用鼠标选择感兴趣的硬件，如硬盘，之后就会出现硬盘设备的详细信息。

16.5　系统总线支持和可热插拔总线支持

下面将介绍 Linux 系统是怎样支持 PCI 总线的。首先简单介绍 PCI 总线的概念。PCI 是 Peripheral Component Interconnect（外设部件互连标准）的缩写，它是目前个人计算机中使用最为广泛的接口，几乎所有的主板产品上都带有这种插槽。

在 Linux 操作系统上，可以使用/sbin/lspci 命令来查看目前有哪些设备插在 PCI 插槽中，而这些 PCI 的信息会存放在/proc/bus/pci/子目录中。可以使用例 16-28 的 lspci 命令来查看目前有哪些设备插在 PCI 插槽中，也可以使用例 16-29 的 ls 命令列出/proc/bus/pci/子目录中的所有内容。

【例 16-28】

[root@dog ~]# lspci
00:00.0 Host bridge: Intel Corporation 440BX/ZX/DX - 82443BX/ZX/DX Host bridge (rev 01)
00:01.0 PCI bridge: Intel Corporation 440BX/ZX/DX - 82443BX/ZX/DX AGP bridge (rev 01)
……

【例 16-29】

[root@dog ~]# ls -l /proc/bus/pci
total 0
dr-xr-xr-x　2 root root 0 Mar 21 16:36 00
-r--r--r--　1 root root 0 Mar 21 16:57 devices

下面继续介绍 Linux 系统的内核可以支持哪些可热插拔的总线。Linux 内核支持 USB 和 IEEE1394 这两种常见的可热插拔总线。USB 是 Universal Serial BUS（通用串行总线）的缩写，是一个外部总线标准，用于规范计算机与外部设备的连接和通信，是应用在 PC 领域的接口技术。USB 接口支持设备的即插即用和热插拔功能。USB 是在 1994 年底由英特尔、康柏、IBM、Microsoft 等多家公司联合提出的。

当 Linux 操作系统监测到有设备被插到 USB 或 IEEE1394 插槽中时，系统就会自动进行如下操作：

（1）执行/sbin 目录中的 hotplug 程序，并从/etc/hotplug/子目录中载入这个设备所用的驱动程序。

（2）将这个设备的相关信息写入/proc/bus/usb/子目录中。

可以使用/sbin/lsusb 命令来列出目前有哪些设备插在 USB 插槽中，如可以使用例 16-30 的 lsusb 命令列出目前有哪些设备插在 USB 插槽中。

【例 16-30】

```
[root@dog ~]# lsusb
Bus 001 Device 001: ID 0000:0000
```

Oracle Linux 操作系统会自动挂载 USB 设备，如将 USB 闪存插入计算机之后，Linux 系统会将其挂载在/media 目录下，可以使用例 16-31 的 ls 命令来验证这一点。

【例 16-31】

```
[root@dog ~]# ls -l /media
total 16
dr-xr-xr-x       6 root root 4096 Oct  27      2006 cdrom
drwxr-xr-x       2 root root 4096 Mar 21      16:36 floppy
drwxr-xr-x      55 root root 8192 Jan   1      1970 KINGSTON
```

可以使用例 16-32 的 ls 命令来验证/sbin/hotplug 程序的存在，可以发现所有用户都有执行这一程序的权限。也可以使用例 16-33 带有-1 选项的 ls 命令列出/etc/hotplug/子目录中所有设备所用的驱动程序。

【例 16-32】

```
[root@dog ~]# ls -l /sbin/hotplug
-rwxr-xr-x    1 root root 1160 Oct 23    2006 /sbin/hotplug
```

【例 16-33】

```
[root@dog ~]# ls -l /etc/hotplug
total 292
-rw-r--r--        1 root root      668 Oct 25    2006 blacklist
-rwxr-xr-x        1 root root   5223 Oct 23    2006 hotplug.functions
……
```

可以使用例 16-34 带有-1 选项的 ls 命令列出/proc/bus/usb/子目录中的所有内容（设备的相关信息）。

【例 16-34】

```
[root@dog ~]# ls -l /proc/bus/usb
total 0
```

| dr-xr-xr-x | 2 root root 0 Mar 22 | 2010 001 |
| -r--r--r-- | 1 root root 0 Mar 21 | 17:04 devices |

PCMCIA 是另一种常用的可热插拔的总线。PCMCIA（Personal Computer Memory Card International Association，PC 机内存卡国际联合会）是一个有 300 多个成员公司的国际标准组织和贸易联合会，该组织成立于 1989 年，目的是建立一项集成电路国际标准，以提高移动计算机的互换性。

当 Linux 操作系统监测到有设备被插到 PCMCIA 插槽中时，系统就会自动进行如下操作：

（1）执行/sbin 目录中的 cardmgr 程序，并从/etc/pcmcia 子目录中载入适当的模块。

（2）将这个设备的相关信息写入/proc/bus/pccard/子目录中。

可以使用例 16-35 的 ls 命令来验证/sbin/cardmgr 程序的存在，可以发现所有用户都有执行这一程序的权限。也可以使用例 16-36 带有-l 选项的 ls 命令列出/etc/pcmcia/子目录中所有设备所用的驱动程序。

【例 16-35】

```
[root@dog ~]# ls -l /sbin/cardmgr
-rwxr-xr-x   1 root root 44376 Oct   7   2006 /sbin/cardmgr
```

【例 16-36】

```
[root@dog ~]# ls -l /etc/pcmcia
total 212
-rw-r--r--     1 root root      961 Oct   7   2006 bluetooth
-rwxr-xr-x     1 root root     1782 Oct   7   2006 ide
……
```

如果想要控制 PCMCIA 的设备，可以使用/sbin/cardctl 命令（工具），cardctl 工具是用来监督和控制 PCMCIA 插槽的状态的。

16.6　系统监视和进程控制工具——top 和 free

在 Linux 和 UNIX 操作系统中，一个使用最频繁的系统监督工具可能是 top，该命令的使用非常简单，只要在操作系统提示符下输入 top 即可，如可以使用例 16-37 的 top 命令列出系统状态，系统默认每 5 秒钟刷新一下屏幕上的显示结果。

【例 16-37】

```
[root@dog ~]# top
top - 04:26:47 up 35 min,   3 users,   load average: 0.22, 0.16, 0.10
Tasks:  84 total,   1 running,  83 sleeping,   0 stopped,   0 zombie
Cpu(s):  5.3% us,   7.9% sy,  0.7% ni, 85.8% id,  0.0% wa,  0.3% hi,  0.0% si
Mem:    807032k total,   290772k used,   516260k free,    23144k buffers
Swap:  2096472k total,        0k used,  2096472k free,   174456k cached
```

PID USER	PR	NI	VIRT	RES	SHR S	%CPU	%MEM	TIME+	COMMAND
3601 root	15	0	39052	16m	4228 S	8.3	2.1	0:39.72	X

......

虽然 top 命令的使用极为简单，但是要真正理解 top 命令所显示的结果却并不容易。接下来将详细地解释例 16-37 显示结果中一些常用状态信息的具体含义。

第 1 行从 top -之后到方框之前的内容表示，这个系统是早上 04:26:47 开机的，已经开启了 35 分钟，目前系统上有 3 个用户。

第 1 行方框中的内容表示系统的平均负载，load average 显示的是在过去 10 分钟系统的平均负载，其中的 3 个数字分别代表现在、5 分钟前和 10 分钟前系统的平均负载。我们这个系统目前的系统平均负载是 0.22，5 分钟前的系统平均负载是 0.16，而 10 分钟前的系统平均负载是 0.10。看了这些系统平均负载数字，读者自然会问这些数字代表什么意思？如果你读过其他 Linux 书籍，可能会感到有些失望，因为多数都没给出具体的解释。这可能是因为计算 load average 的数学公式还是比较复杂的，很难用三言两语解释清楚。

这里将给出 load average 实用的解释。系统平均负载（load average）即任务队列的平均长度，按照某些文档，这 3 个数分别是目前、5 分钟和 10 分钟时间内平均有多少个进程由于 CPU 来不及处理而进入等待状态。在传统 UNIX 的管理员手册中，认为在 1 以下表示系统大部分时间是空闲，1～2 之间表示系统正好以它的能力运行，而 2～3 表示系统轻度负载，10 以上表示系统已经严重过载。不过，显然对于不同的系统，过载的标准是不同的。目前一些专家认为 load average 不应该大于系统的处理器数目乘以 2。

按照以上标准，系统的 CPU 是相当空闲的。在实际的生产系统上，系统过载不一定是系统本身的问题，很可能是系统上运行了某个或某些糟糕的应用程序，因此就需要操作系统管理员进一步调查以查明问题的真相，这样才能真正地解决问题。

显示结果的第 4 行显示的是与内存有关的信息，它们表示系统总的内存（total）为 807032KB，所使用的内存（used）为 290772KB，空闲的内存（free）为 516260KB。

显示结果的第 5 行显示的是与交换区（交换区就是所谓的虚拟内存，即当内存不够时可以当作内存使用的硬盘区域，这部分内容以后将详细介绍）有关的信息，它们表示系统总的交换区（total）大小为 2GB，所使用的交换区（used）为 0，空闲的交换区（free）也为 2GB。

许多人并未意识到其实 top 是一个交互类型的工具，在 top 命令中，输入？就可以看到一个选项列表。其中一个比较有用的选项是 u，这个选项可以让 top 命令只显示输出一个用户的相关信息。如果你现在还在 top 命令的窗口中，按？键就会出现如下的显示输出（为了节省篇幅，这里对输出结果进行了裁剪）。

```
Help for Interactive Commands - procps version 3.2.3
Window 1:Def: Cumulative mode Off.    System: Delay 3.0 secs; Secure mode Off.
1,I          Toggle SMP view: 'l' single/separate states; 'I' Irix/Solaris mode

z,b       . Toggle: 'z' color/mono; 'b' bold/reverse (only if 'x' or 'y')
```

u	. Show specific user only
n or #	. Set maximum tasks displayed
Press 'h' or '?' for help with Windows,	
any other key to continue	

按任意键就又会来到 top 命令的窗口，在 Swap 之下的第 6 行会出现 "Which user (blank for all)：" 的系统提示信息，此时就可以输入你感兴趣的用户了，如输入 dog，其显示结果如下：

```
top - 06:33:35 up   2:42,   3 users,   load average: 0.35, 0.30, 0.21
Tasks:  86 total,   2 running,  84 sleeping,   0 stopped,   0 zombie
Cpu(s):  5.3% us,   8.3% sy,   0.3% ni, 86.0% id,   0.0% wa,   0.0% hi,   0.0% si
Mem:    807032k total,   340644k used,   466388k free,    31344k buffers
Swap:  2096472k total,        0k used,  2096472k free,   207596k cached
Which user (blank for all): dog
  PID USER      PR  NI  VIRT  RES  SHR S %CPU %MEM    TIME+  COMMAND
 3601 root      15   0 40336  17m 5184 S  8.3  2.2  11:14.46 X
 4467 root      26  10 29876  16m 9860 S  3.7  2.0   4:47.67 rhn-applet-gui
 2484 root      15   0  1908  500  396 S  0.7  0.1   0:35.81 vmware-guestd
```

当按 Enter 键之后，top 命令就会只显示 dog 这一个用户的相关信息，其显示结果如下：

```
top - 06:36:43 up   2:45,   3 users,   load average: 0.28, 0.28, 0.21
Tasks:  86 total,   2 running,  84 sleeping,   0 stopped,   0 zombie
Cpu(s):  5.3% us,   7.4% sy,   0.4% ni, 86.9% id,   0.0% wa,   0.0% hi,   0.0% si
Mem:    807032k total,   340900k used,   466132k free,    31572k buffers
Swap:  2096472k total,        0k used,  2096472k free,   207628k cached

  PID USER      PR  NI  VIRT  RES  SHR S %CPU %MEM    TIME+  COMMAND
 4258 dog       15   0  5520 1396 1176 S  0.0  0.2   0:00.10 bash
```

从这个例子可能也看不出什么有用的信息来，但是如果管理的是一个生产系统，如管理的 Linux 系统上运行着 Oracle 数据库管理系统，这时可能就很有用了。此时在用户名处输入 oracle，top 命令就将列出所有由 oracle 启动的进程的相关信息，你就可以帮助 Oracle 数据库管理员（DBA）进行 Oracle 数据库的排错或优化了。

另一个常用的 Linux 和 UNIX 系统监测工具是 free，可以使用 free 命令来显示内存的使用状态。这个命令的使用非常简单，只要在操作系统提示符下输入 free 即可，如可以使用例 16-38 的 free 命令列出系统内存的状态。

【例 16-38】

```
[root@dog ~]# free
```

	total	used	free	shared	buffers	cached
Mem:	807032	341412	465620	0	32136	207584
-/+ buffers/cache:		101692	705340			
Swap:	2096472	0	2096472			

使用 free 这个命令也可以同时获得物理内存和虚拟内存（交换区）的使用量，而 total、

used 和 free 内存与 top 命令显示中的含义相同。

作为操作系统管理员，需要特别注意的是，有时 top 命令显示的结果可能会误导你作出错误的判断。下面是一个在安装了 Oracle 数据库管理系统的 Linux 系统上使用 top 命令获得的相关显示结果。

```
Mem: 16124948K used, 42724K free
```

依据这个显示结果，你可能会觉得系统目前的形式已经十分严峻了，因为系统已经用掉了 16GB 左右的内存，而空闲的内存只有 42MB 了。但奇怪的是这个系统目前运行得相当平稳，系统的反应速度也没有下降。这又是为什么呢？此时就需要使用 free 命令，以下就是在这个 Linux 系统上使用 free 命令获得的相关显示结果。

shared	buffers	cached
1710184	351312	13330324

看了 free 命令的结果，你心里的一块石头终于落地了，因为 free 命令的结果显示在被使用的内存中有 13GB 是内存缓冲区，这些内存是共享内存而且可以被使用，所以你的系统的内存使用没有任何问题。

这也告诉我们，有时依据一个 Linux 或 UNIX 系统工具（命令）获得的结果很难作出准确的判断，但是如果将由两个或多个命令获得的结果综合起来进行分析就很容易作出准确的判断。

现实生活中也是一样，现在骗子都不单干了，而是组成一个团队，即组团忽悠（骗）以增加行骗成功的概率。一个骗子办不成的事，现在多个骗子齐心合力协同作战就可以办成了。在 Linux 和 UNIX 系统中也是，一个命令解决不了的问题，将两个或多个命令组合起来就很容易地解决了。

Linux 系统也提供了一个图形界面的系统监督工具，即 System Monitor，可以在 Linux 系统的图形终端窗口中的系统提示符下（root 用户）输入 gnome-system-monitor，当按 Enter 键后就会进入 System Monitor 页面，这时就会列出系统所有进程的状态信息。向下拖动窗口右侧的滚动条直到看到 klogd 进程（可以是其他进程）为止，选择 klogd 进程，单击 More Info 按钮。之后将在窗口的底部出现 klogd 进程的详细信息，选择 Resource Monitor 选项卡。之后就将出现 CPU、内存、虚拟内存（交换区）以及硬盘等硬件设备的详细信息。

其实这个工具有些类似微软的 Windows 任务管理器，如当按 Ctrl+Alt+Delete 键之后就会出现 Windows 任务管理器的视窗（页面），选择"性能"选项卡，就会看到相似的画面。

16.7　系统监视和进程控制工具——vmstat 和 iostat

接下来介绍另一个 Linux 系统监控工具 vmstat。vmstat 可以被用来显示进程、内存、交换区、I/O 以及 CPU 的工作状态，其语法格式如下：

vmstat　[时间间隔] [显示的记录行数]

可以使用例 16-39 的 vmstat 命令列出系统的进程、内存、交换区、I/O 以及 CPU 的工作状态。

【例 16-39】

```
[root@dog ~]# vmstat
process ------------memory------------ ----swap- -----io----- --system----- ----cpu----
 r  b   swpd   free   buff  cache   si  so   bi   bo   in   cs  us  sy  id  wa
 0  0      0 634884  13776 116744   0   0   40    9 1005   44   1   3  96   0
```

在省略所有参数的情况下，vmstat 命令只显示一行的结果。现在，我们从左到右介绍 vmstat 命令的显示结果中每一列的具体含义（忽略了 memory 的部分，因为其含义与 free 的差不多）。

- ➥ process/r：进程正在等待 CPU（运行队列的大小）。
- ➥ process/b：进程在不中断地睡眠。
- ➥ swap/si：进程从交换区滚入（载入）内存。
- ➥ swap/so：进程滚出到交换区上，但是仍然处于运行状态。
- ➥ io/bi：载入内存的数据块数。
- ➥ io/bo：写入硬盘的数据块数。
- ➥ system/in：每秒钟的中断次数。
- ➥ system/cs：每秒钟的环境切换次数。
- ➥ cpu/us：执行用户代码所使用的 CPU 时间。
- ➥ cpu/sy：执行系统码所使用的 CPU 时间。
- ➥ cpu/id：CPU 空闲时间。
- ➥ cpu/wa：CPU 等待的时间。

这里解释一下每秒钟的环境切换次数（system/cs），因为 Linux 和 UNIX 系统都是多用户系统，所以多个用户共享一个 CPU（这里为了简化问题，只考虑一个 CPU），CPU 以分时的方式分配给每一个用户，比如说时间片是 100 毫秒，也就是每个用户在每次最多可以使用 100 毫秒的 CPU。这样如果一个进程（如进程 A）很大，在指定的时间片内不能完成，等时间片用完之后，系统就要将 CPU 的所有权分配给下一个用户的进程（如进程 B）。这时系统要将进程 A 的环境参数（如局域变量等）存入一个特殊的被称为堆栈的内存区域（也称为压入堆栈），之后还要将进程 B 的环境参数从堆栈的内存区域中取出（从堆栈中弹出）。以上将前一个进程的环境参数压入堆栈和将后一个进程的环境参数从堆栈中弹出的操作（可能还要一些其他的相关操作）就是所谓的环境切换（Context Switch）。

假设进程 A 是一个进行 Oracle 数据库备份的进程，它可能要运行几十分钟甚至更长，现在你可以想象环境切换的次数大的惊人。由于频繁地进行环境切换会消耗大量的系统资源，此时就要帮助 Oracle 数据库管理员重新配置 Oracle 数据库，使这样的执行时间超长的进程独占自己使用的内存区以避免环境的切换。

现在你不但可以管理和维护 Linux 或 UNIX 系统，而且还能发现 Oracle 引起的效率问题并指导 Oracle 的系统优化了，同时变成了操作系统和数据库系统方面的大虾。

例 16-39 的 vmstat 命令的显示结果只有一行，在管理和维护实际的商业系统时，很难根据这一行信息作出准确的判断，因此可以使用类似例 16-40 的 vmstat 命令来监督系统的运行情况，其中 3 表示每 3 秒刷新（重新收集）一次显示信息，5 表示一共刷新 5 次（也就是共显示 5 行）。注意，在实际工作中，刷新的时间间隔和显示的记录行数都可能要大些，这样更容易帮助操作系统管理员作出正确的判断。

【例 16-40】

```
[root@dog ~]# vmstat 3 5
```

process	----------	memory	----------		---swap---		---io---		---system---		---cpu---			
r	b	swpd	free	buff	cache	si	so	bi	bo	in	cs	us	sy	id	wa
0	0	0	637036	12716	115724	0	0	60	12	1007	48	1	4	94	0
0	0	0	637036	12724	115716	0	0	0	17	1005	38	1	1	99	0
0	0	0	637036	12724	115716	0	0	0	0	1006	37	0	1	99	0
0	0	0	637036	12732	115708	0	0	0	25	1007	37	1	2	98	0
0	0	0	637036	12732	115708	0	0	0	0	1006	35	0	0	99	0

类似例 16-40 的覆盖一段时间的统计信息更有用，因为如果是一行的统计信息有问题我们可以暂时认为这是突跳（偶然事件），暂时先不用管它。但是某一列或某几列的值在多行上都很高（持续在高位），这可能就是问题的所在。

☞指点迷津：

在使用以下所介绍的 iostat 工具之前，必须安装 sysstat 软件包，因为我们在安装 Linux 系统时已经安装了这个软件包，所以可以直接使用。

硬盘活动、硬盘等待队列的长度和硬盘热点(访问频率极高的硬盘区域)都是影响 Linux 系统整体效率的重要信息。那么如何收集这些重要的 I/O 统计信息呢？可以使用下面即将介绍的一个监督系统 I/O 设备负载信息的常用工具——iostat（为 I/O statistics 的缩写）。这个工具除了可以用来获取 I/O 设备性能方面的信息之外，还可以获取 CPU 性能方面的信息。这个工具显示结果（报告）的第 1 部分是从系统启动以来的统计信息，而接下来的部分就是从前一部分报告的时间算起的统计信息，iostat 命令的语法格式如下：

iostat　　[选项] [时间间隔] [刷新显示信息的次数]

在选项（参数）中有几个比较常用的选项。

（1）-d：显示硬盘所传输的数据和服务时间，即包括每个硬盘，d 是 disk 的第 1 字母。

（2）-p：包含每个分区的统计信息，p 是 partition 的第 1 个字母。

（3）-c：只显示 CPU 的使用信息。

（4）-x：显示扩展的硬盘统计信息，x 是 extended 的缩写。

可以使用类似例 16-41 的 iostat 命令来监督 Linux 系统的 CPU 使用状况，其中 2 表示每两秒刷新（重新收集）一次显示信息，3 表示一共刷新显示信息 3 次。

【例 16-41】

```
[root@dog ~]# iostat -c 2 3
```

Linux 2.6.9-42.0.0.0.1.ELsmp (dog.super.com)		03/24/2010		
avg-cpu:	%user	%nice	%sys %iowait	%idle
	1.53	0.00	4.65　0.04	93.77
avg-cpu:	%user	%nice	%sys %iowait	%idle

	0.50	0.00	1.01	0.00	98.49
avg-cpu:	%user	%nice	%sys	%iowait	%idle
	1.00	0.00	0.50	0.00	98.51

例 16-41 的显示结果表明这个系统非常空闲,因为 CPU 有 90%以上的时间是空闲的。接下来,可以使用例 16-42 的 iostat 命令来监督硬盘分区的运行状况(实际工作中刷新的时间间隔和刷新显示信息的次数要大些,这里之所以使用 3 和 2 是为了节省时间和减少显示的篇幅)。

【例 16-42】

```
[root@dog ~]# iostat -d -p -k 3 2
Linux 2.6.9-42.0.0.0.1.ELsmp (dog.super.com)        03/24/2010
```

Device:	tps	kB_read/s	kB_wrtn/s	kB_read	kB_wrtn
hdc	0.00	0.06	0.00	212	0
sda	1.96	37.43	8.59	123487	28330
sda1	0.21	0.21	0.00	695	2
sda2	3.36	36.60	8.57	120765	28284
Device:	tps	kB_read/s	kB_wrtn/s	kB_read	kB_wrtn
hdc	0.00	0.00	0.00	0	0
sda	0.67	0.00	18.73	0	56
sda1	0.00	0.00	0.00	0	0
sda2	4.68	0.00	18.73	0	56

例 16-42 的显示结果给出了每个硬盘中每个分区的 I/O 统计信息,以下对这个显示结果的列名做一个简单的解释。

- tps: transfers per second 的缩写(每秒钟传输的数量),一个 transfer 就是对设备的一个 I/O 请求。
- kB_read/s: 每秒从硬盘中读出数据的 KB 数。
- kB_wrtn/s: 每秒写入硬盘数据的 KB 数,wrtn 为 written 的缩写。
- kB_read: 从硬盘中读出数据的总 KB 数。
- kB_wrtn: 写入硬盘数据的总 KB 数,wrtn 为 written 的缩写。

使用类似例 16-42 的 iostat 命令来监督硬盘分区的运行状况,可以发现哪个硬盘分区是 I/O 瓶颈。如果 Linux 系统上运行的是 Oracle 数据库管理系统,消除 I/O 瓶颈往往是 Oracle 数据库优化的一个重要部分。如发现 sda2 分区的 I/O 量过大,而 Oracle 的所有数据都放在了这个分区上,此时就可以通过将有 I/O 竞争的一些数据移动到不同的硬盘上(如将表、索引以及排序区分别存放到不同的硬盘上)来解开 I/O 瓶颈,从而达到优化 Oracle 系统的目的,而你并不需要增加任何软/硬件资源。看来系统优化也没那么神秘,是不是?

16.8 系统中进程的监控——ps 和 pgrep

有关 Linux 的进程,读者应该不会感到陌生,因为之前我们已经遇到许多次了。在本节中将比较详细和全面地介绍什么是进程,以及如何监控进程。

与 UNIX 系统相同，在 Linux 系统上所运行的每一个程序都会在 Linux 系统中创建一个相对应的进程。当一个用户登录 Linux 系统并启动 shell 时，他就启动了一个进程（shell 进程）。当用户执行一个 Linux 命令或开启一个应用程序时，他也启动了一个进程。

由系统启动的进程被称为守护进程，守护进程是在后台运行并提供系统服务的一些进程。例如，httpd 守护进程提供 HTTP 服务。

每一个进程都有一个唯一的进程标识号码（Process Identification Number，PID），Linux 系统的内核就是使用这个 PID 来追踪、控制以及管理进程的。每一个进程又与一个 UID 和一个 GID 相关联，以决定这个进程的功能，通常与一个进程相关的 UID 和 GID 与启动这个进程的用户的 UID 和 GID 相同。

当一个进程创建另一个进程时，第 1 个进程被称为新进程的父进程（parent process），而新进程被称为子进程（child process）。当子进程运行时，父进程处于等待状态。当子进程完成了它的工作之后，子进程会通知父进程，然后父进程终止子进程。如果父进程是一个交互的 shell（程序），将出现 shell 的提示符，这表示 shell 正在准备执行新的命令。

那么怎样才能知道系统目前有哪些正在运行的进程呢？可以使用 ps（process status，进程状态）命令来列出所在 shell 所调度运行的进程。ps 命令有一些选项，可以通过使用不同的选项来以不同的格式显示进程状态的信息，ps 命令的语法格式如下：

ps [选项]

对于每一个进程，ps 命令将显示 PID、终端标识符（TTY）、累计执行时间和命令名（CMD）。其中，选项可以是多个，以下是在 ps 命令中两个经常使用的选项。

- -e: 显示系统上每一个进程的信息，这些信息包括 PID、TTY、TIME 和 CMD，其中 e 是 every（每一个）的第 1 个字母。
- -f: 显示每一个进程的全部信息列表，除了 -e 选项显示的信息之外，还额外地增加了 UID、父进程标识符号（PPID，即 Parent Process ID）和进程启动时间（STIME），其中 f 是 full（全部的）的第 1 个字母。

可以使用例 16-43 不带任何参数的 ps 命令仅列出所在 shell 所调度运行的进程（不会列出任何系统的守护进程）。这是 ps 命令的最简单形式，它只能列出非常有限的信息。

【例 16-43】

```
[root@dog ~]# ps
```

PID TTY	TIME CMD
3820 pts/1	00:00:00 su
3821 pts/1	00:00:00 bash
3862 pts/1	00:00:00 ps

接下来，使用例 16-44 的带有 -ef 选项的 ps 命令列出目前在系统上被调度运行的所有进程（为了便于阅读，使用管道符号送入 more 命令分页显示）。

【例 16-44】

```
[root@dog ~]# ps -ef | more
```

UID	PID	PPID	C STIME TTY	TIME CMD

root	1	0	0 00:21 ?	00:00:01 init [5]
……				
root	3821	3820	0 00:26 pts/1	00:00:00 -bash
root	3866	3821	0 00:41 pts/1	00:00:00 ps -ef
root	3867	3821	0 00:41 pts/1	00:00:00 more

在例 16-44 的显示结果中包括了系统中目前运行的所有进程，其中也包括了守护进程。以下对这个显示结果的每一列做进一步的解释。

（1）UID：该进程的拥有者（owner）的用户名。

（2）PID：该进程的唯一进程标识号码。

（3）PPID：父进程的进程标识号码。

（4）C：这个值已经不再使用。

（5）STIME：该进程启动的时间（小时:分:秒）。

（6）TTY：这个进程的控制终端，注意系统守护进程将显示问号（?），表示这个进程不是使用终端启动的。

（7）TIME：该进程的累计执行时间。

（8）CMD：命令名、选项和参数。

从例 16-44 的显示结果的倒数 1、2、3 行可以发现，实际上 Linux 系统是使用两个子进程（进程 ID 为 3866 和 3867）来完成 ps -ef | more 命令的工作的，这两个子进程所对应的命令分别是 ps -ef 和 more，它们的父进程都是 3821，而这个父进程所对应的命令为 bash。可以参考以上内容对每一行含义进行解释，很容易地理解任何一个进程的状态信息。

我们常常只对某些特定的进程感兴趣，此时就可以将 ps 和 grep 命令利用管道符号（|）组合成一个命令来搜寻这些特定的进程，如可以使用例 16-45 的组合命令列出所有在命令中含有 tty 的进程的状态信息。

【例 16-45】

[root@dog ~]# ps -ef | grep tty

root	2851	1	0 00:23 tty1	00:00:00 /sbin/mingetty tty1
root	2939	1	0 00:23 tty2	00:00:00 /sbin/mingetty tty2
……				

为了方便进程的搜寻操作，Linux（UNIX）还引入了一个功能类似以上 ps 和 grep 的组合命令的单独命令——pgrep。可以使用 pgrep 命令利用名字来显示指定的进程。pgrep 命令默认只显示在命令行上匹配所指定条件的每个进程的 PID。

接下来，可以使用例 16-46 的 pgrep 命令列出命令名中包含字符串 klogd 的任何进程的 PID。其实，klogd 进程就是 16.4 节中介绍的 klogd 进程。

【例 16-46】

[root@dog ~]# pgrep klogd
2356

虽然例 16-46 的命令正确地显示了命令名中包含字符串 klogd 的进程的 PID 为 2356，

但是有时我们可能并不能记住准确的进程名，此时在显示这个进程的 PID 的同时，我们也想显示这个进程的名字（命令名），这时就可以使用例 16-47 带有-l 选项的 pgrep 命令来完成这一工作。

【例 16-47】

```
[root@dog ~]# pgrep -l klogd
2356 klogd
```

16.9 系统中进程的监控——pstree、kill 和 pkill

除了以上两个与进程管理有关的命令之外，Linux 系统还提供了另一个可能看起来更直观的与进程管理有关的命令，那就是 pstree 命令。pstree 命令将正在运行的进程作为一棵树来显示，树的根基可以是一个进程的 PID，也可以是 init（如果在命令中没有参数）。如果在命令中指定的参数是用户名，那么进程树的根基于这个用户所拥有的进程。

下面使用例子来演示 pstree 命令的具体用法。假设你是使用 telnet 登录 Linux 系统的，并且已经切换到了 root 用户（否则你要做这些操作）。可以使用例 16-48 的 ps 命令获取当前用户下所有运行的进程的 PID。

【例 16-48】

```
[root@dog ~]# ps
  PID TTY          TIME CMD
 4729 pts/1    00:00:00 su
 4730 pts/1    00:00:00 bash
 4863 pts/1    00:00:00 ps
```

之后，使用例 16-49 的命令分页显示系统中所有进程的详细状态信息。为了节省篇幅，这里只显示了少量的显示结果。

【例 16-49】

```
[root@dog ~]# ps -ef | more
```

UID	PID	PPID	C	STIME	TTY	TIME	CMD
root	1	0	0	00:21	?	00:00:01	init [5]
......							
root	2	1	0	00:21	?	00:00:00	[migration/0]
root	3	1	0	00:21	?	00:00:00	[ksoftirqd/0]
root	4	1	0	00:21	?	00:00:00	[events/0]

不要退出 more 命令，切换到图形界面的终端窗口（还是以 root 用户登录）。之后，使用例 16-50 的 pstree 命令列出 PID 为 4729 的进程的进程状态树。

【例 16-50】

```
[root@dog ~]# pstree 4729
su───bash───more
```

例 16-50 的显示结果表明，more 进程的父进程为 bash，而 bash 进程的父进程为 su。也可以在 pstree 命令中不使用 PID 而只使用用户名。如使用例 16-51 的 pstree 命令列出用户 dog 的所有进程的进程状态树。

【例 16-51】

```
[root@dog ~]# pstree dog
bash————su————bash————more
```

如果在 pstree 命令中不使用任何参数，将列出以 init 进程为根（起始点）的系统中所有进程（包括守护进程）的进程状态树，如可以使用例 16-52 不带任何参数的 pstree 命令列出这个系统所有进程的进程状态树。为了节省篇幅，这里省略了输出结果。

【例 16-52】

```
[root@dog ~]# pstree
```

以上所介绍的所有有关进程的命令都只是查看进程的状态以及进程之间的从属关系，那么如何来控制进程的状态呢？在 Linux 操作系统中是使用信号（Signal）来控制进程的。

一个信号就是可以传送给一个进程的一个消息。进程通过执行信号所要求的操作（动作）来响应信号。信号由一个信号号码和一个信号名来标识，每一个信号都有一个相关的操作。表 16-1 为常用信号的描述。

表16-1

信 号 号 码	信 号 名	事 件	定义（描述）	默 认 响 应
1	SIGHUP	挂起 Hang up	挂掉电话线或终端连接的挂起信号。这个信号也会造成某些进程在没有终止的情况下重新初始化	退出 Exit
2	SIGINT	中断 Interrupt	使用键盘产生的一个中断信号（通常是使用 Ctrl+C 键）	退出 Exit
9	SIGKILL	杀死 Kill	杀死一个进程的信号，一个进程不能忽略这个信号	退出 Exit
15	SIGTERM	终止 Terminate	以一种有序的方式终止一个进程。一些进程会忽略这个信号。kill 和 pkill 命令默认发送的就是这个信号	

那么又怎样将一个信号发送给一个或多个进程呢？可以使用 kill 命令把一个信号发送给一个或多个进程。kill 命令只能终止一个用户所属的那些进程，但是 root 用户可以使用 kill 命令终止任何进程。kill 命令默认向进程发送 signal 15，这个信号将引起进程以一种有序的方式终止（正常终止），kill 命令的语法格式如下：

```
kill [-signal] PIDs
```

因此在使用 kill 命令终止一个进程之前，必须知道这个进程的 PID。可以使用我们刚刚介绍的 pstree 方法来获取进程的 PID，可以通过在一个命令行上输入多个 PIDs 的方法，一次终止多个进程。

为了演示 kill 命令的用法，先使用例 16-53 的组合命令分页显示系统中所有进程的状态信息。为了节省篇幅，这里省略了输出结果显示。

【例 16-53】

[root@dog ~]# ps -ef | more

不要退出 more 命令。此时，再开启一个终端窗口（以 root 用户登录），之后使用例 16-54 的 pgrep 命令确定这个 more 命令的进程 PID。

【例 16-54】

[root@dog ~]# pgrep -l more
3852 more

接下来，就可以使用例 16-55 的 kill 命令以一种有序的方式终止 PID 为 3852（就是 more 命令）的进程了。

【例 16-55】

[root@dog ~]# kill 3852

系统执行完以上 kill 命令不会有任何系统提示信息，所以应该使用例 16-56 的 pgrep 命令来测试这个 kill 命令是否执行成功。

【例 16-56】

[root@dog ~]# pgrep -l more

系统执行完以上 pgrep 命令不会有任何系统提示信息，这就表明 more 命令所对应的进程已经不存在了，也就是进程 3852 已经被终止了。现在切换回原来发出 ps -ef | more 命令的终端窗口，就会看到如下的显示：

```
root        2328        1    0 12:18 ?          00:00:00 syslogd -m 0
--More--Terminated
[root@dog ~]#
```

这个显示结果清楚地表明 more 命令已经被终止。看来终止一个进程也是蛮容易的。如果当运行某一个程序时不知什么原因这个程序死了，而又无法退出这个程序，就可以使用以上方法将这个程序所对应的进程终止，以退出这个程序。

我们在之前介绍过 kill 命令默认是向进程发送 signal 15，而这个信号将引起进程以一种有序的方式终止（正常终止），当然这是我们所希望的。尽管以 kill 和 service 命令都可以终止一个独立的守护进程，但是这两个命令还是有一些细微的差别。为了说明这一点，先使用例 16-57 的 pgrep 命令列出命令中含有 ftp 字符串的进程的 PID。

【例 16-57】

[root@dog ~]# pgrep -l ftp
3996 vsftpd

获得 vsftpd 进程的 PID 之后，就可以使用例 16-58 的 kill 命令终止 PID 为 3996 的进程（其实，就是 vsftpd 进程）了。

【例 16-58】

[root@dog ~]# kill 3996

系统执行完以上 kill 命令不会有任何提示信息，所以应该使用例 16-59 的 pgrep 命令来测试 kill 命令是否执行成功。

【例 16-59】

[root@dog ~]# pgrep -l ftp

系统执行完以上 pgrep 命令也不会有任何提示信息，这就表明 vsftpd 这个独立的守护进程已经不存在了，也就是进程 3996 已经被终止了。此时，可以使用例 16-60 的 service 命令查看 vsftpd 守护进程的状态。

【例 16-60】

[root@dog ~]# service vsftpd status
vsftpd dead but subsys locked

例 16-60 的显示结果告诉我们，vsftpd 守护进程已经死了，而且相关的子系统也被锁住了，这与我们之前使用 service vsftpd stop 命令所获得的结果还是有差别的。

☞ **指点迷津：**

在实际工作中应该尽量避免使用 kill 命令来终止进程或程序，首先应该尽可能地使用正常的方法来结束进程，kill 命令应该是当正常的手段无法工作时才予以考虑。

但是到目前为止，利用默认的 signal 15，kill 命令似乎可以终止所有的进程，其实这完全是因为你运气好。接下来，使用例 16-61 的 service 命令重新启动 vsftpd 守护进程。

【例 16-61】

[root@dog ~]# service vsftpd restart
Shutting down vsftpd: FAILED]
Starting vsftpd for vsftpd: OK   ]

当系统执行完以上命令之后，使用例 16-62 的 pgrep 命令再次列出命令中含有 ftp 字符串的进程的 PID（由于之前这个 Linux 系统重新启动过，所以 vsftpd 的 PID 小于原来的 PID）。

【例 16-62】

[root@dog ~]# pgrep -l ftp
3899 vsftpd

之后，在 Windows 系统上启动一个 DOS 窗口，使用例 16-63 的 ftp 命令登录 Linux 系统主机。为了节省篇幅，这里省略了显示结果。

【例 16-63】

F:\ftp>ftp 192.168.11.38

当使用 ftp 连接成功之后，切换到之前的终端窗口，使用例 16-64 的 kill 命令终止 PID 为 3899 的进程（即 vsftpd 进程）。

【例 16-64】

[root@dog ~]# kill 3899

系统执行完以上 kill 命令不会有任何提示信息，所以应该使用例 16-65 的 pgrep 命令来测试 kill 命令是否执行成功。

【例 16-65】

[root@dog ~]# pgrep -l ftp
3906 vsftpd
3908 vsftpd

例 16-65 的显示结果表明 kill 命令不但没能终止 vsftpd 进程，而且现在系统中的 vsftpd 进程还变成了两个，只是 PID 不再是 3899 了。其实，这是因为已经有用户使用 ftp 连接到了这个 Linux 系统上，所以 Linux 系统必须尽可能地保证这些用户不受影响，也就是说这时你想利用以上方法终止 vsftpd 进程是徒劳的。

为了验证通过 ftp 连接到 Linux 系统的用户并未受到影响，切换回 DOS 窗口，在 ftp 的提示符下输入例 16-66 的 pwd 命令。

【例 16-66】

ftp> pwd
257 "/home/dog"

从例 16-66 的显示结果可以确定，目前远程用户与 Linux 系统仍然保持着 ftp 的正常连接。接下来，切换到之前的终端窗口，使用例 16-67 的 kill 命令杀死 PID 为 3906 的进程。注意，这次在 kill 命令中是向进程发送的 signal 9。

【例 16-67】

[root@dog ~]# kill -9 3906

随后，使用例 16-68 的 kill 命令杀死 PID 为 3908 的进程。注意，这次在 kill 命令中也是向进程发送的 signal 9。

【例 16-68】

[root@dog ~]# kill -9 3908

系统执行完以上 kill 命令不会有任何系统提示信息，所以应该使用例 16-69 的 pgrep 命令来测试这个 kill 命令是否执行成功。

【例 16-69】

[root@dog ~]# pgrep -l ftp

系统执行完以上 pgrep 命令也不会有任何系统提示信息，这就表明 vsftpd 这个独立的守护进程已经不存在了，也就是进程 3906 和 3908 都已经被杀死了。

为了再次测试通过 ftp 连接到 Linux 系统的用户是否受到了影响，再次切换回 DOS 窗口，在 ftp 的提示符下输入例 16-70 的 pwd 命令。

【例 16-70】

```
ftp> pwd
Connection closed by remote host.
```

从例 16-70 的显示结果可以确定，目前远程用户与 Linux 系统之间的 ftp 连接已经中断了，因为 ftp 的进程已经被杀死。

🔔注意：

> 只有当完全必要时才使用 kill -9 命令。这是因为当在一个活动的进程上使用 kill -9 命令时，进程并不执行一种有序的终止而是立即终止。因此在控制数据库的进程上或是在修改文件的程序上使用 signal 9 可能会造成数据崩溃。

也可以使用例 16-71 的 kill 命令列出 kill 命令可以发送给系统的所有信号的信号号码和信号名。为了节省篇幅，这里省略了显示结果。说实话，能全部看懂的人，Linux 或 UNIX 系统的道行一定不浅。

【例 16-71】

```
[root@dog ~]# kill -l
```

使用 kill 命令虽然可以终止进程，但是必须首先使用其他命令获取要终止进程的 PID，如使用 pgrep 命令。那么有没有办法在终止一个进程时只使用它的进程名呢？当然有，使用 pkill 命令就可以达到这个目的。

可以使用 pkill 命令向一个进程发送信号，默认 pkill 命令向进程发送 signal 15 的终止信号。与 kill 命令不同的是，pkill 允许使用进程名来标识要终止的进程。为了演示 pkill 命令的具体用法，首先开启一个终端窗口并以 dog 用户登录 Linux 系统。之后，使用例 16-72 的命令分页显示系统中所有进程的状态信息。

【例 16-72】

```
[dog@dog ~]$ ps -ef | more
```

UID	PID	PPID	C	STIME	TTY	TIME	CMD
root	1	0	0	17:52	?	00:00:01	init [5]
root	2	1	0	17:52	?	00:00:00	[migration/0]
root	3	1	0	17:52	?	00:00:00	[ksoftirqd/0]

注意不要退出 more 命令，之后切换到原来 root 用户所在的终端窗口，使用例 16-73 的 pgrep 命令列出命令中含有 more 字符串的进程的信息。

【例 16-73】

```
[root@dog ~]# pgrep -l more
3996 more
```

接下来，就可以使用例 16-74 的 pkill 命令终止 more 命令所对应的进程了。这里使用的是进程名，所以即使没有例16-73的操作也没问题，因为我们根本就不需要这个进程的PID。

【例16-74】

[root@dog ~]# pkill more

系统执行完以上 pkill 命令不会有任何系统提示信息，现在切换回原来发出 ps -ef | more 命令的终端窗口，就会看到如下的显示：

root	1946	1	0 17:53 ?	00:00:00 [kjournald]
root	2330	1	0 17:54 ?	00:00:00 syslogd -m 0
--More—Terminated					
[dog@dog ~]$					

这个显示结果清楚地表明 more 命令已经被终止了。好像使用 pkill 命令来终止一个进程更方便些，是不是？

其实，在 Windows 系统上也有类似于 kill 和 pkill 命令的功能，只不过是图形界面的操作而已。如在 Windows 系统中按 Ctrl+Alt+Delete 键，就会出现"Windows 任务管理器"窗口。此时可以选择"应用程序"选项卡，之后选择你要终止的应用程序，最后单击"结束任务"按钮就终止了这个应用程序。接下来选择"进程"选项卡，之后选择你要终止的进程，最后单击"结束进程"按钮即终止了这个进程。

实际上，在 Linux 系统上也有类似于 Windows 系统的键组合，如 Ctrl+C 表示 SIGINT (2)、Ctrl+Z 表示 SIGSTOP (19)，用户也可以利用这些键给一个进程发信号。

16.10 练 习 题

1．以下分别列出了信号值（signal values）和它们的描述：

1）9　　a）Hang up

2）19　　b）Terminate the process and dump core

3）11　　c）Kill signal

4）1　　d）Stop the process

如下是上述信号值（signal values）和它们的描述之间的匹配关系，请问哪一个是正确的？

　　A．1-c, 2-b, 3-a,4-b　　　　B．1-c, 2-d, 3-b, 4-a

　　C．1-d, 2-b, 3-c,4-a　　　　D．1-d, 2-a, 3-c, 4-b

2．请看如下的命令及其显示结果：

[root@superdog]# ps -f

UID	PID	PPID	C	STIME	TTY	TIME	CMD
root	3944	3820	1	03:32	tty1	01:57	-bash
root	3984	3944	0	03:32	tty1	01:57	ksh
root	3985	3984	0	03:32	tty1	01:57	ps -f

请问，应该使用哪一列进行分析以寻找最近调用的 shell？

A．只分析 PID　　　　　　B．只分析 UID　　　　　　C．只分析 PPID

D．分析 UID 和 PID　　　　E．分析 PID 和 PPID　　　　F．分析 UID 和 PPID

3．在以下有关进程的描述中，哪两个是正确的？

A．一个进程与一个进程 ID（PID）相关联

B．一个进程并不从生成它的父进程那继承环境

C．一个进程仅仅使用内存（RAM）而且并不考虑系统中可以获得的内存量

D．每一个进程通常都将与启动它的用户的 UID 和 GID 相关联

4．在本地计算机上的终端 tty1 上登录 Linux 系统，而你想要显示有关终端上的所有子进程。请问，在以下命令中，哪一个可以帮助你取得这一成果？

A．ps　　　　　　　　　　B．ps a　　　　　　　　　　C．ps -e　　　D．ps –a

5．Linux 系统的 free 命令所显示的总内存数量要比实际可获得的内存略微少一点，这是为什么？

A．交换区占据了一部分内存而且从来也不释放

B．一个程序（如 shell）的多个实例的运行会消耗一部分内存而这部分内存不能释放

C．计算机在工作期间，Linux 系统内核常驻在内存中，并且这些内存从来也不会释放

D．存在于进程表中的僵尸进程占用了少部分的内存而且这部分的内存在系统重启之后也不能释放

第 17 章　软件包的管理

在 Oracle Linux 以及目前多数的主流 Linux 系统上，软件的安装、升级、移除以及维护工作都是由一个叫做 RPM 软件包管理（Package Manager）程序来完成的。其中，RPM 就是 Red Hat Package Manager 的缩写。RPM 这个软件包管理程序最初是由 Red Hat 公司开发的，但是由于它使用方便，所以也就成了目前最热门的软件包管理程序了。

17.1　RPM 的特性和 RPM 程序的工作方式

由于在多数 Linux 系统上，多数软件的安装和维护都是使用 RPM 软件包管理程序来完成的，所以在本节将首先介绍 RPM 软件包的一些特性，其主要特性如下：

（1）与微软的软件管理和安装程序不同，当你在安装 RPM 软件包时，完全没有交互式的界面，也就是说你无法以交互的方式安装软件包。

（2）RPM 的软件包适用于所有的软件，即操作系统的核心程序和一些附加的软件都可以使用 RPM 这个程序来安装和维护。

（3）与其他软件管理和安装程序不同，它在安装软件包时不需要安装之前的版本。

利用 RPM 软件包管理程序之所以能够方便有效地安装、升级和移除软件，是因为 RPM 软件包管理程序本身就是一个小型的系统，在 RPM 中主要有以下 3 个组件。

（1）RPM 本地数据库，所有的 RPM 本地数据库都存放在/var/lib/rpm 目录中。所谓的数据库就是一些存有数据的逻辑上相关的文件。可以使用例 17-1 带有-l 的 ls 命令列出/var/lib/rpm 目录中所有的文件，即 RPM 本地数据库。

【例 17-1】

```
[root@dog ~]# ls -l /var/lib/rpm
total 39664
-rw-r--r--   1 rpm rpm    5439488 Mar 25 20:44 Basenames
-rw-r--r--   1 rpm rpm      12288 Oct  8 18:10 Conflictname
……
```

（2）rpm 命令本身，以及一些相关的可执行文件。

（3）rpm 的软件包文件，rpm 的文件名分为 5 个部分。文件名的具体命名方式如下：name-version-release.architectures.rpm。其中，第 1 部分是 name，表示这个 rpm 软件包的名称；第 2 部分是 version，表示这个 rpm 软件包的版本编号；第 3 部分是 release，表示这个 rpm 软件包的版本发布次数（修正号码）；第 4 部分是 architectures，表示这个 rpm 软件包适用于哪些 IT 平台；最后部分是 rpm，表示这个 rpm 软件包的文件扩展名。

下面稍微详细地解释第 4 部分的 architectures，即 rpm 软件包所支持的 IT 平台，与 Red Hat Linux 一样，Oracle Linux 也支持多种不同体系结构的 CPU，其中除了 x86 之外，还包括绝大多数流行的 CPU，如 SPARC、Alpha 和 PowerPC 等。但是目前多数 Linux 系统还是运行在 x86 平台上，x86 包括 i386、i586、i686 以及 noarch（这里 i 是指与 Intel 兼容的 CPU）。如果适用平台是 i386 表示只要是 x86 的 CPU 都可以使用，但是如果适用平台是 i686，就不一定能用于 i386 和 i586 的硬件平台。如果适用平台是 noarch，表示所有种类的 CPU 都可以使用，一般说明文件（即没有二进制数据的存在）都属于此类。

接下来通过一个实际的例子来进一步解释 rpm 文件名中每一部分的具体含义，为此首先将 Oracle Linux 操作系统的第 1 张光盘插入光驱（如果是在 VMware 上安装的 Linux 也可以通过选择 ISO 映像文件来完成）。之后，使用例 17-2 的 cd 命令切换到 RPM 软件包所在的目录。

【例 17-2】

[root@dog ~]# cd /media/cdrom/Enterprise/RPMS

随后，使用例 17-3 的 ls 命令列出以 kernel-2 开头的所有文件（实际上就是 Linux 内核软件包）。

【例 17-3】

[root@dog RPMS]# ls -l kernel-2*
-r--r--r-- 3 root root 11358315 Oct 16 2006 kernel-2.6.9-42.0.0.0.1.EL.i686.rpm

例 17-3 的显示结果表明：这个软件包的名字是 kernel（内核），其版本编号是 2.6.9，修正版本是第 42 版，EL 是 Enterprise Linux（企业版 Linux）的缩写，适用的平台是 i686 的 CPU，文件的扩展名为 rpm。

如果文件的扩展名为 src.rpm，则表示这个软件包是源代码（Source code），即软件包所对应的文件名的格式为 name-version-release.architectures.src.rpm。这样的源代码是不能直接安装的，必须首先将其编译成 .rpm 形式的文件，即 name-version-release.architectures.rpm 的文件，之后才能进行安装。

假设目前光驱仍然插着 Linux 操作系统的第 1 张光盘，可以使用例 17-4 的 cd 命令进入 /media/cdrom/SRPMS/ 目录。

【例 17-4】

[root@dog ~]# cd /media/cdrom/SRPMS

确认当前的工作目录已经是 /media/cdrom/SRPMS/ 之后，使用例 17-5 的 ls 命令列出该命令中所有源代码形式的 RPM 软件包（也叫 SRPM 软件包）。在这个目录中只有一个这样的源代码 RPM 软件包。

【例 17-5】

[root@dog SRPMS]# ls *.src.rpm
comps-4AS-0.20061026.src.rpm

源代码 RPM 软件包包含了应用程序的源代码，并带有如何安装这一软件的相关信息。可以编译和直接安装源代码 RPM 软件包，或者利用源代码 RPM 软件包产生二进制的 RPM 软件包。

为了方便 RPM 软件包的管理和维护，RPM 软件包管理程序提供了如下的主要功能。

- install/remove：安装以及移除软件。
- query：查询许多有关 RPM 软件包的信息。
- verify：验证已经安装的软件有没有被修改过。
- build：可以将源代码编译成 rpm 文件。

17.2　使用 RPM 安装及移除软件

尽管有许多 RPM 软件包管理程序的安装和移除选项，但是在实际软件安装与移除工作中经常使用的主要 RPM 选项只有如下几个。

（1）rpm -i, --install：安装（Install）软件。

（2）rpm -U, --upgrade：升级（Upgrade）旧版本的软件。

（3）rpm -F, --freshen：刷新/更新（Freshen）旧版本的软件。

（4）rpm -e, --erase：移除/删除（Erase）软件。

通常在使用以上安装参数时，都会配合使用-v 和-h 的参数以显示安装的进度。其中 v 是 verbose 的第 1 个字母，使用-v 参数提供更详细的输出，而 h 是 hash 的第 1 个字母，使用-h 参数将按安装进度列出 hash 符号即#（一般都与-v 参数一起使用，这样在安装时就可以显示安装的进度）。

其中，1～3 都属于安装软件的范畴，那么它们究竟有什么不同呢？这里我们整理出表 17-1 以帮助读者进一步理解它们的功能以及之间的差别。

表17-1

	没有旧版本	有 旧 版 本	适 用 范 围
rpm -i, --install	安装	安装新版本并保留旧版本	升级内核
rpm -U, --upgrade	安装	删除旧版本，之后安装新版本（软件升级）	应用程序（一些应用程序只允许保留一个版本）
rpm -F, --freshen	不安装	删除旧版本，之后安装新版本（软件升级）	升级目前的系统

一般在升级系统内核时，都使用 rpm -i, --install 来安装新版本的内核。这是因为在安装新版本之后旧版本依然保留，万一新版本的内核有问题，还可以继续使用旧版本的内核。

一般在升级应用程序时，都使用 rpm -U, --upgrade 来安装新版本的程序。因为在多数情况下旧版本的应用程序完全没有必要保留，而且有的应用程序只允许保留一个版本。

使用 rpm -F, --freshen 只会更新已经安装过的软件，如果原来没有安装过这个软件（即没有旧版本）就不会安装，如果原来有旧版本就会升级旧版本，这是它与 rpm -U, --upgrade 的区别。

在第 16 章中曾经提到过：在使用 iostat 工具之前，必须安装一个叫 sysstat 的软件包。但并未介绍如何安装这个软件包，下面就来演示使用 rpm 来移除和安装这个软件包的具体操作。

为了演示这个操作，首先要移除（删除）sysstat 这个软件包，为此使用例 17-6 的 rpm 命令确认要删除的软件包的名字（防止同时有多个软件包的名字以 sysstat 开头的情况发生，必须要先确认一下，要养成习惯）。rpm 命令中的-q 参数后面将会介绍。

【例 17-6】

```
[root@dog ~]# rpm -q sysstat
sysstat-5.0.5-11.rhel4
```

当确认了系统中只有一个名字是以 sysstat 开始的软件包之后，就可以使用例 17-7 的 rpm 命令移除这个软件包了（如果以 sysstat 开始的软件包不只一个，就必须使用软件包的全名了）。

【例 17-7】

```
[root@dog ~]# rpm - e sysstat
```

执行完以上命令之后系统不会给出任何提示信息，现在当使用例 17-8 的 iostat 命令时，系统会列出没有这个文件或目录的提示信息，这表明你已经成功地移除了那个名字以 sysstat 开头的软件包。

【例 17-8】

```
[root@dog ~]# iostat
-bash: /usr/bin/iostat: No such file or directory
```

接下来，使用例 17-9 的 umount 命令卸载光驱（mount 和 umount 命令在以后的章节将详细介绍）。

【例 17-9】

```
[root@dog ~]# umount /media/cdrom
```

随后，在光驱中插入 Linux 操作系统安装光盘的第 3 张光盘。接下来，使用例 17-10 的 mount 命令挂载光驱。

【例 17-10】

```
[root@dog ~]# mount -t iso9660 /dev/cdrom /media/cdrom
mount: block device /dev/cdrom is write-protected, mounting read-only
```

当光驱挂载成功之后，使用例 17-11 的 cd 命令切换到/media/cdrom/Enterprise/RPMS 目录。

【例 17-11】

```
[root@dog ~]# cd /media/cdrom/Enterprise/RPMS
```

在当前工作目录已经切换到/media/cdrom/Enterprise/RPMS/之后，使用例 17-12 的 ls 命令列出所有名字是以 sysstat-开头的软件包。

【例 17-12】

```
[root@dog RPMS]# ls -l sysstat-*
-r--r--r--  3 root root 106162 Oct 10   2006 sysstat-5.0.5-11.rhel4.i386.rpm
```

例 17-12 的显示结果表明：这个 rpm 软件包的名为 sysstat，版本是 5.0.5，修正版是第 11 版，适用的平台为 i386（也就是说 i486、i586 和 i386 的 CPU 都适用）。接下来，使用例 17-13 带有-ivh 参数的 rpm 命令安装 sysstat-5.0.5-11.rhel4.i386.rpm 这个软件包。

【例 17-13】

```
[root@dog RPMS]# rpm -ivh sysstat-5.0.5-11.rhel4.i386.rpm
warning: sysstat-5.0.5-11.rhel4.i386.rpm: V3 DSA signature: NOKEY, key ID b38a8516
Preparing...          ########################################### [100%]
  1:sysstat          ########################################### [100%]
```

等安装完成之后，就可以使用例 17-14 的 iostat 命令再次列出系统的输入/输出的统计信息了，这次系统会显示所需要的结果。

【例 17-14】

```
[root@dog RPMS]# iostat
```

Linux 2.6.9-42.0.0.0.1.ELsmp (dog.super.com)				04/09/2010	
avg-cpu:	%user	%nice	%sys %iowait	%idle	
	0.87	0.04	2.13 0.02	96.94	
Device:	tps	Blk_read/s	Blk_wrtn/s	Blk_read	Blk_wrtn
hdc	0.00	0.13	0.00	1180	0
sda	1.29	39.81	9.89	373384	92724
sda1	0.07	0.15	0.00	1392	4
sda2	2.18	39.23	9.88	367938	92632
……					

看来移除（删除）和安装软件包也挺简单的，其实许多 Linux 的软件包都存放在第 3 张光盘的/media/cdrom/Enterprise/RPMS 目录中，如可以使用例 17-15 的 ls 命令列出名字中包含 telnet 的所有软件包。

【例 17-15】

```
[root@dog RPMS]# ls -l *telnet*
-r--r--r--  3 root root 33430 Oct 10   2006 telnet-server-0.17-31.EL4.3.i386.rpm
```

例 17-15 显示结果所列出的这个软件包就是安装 telnet 服务所需的软件包，如果在安装 Linux 系统时没有安装 telnet 服务，也没有关系，现在使用类似例 17-13 的方法安装这个软件包就行了。

这里需要说明的一点是，rpm 软件包管理程序支持使用 ftp 服务器或 HTTP 服务器的远程软件包的安装，即软件包是存放在远程的 ftp 服务器或 HTTP 服务器上的。这对规模比较大、有许多台安装了 Linux 系统的计算机的公司就很有用了，因为所有的软件包都放在一个地方，系统的管理和维护就变得简单多了。

接下来介绍如何利用 rpm 来更新 Linux 操作系统的内核（Kernel）。首先在更新之前必须确定有必要更新目前系统的内核，可以使用例 17-16 带有-r 参数的 uname 命令列出目前操作系统的版本信息。

【例 17-16】

[root@dog ~]# uname -r
2.6.9-42.0.0.0.1.ELsmp

☞ **指点迷津：**

最好不要使用 rpm -U 或 rpm -F 命令来更新操作系统的内核，因为如果这样做了，系统内核更新后，旧版本的内核会被移除掉。这是非常危险的，因为没有人能保证新版本的内核是百分之百没有问题，一旦新版本的内核有致命的缺陷，对系统可能将造成灾难性的后果。因此这里强烈建议使用 rpm -i 命令来安装新版本的内核，让旧版本的内核和新版本的内核并存，即都可以使用。

一般可以使用如下的 rpm 命令安装新版本的内核：rpm -ivh kernel-version.arch.rpm。安装新版本的内核之后，系统会将新版本内核添加到/boot/grub/grub.conf 文件中。如果使用 more 或 cat 命令列出/boot/grub/grub.conf 文件中的内容，就会发现在这个文件中新增加了一组使用新版内核的开机设定。利用修改 default 的值可以设定默认开机时使用的系统内核。

更新完系统内核之后，使用新版本的内核重新开机（重启系统）以测试新版内核的工作是否正常。如果新版的内核有问题，还可以继续使用旧版的内核。经过一段时间的运行测试之后，如果认为新版内核没有问题，也可以使用 rpm -e 命令移除旧版的内核。其实，旧版本的内核就是不移除也没有关系。

17.3 查询 RPM 软件包中的信息

在查询 RPM 软件包时，可以将这些 RPM 软件包分为两大类，它们分别是已经安装在 Linux 系统上的软件包和还没有安装的软件包。在查询已经安装的软件包的信息时，可以使用带有如下几种参数（选项）的 rpm 命令：

（1）rpm -qa 命令可以显示目前操作系统上安装的全部软件包，其中 q 是 query（查询）的第 1 个字母，a 是 all（全部）的第 1 个字母。

（2）"rpm -qf 文件名"命令可以显示这个文件是由哪个软件包安装的，f 是 file（文件）的第 1 个字母。

（3）"rpm -qi 软件包名"命令可以显示这个软件包的信息，i 是 information（信息）的第 1 个字母。

（4）"rpm -ql 软件包名"可以列出这个软件包中所包含的全部文件，其中 l 是 list 的第 1 个字母。

下面通过一些例子来演示以上各个命令的具体用法。首先使用例 17-17 的组合命令分页显示目前操作系统上安装的全部软件包。

【例 17-17】

[root@dog ~]# rpm -qa | more
oracle-logos-1.1.1-3
basesystem-8.0-4
……
--More--

接下来，使用例 17-18 带有-l 参数的 ls 命令列出/bin 目录中所有带有 tar 字符串的文件和目录（也可以列出其他文件，如 gzip），因为我们想了解 tar 命令的情况。

【例 17-18】

```
[root@dog ~]# ls -l /bin/*tar*
lrwxrwxrwx    1 root root       3 Sep    14   2009 /bin/gtar -> tar
-rwxr-xr-x    1 root root  161188 Oct     8   2006 /bin/tar
-rwxr-xr-x    1 root root    1460 Oct     7   2006 /bin/unicode_start
```

从例 17-18 的显示结果可以看出我们要找的 tar 命令就是/bin/tar，现在使用例 17-19 带有-qf 参数的 rpm 命令列出安装/bin/tar 文件的软件包。

【例 17-19】

```
[root@dog ~]# rpm -qf /bin/tar
tar-1.14-10.RHEL4
```

例 17-19 的显示结果表明/bin/tar 这个文件是由 tar-1.14-10.RHEL4 这个 rpm 软件包安装的。接下来，就可以使用例 17-20 的带有-qi 参数的 rpm 命令列出 tar-1.14-10.RHEL4 这个软件包的详细信息了。

【例 17-20】

```
[root@dog ~]# rpm -qi tar-1.14-10.RHEL4
```

Name	: tar	Relocations: (not relocatable)
Version	: 1.14	Vendor: (none)
Release	: 10.RHEL4	Build Date: Sun 08 Oct 2006 01:11:32 AM CST
Install Date: Mon 14 Sep 2009 08:15:39 AM CST		Build Host: ca-build10.us.
Group	: Applications/Archiving	Source RPM: tar-1.14-10. RHEL4. src.rpm
Size	: 828027	License: GPL
Signature	: DSA/SHA1, Tue 10 Oct 2006 09:25:04 AM CST, Key ID 2e2bcdbcb38a8516	
......		

在例 17-20 的显示结果中，有一些我们之前已经介绍过了，这里就不重复了。其中，Build Date 是这个 RPM 软件包创建的日期，这个软件包是在 2006 年 10 月 08 日创建的；Install Date 是这个 RPM 软件包安装的日期，这个软件包是在 2009 年 9 月 14 日安装的。

接下来，可以使用例 17-21 的带有-ql 参数的 rpm 命令列出 tar-1.14-10.RHEL4 这个软件包中所包含的全部文件，并将结果通过管道送给 more 命令分页显示。

【例 17-21】

```
[root@dog ~]# rpm -ql tar | more
/bin/gtar
/bin/tar
......
--More--
```

从例 17-21 的显示结果可以看出 tar-1.14-10.RHEL4 这个软件包中所包含的文件还真不少，其中就有/bin/tar 这个文件。

介绍完了如何查询已经安装的软件包的信息之后，接下来介绍如何查询未安装的软件包的信息。在查询未安装的软件包的信息时，可以使用带有如下几种参数（选项）的 rpm 命令：

　　（1）"rpm -qip 软件包的文件名"命令可以显示这个软件包的相关信息，p 是 package（软件包）的第 1 个字母。

　　（2）"rpm -qlp 软件包的文件名"可以列出这个软件包中所包含的全部文件，l 是 list 的第 1 个字母。

　　接下来还是利用例子来进一步解释如何查询未安装的软件包的信息。为此，要在光驱中插入 Linux 操作系统的第 3 张光盘。随后，使用 mount 命令挂载光驱。当挂载成功之后，使用 cd 命令将当前工作目录切换到/media/cdrom/Enterprise/RPMS 目录。随后，使用例 17-22 的 ls 命令列出在当前目录中所有以 sysstat 开头的 rpm 软件包。

【例 17-22】

```
[root@dog RPMS]# ls sysstat*
sysstat-5.0.5-11.rhel4.i386.rpm
```

　　现在，就可以使用例 17-23 带有-qip 参数的 rpm 命令列出这个未安装的软件包 sysstat-5.0.5-11.rhel4.i386.rpm 的相关信息。

【例 17-23】

```
[root@dog RPMS]# rpm -qip sysstat-5.0.5-11.rhel4.i386.rpm
```

Name	: sysstat	Relocations: (not relocatable)
Version	: 5.0.5	Vendor: (none)
Release	: 11.rhel4	Build Date: Sun 08 Oct 2006 01:07:03 AM CST
……		

　　其实，细心的读者可能已经发现了例 17-23 的 rpm 命令只比例 17-20 的 rpm 命令多了一个 p 参数，这里 p 就是 package（软件包）的意思。

　　接下来，可以使用例 17-24 的带有-qlp 参数的 rpm 命令列出这个未安装的软件包 sysstat-5.0.5-11.rhel4.i386.rpm 中所包含的全部文件，并将结果通过管道送给 more 命令分页显示。

【例 17-24】

```
[root@dog RPMS]# rpm -qlp sysstat-5.0.5-11.rhel4.i386.rpm | more
```

warning: sysstat-5.0.5-11.rhel4.i386.rpm: V3 DSA signature: NOKEY, key ID b38a8516
/etc/cron.d/sysstat
/etc/rc.d/init.d/sysstat
/etc/sysconfig/sysstat
/usr/bin/iostat
……
--More--

　　例 17-24 的显示结果包含了 sysstat-5.0.5-11.rhel4.i386.rpm 这个未安装的软件包中所包含的所有文件，其中就包括了/usr/bin/iostat 这个我们所熟悉的可执行文件。

17.4　验证 RPM 软件包是否修改过

首先介绍什么叫 RPM 软件包被修改过，使用例 17-25 的 man 命令列出 rpm 命令的说明，并将结果通过管道送给 more 命令分页显示，向下搜寻到含有方框框住的内容为止。

【例 17-25】

```
[root@dog ~]# man rpm | more
        missions  prevent  reading).   Otherwise, the (mnemonically emBoldened)
        character denotes failure of the corresponding --verify test:
        S file Size differs
        M Mode differs (includes permissions and file type)
        5 MD5 sum differs
        D Device major/minor number mismatch
        L readLink(2) path mismatch
        U User ownership differs
        G Group ownership differs
        T mTime differs
        C selinux Context differs
......
```

当使用 rpm 的验证命令之后，显示结果中的前部使用一个字符表示软件包的一部分被修改过。例 17-25 的显示结果中使用方框框起来的部分就是这些字符所代表的具体含义，其实，如果你有一定的英语基础，应该能读懂其中的含义。为了帮助读者了解，下面对每一个字符所表示的具体含义给出进一步的解释。

- S：表示软件包的文件大小与安装时的不同，也就是说这个文件的大小被更改过，其中 S 是 Size 的第 1 个字母。
- M：表示软件包的文件类型，也就是文件的权限或类型被修改过，与当初安装时的不同，其中 M 是 Mode（类型）的第 1 个字母。
- 5：表示文件的 MD5 值与当初安装时的不同，MD5 的值是用来检测文件是否有问题。
- D：表示设备的主设备号或从设备号被修改过了，其中 D 是 Device（设备）的第 1 个字母。
- L：表示文件的连接路径被修改过，其中 L 是 Link 的第 1 个字母。
- U：表示文件的拥有者被修改过，其中 U 是 User（用户）的第 1 个字母。
- G：表示文件的拥有群组被修改过，其中 G 是 Group（群组）的第 1 个字母。
- T：表示文件的 mTime，也就是文件的修改时间被修改过，其中 T 是 Time 的第 1 个字母。
- C：表示 selinux（Linux 系统安全）环境被修改过，其中 C 是 Contex（环境）的第 1 个字母。

验证 rpm 软件包有没有被修改过又分为两大类，它们分别是验证安装后的软件包文件有没有被修改过和在安装 rpm 软件包之前验证该软件包有没有 Red Hat 的签字（Signature）。

在验证安装后的软件包文件有没有被修改过的部分，可以使用带有如下几种参数（选项）的 rpm 命令：

（1）rpm -Va 命令将所有已经安装的 rpm 软件包文件与 RPM 数据库进行比较来验证安装后的文件是否修改过。其中，V 是 Verify（验证）的第 1 个字母，a 是 all 的第 1 个字母。

（2）"rpm -V 软件包名"命令将这个由"软件包名"所指定的已经安装的 rpm 软件包文件与 RPM 数据库进行比较来验证安装后的文件是否修改过。

（3）"rpm -Vp 软件包名"命令将已经安装的 rpm 软件包与"软件包名"所指定的软件包进行比较来验证安装后的文件有哪些被修改过。

为了帮助读者进一步理解怎样验证安装后的软件包文件有没有被修改过，下面还是通过一些例子来演示以上各个命令的具体用法。使用例 17-26 的带有-Va 参数的 rpm 命令列出系统中已经安装的所有软件包中所包含的每一个文件是否被修改过的信息，并将结果通过管道送给 more 命令分页显示。注意系统执行这个命令会比较慢，所以要等待一会儿才能得到所需的结果。

【例 17-26】

```
[root@dog ~]# rpm -Va | more
.......  T  c /etc/krb5.conf
S.5....T  c /etc/yp.conf
……
--More--
```

对照例 17-25 的显示结果中使用方框框起来的部分的解释，就可以很容易地理解例 17-26 显示结果中每个文件的修改状况了。

但是要列出所有 RPM 软件包的修改状况时间会很久。不知道读者还记得/etc/inittab 这个重要的系统配置文件吗？现在已经不记得是否修改过这个文件了，但是又想知道这个文件在安装之后是否被修改过。于是，首先使用例 17-27 带有-qf 参数的 rpm 命令列出/etc/inittab 这个文件所属的软件包。

【例 17-27】

```
[root@dog ~]# rpm -qf /etc/inittab
initscripts-7.93.25.EL-4
```

例 17-27 的显示结果表明/etc/inittab 这个文件所属的软件包是 initscripts-7.93.25. EI-4，因此可以使用例 17-28 带有-V 参数的 rpm 命令列出 initscripts-7.93.25.EI-4 这个软件包中哪些文件的状态被修改过的信息。

【例 17-28】

```
[root@dog ~]# rpm -V initscripts-7.93.25.EL-4
..5....T  c /etc/inittab
```

例 17-28 的显示结果表明/etc/inittab 的 MD5 和 mTime 都被修改过了，而且与列出已安装的所有软件包中的每一个文件的状态相比，这个命令执行的时间要短许多。

假设现在光驱中仍然插着 Linux 操作系统的第 3 张光盘，为了后面的操作方便，首先使用 cd 命令将当前的工作目录切换到/media/cdrom/Enterprise/RPMS 目录。

接下来，使用例 17-29 带有-l 参数的 ls 命令列出/usr/bin/iostat 文件的详细信息。注意，此时这个文件的拥有者是 root 这个超级用户。

【例 17-29】

```
[root@dog RPMS]# ls -l /usr/bin/iostat
-rwxr-xr-x   1 root root 22584 Oct   8   2006 /usr/bin/iostat
```

随后，使用例 17-30 带有-qf 参数的 rpm 命令列出/usr/bin/iostat 这个文件所属的 RPM 软件包。

【例 17-30】

```
[root@dog RPMS]# rpm -qf /usr/bin/iostat
sysstat-5.0.5-11.rhel4
```

现在，使用例 17-31 带有-Vp 参数的 rpm 命令指定要与 sysstat-5.0.5-11.rhel4.i386.rpm 这个软件包做比较。注意一定在软件包 sysstat-5.0.5-11.rhel4 之后加上.i386.rpm 的后缀，否则系统会报错。

【例 17-31】

```
[root@dog RPMS]# rpm -Vp sysstat-5.0.5-11.rhel4.i386.rpm
warning: sysstat-5.0.5-11.rhel4.i386.rpm: V3 DSA signature: NOKEY, key ID b38a8516
```

例 17-31 显示的结果表明与 sysstat-5.0.5-11.rhel4.i386.rpm 软件包相比较，没有文件被修改过。接下来，使用例 17-32 的 chown 命令将/usr/bin/iostat 拥有者改为 dog 用户。

【例 17-32】

```
[root@dog RPMS]# chown dog /usr/bin/iostat
```

系统执行完以上命令不会有任何系统提示信息，所以应该使用例 17-33 的带有-l 参数的 ls 命令再次列出/usr/bin/iostat 的详细信息。

【例 17-33】

```
[root@dog RPMS]# ls -l /usr/bin/iostat
-rwxr-xr-x   1 dog root 22584 Oct   8   2006 /usr/bin/iostat
```

例 17-33 的显示结果清楚地表明目前/usr/bin/iostat 文件的拥有者已经变成了 dog 用户。接下来，使用例 17-34 带有-Vp 参数的 rpm 命令指定要与 sysstat-5.0.5-11.rhel4.i386.rpm 这个软件包再次做比较。

【例 17-34】

```
[root@dog RPMS]# rpm -Vp sysstat-5.0.5-11.rhel4.i386.rpm
warning: sysstat-5.0.5-11.rhel4.i386.rpm: V3 DSA signature: NOKEY, key ID b38a8516
.....U..   /usr/bin/iostat
```

例 17-34 的显示结果清楚地表明目前/usr/bin/iostat 文件的拥有者已经被修改过了。为了不影响后面的操作，应该使用 chown 命令将/usr/bin/iostat 拥有者改回原来的 root 用户。

　　接下来继续介绍在安装 rpm 软件包之前验证该软件包有没有 Red Hat 的签名（Signature）。其实，Red Hat 公司在发布 RPM 软件包时，都会在这些软件包中签署一个 GPG 的私有签名（关于 GPG 的详细介绍可以登录如下网址 http://www.gnupg.org/查看）。要验证一个 RPM 软件包是否有 Red Hat 签名，需做以下操作：

　　（1）使用 rpm --import RPM-GPG-KEY 命令将 RPM-GPG-KEY 导入系统中。RPM-GPG-KEY 就像一个指纹文件一样，其中记录了每个 RPM 软件包的签名。

　　（2）将 RPM-GPG-KEY 导入系统中之后，使用 rpm -qa gpg-pubkey 命令来查询导入 RPM-GPG-KEY 的操作是否成功。

　　（3）如果 RPM-GPG-KEY 的导入成功，使用 rpm -K <package_file>.i386.rpm 命令来验证这个软件包有没有 Red Hat 的签名，其中<package_file>.i386.rpm 是要验证的 rpm 软件包名。

　　假设现在光驱中仍然插着 Linux 操作系统的第 3 张光盘，使用例 17-35 的 ls 命令列出光盘中的 RPM-GPG-KEY 文件的信息。

【例 17-35】

```
[root@dog ~]# ls -l /media/cdrom/RPM-GPG-KEY
-r--r--r--   11 root root 1744 Oct 19   2006 /media/cdrom/RPM-GPG-KEY
```

　　当确认 RPM-GPG-KEY 文件确实存在之后，使用例 17-36 带有--import 的 rpm 命令将光盘中的 RPM-GPG-KEY 导入到 Linux 系统中。

【例 17-36】

```
[root@dog ~]# rpm --import /media/cdrom/RPM-GPG-KEY
```

　　系统执行完以上命令不会有任何系统提示信息，所以应该使用例 17-37 的带有-qa 参数的 rpm 命令来查询以上的导入是否成功。

【例 17-37】

```
[root@dog ~]# rpm -qa gpg-pubkey
gpg-pubkey-b38a8516-44fd79eb
```

　　例 17-37 的显示结果表明光盘中的 RPM-GPG-KEY 已经被导入进 Linux 系统中了。为了后面的操作方便，使用 cd 命令切换到/media/cdrom/Enterprise/RPMS 目录。随后，使用例 17-38 带有-K 参数的 rpm 命令来验证 sysstat-5.0.5-11.rhel4.i386.rpm 这个软件包有没有 Red Hat 的签名。

【例 17-38】

```
[root@dog RPMS]# rpm -K sysstat-5.0.5-11.rhel4.i386.rpm
sysstat-5.0.5-11.rhel4.i386.rpm: (sha1) dsa sha1 md5 gpg OK
```

　　从例 17-38 显示结果中 gpg OK 的信息，我们就可以确定 sysstat-5.0.5-11.rhel4.i386.rpm 这个软件包有 Red Hat 的签名，因此可以放心大胆地安装使用了。在查询一个 RPM 软件包是否有 Red Hat 的签名的 rpm 命令中，可以将-K 参数换成--checksig，其命令执行的结果完全一样。

17.5   rpm2cpio 工具

假设有一天一个用户发现他不能使用 iostat 这个命令，于是他找到了 Linux 系统光盘并试图安装相关的 RPM 软件包。为了演示这一操作，要以 dog 用户（或其他普通用户）登录 Linux 系统。之后使用 cd 命令切换到/media/cdrom/Enterprise/RPMS 目录（假设现在光驱中仍然插着 Linux 操作系统的第 3 张光盘）。

确认当前的工作目录已经是/media/cdrom/Enterprise/RPMS 之后，使用例 17-39 带有-ivh 参数的 rpm 命令安装 sysstat-5.0.5-11.rhel4.i386.rpm 这个软件包。其显示结果表明，普通用户 dog 无权在 Linux 系统上使用 rpm 命令安装 RPM 软件包。

【例 17-39】

[dog@dog RPMS]$ rpm -ivh sysstat-5.0.5-11.rhel4.i386.rpm
error: can't create transaction lock on /var/lock/rpm/transaction

rpm2cpio 这个工具的功能就是将.rpm 类型的文件转换成.cpio 类型的文件。那么.cpio 类型的文件又有什么用处呢？这是因为.rpm 类型的文件只有 root 用户才可以安装，而.cpio 类型的文件普通用户也可以安装。因此，可以将.rpm 类型的文件转换成.cpio 类型的文件，这样普通用户也就可以安装了。

接下来还是通过例子来演示使用 rpm2cpio 这个工具将一个.rpm 类型的文件转换成.cpio 类型的文件的具体操作。首先使用例 17-40 的 mkdir 命令在 dog 用户的家目录下创建一个名为 pack 的子目录。

【例 17-40】

[dog@dog RPMS]$ mkdir ~/pack

系统执行完以上命令不会有任何系统提示信息，所以应该使用 ls 命令列出 dog 用户的家目录中所有的内容。当确认 pack 目录已经存在之后，使用例 17-41 的 rpm2cpio 命令将.rpm 类型（RPM 软件包）的文件 sysstat-5.0.5-11.rhel4.i386.rpm 转换成名为 sysstat.cpio 的.cpio 类型的文件，并存放在 dog 用户的家目录下的 pack 子目录中。

【例 17-41】

[dog@dog RPMS]$ rpm2cpio sysstat-5.0.5-11.rhel4.i386.rpm > ~/pack/sysstat. cpio

为了比较.rpm 类型的文件与.cpio 类型的文件的大小，首先使用带有-l 参数的 ls 命令列出光盘中文件名包含 sysstat 的所有软件包（其实就一个）的详细信息。之后，使用带有-l 参数的 ls 命令列出 dog 用户的家目录下的 pack 子目录中所有文件名中包含 sys 的文件（其实也是一个）。比较这两个命令的显示结果，可以发现.cpio 类型的文件要比.rpm 类型的文件大许多。

为了后面的操作方便，可以使用 cd 命令将当前的工作目录切换到 dog 用户的家目录下的 pack 子目录。当确认当前工作目录已经是 dog 用户的家目录下的 pack 子目录之后,可以使用例 17-42 的 cpio 命令来查看在 sysstat.cpio 中的所有文件。

【例 17-42】

```
[dog@dog pack]$ cpio -it < sysstat.cpio
./etc/cron.d/sysstat
./etc/rc.d/init.d/sysstat
./etc/sysconfig/sysstat
./usr/bin/iostat
./usr/bin/sar
......
```

从例 17-42 的显示结果可以看出所有的文件都是以点开始,这表示所有文件都是以相对路径存储的,这也是为什么我们在一开始就要为这个.cpio 类型的文件创建一个单独的目录(/home/dog/pack)的原因。这样在解开 cpio 文件时,cpio 命令会把这个.cpio 类型的文件中的所有文件存放在当前目录(也就是它所在的目录)中。现在,就可以使用例 17-43 带有-id 参数的 cpio 命令解开 sysstat.cpio 这个文件。

【例 17-43】

```
[dog@dog pack]$ cpio -id < sysstat.cpio
569 blocks
```

当看到例 17-43 的显示结果之后,就可以确定 sysstat.cpio 这个文件已经被解开。此时,可以使用例 17-44 带有-l 参数的 ls 命令列出当前目录中的所有内容。

【例 17-44】

```
[dog@dog pack]$ ls -l
total 304
drwx------   5 dog dog      4096 Apr 12 17:04 etc
-rw-rw-r--   1 dog dog    291100 Apr 12 16:52 sysstat.cpio
drwx------   5 dog dog      4096 Apr 12 17:04 usr
drwx------   3 dog dog      4096 Apr 12 17:04 var
```

从例 17-44 的显示结果可以看出,在当前目录下又多了 3 个新的子目录。接下来,可以使用例 17-45 带有-l 参数的 ls 命令列出当前目录下 usr/bin/子目录中的 iostat 文件的详细信息。

【例 17-45】

```
dog@dog pack]$ ls -l usr/bin/iostat
-rwxr-xr-x   1 dog dog 20344 Apr 12 17:04 usr/bin/iostat
```

确认 usr/bin/iostat 可执行文件存在之后,就可以使用例 17-46 的命令执行这个 iostat 命令来获取系统的输入/输出的统计信息了。为了节省篇幅,这里省略了显示输出结果。

【例 17-46】

```
[dog@dog pack]$ usr/bin/iostat
```

☞ 指点迷津：

可能有读者认为引入 rpm2cpio 这个工具好像是多余的，因为 rpm 命令工作得好好的，而且应该更简单些。其实不然，因为在一些大型系统上，用户可能很多。有些用户可能出于某种需要，要经常安装和卸载一些他们自用的软件包，如果没有 rpm2cpio 这个工具，所有的这些安装和卸载工作就都必须由 root 用户来完成，可以想象操作系统管理员的工作量会大到难以承受的地步。当然有人认为将 root 的密码告诉这些用户，让他们使用 root 用户来进行他们的软件包的安装与卸载工作不就解决问题了吗？这样做是解决了这个问题，但是却出现了更大的安全问题。在实际工作中，除了操作系统管理员之外，其他用户是不应该使用 root 用户进行任何操作的。而且即使是操作系统管理员，也只是在必要时才使用 root 用户进行操作，平时应该尽可能地使用普通用户登录。

17.6　RPM 软件包的属性依赖性问题

在 Linux 操作系统中，有一些 RPM 软件包在安装之前，系统要求必须先安装其他的软件包。这也就是所谓的 RPM 软件包的属性依赖性（也有人称为相依性）问题，即这个软件包的安装依赖于其他软件包的安装。

Red Hat Linux 系统有一套自动解决 RPM 软件包属性依赖性问题并安装软件包的方法，不过这一方法对所安装的 RPM 软件包有如下 3 点特殊的要求：

（1）必须安装了 rpmdb-redhat 软件包（有人称为数据库），在 Oracle Linux 操作系统上是 rpmdb-enterprise。

（2）全部有依赖关系的 RPM 软件包必须存放在同一个目录中，如果不在同一个目录中，就要手工将它们移到相同的目录中。

（3）在安装 RPM 软件包时，在安装命令中加上--aid 参数。

接下来通过安装一个叫 ocfs2console-1.2.2-2.i386.rpm 软件包的具体操作来演示如何解决在安装 RPM 软件包时所遇到的属性依赖性问题。ocfs2console-1.2.2-2.i386.rpm 软件包是 Oracle RAC（集群）使用的一个软件包。首先使用例 17-47 的组合命令确认 rpmdb-enterprise 软件包是否安装。

【例 17-47】

[root@dog RPMS]# rpm -qa | grep rpmdb

由于例 17-47 命令执行后系统没有任何显示，所以可以断定 rpmdb-enterprise 软件包没有安装。所需的这个软件包是在 Oracle Linux 操作系统的第 4 张光盘上，可能有读者问：你怎么知道是在第 4 张光盘上的啊？答案很简单，一张盘一张盘地慢慢找。也没关系，多找几次就找出经验了。

在光驱中插入 Oracle Linux 系统的第 4 张光盘。随后，使用 mount 命令重新挂载光驱。当确定光驱挂载成功之后，为了后面的操作方便，使用 cd 命令将当前工作目录切换到/media/cdrom/Enterprise/RPMS。当确认目录切换成功之后，使用例 17-48 的 ls 命令列出当前目录中所有以 rpmdb 开头的文件。

【例 17-48】

[root@dog RPMS]# ls rpmdb*
rpmdb-enterprise-4-0.20061026.i386.rpm

当确认了所需的软件包存在之后，使用例 17-49 带有-ivh 的 rpm 命令安装这个 RPM 软件包。

【例 17-49】

[root@dog RPMS]# rpm -ivh rpmdb-enterprise-4-0.20061026.i386.rpm
Preparing...   ### [100%]
   1:rpmdb-enterprise   ### [100%]

当软件包安装完成之后，最好使用类似例 17-50 的组合命令确认一下 rpmdb-enterprise 这个所谓的数据库是否安装成功。

【例 17-50】

[root@dog RPMS]# rpm -qa | grep rpmdb
rpmdb-enterprise-4-0.20061026

从例 17-50 的显示结果可以断定所需软件包（数据库）已经安装成功，之后要使用 cd 命令切换到 root 用户的家目录。接下来，使用 umount 命令卸载光驱。确定光驱卸载之后，在光驱中插入 Oracle Linux 系统的第 3 张光盘，随后，使用例 17-51 的 mount 命令重新挂载光驱。

【例 17-51】

[root@dog ~]# mount -t iso9660 /dev/cdrom /media/cdrom
mount: block device /dev/cdrom is write-protected, mounting read-only

当确定光驱挂载成功之后，为了后面的操作方便，使用 cd 命令再次将当前工作目录切换到/media/cdrom/Enterprise/RPMS。当确认目录切换成功之后，使用例 17-52 的 ls 命令列出当前目录中所有以 ocfs 开头的文件，这些软件包都是 Oracle RAC（集群）使用的软件包。

【例 17-52】

[root@dog RPMS]# ls ocfs*
ocfs2-2.6.9-42.0.0.0.1.EL-1.2.3-2.i686.rpm   ocfs2console-1.2.2-2.i386.rpm
ocfs2-2.6.9-42.0.0.0.1.ELhugemem-1.2.3-2.i686.rpm   ocfs2-tools-1.2.2-2.i386.rpm
ocfs2-2.6.9-42.0.0.0.1.ELsmp-1.2.3-2.i686.rpm

接下来，使用例 17-53 带有-ivh 的 rpm 命令安装 ocfs2console-1.2.2-2.i386.rpm 这个 RPM 软件包。

【例 17-53】

[root@dog RPMS]# rpm -ivh ocfs2console-1.2.2-2.i386.rpm
error:Failed dependencies:
    ocfs2-tools = 1.2.2 is needed by ocfs2console-1.2.2-2.i386

例 17-53 的显示结果告诉我们相依性失败，并建议我们先安装 ocfs2-tools 这个软件包。因为 ocfs2-tools-1.2.2-2.i386.rpm 这个软件包与 ocfs2console-1.2.2-2.i386.rpm 软件包是在同一个目录中，所以自动解决 RPM 软件包属性依赖性问题并安装软件包的方法的第 2 个要求也满足了，因此似乎可以使用例 17-54 在命令的末尾带有--aid 这一参数的 rpm 命令来安装 ocfs2console-1.2.2-2.i386.rpm 这一软件包，并让 Linux 系统自动解决 RPM 软件包属性依赖性问题。

【例 17-54】

```
[root@dog RPMS]# rpm -ivh ocfs2console-1.2.2-2.i386.rpm --aid
error: Failed dependencies:
    ocfs2-tools = 1.2.2 is needed by ocfs2console-1.2.2-2.i386
```

例 17-54 的显示结果同样告诉我们相依性失败，与例 17-53 的显示结果一模一样。这就是几乎所有软件的特点，有时你即使完全按照说明书所指示的操作做，也未必能得到说明书上所说的结果。

读者也用不着着急。因此，你可以使用例 17-55 带有-ivh 的 rpm 命令先安装软件包 ocfs2-tools-1.2.2-2.i386.rpm。

【例 17-55】

```
[root@dog RPMS]# rpm -ivh ocfs2-tools-1.2.2-2.i386.rpm
Preparing...               ########################################### [100%]
   1:ocfs2-tools           ########################################### [100%]
```

当软件包 ocfs2-tools-1.2.2-2.i386.rpm 安装成功之后，使用例 17-56 带有-ivh 的 rpm 命令再次安装软件包 ocfs2console-1.2.2-2.i386.rpm。

【例 17-56】

```
[root@dog RPMS]# rpm -ivh ocfs2console-1.2.2-2.i386.rpm
Preparing...               ########################################### [100%]
   1:ocfs2console          ########################################### [100%]
```

虽然从例 17-56 的显示结果可以基本确定软件包 ocfs2console-1.2.2-2.i386.rpm 已经安装成功，但是为了谨慎起见，最好使用类似例 17-57 的组合命令验证一下。

【例 17-57】

```
[root@dog RPMS]# rpm -qa | grep    ocfs2console
ocfs2console-1.2.2-2
```

看到了例 17-57 的显示结果，终于可以放心了，折腾了半天终于将所需的软件包安装好了。以上的例子也再一次告诉我们实践的重要性。看来"实践是检验真理的唯一标准"这句话还真有道理，有时书上说的未必就灵光。所以当遇到问题时不一定就非得去查书，即使是经典或圣人写的书也未必能给出所有问题的答案，其实许多情况下，答案就在你的手下。而且，常常是最简单的，甚至是最原始的方法就是答案，就像我们上面的例子一样。

17.7 使用 Linux 的图形工具安装和管理软件包

Linux 操作系统也提供了一个用来安装、管理以及维护 RPM 软件包的图形工具，这个图形工具就是 system-config-packages。有关这一图形工具的使用方法请参阅本章的视频。

以 root 用户身份使用图形界面登录 Linux 系统，之后在终端窗口中输入 system-config-packages 命令并按 Enter 键之后就将出现这个工具的软件包管理窗口。

如果之前没有安装 FTP 服务器，就可以向下拖动软件包管理窗口最右侧的滚动条，直到见到 FTP Server 为止，选中 FTP Server 复选框。

如果之前没有安装 telnet 服务，就可以向下拖动软件包管理窗口最右侧的滚动条，直到见到 Legacy Network Server 为止，选中 Legacy Network Server 复选框并单击 Details 超链接。选中 telnet-server 所在选项的复选框，之后单击 Close 按钮。之后会退回到软件包管理窗口。

如果之前没有安装 sysstat 这个 RPM 软件包，就可以向下拖动软件包管理窗口最右侧的滚动条，直到见到 System Tools 为止，选中 System Tools 复选框并单击 Details 超链接。选中 sysstat 所在选项的复选框，之后单击 Close 按钮。之后会退回到软件包管理窗口。

选择完了所有要安装的 RPM 软件包之后，单击 Update 按钮。之后会出现 Completed System Preparation 的窗口。

此时可以单击 Show Details 按钮以查看要安装的软件包。这里可以单击 Continue 按钮以继续安装软件包。

如果此时有依赖关系的软件包不在当前光盘中，系统会提示插入 Linux 操作系统的第几张光盘。此时，使用 umount 命令卸载光驱。之后，在光驱中插入 Oracle Linux 系统所需的光盘。随后，使用例 17-58 的 mount 命令重新挂载光驱，之后单击 OK 按钮。

【例 17-58】

```
[root@dog ~]# mount -t iso9660 /dev/cdrom /media/cdrom
mount: block device /dev/cdrom is write-protected, mounting read-only
```

之后会出现 Update Complete 界面，单击 OK 按钮即完成了 RPM 软件包的安装或更新。

☞ 指点迷津：

> 读者可能已经发现了使用 Linux 的图形工具来安装或更新 RPM 软件包与微软的操作很相似，而且更简单、方便。但是有时系统的图形界面可能无法正常工作，或你在远程无法使用图形工具，此时命令行工具就是你唯一可以使用的工具了，所以学会使用命令行工具是每个 Linux 操作系统管理员的基本要求。

17.8 练 习 题

1. 当使用源代码安装软件时，在以下的命令中，哪一个被用于编译源代码？

A．make   B．install   C．./configure   D．make install

2．在 Linux 系统上执行了如下的命令以验证 sendmail 的一致性：

```
[root@superboy ~]# rpm -Va sendmail
.......T. c /etc/mail/sendmail.cf
S.5....T. c /var/log/mail/statistics
```

请问，根据以上命令的输出显示结果，可以对/var/log/mail/statistics 文件做出以下哪一个推断？

    A．该文件的权限、用户身份和文件类型已经发生了变化

    B．该文件的权限、群组身份和文件类型已经发生了变化

    C．该文件的用户身份、群组身份和文件类型已经发生了变化

    D．该文件的 MD5 签名、文件大小和修改时间已经发生了变化

3．你已经将所有的 rpms 软件包复制到你本地 Linux 计算机上的/RPMS 目录中。当你以 root 用户登录系统并切换到/RPMS 目录之后，试着使用 rpm 命令安装 mysql 软件包。结果安装过程错误地结束，而系统显示的错误信息如下：

Error: Failed dependencies: Perl(DBI) is needed by mysql.

请问，你将怎样解决这一问题并通过解决依赖性问题成功地安装 mysql？

    A．通过使用带有-F 选项的 rpm 命令安装这个软件

    B．通过使用带有--aid 选项的 rpm 命令安装这个软件

    C．通过使用带有--force 选项的 rpm 命令安装这个软件

    D．通过使用带有--nodeps 选项的 rpm 命令安装这个软件

4．在以下有关源代码 RPM 软件包的叙述中，哪两个是正确的？

    A．不能将源代码 RPM 软件包建成一个二进制的 rpm 软件包

    B．可以编译和直接安装源代码 RPM 软件包

    C．可以将源代码 RPM 自定义重新配置成适合于某一特殊 CPU 的软件包

    D．源代码 RPM 软件包没有包含有关怎样安装这一软件的信息

第 18 章 硬盘分区、格式化及文件系统的管理

与其他操作系统一样，Linux 系统中的文件系统也主要是存放在硬盘上的。因此在本章将详细地介绍硬盘分区、格式化及文件系统的管理与维护。为了后面的操作方便，要在 VMare 虚拟机上添加两个 1GB 的虚拟硬盘，其具体操作请参阅本章的视频。

18.1 系统初始化时怎样识别硬盘设备及硬盘分区

系统初始化时是根据 MBR（Master Boot Record）来识别硬盘设备的，在 MBR 中包括用来载入操作系统的可执行代码。其实这个可执行代码就是 MBR 中的前 446 个字节的 boot loader 程序（引导加载程序），如图 18-1 所示。而在 boot loader 程序之后的 64 个（16×4）字节的空间就是存储的分区表（Partition table）的相关信息，如图 18-2 所示。

图 18-1　　　　　　　　　　　图 18-2

在分区表（Partition table）中主要存储的信息包括：分区号（Partition id）、分区的起始磁柱和分区的磁柱数量。所以 Linux 操作系统在初始化时就可以根据分区表中以上 3 种信息来识别硬盘设备。其中，常见的 Partition id 如下。

- 0x5（或 0xf）：可扩展分区（Extended partition）。
- 0x82：Linux 交换区（Swap partition）。
- 0x83：普通 Linux 分区（Linux partition）。
- 0x8e：Linux 逻辑卷管理分区（Linux LVM partition）。
- 0xfd：Linux 的 RAID 分区（Linux RAID auto partition）。

由于 MBR 留给分区表的磁盘空间只有 64 个字节，而每个分区表的大小为 16 个字节，所以在一个硬盘上最多可以划分出 4 个主分区（Primary Partition）。如果想要在一个硬盘上划分出 4 个以上的分区时，可以通过在硬盘上先划分出一个可扩展分区（Extended Partition）的方法来增加额外的分区。不过，在 Linux 的 Kernel 中所支持的分区数量有如下限制。

- 一个 IDE 的硬盘最多可以使用 63 个分区。
- 一个 SCSI 的硬盘最多可以使用 15 个分区。

接下来的问题就是为什么要将一个硬盘划分成多个分区，而不是直接使用整个硬盘呢？其主要原因如下：

（1）方便管理和控制。

（2）提高系统的效率。

（3）使用磁盘配额的功能限制用户使用的磁盘量。

（4）便于备份和恢复。

下面将进一步解释以上 4 个硬盘分区的理由。首先，可以将系统中的数据（也包括程序）按不同的应用分成几类，之后将这些不同类型的数据分别存放在不同的磁盘分区中。由于在每个分区上存放的都是类似的数据或程序，这样管理和维护就简单多了。

为什么使用硬盘分区可以提高系统的效率呢？还记得在 14.4 节的解释吗？是因为系统读写磁盘时，磁头移动的距离缩短了，即搜寻（Search）的范围小了。如果不使用分区，每次在硬盘上搜寻信息时可能要搜寻整个硬盘，所以速度会很慢。另外，硬盘分区也可以减轻碎片（文件不连续存放）所造成的系统效率下降的问题。

因为限制用户使用磁盘配额（Quotas）的功能只能在分区一级上使用，所以为了限制用户使用磁盘的总量以防止用户浪费磁盘空间（甚至将磁盘空间耗光），最好将磁盘先分区再分配给一般用户。

为什么便于备份和恢复呢？因为可以只对所需的分区进行备份和恢复操作，这样备份和恢复的数据量会大大地下降而且也更简单和方便。

18.2　使用 fdisk 和 partprobe 命令来管理硬盘分区

了解了什么是硬盘分区，以及 Linux 操作系统引入硬盘分区的缘由之后，本节将介绍如何创建一个硬盘分区和怎样才能让 Linux 系统识别到所创建的硬盘分区。在 Linux 操作系统中创建硬盘分区的命令是 fdisk（其实 Windows 系统中也有这个命令）。可以使用例 18-1 的带有-1 选项的 ls 命令列出系统中所有的 SCSI 硬盘和分区。

【例 18-1】

```
[root@dog ~]# ls -l /dev/sd*
brw-rw----  1 root disk 8,   0 May 11   2010 /dev/sda
brw-rw----  1 root disk 8,   1 May 11   2010 /dev/sda1
......
brw-rw----  1 root disk 8,  16 May 11   2010 /dev/sdb
brw-rw----  1 root disk 8,  32 May 11   2010 /dev/sdc
```

例 18-1 显示结果的文件名中没有数字的（如/dev/sda、/dev/sdb 和/dev/sdc）为整个硬盘，而文件名中带有数字的为分区（如/dev/sda1 等）。知道了在这个系统上有哪些硬盘之后，就可以使用例 18-2 带有-1 参数的 fdisk 命令列出该系统上第 1 个 SCSI 硬盘的分区信息了。该命令中使用的参数 1 是 list 的第 1 个字母。

【例 18-2】

```
[root@dog ~]# fdisk -l /dev/sda
Disk /dev/sda: 16.1 GB, 16106127360 bytes
255 heads, 63 sectors/track, 1958 cylinders
```

```
Units = cylinders of 16065 * 512 = 8225280 bytes
```

Device Boot		Start	End	Blocks	Id	System
/dev/sda1	*	1	16	128488+	83	Linux
/dev/sda2		17	1163	9213277+	83	Linux
/dev/sda3		1164	1673	4096575	83	Linux
/dev/sda4		1674	1958	2289262+	5	Extended
/dev/sda5		1674	1804	1052226	82	Linux swap

例 18-2 显示结果的第 3 行，即以 Units 开始的那一行为每个磁柱的大小，对于这个硬盘，每个磁柱的大小约为 8MB（8225280 bytes）。而由方框框起来的部分就是所谓的分区表（Partition table），从左到右依次为：

（1）硬盘分区所对应的设备文件名（Device）。

（2）是否为 boot 分区（Boot），有*的为 boot 分区，否则不是。

（3）起始磁柱（Start）。

（4）结束/终止磁柱（End）。

（5）分区的数据块数，即分区的容量（Blocks）。

（6）分区号码（Id）。

（7）分区的类型。

从例 18-2 显示的这张分区表可知：/dev/sda1、/dev/sda2 和/dev/sda3 都是普通的 Linux 分区（Linux partition），/dev/sda4 是一个可扩展分区（Extended partition），/dev/sda5 是 Linux 交换区（Swap partition），其中/dev/sda1 为 boot 分区。

如果想在/dev/sda 这个 SCSI 硬盘上创建新的分区，可以使用例 18-3 的 fdisk 命令完成这一操作。在 Command (m for help)提示处输入 m。如果想在 IDE 的第 1 个硬盘上创建新的分区，应该使用 fdisk /dev/had 命令。

【例 18-3】

```
[root@dog ~]# fdisk /dev/sda
……
Command (m for help): m                          # m 是你要输入的
Command action
   a   toggle a bootable flag
   b   edit bsd disklabel
……
Command (m for help):
```

如果你有一定的英语水平，应该可以看懂每个命令的解释了。为了帮助读者能够比较清楚地理解这些命令的功能，以下对这个命令列表中常用的命令做进一步的解释。

- d：删除一个（已经存在的）分区，其中 d 是 delete 的第 1 个字母。
- l：列出（已经存在的）分区的类型，其中 l 是 list 的第 1 个字母。
- m：列出 fdisk 中使用的所有命令，其中 m 是 menu 的第 1 个字母。
- n：添加一个新的分区，其中 n 是 new 的第 1 个字母。
- p：列出分区表的内容，其中 p 是 print 的第 1 个字母。

- q: 退出 fdisk，但是不存储所做的改变，其中 q 是 quit 的第 1 个字母。
- t: 改变分区的系统 id，其中 t 应该是 title 的第 1 个字母。
- w: 退出 fdisk 并存储所做的改变，其中 w 是 write 的第 1 个字母。

在 Command (m for help)处输入 p 来列出分区表的内容，将会出现如下的显示输出结果。

```
Command (m for help): p
Disk /dev/sda: 16.1 GB, 16106127360 bytes
255 heads, 63 sectors/track, 1958 cylinders
Units = cylinders of 16065 * 512 = 8225280 bytes

   Device Boot      Start         End      Blocks   Id  System
/dev/sda1   *           1          16      128488+  83  Linux
/dev/sda2              17        1163     9213277+  83  Linux
/dev/sda3            1164        1673     4096575   83  Linux
/dev/sda4            1674        1958     2289262+   5  Extended
/dev/sda5            1674        1804     1052226   82  Linux swap
Command (m for help):
```

执行完 fdisk 的 p 指令后会发现目前在/dev/sda 这个 SCSI 硬盘上一共有/dev/sda1～/dev/sda5 5 个分区。接下来，在 Command (m for help)处输入 n 以创建一个新的分区，在 First cylinder (1805-1958, default 1805)处直接按 Enter 键接受默认的起始磁柱 1805，在 Last cylinder or +size or +sizeM or +sizeK (1805-1958, default 1958)处输入+128M 将这个新分区的大小定义成 128MB（因为每个磁柱的大小大约为 8MB，所以可以换算成结束磁柱，但是这样做比较麻烦，所以建议直接使用磁盘的大小），其操作如下：

```
Command (m for help): n
First cylinder (1805-1958, default 1805):
Using default value 1805
Last cylinder or +size or +sizeM or +sizeK (1805-1958, default 1958): +128M
```

之后将又出现 Command (m for help)的提示，为了验证在这个 SCSI 硬盘上所添加的新分区操作是否成功，在该提示处输入 p 指令以列出这个硬盘的分区表中的内容，操作和显示结果如下：

```
Command (m for help): p
……
   Device Boot      Start         End      Blocks   Id  System
/dev/sda1   *           1          16      128488+  83  Linux
……
/dev/sda6            1805        1821      136521   83  Linux
```

从以上的显示结果可以看出这个 SCSI 硬盘的分区表里又多了一个新的/dev/sda6 的普通 Linux 分区。

介绍完了在一个硬盘上创建新分区的操作之后，接下来介绍如何删除（移除）一个分区。如果你现在改变主意了，不想要那个新的/dev/sda6 分区了，可以使用 fdisk 的 d 指令删除这个分区，其操作如下：在 Command (m for help)处输入 d，在 Partition number (1-6)处输入 6，因为要删除的刚刚创建的分区为/dev/sda6。

```
Command (m for help): d
Partition number (1-6): 6
```

之后将又出现 Command (m for help)的提示，为了验证这个刚刚创建的新分区操作是否
已经被成功地删除了，在该提示处再次输入 p 指令以列出这个硬盘的分区表中的内容，操
作和显示结果如下：

```
Command (m for help): p
……
   Device Boot      Start        End       Blocks    Id   System
/dev/sda1    *         1          16      128488+    83   Linux
……
/dev/sda5           1674        1804     1052226    82   Linux swap
```

以上的显示结果表明/dev/sda6 那个分区已经被成功地删除了，因为在 SCSI 硬盘的分
区表中已经没有/dev/sda6 分区了。由于我们并不想更改这个存有 Linux 操作系统软件的硬
盘的分区配置，所以最后使用 fdisk 的 q 命令退出 fdisk 命令的控制返回操作系统，其操作
和显示结果如下：

```
Command (m for help): q
You have new mail in /var/spool/mail/root
[root@dog ~]#
```

为了安全起见，在接下来的操作中使用新的虚拟硬盘，因为它们上面没有任何信息，
也就不怕信息的丢失或损毁了。现在我们想在/dev/sdb 这个 SCSI 硬盘上创建新的分区，因
此可以使用例 18-4 的 fdisk 命令来完成这一操作（为了节省篇幅，以下以注释的方式来解
释输入的 fdisk 指令）。

【例 18-4】

```
[root@dog ~]# fdisk /dev/sdb
……
Command (m for help): n                        # 输入 n 创建一个新分区
Command action
   e    extended
   p    primary partition (1-4)
p                                               # 输入 p 创建一个主分区（Primary Partition）
Partition number (1-4): 1                       # 输入分区的标号（Id）1
First cylinder (1-130, default 1): 1            # 接受默认的起始磁柱 1
Last cylinder or +size or +sizeM or +sizeK (1-130, default 130): +256M
                                                # 输入+256M（分区的大小）
 Command (m for help): p                        # 输入 p 列出磁盘/dev/sdb 的分区表
Disk /dev/sdb: 1073 MB, 1073741824 bytes
255 heads, 63 sectors/track, 130 cylinders
Units = cylinders of 16065 * 512 = 8225280 bytes
```

Device Boot	Start	End	Blocks	Id	System
/dev/sdb1	1	32	257008+	83	Linux

检查之后，如果认为所创建的新分区没有问题，就可以在 Command (m for help)处输入 w 将所做的修改写回到磁盘/dev/sdb 的分区表并退出 fdisk 命令，其操作和显示结果如下：

```
Command (m for help): w
The partition table has been altered!
Calling ioctl() to re-read partition table.
Syncing disks.
[root@dog ~]#
```

当 w 指令执行完之后，系统就将所创建的新分区的信息写到磁盘/dev/sdb 的分区表中，如图 18-3 所示。

Device Boot	Start	End	Blocks	Id	System
/dev/sdb1	1	32	257008+	83	Linux

图　18-3

之后，使用例 18-5 的带有-l 参数的 fdisk 命令列出硬盘/dev/sdb 以及上面所有分区的详细信息。

【例 18-5】

```
[root@dog ~]# fdisk -l /dev/sdb
Disk /dev/sdb: 1073 MB, 1073741824 bytes
255 heads, 63 sectors/track, 130 cylinders
Units = cylinders of 16065 * 512 = 8225280 bytes
```

Device Boot	Start	End	Blocks	Id	System
/dev/sdb1	1	32	257008+	83	Linux

例 18-5 的显示结果表明已经在硬盘/dev/sdb 上成功地创建了一个/dev/sdb1 的普通 Linux 分区。接下来，使用例 18-6 的 mke2fs 命令将/dev/sdb1 分区格式化为 ext2 的文件系统。

【例 18-6】

```
[root@dog ~]# mke2fs /dev/sdb1
mke2fs 1.35 (28-Feb-2004)
Filesystem label=
OS type: Linux
Block size=1024 (log=0)
......
```

例 18-6 的显示结果表示已经成功地格式化了/dev/sdb1 分区。接下来，就可以使用这一分区了。

☞指点迷津：

在一些其他的 Linux 系统上当执行完 fdisk 的 w 命令之后，虽然新的分区已经创建成功，但是并不能立即使用，因为此时系统还不能识别这个分区，需要重新启动 Linux 系统或使用 partprob 命令之后，系统才能识别这个分区，如图 18-4 所示就是一个这样的 Linux 系统。在执行了 fdisk 的 w 命令之后，系统提示内核仍然使用旧的分区表，而且要重新启动系统后才会使用新的分区表。

```
Command (m for help): w
The partition table has been altered!

Calling ioctl() to re-read partition table.

WARNING: Re-reading the partition table failed with error 16: Device or resource busy.
The kernel still uses the old table.
The new table will be used at the next reboot.
Syncing disks.
```

图　18-4

在这个系统上，此时如果使用例 18-6 的 mke2fs 命令是无法格式化/dev/sdb1 分区的，因为系统根本找不到该分区。不过也没有必要一定要重新启动 Linux 系统，可以使用 partprob 命令来重新初始化内存中内核的分区表的信息，也就是让新的分区表生效，从而使系统可以识别所创建的新分区。因此，可以使用例 18-7 的 partprobe 命令重新初始化内存中内核的分区表。

【例 18-7】

[root@dog ~]# partprobe
Warning: Unable to open /dev/hdc read-write (Read-only file system).　/dev/hdc
　has been opened read-only.

当例 18-7 的 partprobe 命令执行成功之后，系统就可以识别这个分区了，你也就可以使用 mke2fs 命令将/dev/sdb1 分区格式化了。

18.3　创建文件系统（数据的管理）

在一个硬盘上所创建的分区并不能直接存放数据，需要将这个分区先格式化成一个 Linux 系统可以识别的文件系统之后才能正常地使用。在 Linux 系统上，功能最全的格式化命令为 mke2fs，该命令的语法格式如下：

mke2fs [选项] 设备文件名

其中，常用的选项包括以下内容。

- -b: 定义数据块的大小（以字节为单位），默认是 1024 个字节（1KB）。
- -c: 在创建文件系统之前检查设备上是否有坏块。
- -i: 定义字节数与 i 节点之间的比率（多少字节对应一个 i 节点）。
- -j: 创建带有日志（Journal）的 ext3 文件系统。
- -L: 设置文件系统的逻辑卷标。
- -m: 定义为超级用户预留磁盘空间的百分比（默认为 5%）。
- -N: 覆盖默认 i 节点数的默认计算值。

为了后面解释方便，下面将例 18-6 的 mke2fs（make to file system 的缩写）命令显示结果中与分区相关的信息重新列出来，并使用注释的方式对相关的显示结果做了进一步的解释，其相关内容如表 18-1 所示。

表18-1

序　号	分　区　信　息	注　释
1	OS type: Linux	# 操作系统的类型为 Linux
2	Block size=1024 (log=0)	# 每个数据块的大小为 1KB
3	Fragment size=1024 (log=0)	
4	64256 inodes, 257008 blocks	# 一共有 64256 个 i 节点和 257008 个数据块
5	12850 blocks (5.00%) reserved for the super user	# 为超级用户预留 12850 个数据块
6	First data block=1	
7	Maximum filesystem blocks=67371008	# 文件系统的上限是 67371008 个数据块
8	32 block groups	# 一共有 32 个数据块组
9	8192 blocks per group, 8192 fragments per group	# 每个数据块组有 8192 个数据块
10	2008 inodes per group	# 每个数据块组有 2008 个 i 节点
11	Superblock backups stored on blocks:	# 超级数据块被存储在下一行的数据块中
12	8193, 24577, 40961, 57345, 73729, 204801, 221185	# 每个数据块都存放着完全相同的超级块信息

可能读者看了以上的解释之后，对一些内容还是不能彻底理解。没关系，接下来对这些内容要做进一步的介绍。

当使用 fdisk 命令在磁盘上创建了分区之后，该分区是不能直接用来存放数据（当然也包括软件）的。必须先将其格式化成一种 Linux 系统可以识别的文件系统。所谓的格式化就是将分区中的硬盘空间划分成大小相等的一些数据块（Blocks），以及设定这个分区中有多少个 i 节点可以使用等。

每个数据块（Blocks）就是文件系统存储数据的最小单位，也正因为如此才能将信息存放到这些数据块中。另外，多个数据块又组成了数据块组（block groups），每个分区的第 1 个数据块是引导块（boot sector）。第 1 组（group 0）的第 1 个数据块（block）是超级块（super block）。这个超级块是用来记录这个分区总共划分出了多少个 blocks、有多少 i 节点（inodes）、已经用了多少个 blocks 和 inodes 等信息。从表 18-1 的第 8 行可知在/dev/sdb1 分区中一共有 32 个 block groups，第 9 行表示每个 group 包含了 8192 blocks，第 10 行表示每个 group 有 2008 个 inodes，实际上这些就是 super block 中的信息。

很显然 super block 非常重要。如果 super block 损毁了，这个分区也就无法访问了，如图 18-5 所示。为了防止 super block 的损毁，Linux 操作系统每隔几个 group 就存放（备份）一份 super block，如图 18-6 所示。从表 18-1 的第 11 行和第 12 行可知/dev/sdb1 分区的 super block 还分别备份在第 8193、24577 以及 40961 号 block 中。

图 18-5　　　　　　　　　　　　　　　图 18-6

Linux 系统提供了一个叫 dumpe2fs 的命令，这个命令将列出每个设备（分区）上文件系统的超级块（super block）和数据块组（block groups）的信息。可以使用例 18-8 的 dumpe2fs 命令列出/dev/sdb1 分区配置的信息，并通过管道送给 more 命令分页显示。

【例 18-8】

```
[root@dog ~]# dumpe2fs /dev/sdb1 | more
dumpe2fs 1.35 (28-Feb-2004)
Filesystem volume name:        <none>
Last mounted on:               <not available>
……
Group 0: (Blocks 1-8192)
……
```

在例 18-8 的显示结果中 Group 0: (Blocks 1-8192)这一行之上的信息就是 super block 中所存放的信息，在这一行以下（包括这一行）就是每个 block group 的详细信息。

18.4 使用 mke2fs 格式化命令创建文件系统的实例

接下来演示几个在 mke2fs 命令中使用不同参数的例子。在使用 mke2fs 命令格式化一个硬盘分区时，系统默认是将数据块的大小（block size）设为 1024 个字节（1KB）。对于有些系统来说，1KB 的数据块太小。例如在 Oracle 数据库中，数据文件都很大并且文件的数量很少，这样如果数据块设置得这么小就有可能降低数据库系统的效率。因此一般在安装 Oracle 数据库的硬盘分区上，在安装之前都会重新设置 block size。一般联机事务处理的 Oracle 数据库的数据块大小设置为 8KB，可以使用例 18-9 的带有-b 参数的 mke2fs 命令将 /dev/sdb1 分区的数据块大小设置为 8KB。

注意，当系统执行这个命令时会出现警告信息：对于系统来说 8192 字节的数据块太大了（最大为 4096），并在接下来的一行问无论如何还要继续吗？在这里输入 y，以继续格式化。

【例 18-9】

```
[root@dog ~]# mke2fs -b 8192 /dev/sdb1
Warning: blocksize 8192 not usable on most systems.
mke2fs 1.35 (28-Feb-2004)
mke2fs: 8192-byte blocks too big for system (max 4096)
Proceed anyway? (y,n) y
……
Block size=8192 (log=3)
……
```

从例 18-9 的显示结果可以看出/dev/sdb1 分区的数据块大小确实为 8KB（用方框框起来的部分）。这里需要指出的是在一些其他的 Linux 系统上，这个命令运行的结果将把数据块大小设置为 4096（4KB）。不过即使是 4KB 也比 1KB 好多了，可能是 Oracle Linux 已经考虑到了数据库的应用需要。

在讲解下一个例子之前，先复习一下 mke2fs 命令中的-i 参数的功能：定义字节数与 i 节点之间的比率（多少字节对应一个 i 节点）。

☞ 指点迷津：

> 在有些中文的 Linux 教程中提到-i 参数是用来设定每个 i 节点（inode）的大小，这种说法是错的。本书的第 9.2 节中是这样介绍 i 节点的：一个 i 节点就是一个与某个特定的对象（如文件、目录或符号连接）相关的信息列表。i 节点实际上是一个数据结构，它存放了有关一个普通文件、目录或其他文件系统对象的基本信息。从这点对 i 节点的叙述可以推断作为存储数据的数据结构的大小不应该随意变化（即不应该随便设定）。也许有读者心里还是觉得不踏实，固定对 i 节点的叙述也是摘自这本书，这等于都是一家之词了。
>
> 也许以上的解释还没有完全消除读者的疑虑，为此读者可以重新看一下例 18-8 的结果，在接近 super block 信息部分的最后面有一行 "Inode size: 128" 的信息，这才是 i 节点的大小。其实，使用 dumpe2fs 命令显示任何一个分区的信息都会显示 Inode size：128，即 i 节点的大小是固定的。现在你应该放心了吧！

i 节点（inode）的数量决定了在这个文件系统（分区）中最多可以存储多少个文件，因为每一个文件和目录都会对应于唯一的 i 节点。从以上的解释可以看出 Linux 系统默认设置的 i 节点数量显然是为了支持小文件的。可是在 Oracle 数据库系统中数据文件都很大而且很少，这样过多的 i 节点不但浪费了系统资源，而且也会降低系统的效率，所以一般在安装 Oracle 数据库的硬盘分区之前，可能会重新设置 i 节点的数量。如可以使用例 18-10 的带有-i 参数的 mke2fs 命令将/dev/sdb1 分区的 i 节点数设置为每 1MB 空间一个 i 节点。

【例 18-10】

```
[root@dog ~]# mke2fs -i 1048576 /dev/sdb1
mke2fs 1.35 (28-Feb-2004)
OS type: Linux
……
256 inodes, 257008 blocks
……
```

例 18-10 的显示结果表明现在/dev/sdb1 分区中总共只有 256 个 i 节点，因为 256MB/256=1MB，所以每 1MB 的磁盘空间对应于一个 i 节点。可能有读者会问是不是少了点，其实真正的数据库系统使用的硬盘往往有几十甚至几百 GB，而数据文件也是以 GB 为单位的。

☞ 指点迷津：

> 如果读者对 18.2～18.4 节所介绍的硬盘分区和分区格式化的内容还是不能完全理解，也没有关系。可以想象有一个暴发户正在炒房子和炒地皮，他买下了一个旧的很大的空库房以等待地价的攀升。为了利润最大化，他将这个库房做了简单的装修。之后将这个库房划分为几个不同的区域，如餐饮区、小百货区、水果蔬菜区等。之后又在每个区内划出了一些大小相等的摊位出租给不同的商户。这里不同的区域就相当于硬盘的分区，每一个大小相等的摊位就相当于数据块，而那些商户就相当于数据。小的数据块设置就相当于都是小摊位，适合于小业主的散户，而大的数据块设置就相当于都是大摊位，适合于大商户，如水果蔬菜的批发商。

18.5　ext2 与 ext3 文件系统之间的差别及转换

为了使读者更好地理解和使用 ext2 和 ext3 文件系统，下面首先介绍 ext2 与 ext3 文件系统之间的差别。其实这两种文件系统的格式是完全相同的，只是 ext3 文件系统会在硬盘分区的最后面留出一块磁盘空间来存放日志（Journal）记录，如图 18-7 所示。

接下来详细地介绍 ext2 与 ext3 文件系统在硬盘上写入数据的过程。在 ext2 格式的文件系统上，当要向硬盘中写入数据时，系统并不是立即将这些数据写到硬盘上，而是先将这些数据写到数据缓冲区中（内存），如图 18-8 所示。当数据缓冲区写满时，这些数据才会被写到硬盘中，如图 18-9 所示。

图　18-7　　　　　　　　　图　18-8　　　　　　　　　图　18-9

在 ext3 格式的文件系统上，当要向硬盘中写入数据时，其系统内部的操作过程如下：

（1）系统同样先将这些数据写到数据缓冲区中（内存），如图 18-10 所示。

（2）当数据缓冲区写满时，在数据被写入硬盘之前系统要先通知日志现在要开始向硬盘中写入数据（即向日志中写入一些信息），如图 18-11 所示。

（3）之后才会将数据写入硬盘中，如图 18-12 所示。

（4）当数据写入硬盘之后，系统会再次通知日志数据已经写入硬盘，如图 18-13 所示。

图　18-10　　　　　　　图　18-11　　　　　　　图　18-12　　　　　　　图　18-13

当了解了 ext2 与 ext3 文件系统在硬盘上写入数据的过程之后，接下来可能有读者会问那么 Journal 这个机制到底有什么用处？

在 ext2 的文件系统中，由于没有 Journal 机制，所以 Linux 系统使用 Valid bit 标志位来记录系统在关机之前该文件系统是否已经卸载（每个文件系统都有一个自己的 Valid bit）。Valid bit 的值为 1，表示在关机之前这个文件系统已经卸载（即正常关机）；Valid bit 的值为 0，表示在关机之前这个文件系统没有卸载（即非正常关机）。

在开机时系统会检查每个文件系统的 Valid bit，如果 Valid bit 的值为 1 就直接挂载。如果 Valid bit 的值为 0，系统就会扫描这个硬盘分区来发现损坏的数据。这样时间会很长，尤其是分区很大时。

而在 ext3 的文件系统中，由于有 Journal 机制，在开机时系统会检查 Journal 中的信息。利用 Journal 中的信息，系统就会知道有哪些数据还没有写入硬盘中。由于系统在硬盘上搜寻的范围很小，所以系统检查的时间就会快很多。

通过以上介绍，读者应该已经清楚了：其实 ext3 和 ext2 的文件格式是一模一样的，只是 ext3 上增加了 Journal 的机制而已。而且将 ext2 的文件系统直接转换成 ext3 的文件系统是一件相当容易的工作。只要在 mke2fs 命令中加入-j 参数就可以将一个硬盘分区格式化成一个 ext3 的文件系统。但是使用 mke2fs 命令格式化一个分区的操作会使该分区中原来存有的数据全部丢失，这就带来了一个问题。如果你现在接手了一个 Linux 系统，这个系统中的所有分区使用的都是 ext2 的文件系统，而且这些文件系统中存放了许多有用的信息。最近老板参加了一个 IT 厂商的产品促销会，在会上得知 ext3 文件系统比 ext2 更新更好，于是通知立即将公司所有的文件系统全部转换成 ext3。显然此时很难使用 mke2fs 命令来转换了，因为公司的所有数据都存放在这个系统上。

请不用紧张，Linux 系统的设计者们早就高瞻远瞩预测到这一点了，为此 Linux 系统引入了一个叫 tune2fs 的命令，可以将 ext2 的文件系统直接转换成 ext3 的文件系统，而且不会丢失任何数据。为了演示这一命令的使用，首先使用例 18-11 的 mke2fs 命令将/dev/sdb1分区重新格式化为 ext2 的文件系统。

【例 18-11】

```
[root@dog ~]# mke2fs /dev/sdb1
……
Writing inode tables: done
Writing superblocks and filesystem accounting information: done
……
```

从例 18-11 的显示结果可以断定这个文件系统是 ext2 格式的，因为在显示结果中用方框框起来的那两行之间并没有 Creating journal (4096 blocks): done 这行信息。接下来，就可以使用例 18-12 的 tune2fs 命令直接将/dev/sdb1 分区的文件系统转换成 ext3。

【例 18-12】

```
[root@dog ~]# tune2fs -j /dev/sdb1
tune2fs 1.35 (28-Feb-2004)
Creating journal inode: done
This filesystem will be automatically checked every 31 mounts or
180 days, whichever comes first.    Use tune2fs -c or -i to override.
```

尽管从例 18-12 的显示结果可以断定/dev/sdb1 分区的文件系统已经被转换成了 ext3 格式的文件系统。但是为了慎重起见，应该使用例 18-13 的以 dumpe2fs 开始的组合命令再次分页列出/dev/sdb1 分区的设置信息。

【例 18-13】

```
[root@dog ~]# dumpe2fs /dev/sdb1 | more
dumpe2fs 1.35 (28-Feb-2004)
......
Filesystem features:        has_journal resize_inode filetype sparse_super
......
```

例 18-13 显示结果的方框中的信息表示/dev/sdb1 分区的文件系统使用了 Journal 的机制，也就是说这个文件系统已经是 ext3 的文件系统了。

除了以上使用带有-j 参数的 mke2fs 命令将一个分区格式化为 ext3 的文件系统之外，Linux 系统还提供了另一个专门将一个分区格式化为 ext3 文件系统的命令，就是 mkfs.ext3 命令。除了以上介绍的可以使用不带-j 参数的 mke2fs 命令将一个分区格式化为 ext2 的文件系统之外，Linux 系统还提供了另一个专门将一个分区格式化为 ext2 文件系统的命令，就是 mkfs.ext2 命令。

18.6　为一个分区设定 label（分区名）

前文在表示一个分区时都是使用类似/dev/sdan 的表示方法，其中 n 是自然数表示的分区号。其实还可以使用 label 的表示法，分区的 label 表示法提供了一种可能是更简单、便捷的分区表示法，因此同样可以使用 label 表示法来表示一个硬件设备，可以使用 e2label 命令来设定或查看一个设备的 label 名称。可以使用例 18-14 的 e2label 命令列出/dev/sda1 分区的 label。

【例 18-14】

```
[root@dog ~]# e2label /dev/sda1
/boot
```

例 18-14 的显示结果表明/dev/sda1 分区的 label 为/boot，还可以使用例 18-15 的 e2label 命令列出/dev/sda3 分区的 label。

【例 18-15】

```
[root@dog ~]# e2label /dev/sda3
/home
```

例 18-15 的显示结果表明/dev/sda3 分区的 label 为/home。还可以使用例 18-16 的 e2label 命令列出/dev/sdb1 分区的 label。

【例 18-16】

```
[root@dog ~]# e2label /dev/sdb1

[root@dog ~]#
```

例 18-16 的 e2label 命令执行完后，系统没有显示任何信息。这是因为我们并未为/dev/

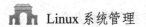

sdb1 分区设定 label。可以使用例 18-17 的 e2label 命令将/dev/sdb1 分区的 label 设定为 oracle。

【例 18-17】

[root@dog ~]# e2label /dev/sdb1 oracle

当例 18-17 的 e2label 命令执行之后，系统没有显示任何信息，因此应该使用例 18-18 的 e2label 命令列出/dev/sdb1 分区的 label。

【例 18-18】

[root@dog ~]# e2label /dev/sdb1
oracle

例 18-18 的显示结果表明 dev/sdb1 分区的 label 确实是 oracle。但是为了管理和维护方便，如果这个分区要挂载在/oracle 目录下，习惯上我们会将分区的 label 也设定为/oracle，如可以使用例 18-19 的 e2label 命令将/dev/sdb1 分区的 label 设定为/oracle。

【例 18-19】

[root@dog ~]# e2label /dev/sdb1 /oracle

当例 18-19 的 e2label 命令执行之后，系统没有显示任何信息，因此应该使用例 18-20 的 e2label 命令列出/dev/sdb1 分区的 label。

【例 18-20】

[root@dog ~]# e2label /dev/sdb1
/oracle

例 18-20 的显示结果表明 dev/sdb1 分区的 label 确实已经是/oracle，这一 label 要比之前的 oracle 更容易识别。

Linux 系统还提供了一个叫 blkid 的命令，可以使用这个命令查看所有硬盘分区的设备文件名、label 以及文件类型等信息，如可以使用例 18-21 的 blkid 命令来列出这些信息。

【例 18-21】

[root@dog ~]# blkid
/dev/sda1: LABEL="/boot" UUID="9d102812-5208-4797-816a-9b408e2d3383" SEC_TYPE="ext3" TYPE="ext2"
……

例 18-21 的显示结果确实列出了所有硬盘分区的设备文件名、label 以及文件类型等信息，只不过看上去好像不太容易阅读。

☞指点迷津：

> 读者千万不要擅自改变分区/dev/sda1～/dev/sda5 的 label，因为这可能造成 Linux 系统无法正常开机（其原因会在后面做详细的解释）。

18.7　文件系统的挂载与卸载

当在硬盘上创建了一个分区并将其格式化成某一文件系统之后，也无法立即将数据（程序）存储在这个文件系统上。在使用这个文件系统之前，必须先将这个分区挂载到 Linux 系统上，也就是将这个分区挂载到 Linux 文件系统的某个目录上。听起来是不是有点晕？没关系，接下来会详细地解释其中的原委。

挂载的概念是：当要使用某个设备时，例如，光盘或软盘，必须先将它们对应到 Linux 系统中的某个目录上，而这个对应的目录就叫挂载点（mount_point）。只有经过这样的对应操作之后，用户或程序才能访问到这些设备。

而这个操作的过程就叫设备（文件系统）的挂载，如图 18-14 所示。硬盘的分区在使用之前也必须挂载，例如当你要使用已经格式化的分区/dev/sda6 时，也要先将这个分区挂载到 Linux 系统上。如想将 Oracle 数据库的信息存放在这个分区上，为了管理和维护方便，就可以先在 Linux 系统上创建一个/oracle 目录，之后再将分区/dev/sda6 挂载到/oracle 目录上，如图 18-15 所示。之后，用户或程序才能访问到/dev/sda6 分区。

图　18-14　　　　　　　　　　　　图　18-15

为了安全起见，在接下来的操作中将使用 sdb 硬盘上的分区。为了能顺利地完成后面的操作，要首先使用 fdisk 命令将/dev/sdb1 分区的大小重新设定为 512MB，之后将该分区格式化为 ext3（也可以是 ext2）的文件系统。

因为默认情况下，在/目录中并没有 oracle 子目录，所以现在应该使用例 18-22 的 mkdir 命令来创建/oracle 子目录了。系统执行完该命令之后不会给出任何信息，所以应该使带有 -F 参数的 ls 命令列出根（/）目录中所有的内容以验证/oracle 子目录是否创建成功。

【例 18-22】

[root@dog ~]# mkdir /oracle

当确认已经在/目录下成功地创建了 oracle 子目录之后，就可以使用例 18-23 的 mount 命令将/dev/sdb1 分区挂载到/oracle 目录上，其命令非常简单。

【例 18-23】

[root@dog ~]# mount /dev/sdb1 /oracle

系统执行完以上 mount 挂载命令之后不会给出任何信息，所以要使用例 18-24 的 mount 命令列出目前挂载在系统上的所有文件系统。

【例 18-24】

```
[root@dog ~]# mount
/dev/sda2 on / type ext3 (rw)
……
/dev/sdb1 on /oracle type ext3 (rw)
```

从例 18-24 显示结果的最后一行的信息可知，/dev/sdb1 分区已经被挂载到/oracle 目录上，该分区的文件类型是 ext3，而且这个文件系统的状态是可读可写。也可以使用例 18-25 的带有-h 选项的 df 命令列出目前系统中所有已经挂载的分区的相关信息。

【例 18-25】

```
[root@dog ~]# df -h
Filesystem          Size   Used   Avail   Use% Mounted on
/dev/sda2           8.7G   7.0G   1.3G    85% /
……
/dev/sdb1           479M   11M    444M    3% /oracle
```

从例 18-25 显示结果的最后一行的信息可知，/dev/sdb1 分区的大小（Size）为 479MB，已经使用的磁盘空间（Used）为 11MB，可以使用的磁盘空间（Avail）为 444MB，磁盘空间的使用率（Use%）为 3%，这个分区被挂载在/oracle 目录上。

可能有读者感到奇怪，在创建/dev/sdb1 分区时可是设定它的大小为 512MB 的，现在怎么变成了 479MB？这是因为前文所提到过的系统要预留一部分空间给超级用户在维护系统时使用，而且系统本身也要消耗一些磁盘空间。

完成了以上操作之后，就可以使用例 18-26 的 umount（umount 就是 unmount 的缩写）命令卸载/oracle 上的文件系统了。系统执行完以上 umount 卸载命令之后不会给出任何信息，所以要使用例 18-27 的 mount 命令重新列出目前挂载在系统上的所有文件系统。

【例 18-26】

```
[root@dog ~]# umount /oracle
```

【例 18-27】

```
[root@dog ~]# mount
/dev/sda2 on / type ext3 (rw)
……
/dev/hdc on /media/cdrom type iso9660 (ro,nosuid,nodev)
```

在例 18-27 的显示结果中，再也找不到/dev/sdb1 分区的信息了。这表明你已经成功地卸载了/dev/sdb1 分区。在挂载文件系统时也可以使用分区的 label 来完成。可以使用例 18-28 的 e2label 命令列出/dev/sdb1 分区的 label。

【例 18-28】

```
[root@dog ~]# e2label /dev/sdb1
```

由于这个命令执行之后系统没有显示任何信息，这表明在该分区上没有设定 label。可以使用例 18-29 的 e2label 命令将/dev/sdb1 分区的 label 设定为/oracle。

【例 18-29】

```
[root@dog ~]# e2label /dev/sdb1 /oracle
```

确认了/dev/sdb1 分区的 label 为/oracle 之后，就可以使用例 18-30 的带有-L 参数的 mount

命令使用 label 值来挂载这个分区了。注意，这里紧跟在-L 参数之后的/oracle 为/dev/sdb1 分区的 label，而最后的/oracle 为挂载点（目录）。

【例 18-30】

[root@dog ~]# mount -L /oracle /oracle

系统执行完以上 mount 挂载命令之后同样不会给出任何信息，所以要使用例 18-31 的 mount 命令再次列出目前挂载在系统上的所有文件系统。

【例 18-31】

```
[root@dog ~]# mount
/dev/sda2 on / type ext3 (rw)
……
/dev/sdb1 on /oracle type ext3 (rw)
```

在例 18-31 的显示结果中，又可以看到/dev/sdb1 分区的信息了。这表明已经成功地挂载了/dev/sdb1 分区。当然也可以使用带有-h 选项的 df 命令再次列出目前系统中所有分区的相关信息。

☞ **指点迷津：**

> 可能读者会想为什么使用 Linux 系统的硬盘分区那么麻烦，而不能像微软系统那样硬盘安装上就可以使用呢？其实硬盘分区（设备）挂载和卸载的概念是源自 UNIX，UNIX 系统一般是作为服务器使用的，这样安全就是一个必须面对的大问题，特别是在网络上。最简单也是最有效的方法就是不使用的硬盘分区（设备）不挂载，因为没有挂载的硬盘分区（设备）是无法访问的，这样系统也就更安全了。另外这样也可以减少挂载的硬盘分区（设备）数量，实际上也就减少了系统维护文件的规模，当然也就减少了系统的开销，即提高了系统的效率。

18.8　mount 和 umount 命令深入讨论

18.7 节中所使用的 mount 命令都是不带任何选项（参数）的简单 mount 命令，虽然在绝大多数情况下，这种 mount 命令已经可以满足实际工作的需要，但是在一些特殊情况下还是要设定挂载的文件系统的一些操作特性，可以通过在 mount 命令中使用一些参数来达到这一目的。mount 命令的完整语法格式如下：

mount [-t vfstype] [-o options] device mount_point

其中，device 就是要挂载的设备（硬盘分区）名，mount_point 为挂载点（挂载的目录）。命令的第 1 个方括号中的-t，t 是 type（类型）的第 1 个字母，而 vfstype 是 virtual file system type 的缩写，就是要挂载的文件类型（通常在 mount 命令中不需要指定，因为 Linux 系统的内核可以自动判断），这里的文件类型包括：

- ↘ Linux 的 ext2 文件系统。
- ↘ Linux 的 ext3 文件系统。
- ↘ 微软的 vfat 文件系统。

➥ 用于光盘映像的 iso9660 文件系统等。

在该命令的第 2 个方括号中的-o options 最前面的 o 是 option 的第 1 个字母，options 为选项。其中，常用的选项如下。

➥ suid: 允许挂载的文件系统使用 suid 或 sgid 的特殊权限。

➥ dev: 允许挂载的文件系统建立设备文件，如/dev/sda1～/dev/sda5，及/dev/sdb1。

➥ exec: 允许挂载文件系统挂载之后可以执行该文件系统中的可执行文件。

➥ auto: 在计算机开机之后会自动挂载这个文件系统。

➥ nouser: 只允许超级用户（root）挂载这个文件系统。

➥ async: 在写数据时先写到数据缓冲区中后再写到硬盘上，这样效率会比较高，async 是 asynchronously（异步地）的缩写。

➥ loop: 用来挂载 loopback 的设备，如光驱就是 loopback 的设备。

➥ ro: 挂载后的文件系统是只读的，即只能进行读操作。

➥ rw: 挂载后的文件系统是可读和可写的，即可以进行读写操作。

如果在挂载 ext2 或 ext3 的文件系统时没有指定任何选项，Linux 系统默认使用如下选项：rw、suid、dev、exec、auto、nouser 和 async。

当不再使用一个文件系统（设备）时，使用 umount 命令将这个文件系统（设备）卸载，umount 命令的完整语法格式如下：

umount device | mount_point

在使用 umount 命令卸载一个文件系统时，既可以使用设备（文件）名，也可以使用挂载点。但是如果有用户正在使用一个文件系统，umount 命令将无法卸载该系统。

此时可以使用 Linux 系统的 fuser 命令来找到并解决其中的问题。fuser 命令将显示使用指定文件或文件系统进程的 ID（PID）以及相关的信息。在默认显示模式中，每个文件名之后紧跟着一个表示访问类型的字母，如下所示。

➥ c: 表示当前目录。

➥ e: 正在运行可执行文件等。

另外，在 fuser 命令中也可以使用一些选项（参数），为了节省篇幅，以下只列出了后面要用到的 3 个参数（有兴趣的读者可以使用--help 选项或 man 命令查看相关的信息）。

➥ -v: 显示详细的信息，v 是 verbose output 的第 1 个字母。

➥ -k: 杀死正在访问文件的进程，k 是 kill 的第 1 个字母。

➥ -m: 指定挂载点文件系统。

另外，在 mount 命令中可以使用 remount 选项来自动改变一个已经挂载的文件系统的选项。这样做的好处是：可以在不卸载文件系统的情况下直接修改这个文件系统的选项，也就是修改了文件系统的工作状态。为了演示 remount 选项的用法，可以使用例 18-32 的 mount 命令列出目前挂载在系统上的所有文件系统。

【例 18-32】

[root@dog ~]# mount
/dev/sda2 on / type ext3 (rw)

```
……
/dev/sdb1 on /oracle type ext3 (rw)
```

例 18-32 显示结果的最后一行表明目前/oracle 文件系统的状态是可读可写，现在可以使用例 18-33 的带有 remount 参数的 mount 命令重新将/oracle 文件系统挂载为只读状态。

【例 18-33】

```
[root@dog ~]# mount -o remount,ro /oracle
```

☞指点迷津：

注意，在 remount,与 ro 之间不能使用空格。如果有空格，将无法修改所指定文件系统的状态。

系统执行完以上 mount 挂载命令之后还是不会给出任何信息，所以要使用例 18-34 的 mount 命令再次列出目前挂载在系统上的所有文件系统。该命令显示结果的最后一行表明目前/oracle 文件系统的状态已经从可读可写变成了只读。

【例 18-34】

```
[root@dog ~]# mount
/dev/sda2 on / type ext3 (rw)
……
/dev/sdb1 on /oracle type ext3 (ro)
```

18.9　利用/etc/fstab 文件在开机时挂载文件系统

尽管使用 mount 命令可以挂载文件系统/oracle（/dev/sdb1），但是只要重新开机该文件系统就被卸载了，如果要使用它就必须使用 mount 命令重新挂载这个文件系统。重新启动系统之后，使用例 18-35 的 df 命令列出系统上的所有分区（文件系统）。

【例 18-35】

```
[root@dog ~]# df -h
```

Filesystem	Size	Used	Avail	Use%	Mounted on
/dev/sda2	8.7G	7.0G	1.3G	85%	/
……					

在例 18-35 的显示结果中根本找不到文件系统/oracle（/dev/sdb1），但是为什么/、/boot 以及/home 等文件系统每次系统一开机就自动挂载呢？答案就在/etc/fstab 文件中。

Linux 系统在每次启动时都要读/etc/fstab 这个系统配置文件，并根据此文件中的设定来挂载相应的文件系统，可以使用例 18-36 的 cat 命令列出/etc/fstab 文件中的全部内容。

【例 18-36】

```
[root@dog ~]# cat /etc/fstab
```

# This file is edited by fstab-sync - see 'man fstab-sync' for details					
LABEL=/	/		ext3	defaults	1 1
LABEL=/boot	/boot		ext3	defaults	1 2

none	/dev/pts	devpts	gid=5,mode=620	0 0
none	/dev/shm	tmpfs	defaults	0 0
LABEL=/home	/home	ext3	defaults	1 2
none	/proc	proc	defaults	0 0
none	/sys	sysfs	defaults	0 0
LABEL=SWAP-sda5	swap	swap	defaults	0 0
……				

| 设备（分区） | 挂载点（mount_point） | 文件系统类型 | 选项 | dump_freg | fsck 顺序 |

以下是对/etc/fstab 文件中内容的进一步解释，其中：

（1）设备/分区（device）既可以使用 label 的表示法（如/root），也可以使用设备的表示法（如/dev/sda1）。

（2）挂载点也就是第 1 列中的设备要挂载的目录。

（3）文件系统类型（File system type），除了 ext2 或 ext3 类型之外，还包括其他的文件类型，如 proc 虚拟文件系统等。

（4）选项（options）与之前在介绍 mount 命令时所介绍的选项完全相同，而默认（default）的设定也与 mount 命令中的默认选项一样。

（5）dump_freq（Dump 的频率），如果为 0，表示不做 dump（转储）；如果为 1，表示每天做一次 dump；如果为 2，表示每两天做一次 dump……依此类推。

（6）fsck 应该是 file system check 的缩写，这一栏表示系统开机时检查文件系统的先后次序。如果是 0，表示不做检查；如果是 1，表示第 1 个检查；如果是 2，表示第 2 个检查……依此类推，检查的顺序最大到 9。如果检查的顺序相同，则是由上到下依序检查。

最后要注意的是，根（/）目录文件系统的检查顺序一般要放在第 1 位，即将 fsck 的检查频率设为 1，并将这个文件系统设定的记录作为在/etc/fstab 文件中的第 1 个记录。

之前挂载/dev/sdb1 文件系统都是使用的 mount 命令，但是每次开机后要使用这个文件系统就必须再次使用 mount 命令挂载这个文件系统。为了保证每次开机之后系统自动挂载/dev/sdb1 文件系统，要将这个文件系统挂载的设定存入/etc/fstab 文件中。为了安全起见，首先使用 cp 命令备份/etc/fstab 这个重要的文件。之后，使用 ls 命令列出当前目录中的所有内容以验证该备份文件确实生成。

之后，使用例 18-37 的 vi 命令编辑/etc/fstab 文件，在这个文件中加入将/dev/sdb1 分区挂载到/oracle 目录上的记录（方框框起来的部分）。

【例 18-37】

```
[root@dog ~]# vi /etc/fstab
```

# This file is edited by fstab-sync - see 'man fstab-sync' for details				
LABEL=/	/	ext3	defaults	1 1
……				
/dev/sdb1	/oracle	ext3	defaults	1 2
……				

做完了相应的更改之后，按 Esc 键退回到 vi 的命令模式，最后使用:wq 命令存盘退出

vi 编辑器。接下来，使用例 18-38 的 reboot 命令重启系统。

【例 18-38】

[root@dog ~]# reboot

系统重启之后，使用例 18-39 的 mount 命令列出目前系统中所有挂载的文件系统（设备）。

【例 18-39】

[root@dog ~]# mount
/dev/sda2 on / type ext3 (rw)
……
/dev/sdb1 on /oracle type ext3 (rw)
……

例 18-39 的显示结果清楚地表明/dev/sdb1 分区已经挂载到/oracle 目录上，而且文件类型是 ext3，文件状态是可读可写。

因此如果想让 Linux 系统一启动就挂载某个文件系统（设备），只需将这个文件系统（设备）的挂载设定存储到/etc/fstab 文件中就行了。

读者可能还有印象，那就是在挂载光盘时，只使用了 mount /media/cdrom 命令，在命令中并未指定设备名。这又是为什么呢？其实答案就在/etc/fstab 文件中。当系统执行 mount 命令时，如果命令中的参数不全，系统就会到/etc/fstab 文件中寻找并利用查找到的信息来执行命令，所以也可以使用 mount /dev/hdc 命令来挂载光盘，因为系统根据/etc/fstab 文件中的设定可以自动将这个命令转换成 mount/dev/hdc /media/cdrom 命令来执行。有了/etc/fstab 这个宝贵的文件，是不是方便多了？

如果在 mount 命令中使用一个没有在/etc/fstab 文件中出现的目录，系统又会怎样处理呢？当使用 mount 命令挂载设备（文件系统）时，系统会先到/etc/fstab 文件中查找所需的信息，如果找不到对应的目录或设备，就会到/etc/mtab 文件中查找。

/etc/mtab 文件又有什么用途呢？其实，/etc/mtab 文件记录了系统当前的挂载设定。为了进一步解释/etc/mtab 文件的功能，下面做一个实验。首先使用例 18-40 的 mkdir 命令在/目录下创建一个 superdog 子目录。

【例 18-40】

[root@dog ~]# mkdir /superdog

之后，使用例 18-41 的 cat 命令列出/etc/mtab 文件的全部内容。可以发现在这个文件中并没有/superdog 目录的任何信息。

【例 18-41】

[root@dog ~]# cat /etc/mtab
/dev/sda2 / ext3 rw 0 0
……
/dev/sdb1 /oracle ext3 rw 0 0
……

现在使用例 18-42 的 mount 命令将/dev/sdb1 分区挂载到/superdog 目录上。之后，使用例 18-43 的 cat 命令再次列出/etc/mtab 文件的全部内容。

【例 18-42】

[root@dog ~]# mount /dev/sdb1 /superdog

【例 18-43】

[root@dog ~]# cat /etc/mtab
/dev/sda2 / ext3 rw 0 0
......
/dev/sdb1 /oracle ext3 rw 0 0
......
/dev/sdb1 /superdog ext3 rw 0 0

例 18-43 的显示结果表明在/etc/mtab 文件的最后确实多了一行将/dev/sdb1 分区挂载到/superdog 目录上的设定信息。其实，/etc/mtab 文件中的内容与 mount 命令显示的结果一样，有兴趣的读者可以自己试一下。

接下来，可以使用例 18-44 的 umount 命令卸载/superdog 目录上的文件系统。这里之所以可以只使用挂载的目录来卸载/dev/sdb1 分区，是因为 Linux 操作系统会在/etc/mtab 文件中查找相关的设定并将其应用到 umount 命令中。

【例 18-44】

[root@dog ~]# umount /superdog

为了确认/superdog 目录上的文件系统是否已经卸载，可以使用 mount 命令，也可以使用例 18-45 的 cat 命令来验证。

【例 18-45】

[root@dog ~]# cat /etc/mtab
/dev/sda2 / ext3 rw 0 0
none /proc proc rw 0 0
......

例 18-45 的显示结果表明在/etc/mtab 文件中最后那行将/dev/sdb1 分区挂载到/superdog 目录上的设定信息已经不见了，现在知道了/etc/mtab 文件的妙用了吧？

☞**指点迷津：**

如果读者还是对文件系统（设备）的挂载和卸载有疑惑，可以将文件系统（设备）想象为家用电器，mount 命令就相当于接通电器的电源，而 umount 就相当于拔掉电器的电源。

18.10　虚拟内存的概念以及设置与管理

所谓的虚拟内存就是一块硬盘空间被当作内存使用，几乎在所有的操作系统中都会使用虚拟内存，那是为什么呢？答案很简单，因为没有足够的内存。由于内存的价格比硬盘要昂贵许多，因此一台计算机的内存要比硬盘空间小很多。但有时在运行一些大的软件时，可能内存空间不够用，此时就可以使用硬盘空间来充数，如图 18-16 所示。

不过使用虚拟内存虽然扩大了内存的容量，但却降低了系统的运行效率，因为硬盘的访问速度要比内存慢 $10^3 \sim 10^5$ 倍。其实，这是一个典型的处理资源不足的方法，即用空间换时间。

图　18-16

现实当中也有类似的情况，如你在北京的王府井附近使用 200 万元可能只能买下厕所大的房子，但去王府井和天安门一会儿就到。如果在北京九环以外，这 200 万元就可以买一个可以住的房子了，但是进城就要花很长的时间喽。这也是一个空间和时间互换的常见例子。在人类历史的发展过程中，我们的祖先一直同资源不足做斗争。我们每个人也都不得不面对资源不足，并千方百计（有时可能是不择手段）地获取资源。

在 Linux 系统中，虚拟内存被称为系统交换区（swap）。而 Linux 系统的 swap 区又分为两种，第 1 种是使用划分好的分区作为 swap 区，第 2 种是使用 Linux 系统的文件作为 swap 区。要在 Linux 系统上创建一个 swap 区（虚拟内存），需要执行以下操作：

（1）创建 swap 区所用的分区或文件，并且在创建分区时，需要将分区的类型设成 0x82。

（2）使用 mkswap 命令在该分区或文件上写入一个特殊的识别标志（signature）。

（3）将 swap 类型的文件系统的挂载信息加入到/etc/fstab 文件中，其目的是为了当 Linux 系统启动后可以自动挂载这个虚拟内存。

（4）如果虚拟内存使用的是 swap 分区，要使用 swapon -a 命令来启用。其实，swapon -a 命令会读取/etc/fstab 文件中所有有关 swap 的记录，并启用所有的 swap 分区。如果使用的是 swap 文件，则使用 swapon swapfile（swap 的文件名）来启用。

除了以上所介绍的内容之外，还可以使用 swapon -s 命令来查看 swap 分区或文件的状态信息。在第 18.11 节和 18.12 节将通过两个实例来分别演示如何使用硬盘分区和文件来创建和使用系统交换区（虚拟内存）。

18.11　使用硬盘分区创建和使用系统交换区的实例

第 1 个实例就是演示如何使用硬盘分区来创建和使用系统交换区。首先使用例 18-46 的 fdisk 在/dev/sdb 硬盘上划分分区。为了讲解方便，在这个例子中使用注释来解释所需的操作。其中，用方框框起来的部分表示你要输入的内容。

【例 18-46】

```
[root@dog ~]# fdisk /dev/sdb
Command (m for help): p          # 列出硬盘中的所有分区的配置信息
……
Command (m for help): n          # 创建一个新分区
……
```

```
p                                          # 创建主分区
Partition number (1-4): 2                  # 分区号码（ID）为 2
First cylinder (64-130, default 64):       # 按 Enter 键接受默认的起始磁柱
Using default value 64
Last cylinder or +size or +sizeM or +sizeK (64-130, default 130): +128M
                                           # 结束磁柱为 128MB
Command (m for help): m                    # 列出 fdisk 中所有的命令
Command action
……
Command (m for help): t                    # 更改分区的类型
Partition number (1-4): 2                  # 更改第 2 个分区
Hex code (type L to list codes): L         # 列出所有分区类型的编号
……
 3 XENIX usr      3c  PartitionMagic   82   Linux swap    c4   DRDOS/sec (FAT-
 4  FAT16 <32M    40  Venix 80286      83   Linux         c6   DRDOS/sec (FAT-
……
Hex code (type L to list codes): 82        # 设定分区的类型编号为 82，即 Linux 的 swap 分区
Changed system type of partition 2 to 82 (Linux swap)

Command (m for help): p                    # 列出硬盘上的所有分区的配置信息
……
Command (m for help): w                    # 将所做的变更写入到这个硬盘的分区表中
……
```

为了使系统可以识别所创建的新分区，可能需要使用例 18-47 的 partprobe 命令重新初始化内存中内核的分区表。

【例 18-47】

```
[root@dog ~]# partprobe
Warning: Unable to open /dev/hdc read-write (Read-only file system).   /dev/hdc
has been opened read-only.
```

接下来，使用例 18-48 的 mkswap 命令在/dev/sdb2 分区上写入一个特定的系统交互区（swap）的识别标志。

【例 18-48】

```
[root@dog ~]# mkswap /dev/sdb2
Setting up swapspace version 1, size = 139825 kB
```

例 18-48 的显示结果表示系统交互区（swap）的标志写入成功。随后，使用例 18-49 的 vi 命令编辑/etc/fstab 文件，并在文件中添加一行将/dev/sdb2 分区设置为 swap 分区的记录，即由方框框起来的部分。

【例 18-49】

```
[root@dog ~]# vi /etc/fstab
# This file is edited by fstab-sync - see 'man fstab-sync' for details
```

LABEL=/	/	ext3	defaults	1 1
……				
/dev/sdb2	swap	swap	defaults	0 0
……				

修改之后，存盘退出 vi 编辑器。之后，使用例 18-50 的带有-s 参数的 swapon 的命令列出当前正在使用的所有系统交换区的状态。

【例 18-50】

```
[root@dog ~]# swapon -s
```

Filename	Type	Size	Used	Priority
/dev/sda5	partition	1052216	0	-1

紧接着，使用例 18-51 的带有-a 参数的 swapon 命令根据/etc/fstab 文件中有关系统交换区的记录信息来启动系统交换区。

【例 18-51】

```
[root@dog ~]# swapon -a
```

系统执行完以上命令不会有任何显示，因此可以使用例 18-52 的带有-s 参数的 swapon 命令再次列出当前正在使用的所有系统交换区的状态，其显示结果清楚地表明在目前的系统中又多了一个分区类型的系统交换区/dev/sdb2。

【例 18-52】

```
[root@dog ~]# swapon -s
```

Filename	Type	Size	Used	Priority
/dev/sda5	partition	1052216	0	-1
/dev/sdb2	partition	136544	0	-2

18.12　使用文件创建和使用系统交换区的实例

接下来演示第 2 个实例，即将一个 Linux 系统的文件转换成 swap 区。首先要使用例 18-53 的 dd 命令创建一个系统交换区所使用的文件。

【例 18-53】

```
[root@dog ~]# dd if=/dev/zero of=/oracle/swapfile bs=1M count=128
128+0 records in
128+0 records out
```

在继续后面的操作之前，这里需要先对例 18-53 的 dd 命令和该命令中所用的参数做一些解释，它们的具体含义如下：

- dd 命令的功能是转换并复制文件。
- 在 if=/dev/zero 中，if 是 input file（输入文件）的缩写，而/dev/zero 是一个内容都是 0 的文件，所以 if=/dev/zero 就是将这个内容都是 0 的/dev/zero 文件作为输入文件。

➥ 在 of=/oracle/swapfile 中，of 是 output file（输出文件）的缩写，因此整个表达式的含义就是将输入文件中的内容输出到文件/oracle/swapfile 中，也就是输出文件为/oracle/swapfile，而这个文件的内容都是 0。

➥ 在 bs=1M 中，bs 是 block size（数据块尺寸/大小）的缩写，所以 bs=1M 的含义是将/oracle/swapfile 分区文件的数据块设置成 1MB。

➥ count=128 表示输出文件/oracle/swapfile 的大小为 128 个数据块，即 128MB。

此时，可以使用例 18-54 的带有-1 选项的 ls 命令列出/dev 目录中所有以 z 开始的文件，其实只有一个叫 zero 的字符类型的文件。随后，可以使用例 18-55 的带有-lh 参数的 ls 命令列出/oracle 目录中的所有内容，其显示结果表明确实有一个大小为 128MB 的名为 swapfile 的新文件，而且该文件是刚刚创建的。

【例 18-54】

```
[root@dog ~]# ls -l /dev/z*
crw-rw-rw-   1 root root 1, 5 May 18   2010 /dev/zero
```

【例 18-55】

```
[root@dog ~]# ls -lh /oracle
total 129M
-rw-r--r--   1 root root 128M May 18 10:26 swapfile
```

接下来，使用例 18-56 的 mkswap 命令在 oracle/swapfile 文件上写入一个特定的系统交互区（swap）的识别标志。

【例 18-56】

```
[root@dog ~]# mkswap /oracle/swapfile
Setting up swapspace version 1, size = 134213 KB
```

例 18-56 的显示结果表示系统交互区（swap）的识别标志写入成功。随后，使用例 18-57 的 vi 命令编辑/etc/fstab 文件，并在文件中添加一行将 oracle/swapfile 文件设置为 swap 文件的记录，即由方框框起来的部分。

【例 18-57】

```
[root@dog ~]# vi /etc/fstab
# This file is edited by fstab-sync - see 'man fstab-sync' for details
LABEL=/                  /                              ext3    defaults      1 1
……
/oracle/swapfile         swap                           swap    defaults      0 0
……
```

修改之后，存盘退出 vi 编辑器。紧接着，使用例 18-58 的带有-a 参数的 swapon 命令根据/etc/fstab 文件中有关系统交换区的记录信息来启动系统交换区。

【例 18-58】

```
[root@dog ~]# swapon -a
```

系统执行完以上命令后不会有任何显示，因此可以使用例 18-59 的带有 -s 参数的 swapon 命令再次列出当前正在使用的所有系统交换区的状态，其显示结果清楚地表明在目前的系统中又多了一个文件类型的系统交换区 /oracle/swapfile。

【例 18-59】

```
[root@dog ~]# swapon -s
```

Filename	Type	Size	Used	Priority
/dev/sda5	partition	1052216	0	-1
/dev/sdb2	partition	136544	0	-2
/oracle/swapfile	file	131064	0	-3

☞ 指点迷津：

如果可能，应该尽量使用分区类型的交换区（虚拟内存），因为分区类型的交换区的系统效率要比文件类型的交换区高。

18.13　在 ext3/ext2 文件系统中文件属性的设定

在 ext3 和 ext2 的文件系统中都支持一些特殊的文件属性，利用这些特殊的文件属性可以控制文件的特性以方便文件的管理和维护。Linux 操作系统提供了两个用来显示和改变文件属性的命令。

- ➥ lsattr：该命令用来显示文件的属性，lsattr 是 list attributes 的缩写。
- ➥ chattr：该命令用来改变文件的属性，chattr 是 change attributes 的缩写，这个命令的语法格式如下：

chattr +|- |=属性 1 [属性 2…]　文件 1 [文件 2…]

那么有哪些可以设定的文件属性呢？以下是一些常用的文件属性。

- ➥ A：当文件被修改时，这个文件的 atime（存取的时间）记录不会被修改。
- ➥ a：只允许对文件做添加（append）操作，而不允许覆盖文件中已经存在的内容。
- ➥ d：在系统使用 dump 命令做备份时不备份这个文件。
- ➥ i：文件永远不能修改，既不能删除这个文件，也不能修改该文件的名称。
- ➥ j：将文件中的数据以及这个文件的元数据（定义数据的数据）都写到 ext3 的日志（Journal）中。
- ➥ S：当文件被修改时，就立即做数据的同步操作，即将修改的数据立即写入硬盘中。

18.14　练　习　题

1. 以 root 用户登录 Linux 系统并使用不带任何选项的 mount 命令挂载 /dev/hda8 设备，其命令为：mount /dev/hda8。请问，在这种情况下，系统的操作是什么？（选择两个正确的答案）

A．系统检查/etc/mtab 文件以获取挂载设备所需的选项

B．系统检查/etc/fstab 文件以获取挂载设备所需的选项和挂载点

C．系统检查/etc/inittab 文件以获取挂载设备所需的选项和挂载点

D．如果在/etc/fstab 文件中没有/dev/hda8 的记录，系统将显示错误信息"mount point doesn't exist"

2．以普通用户 wuda 登录 Linux 系统并执行了不带任何参数的 mount 命令。请问，这一命令的输出应该是什么？

A．mount 命令将提示要挂载的设备

B．将显示所有目前已经挂载的文件系统

C．将只显示所有在 etc/fstab 中定义的文件系统

D．mount 命令将报告一个 mount 命令找不到的错误

3．Linux 操作系统管理员创建了一个/dev/sdb5 的硬盘分区并格式化为了 ext3 文件系统，他在/etc/fstab 文件中对/dev/sdb5 进行了永久的设置，其设置如下：

/dev/sdb5 /data ext3 defaults 0 0

请问，在如下有关这一设置的描述中，哪 3 个是正确的？

A．/dev/sdb5 文件系统以可读可写方式挂载在/data 上

B．/dev/sdb5 文件系统每隔一天会被自动备份

C．根据用户的权限系统上的用户应该能够执行/data 目录中的二进制文件

D．系统上的普通用户应该能够在/data 上挂载和卸载/dev/sdb5 文件系统

E．复制到/dev/sdb5 文件系统上的文件在复制操作完成之后应该会有一些时间延迟才进行物理与操作

4．作为一位 Linux 操作系统管理员，在系统上发出了如下命令：

tune2fs -O ^has_journal /dev/sda6

请问，以上这个命令的目的是什么？

A．将/dev/sda6 分区上的 ext2 文件系统转换成 ext3 文件系统

B．将/dev/sda6 分区上的 ext3 文件系统转换成 ext2 文件系统

C．将/dev/sda6 文件系统附加到位于外部日志的日志块设备上

D．将/dev/sda6 文件系统中的日志备份到/dev/sda6 文件系统超级块中

第 19 章　Linux 网络原理及基础设置

本章介绍 Linux 网络的原理和一些基本设置，目的是为了使读者在学习完本书之后，能够管理和维护 Linux 服务器数量较少的小型 Linux 网络。详细介绍网络服务器的架设和 Linux 网络系统的管理与维护已经远远超出了本书的范畴，Red Hat 公司官方教材编号为 253 的课程就是专门介绍这方面的课程。

读者在阅读下一节之前，可以参考随书光盘上的视频来搭建一个虚拟网络。因为对于许多读者来说搭建一个真实的网络至少需要两台 PC，这样对一些读者来说可能过于铺张也不太现实（回想起自己做学生时，买本书都感到力不从心，可以说是严重的资源不足），所以才让读者搭建这个虚拟网络，这样读者可以至少节省一台 PC 的费用。

19.1　Linux 操作系统怎样识别网络设备

Oracle Linux（RHEL）是以模块的方式载入网卡的驱动程序的，如果已经设定好在开机时就使用网络，那么系统在开机（启动）时就会自动载入网卡的驱动程序模块。在开机时，Linux 系统会读取/etc/modprobe.conf 文件中的设定，并根据这些设定来决定载入哪些网卡的驱动程序模块。

在所有的网络设定文件和脚本中都会使用网卡的逻辑名来引用网卡，以方便系统的管理和维护，例如，系统中的第 1 个网卡的逻辑名是 eth0。在/etc/modprobe.conf 文件中会将这些网卡的逻辑名对应到系统所监测到的特定网卡。这样做的好处是，如果系统更换了一个网卡，就不必变更所有相关的系统配置文件和脚本中的网卡名，特别是当网卡更换比较频繁时会极大地减少操作系统管理员管理和维护系统的工作量，同时也降低了出错的概率。可以使用例 19-1 的 cat 命令列出/etc/modprobe.conf 文件中的所有内容。

【例 19-1】

```
[root@boydog ~]# cat /etc/modprobe.conf
alias eth0 pcnet32
alias scsi_hostadapter mptbase
……
```

例 19-1 的显示结果表明，在这个系统中所监测到的网卡是 pcnet32，并且系统还为这个网卡设定了一个别名（逻辑名）eth0。所以在这台主机中所有相关的系统配置文件和脚本中都会使用 eth0 这个网卡的逻辑名来代替 pcnet32。如果将来这台计算机更换了另一不同的网卡，在整个系统中只有这一行的 pcnet32 会变成新的网卡的名称，是不是方便多了？

接下来介绍在 Linux 系统中可以使用哪些网卡。Oracle Linux（RHEL）会为每一个所监测到的网卡设定一个逻辑上的别名。一般可以通过这个别名的字首来判断系统所使用的网卡的种类。

➡ Ethernet（以太网）卡：使用 eth 为字首，后跟一个数字编号作为逻辑名，如 eth0、eth1 或 ethN 等，其中 eth0 是第 1 个网卡。

➡ Token Ring（令牌环网）卡：使用 tr 为字首，后跟一个数字编号作为逻辑名，如 tr0、tr1 以及 trN 等，其中 tr0 是第 1 个网卡。

➡ FDDI（光纤网络）卡：使用 fddi 为字首，后跟一个数字编号作为逻辑名，如 fddi0、fddi1 以及 fddiN 等，其中 fddi0 是第 1 个网卡。

➡ PPP（拨号网络）卡：使用 ppp 为字首，后跟一个数字编号作为逻辑名，如 ppp0、ppp1 以及 pppN 等，其中 ppp0 是第 1 个网卡。

每个网卡上都会有一个唯一的编号，这个编号是由网卡的制造商编号和网卡出厂时的序列号两部分组成的：

可以使用 Linux 操作系统的 ifconfig 或 dmesg 命令来查看系统中网卡的编号。命令 ifconfig 中的 if 应该是 interface（接口或界面）的缩写，而 config 应该是 configure（配置）的前 6 个字母。命令 dmesg 中的 d 应该是 device（设备）的第 1 个字母，而 mesg 应该是 message（信息或消息）的缩写。可以使用例 19-2 不带任何参数的 ifconfig 命令获取系统中所有正在启用的网卡的信息。

【例 19-2】

```
[root@boydog ~]# ifconfig
eth0        Link encap:Ethernet    HWaddr 00:0C:29:CA:28:0D
            inet addr:192.168.177.38    Bcast:192.168.177.255    Mask:255. 255. 255.0 ……
```

在例 19-2 显示结果的第 1 行用方框框起来的部分（HWaddr 00:0C:29:CA:28:0D）中，HWadd 是 Hardware Address（硬件地址）的缩写，紧跟其后的 6 组由冒号分隔的十六进制数字就是这个网卡的硬件地址。

19.2　使用 ifconfig 命令来维护网络

可以使用 ifconfig 命令来设定系统中网卡的 IP 地址，但是通常都不会直接使用这个命令来配置网卡的 IP 地址（因为比较复杂），而是通过其他的脚本来调用 ifconfig 命令。

如果在系统提示符下直接输入不带任何参数的 ifconfig 命令，系统会在屏幕上显示出系统中网卡的详细信息。从例 19-2 的显示结果可以看出这台主机中只有一个网卡（eth0），这个网卡的 IP 地址为 192.168.177.38。

切换到 Windows 系统之后，开启一个 DOS 窗口，如果在这个 DOS 窗口中使用例 19-3 的 telnet 192.168.177.38 命令，就可以连接到目前的 Linux 系统上。

【例 19-3】

G:\ftp>telnet 192.168.177.38

切换回 Linux 系统，使用例 19-4 的 ifconfig 修改 eth0 网卡的 IP 地址和相关的其他信息，一般当变更网络 IP 的同时也会变更子网掩码和广播地址（频道）。

【例 19-4】

[root@boydog ~]# ifconfig eth0 192.168.177.68 netmask 255.255.255.0 broadcast　192.168.177.254

以上命令执行之后不会有任何显示信息，因此要使用例 19-5 不带任何参数的 ifconfig 命令重新列出这台主机中所有正在启动的网卡的详细信息，以确认所做的变更已经成功。

【例 19-5】

[root@boydog ~]# ifconfig
eth0　　　　Link encap:Ethernet　　HWaddr 00:0C:29:CA:28:0D
　　　　　　inet addr:192.168.177.68　Bcast:192.168.177.254　Mask:255.255. 255.0 ……

例 19-5 的显示结果清楚地表明，目前网卡 eth0 的 IP 地址已经变成了 192.168.177.68，并且其他相关信息也发生了相应的变化。切换回 Windows 系统，可以试着在 DOS 窗口中使用例 19-6 的 telnet 192.168.177.38 命令来连接目前的 Linux 系统。

【例 19-6】

G:\ftp>telnet 192.168.177.38
Connecting To 192.168.177.38...Could not open connection to the host, on port 23: Connect failed

例 19-6 的显示结果清楚地表明，使用原来的 IP 地址已经无法与我们的 Linux 系统进行远程连接了，这是因为目前这个主机的 IP 地址已经变成了 192.168.177.68。接下来，改用例 19-7 的 telnet 192.168.177.68 命令来连接目前的 Linux 系统，这次就可以连接成功了。

【例 19-7】

G:\ftp>telnet 192.168.177.68

随即使用例 19-8 的 reboot 命令重新启动这台主机（要在 root 用户下使用 reboot 这个重启系统的命令）。

【例 19-8】

[root@boydog ~]# reboot

当系统重启之后，使用例 19-9 不带任何参数的 ifconfig 命令再次列出这台主机中所有正在启动的网卡的详细信息。

【例 19-9】

[root@boydog ~]# ifconfig
eth0　　　　Link encap:Ethernet　　HWaddr 00:0C:29:CA:28:0D
　　　　　　inet addr:192.168.177.38　Bcast:192.168.177.255　Mask:255.255. 255.0 　……

例 19-9 的显示结果清楚地表明，目前网卡 eth0 的 IP 地址已经变回为 192.168.177.38，并且其他相关信息也都变回原来的设定。这说明使用 ifconfig 命令对网络设定的修改并不是永久的，因为 ifconfig 命令不会将这些设定写到系统的网络配置文件中。其实，不只是重启系统，就是重启网卡，网卡的设定也会恢复到原来的设定。

19.3 使用 ifup 和 ifdown 命令来启动和停止网卡

ifdown 命令用来停用系统上指定的网卡，而 ifup 命令用来启动系统上指定的网卡。这两个命令的语法格式都非常简单，只要在命令之后空一格加上要停用或启动的网卡名（逻辑名）就可以了。

当使用 ifup 命令启动一个网卡时，这个命令会先读取网卡的网络配置文件。所以当一个网卡的网络配置文件被修改之后，以及在网卡的网络配置文件中新增或删除了某些设定之后，都要使用 ifdown 和 ifup 命令重新启用这个网卡。

而当一个 Linux 系统从静态 IP 变到自动获取 IP，也就是使用 BOOTP 或是使用 DHCP 服务器自动获取 IP 时，也应该使用 ifdown 和 ifup 命令来重新启用网卡。接下来利用一个实例来演示如何使用 ifdown 和 ifup 命令重新启用网卡 eth0。首先使用例 19-10 不带任何参数的 ifconfig 命令列出这台主机中所有当前正在启动的网卡的详细信息。

【例 19-10】

```
[root@boydog ~]# ifconfig
eth0        Link encap:Ethernet    HWaddr 00:0C:29:CA:28:0D
            inet addr:192.168.177.38    Bcast:192.168.177.255    Mask:255.255. 255.0……
```

例 19-10 的显示结果清楚地表明，目前系统中正常使用的网卡只有 eth0。接下来，使用例 19-11 的 ifdown 命令停用 eth0 这个网卡。

【例 19-11】

```
[root@boydog ~]# ifdown eth0
```

系统执行以上命令之后不会有任何显示信息，因此要使用例 19-12 中不带任何参数的 ifconfig 命令重新列出这台主机中所有正在正常使用的网卡的详细信息以确认 eth0 这个网卡已经被成功停用了。

【例 19-12】

```
[root@boydog ~]# ifconfig
lo          Link encap:Local Loopback
            inet addr:127.0.0.1    Mask:255.0.0.0
            collisions:0 txqueuelen:0    ……
```

在例 19-12 的显示结果中已经看不见 eth0 这个网卡的信息了，这就表明 eth0 已经被成功停用了。如果此时在微软系统上试图以 telnet 或 ftp 远程连接这台 Linux 系统主机，是无法成功的。需要使用例 19-13 的 ifup 命令重新启动 eth0 网卡。

【例 19-13】

[root@boydog ~]# ifup eth0

系统执行以上命令之后也不会有任何显示信息，因此要使用例 19-14 不带任何参数的 ifconfig 命令重新列出这台主机中所有正在正常使用的网卡的详细信息，以确认 eth0 已经成功启动了。

【例 19-14】

[root@boydog ~]# ifconfig

eth0　　　　Link encap:Ethernet　　HWaddr 00:0C:29:CA:28:0D

　　　　　　inet addr:192.168.177.38　Bcast:192.168.177.255　Mask:255.255.255.0 ……

在例 19-14 的显示结果中又可以看见 eth0 的信息了，这就表明 eth0 已经成功启动。如果此时在微软系统上试图以 telnet 或 ftp 远程连接这台 Linux 系统主机，就又可以建立远程连接了。

☞ 指点迷津：

有时不知什么原因，使用网络远程连接一台主机就是连不上，但是之前也没人做过什么操作，经过检查后发现全部所需的服务都正常工作。这时不妨先使用 ifdown 命令将这台主机的网卡停用，之后再使用 ifup 命令重新启动网卡，很可能问题就解决了。

19.4　网络配置文件和使用命令行网络配置工具配置网络

通过前几节的学习，相信读者已经能够修改一个网卡上的 IP 和其他的相关网络设定了，但是这些设定在重启系统之后就不管用了（网卡又恢复到了原来的设定）。如果要使这些修改成为永久的设定，就需要修改相应的网络配置文件。

这些网卡所对应的网络配置文件都存放在/etc/sysconfig/network-scripts 目录中，而每个网卡所对应的配置文件的文件名以 ifcfg-开始，之后就是这个网卡的逻辑名，如 eth0 这个网卡所对应的网络配置文件名就是 ifcfg-eth0。为了验证这一点，可以使用 cd 命令将 root 用户的当前工作目录切换到/etc/sysconfig/network-scripts（只是为了后面的操作方便）。随后，使用例 19-15 的 ls 命令列出当前目录中所有文件名以 ifcfg 开始的文件。该系统中只有两个，其中 ifcfg-eth0 就对应到系统中的 eth0，而 ifcfg-lo 对应到本机的 loopback 网络设定。

【例 19-15】

[root@boydog network-scripts]# ls -l ifcfg*

-rw-r--r--　1 root root 171 May 20 16:59 ifcfg-eth0

-rw-r--r--　1 root root 254 Jun 21　2001 ifcfg-lo

可以通过这些网络配置文件来设置网络的相关内容，例如，设置网络的静态 IP，也可以设置成使用 dhcp 的动态 IP，或者 bootp 自动获取 IP 等。

接下来，使用例 19-16 的 cat 命令列出/etc/sysconfig/network-scripts 目录中的 ifcfg-eth0 文件中的全部内容。为了方便起见，以下使用注释的方式来解释这个文件中的每一行。

【例 19-16】

[root@boydog network-scripts]# cat ifcfg-eth0

DEVICE=eth0	# 网卡的别名（逻辑名），要与所对应的文件最后部分相同
BOOTPROTO=static	# 使用静态 IP（即要手动设定 IP），如果使用动态 IP
	就是 dhcp
BROADCAST=192.168.177.255	# 广播地址（频道），在使用静态 IP 时必须设定
HWADDR=00:0C:29:CA:28:0D	# 网卡的硬件地址，出厂时由厂家设定
IPADDR=192.168.177.38	# IP 地址，在使用静态 IP 时必须设定
NETMASK=255.255.255.0	# 子网掩码
NETWORK=192.168.177.0	# 网段
ONBOOT=yes	# 为 yes，表示在开机时会自动启动网卡
TYPE=Ethernet	# 网卡的类型

所谓的网络配置（设定）就是要修改网卡所对应的网络配置文件，可以通过使用文字编辑器（如 vi）直接编辑网络配置文件来重新配置网络。但是尽量不要使用这种方法，特别是初学者，如果不得不使用这种方法，在修改网络配置文件之前一定要先备份，以防意外。

一般都是使用 Linux 提供的网络配置工具来进行网络的配置或维护。Linux 系统提供了两个常用的网络配置工具，分别是 netconfig 和 system-config-network。

netconfig 是一个命令行（文字界面）的网络配置工具，可以使用该工具来创建和编辑网络配置文件，但是所做的变更不会立即生效，必须通过使用 ifdown 和 ifup 命令重新启动网卡才会使所做的变更生效。如果在一台主机上新增加了一个网卡，可以通过使用 kudzu 工具（命令）重新监测系统中的硬件设备来识别这个新增的网卡。

接下来通过一个重建被误删或损坏的网卡所对应的网络配置文件的实例来演示 netconfig 命令行的网络配置工具的具体用法。例 19-15 命令的显示结果表明，在我们所使用的系统中只有两个网卡所对应的网络配置文件，分别是 ifcfg-eth0 和 ifcfg-lo。为了安全起见，应该首先使用 cp 命令对 ifcfg-eth0 这个非常重要的网络配置文件做一个备份。之后，应该测试一下备份是否成功。当确认备份成功之后，使用 rm 命令删除 ifcfg-eth0 网络配置文件。这里为了节省篇幅，省略了相关的命令。

随后，使用例 19-17 的 ls 命令列出当前目录中所有以 ifcfg 开始的文件或目录，以确认所做的删除操作已经成功。

【例 19-17】

[root@boydog network-scripts]# ls ifcfg*
ifcfg-eth0.bak   ifcfg-lo

当确认 ifcfg-eth0 文件已经被成功地删除之后（这是在模拟 ifcfg-eth0 文件丢失或损坏的故障），在 root 用户下，使用例 19-18 的 netconfig 命令启动命令行（文字界面）的网络配置工具来重新配置网络（默认 netconfig 将配置 eth0 网卡）。

【例 19-18】

[root@boydog network-scripts]# netconfig

系统执行以上命令之后，进入 netconfig 工具的网络配置页面，单击 Yes 按钮，如图 19-1
所示。取消动态 IP 的选项（也就是选择静态 IP），在 IP address 文本框中输入新 IP 地址
192.168.177.68（可以是其他，但是最好与 Windows 系统在一个网段，这样便于测试），输
入子网掩码及其他相关的内容，最后单击 OK 按钮以完成网络配置，如图 19-2 所示。

图 19-1   图 19-2

完成了 eth0 网卡的网络配置之后，使用例 19-19 的 ls 命令再次列出当前目录中所有以
ifcfg 开始的文件或目录，以确认 netconfig 工具已经成功生成了 eth0 网卡所对应的网络配置
文件 ifcfg-eth0。

【例 19-19】

```
[root@boydog network-scripts]# ls ifcfg*
ifcfg-eth0    ifcfg-eth0.bak    ifcfg-lo
```

例 19-19 的显示结果表明，netconfig 工具确实已经成功生成了 eth0 网卡所对应的网络
配置文件 ifcfg-eth0。之后，使用例 19-20 的 cat 命令列出 ifcfg-eth0 文件中的全部内容。

【例 19-20】

```
[root@boydog network-scripts]# cat ifcfg-eth0
DEVICE=eth0
ONBOOT=yes
BOOTPROTO=static
IPADDR=192.168.177.68
NETMASK=255.255.255.0
GATEWAY=192.168.177.254
```

例 19-20 的显示结果表明，在 netconfig 工具中所做的修改（配置）都已经写到了
ifcfg-eth0 网络配置文件中。接下来，使用例 19-21 的 ifconfig 命令重新列出这台主机中所
有正常使用的网卡的详细信息。

【例 19-21】

```
[root@boydog network-scripts]# ifconfig
eth0      Link encap:Ethernet    HWaddr 00:0C:29:CA:28:0D
          inet addr:192.168.177.38   Bcast:192.168.177.255   Mask:255.255.255.0
......
```

例 19-21 的显示结果表明，目前 eth0 这个网卡的网络配置信息仍然是以前的，这是因为 netconfig 工具只会将所做的修改（配置）写到 ifcfg-eth0 文件中，而不会改变目前系统的网络配置。为了使所做的网络配置生效，应该先使用例 19-22 的 ifdown 命令停用 eth0 网卡，之后再使用例 19-23 的 ifup 命令启动 eth0 网卡。

【例 19-22】

[root@boydog network-scripts]# ifdown eth0

【例 19-23】

[root@boydog network-scripts]# ifup eth0

如果之前在 Windows 系统上使用 telnet 与这个 Linux 系统建立了连接，切换到微软系统，见到如下与主机连接断开的信息：

Connection to host lost.

现在，可以使用例 19-24 的 telnet 命令，利用原来这台 Linux 主机 IP 继续进行远程连接。

【例 19-24】

G:\ftp>telnet 192.168.177.38
Connecting To 192.168.177.38...Could not open connection to the host, on port 23: Connect failed

例 19-24 的显示结果清楚地表明，目前无法使用 192.168.177.38 这个 IP 地址与 Linux 主机建立 telnet 的连接。接下来，使用例 19-25 的 telent 命令，利用 192.168.177.68 的 IP 地址与这台 Linux 主机建立 telnet 的连接。

【例 19-25】

G:\ftp>telnet 192.168.177.68

这次就可以建立 telnet 连接了，之后使用例 19-26 的 ifconfig 命令重新列出这台主机中所有正常使用的网卡的详细信息。

【例 19-26】

[root@boydog ~]# ifconfig
eth0   Link encap:Ethernet   HWaddr 00:0C:29:CA:28:0D
          inet addr:192.168.177.68   Bcast:192.168.177.255   Mask:255.255.255.0
......

例 19-26 的显示结果表明，目前 eth0 这个网卡已经使用了新的网络配置信息，这是因为已经使用 ifdown 和 ifup 命令重新启动了 eth0 网卡。

如果要配置的网卡不是 eth0，就需要在 netconfig 命令中使用--device 选项来指定要配置的网卡的逻辑名，例 19-27 就是使用 netconfig 命令来配置 eth1 网卡的。

【例 19-27】

[root@boydog network-scripts]# netconfig --device eth1

由于篇幅的限制，这里没有给出网络配置工具 system-config-network 的例子。这一网络配置工具是一个图形界面的工具，每一个用户都可以启动 system-config-network，但是必须要有 root 的权限才能进行网络的设置。其界面和操作方式与读者所熟悉的微软的图形界面非常相似，有兴趣的读者可以自己试一试。

19.5　在一个网卡上绑定多个 IP 地址

在实际工作中，有时需要在一个网卡上设置多个 IP 地址，可以使用所谓的虚拟网卡技术（virtual interfaces），也就是为这个网卡设置另一个别名的配置文件，通过这些不同的配置文件在这个网卡上绑定多个 IP 地址。

如果只需要在一个网卡上绑定少量的 IP 地址，可以手动为每个 IP 地址创建一个网络配置文件。这些网络配置文件的文件名必须以 ifcfg-开始，后跟网卡的逻辑名，之后是冒号紧跟数字，表示这是第几个虚拟网卡，网络配置文件的文件名的格式如下：

ifcfg-ethN:nnn

其中，N 是自然数，表示第几个网卡，nnn 也是自然数，表示在这个网卡上的第几个虚拟网卡。如在网卡 eth0 上绑定两个 IP 地址，那么就可以在原来的网络配置文件 ifcfg-eth0 中设置第 1 个 IP，然后再新增一个 ifcfg-eth0:0 的网络设置文件，并在这个文件中设置第 2 个 IP，而 ifcfg-eth0:0 就是虚拟网卡所对应的网络配置文件。

接下来演示如何在 eth0 网卡上再绑定一个 IP。为了后面的操作方便，首先使用 cd 命令，将当前工作目录切换回/etc/sysconfig/network-scripts。随后，使用例 19-28 的 cp 命令，通过复制 ifcfg-eth0 文件的方法来生成虚拟网卡的网络配置文件 ifcfg-eth0:0。

【例 19-28】

[root@boydog network-scripts]# cp ifcfg-eth0 ifcfg-eth0:0

系统执行完以上复制命令后不会有任何提示信息，所以应该使用 ls 命令列出当前目录中所有以 ifcfg 开始的文件名，以验证以上复制命令是否正确执行。当确认所需的虚拟网卡的配置文件已经生成之后，使用例 19-29 的 vi 命令编辑该虚拟网卡的配置文件 ifcfg-eth0:0。

【例 19-29】

[root@boydog network-scripts]# vi ifcfg-eth0:0
DEVICE=eth0:0
BOOTPROTO=none
BROADCAST=192.168.177.255
HWADDR=00:0C:29:CA:28:0D
IPADDR=192.168.177.168
NETMASK=255.255.255.0
NETWORK=192.168.177.0
ONBOOT=yes
TYPE=Ethernet

将第 1 行的设备名改为 eth0:0（一定与相应文件名-之后的部分一样），将 IP 地址改为 192.168.177.168（可以是其他 IP，这里是故意将虚拟网卡的 IP 设在与其他虚拟主机在同一网段，这样可以方便后面的测试，因为没有设置 Gateway）。之后，存盘退出 vi 编辑器。

为了保险起见，还应该使用 cat 命令列出 ifcfg-eth0:0 中的全部内容，以确保修改都已经写入这个文件并且准确无误。接下来，使用例 19-30 的 ifconfig 命令列出这台主机中所有网卡的详细信息，以验证虚拟网卡的网络设定是否生效。

【例 19-30】

```
[root@boydog network-scripts]# ifconfig
eth0      Link encap:Ethernet    HWaddr 00:0C:29:CA:28:0D
          inet addr:192.168.177.38  Bcast:192.168.177.255   Mask:255.255.255.0
......
```

从例 19-30 的显示结果可知，目前系统还没有使用这个刚刚配置好的虚拟网卡，因此应该使用例 19-31 的 ifdown 命令和例 19-32 的 ifup 命令，重新启动 eth0 网卡来让新的网络设定生效。然后，使用例 19-33 的 ifconfig 命令再次列出这台主机中所有网卡的详细信息，以验证虚拟网卡的网络设定是否生效。

【例 19-31】

```
[root@boydog network-scripts]# ifdown eth0
```

【例 19-32】

```
[root@boydog network-scripts]# ifup eth0
```

【例 19-33】

```
[root@boydog network-scripts]# ifconfig
eth0      Link encap:Ethernet    HWaddr 00:0C:29:CA:28:0D
          inet addr:192.168.177.38  Bcast:192.168.177.255   Mask:255.255.255.
......
eth0:0    Link encap:Ethernet    HWaddr 00:0C:29:CA:28:0D
          inet addr:192.168.177.168  Bcast:192.168.177.255   Mask:255.255.255.0
          UP BROADCAST RUNNING MULTICAST    MTU:1500    Metric:1
          Interrupt:193 Base address:0x2024
......
```

例 19-33 的显示结果清楚地表明，目前系统中启用的网卡除了原来的 eth0 之外，又多了一个 eth0:0 虚拟网卡，其设定就是之前使用 vi 编辑器在 ifcfg-eth0:0 文件中所做的。这就表明设定的虚拟网卡 eth0:0 已经正常工作了。其实 eth0 和 eth0:0 都对应到一个网卡，只是分别设定了不同的 IP 地址而已。

为了进一步测试这个虚拟网卡是否正常工作，切换到另一台主机（girlwolf）（也可以切换到微软系统），之后使用例 19-34 的 ping 命令测试这台主机是否能与 192.168.177.168 的主机进行网络通信。

【例 19-34】

```
[root@girlwolf ~]# ping 192.168.177.168 -c 2
PING 192.168.177.168 (192.168.177.168) 56(84) bytes of data.
64 bytes from 192.168.177.168: icmp_seq=0 ttl=64 time=3.48 ms
64 bytes from 192.168.177.168: icmp_seq=1 ttl=64 time=0.974 ms

--- 192.168.177.168 ping statistics ---
2 packets transmitted, 2 received, 0% packet loss, time 1002ms
rtt min/avg/max/mdev = 0.974/2.227/3.481/1.254 ms, pipe 2
```

例 19-34 的显示结果表明，这两台主机是可以 ping 通的，此时如果使用例 19-35 的 ping 命令 ping 192.168.177.38 这个 IP 所对应的主机同样也可以 ping 通。

【例 19-35】

```
[root@girlwolf ~]# ping 192.168.177.38 -c 2
```

如果要在一个网卡上绑定大量的 IP 地址，使用以上所介绍的设置虚拟网卡的方法就不那么方便了，这时可以通过创建 ifcfg 范围文件的方法来快速而方便地解决这一问题。ifcfg 范围文件的文件名必须以 ifcfg-开头，之后加上所对应的网卡编号，最后是 rang 加编号，其格式如下：

ifcfg-ethN-rangeN

其中 N 为自然数，是网卡的编号。如要在 eth0 上绑定 8 个 IP 地址，就可以新增加一个名为 ifcfg-eth0-range0 的网络配置文件，然后在这个文件中设置 IP 地址的范围。

现在，使用例 19-36 的 cp 命令，通过复制 ifcfg-eth0:0 文件的方法生成虚拟网卡范围的网络配置文件 ifcfg-eth0-range0。

【例 19-36】

```
[root@boydog network-scripts]# cp ifcfg-eth0:0 ifcfg-eth0-range0
```

执行以上复制命令后不会有任何提示信息，所以应该使用 ls 命令列出当前目录中所有以 ifcfg 开始的文件名，以验证以上复制命令是否正确执行。确认所需的虚拟网卡的配置文件已经生成之后，使用例 19-37 的 vi 命令编辑这个虚拟网卡范围的配置文件 ifcfg-eth0-range0。

【例 19-37】

```
[root@boydog network-scripts]# vi ifcfg-eth0-range0
DEVICE=eth0-range0                          # 虚拟网卡的设备名
BOOTPROTO=none
BROADCAST=192.168.177.255
HWADDR=00:0C:29:CA:28:0D
IPADDR_START=192.168.177.200                # 虚拟网卡的起始 IP 地址
IPADDR_END=192.168.177.203                  # 虚拟网卡的终止（结束）IP 地址
NETMASK=255.255.255.0
```

```
NETWORK=192.168.177.0
ONBOOT=yes
TYPE=Ethernet
```

将第 1 行的设备名改为 eth0-range0（一定与相应文件名-之后的部分一样），删除 IP 地址那一行，加入起始 IP 地址 IPADDR_START=192.168.177.200 和结束 IP 地址 IPADDR_END=192.168.177.203（注意要设置连续的 IP 地址，在这个例子中实际上是在 eth0 网卡上又绑定了 192.168.177.200~192.168.177.203 4 个 IP 地址）。之后，存盘退出 vi 编辑器。为了保险起见，还应该使用 cat 命令列出 ifcfg-eth0-range0 中的全部内容，以确保修改都已经写入这个文件并且准确无误。

随后，应该使用例 19-38 的 ifdown 命令和例 19-39 的 ifup 命令，重新启动 eth0 网卡使新的网络设定生效。最后，使用例 19-40 的 ifconfig 命令，再次列出这台主机中所有网卡的详细信息，以验证虚拟网卡范围的网络设定是否生效。

【例 19-38】

```
[root@boydog network-scripts]# ifdown eth0
```

【例 19-39】

```
[root@boydog network-scripts]# ifup eth0
```

【例 19-40】

```
[root@boydog network-scripts]# ifconfig
eth0      Link encap:Ethernet   HWaddr 00:0C:29:CA:28:0D
          inet addr:192.168.177.38  Bcast:192.168.177.255   Mask:255.255.255.0
......
eth0:     Link encap:Ethernet   HWaddr 00:0C:29:CA:28:0D
          inet addr:192.168.177.200  Bcast:192.168.177.255   Mask:255.255.255.0
          UP BROADCAST RUNNING MULTICAST    MTU:1500   Metric:1
          Interrupt:193 Base address:0x2024

eth0:0    Link encap:Ethernet   HWaddr 00:0C:29:CA:28:0D
          inet addr:192.168.177.168  Bcast:192.168.177.255   Mask:255.255.255.0
          UP BROADCAST RUNNING MULTICAST    MTU:1500   Metric:1
          Interrupt:193 Base address:0x2024
eth0:1    Link encap:Ethernet   HWaddr 00:0C:29:CA:28:0D
          inet addr:192.168.177.201  Bcast:192.168.177.255   Mask:255.255.255.0
          UP BROADCAST RUNNING MULTICAST    MTU:1500   Metric:1
          Interrupt:193 Base address:0x2024
eth0:2    Link encap:Ethernet   HWaddr 00:0C:29:CA:28:0D
          inet addr:192.168.177.202  Bcast:192.168.177.255   Mask:255.255.255.0
          UP BROADCAST RUNNING MULTICAST    MTU:1500   Metric:1
          Interrupt:193 Base address:0x2024
eth0:3    Link encap:Ethernet   HWaddr 00:0C:29:CA:28:0D
```

| inet addr:192.168.177.203　Bcast:192.168.177.255　Mask:255.255.255.0 |
| UP BROADCAST RUNNING MULTICAST　MTU:1500　Metric:1 |
| Interrupt:193 Base address:0x2024 |

……

例 19-40 的显示结果清楚地表明，目前系统中启用的网卡除了原来的 eth0 和 eth0:0 之外，又多了 4 张名为 eth0:、eth0:1、eth0:2 和 eth0:3 的虚拟网卡，其设定就是之前使用 vi 编辑器在 ifcfg-eth0-range0 文件中所设置的。

为了进一步测试这些虚拟网卡是否正常工作，切换到微软系统之后，使用例 19-41 的 ping 命令测试这台主机是否能与 IP 地址为 192.168.177.202 的主机进行网络通信（也可以使用 192.168.177.200～192.168.177.203 的任何 IP）。

【例 19-41】

G:\ftp>ping 192.168.177.202

Pinging 192.168.177.202 with 32 bytes of data:

……

例 19-41 的显示结果表明，PC 机和这台 Linux 主机是可以 ping 通的。如果还不放心，也可以使用例 19-42 的 telnet 命令与 IP 地址是 192.168.177.201 的主机进行远程连接。

【例 19-42】

G:\ftp>telnet 192.168.177.201

你会发现可以连到这台主机上，使用例 19-43 的 uname 命令会发现这台主机就是 boydog.super.com。这就进一步证明了所绑定的这些虚拟网卡已经正常工作了。

【例 19-43】

[dog@boydog ~]$ uname -n
boydog.super.com

也可以使用例 19-44 的 ip 命令列出系统中所有的网卡和在网卡上绑定的 IP 地址，在显示结果中，/24 表示前 24 位都是 1 的子网掩码，也就是 255.255.255.0。如果只是为了获取每个网卡的 IP 地址，可能这个命令更简洁一些。

【例 19-44】

[root@boydog ~]# ip addr
1:　lo: <LOOPBACK,UP> mtu 16436 qdisc noqueue
　　link/loopback 00:00:00:00:00:00 brd 00:00:00:00:00:00
　　inet 127.0.0.1/8 scope host lo
　　inet6 ::1/128 scope host
　　　valid_lft forever preferred_lft forever
2: eth0: <BROADCAST,MULTICAST,UP> mtu 1500 qdisc pfifo_fast qlen 1000
　　link/ether 00:0c:29:ca:28:0d brd ff:ff:ff:ff:ff:ff
　　inet 192.168.177.38/24 brd 192.168.177.255 scope global eth0
　　inet 192.168.177.168/24 brd 192.168.177.255 scope global secondary eth0:0

inet 192.168.177.200/24 brd 192.168.177.255 scope global secondary eth0:
inet 192.168.177.201/24 brd 192.168.177.255 scope global secondary eth0:1
inet 192.168.177.202/24 brd 192.168.177.255 scope global secondary eth0:2
inet 192.168.177.203/24 brd 192.168.177.255 scope global secondary eth0:3
inet6 fe80::20c:29ff:feca:280d/64 scope link
valid_lft forever preferred_lft forever
3: sit0: <NOARP> mtu 1480 qdisc noop
link/sit 0.0.0.0 brd 0.0.0.0

利用虚拟网卡技术，可以使你的公司看上去比实际强大得多，因为可以在一个网卡上绑定多个 IP，这样用户就可以通过多个不同的 IP 地址来访问公司的服务器，而用户会误以为公司有许多台网络服务器对外提供服务，这是不是很好？如果你是一个金融公司，而在客户眼里你的公司已经富得流油，当然客户也就放心地将她/他们的血汗钱交给你们这些理财专家来管理了。

19.6 分享其他 Linux 系统上 NFS 的资源

NFS 是 Network File System 的缩写，它适用于在不同的 UNIX（Linux）系统之间分享彼此的网络资源，如图 19-3 所示。分享 NFS 资源的计算机称为 NFS Server（服务器），如图 19-4 所示。

图 19-3

图 19-4

为了演示如何分享 NFS 服务器上的资源，首先切换到 girlwolf 的 Linux 主机上，以 dog 用户登录（或切换到 dog 用户），使用例 19-45 的 cat 命令在 dog 的家目录中创建一个名为 ancestor 的正文文件，其中阴影部分为要输入的内容，最后按 Ctrl+D 键存盘退出。

【例 19-45】

```
[dog@girlwolf ~]$ cat > ancestor
The first girl wolf for the dog project.
She will be the ancestor of all puppies in this project !!!
She will be a great mother dog !!!
```

系统执行以上操作之后不会有任何提示信息，因此要使用 cat 命令列出 ancestor 文件中的全部内容，以验证所需的文件确实生成了。之后，切换到 root 用户。使用例 19-46 的 vi 命令开启/etc/exports。这个文件是空的，输入阴影部分的信息（这行信息的含义是分享该主机上的/home/dog 目录，*表示所有的主机都可以访问这个目录，rw 表示可读、可写）。

【例 19-46】

[root@girlwolf ~]# vi /etc/exports
/home/dog　　　　　*(rw,sync)

随后，应该使用 cat 命令列出/etc/exports 文件中的全部内容，以验证所需的文件确实生成了。确认/etc/exports 文件中的内容正确无误之后，使用例 19-47 的 exportfs 命令来更新分享清单，其中-r 表示 re-export。

【例 19-47】

[root@girlwolf ~]# exportfs -r

随后，切换回 boydog 主机，使用例 19-48 的 showmount 命令列出 192.168.177.138 这台主机上所分享出来的目录。

【例 19-48】

[root@boydog ~]# showmount -e 192.168.177.138
mount clntudp_create: RPC: Program not registered

看到以上提示信息请不要紧张。切换回 girlwolf 的 Linux 主机，使用例 19-49 的 rpm 命令验证 nfs-utils 软件包是否安装。

【例 19-49】

[root@girlwolf ~]# rpm -q nfs-utils
nfs-utils-1.0.6-70.EL4

确认 nfs-utils 软件包已经安装之后（如果没有安装要先安装这个软件包），使用例 19-50 的 rpcinfo 命令来查看 rpc 的 port map（rpc 相关程序与端口的对应信息）。

【例 19-50】

[root@girlwolf ~]# rpcinfo -p

program	vers	proto	port	
100000	2	tcp	111	portmapper
100000	2	udp	111	portmapper
100024	1	udp	978	status
100024	1	tcp	981	status

从例 19-50 的显示结果可以推测 nfs 服务没有启动，因为在以上显示中并没有 nfs 服务的相关信息。使用例 19-51 的 service 命令查看 nfs 服务的状态。

【例 19-51】

[root@girlwolf ~]# service nfs status
Shutting down NFS mountd: rpc.mountd is stopped
nfsd is stopped
rpc.rquotad is stopped

例 19-51 的显示结果表明 nfs 服务目前确实处于停用状态，因此使用例 19-52 的 service

命令启动 nfs 服务。

【例 19-52】

```
[root@girlwolf ~]# service nfs start
Starting NFS services:        OK   ]
Starting NFS quotas:          OK   ]
Starting NFS daemon:          OK   ]
Starting NFS mountd:          OK   ]
```

当确认 nfs 服务启动之后，使用例 19-53 的 rpcinfo 命令再次查看 rpc 的 port map。这次会发现多了 nfs 和一些其他程序的信息。

【例 19-53】

```
[root@girlwolf ~]# rpcinfo -p
   program vers proto    port
   100000    2   tcp     111   portmapper
   100000    2   udp     111   portmapper
   100024    1   udp     978   status ……
   100003    2   udp    2049   nfs
   100003    3   udp    2049   nfs  ……
```

再次切换回 boydog 主机，使用例 19-54 的 showmount 命令重新显示 192.168.177.138 这台主机上所分享出来的目录。

【例 19-54】

```
[root@boydog ~]# showmount -e 192.168.177.138
Export list for 192.168.177.138:
/home/dog *
```

例 19-54 的显示结果表明，192.168.177.138 这台主机所分享出来的资源为/home/dog 目录中的所有内容。之后，使用例 19-55 的 ls 命令列出/目录中的所有内容。

【例 19-55】

```
[root@boydog ~]# ls /
bin   dev  home  lib          media  mnt   proc  sbin     srv  tftpboot  usr
boot  etc  initrd  lost+found  misc   opt   root  selinux  sys  tmp       var
```

从例 19-55 的显示结果可知在/目录中有一个 mnt 目录，使用例 19-56 的 mkdir 命令创建一个/mnt/nfswolf 目录，用于挂载 nfs 文件系统。

【例 19-56】

```
[root@boydog ~]# mkdir /mnt/nfswolf
```

当确认/mnt/nfswolf 目录创建成功之后，使用例 19-57 的 mount 命令，将 girlwolf 这台主机所分享出来的/home/dog 目录挂载在/mnt/nfswolf 挂载点上。

【例 19-57】

```
[root@boydog ~]# mount 192.168.177.138:/home/dog /mnt/nfswolf
```

系统执行完以上挂载命令之后不会有任何提示信息，因此需要使用例 19-58 的不带任何参数的 mount 命令列出目前挂载在这个 Linux 系统上的所有文件系统，以验证以上 nfs 文件系统是否挂载成功。

【例 19-58】

```
[root@boydog ~]# mount
/dev/sda2 on / type ext3 (rw)
……
192.168.177.138:/home/dog on /mnt/nfswolf type nfs (rw,addr=192.168.177.138)
```

例 19-58 的显示结果清楚地表明，192.168.177.138 这台主机上/home/dog 目录已经被挂载在/mnt/nfswolf 目录下，它的文件类型是 nfs 并且可以进行读写操作。确认已经挂载了这个 nfs 文件系统之后，试着使用例 19-59 的 ls 命令列出/mnt/nfswolf 目录中的全部内容。

【例 19-59】

```
[root@boydog ~]# ls -l /mnt/nfswolf
ls: /mnt/nfswolf: Permission denied
```

例 19-59 的显示结果表明，boydog 主机上的 root 用户也无权访问这个刚刚挂载的文件系统，这是因为 boydog 主机上的 root 用户并不是 girlwolf 主机上的 root 用户，这就是铁路警察各管一段吧。再次切换到 girlwolf 主机，使用例 19-60 的带有-ld 选项的 ls 命令列出/home/dog 目录的详细信息。

【例 19-60】

```
[root@girlwolf ~]# ls -ld /home/dog
drwx------   4 dog dog 4096 May 26 10:53 /home/dog
```

看了例 19-60 的显示结果就应该清楚了，因为还没有开放/home/dog 目录的访问权限，使用例 19-61 的 chmod 命令对所有的用户开放/home/dog 目录的所有权限（其中最左面的 1 是加上 sticky 的权限，这样能保证除了 owner 之外的其他用户不能删除这个目录中的内容）。

【例 19-61】

```
[root@girlwolf ~]# chmod 1777 /home/dog
```

系统执行完以上 chmod 命令之后不会有任何提示信息，因此需要使用例 19-62 的带有-ld 选项的 ls 命令再次列出/home/dog 目录的详细信息。

【例 19-62】

```
[root@girlwolf ~]# ls -ld /home/dog
drwxrwxrwt  4 dog dog 4096 May 26 10:53 /home/dog
```

当确认已经开放了/home/dog 目录的所有权限之后，使用例 19-63 的 exportfs 命令再次更新分享清单。

【例 19-63】

```
[root@girlwolf ~]# exportfs -r
```

随后，切换回 boydog 主机，使用例 19-64 的 ls 命令再次列出/mnt/nfswolf 目录中的全部内容。

【例 19-64】

```
[root@boydog ~]# ls -l /mnt/nfswolf
total 4
-rw-rw-r--  1 dog dog 136 May 26 10:46 ancestor
```

最后，使用例 19-65 的 cat 命令列出/mnt/nfswolf 目录下 ancestor 文件中的全部内容。终于看到了盼望已久的珍贵信息了。

【例 19-65】

```
[root@boydog ~]# cat /mnt/nfswolf/ancestor
The first girl wolf for the dog project.
She will be the ancestor of all puppies in this project !!!
She will be a great mother dog !!!
```

19.7　利用 Auto-Mounter 自动挂载 NFS 文件系统

Auto-Mounter 是一个守护进程（daemon process），可以用来监视某个目录，例如监控 /mnt/nfs 目录，如图 19-5 所示。当有用户需要访问这个目录中的信息时，如使用 cd 命令切换到这一目录 cd/mnt/nfs，这时 Auto-Mounter 就会自动将这个目录所对应的 nfs 文件系统挂载到这个目录上，如图 19-6 所示。

图　19-5　　　　　　　　　　　　　　　图　19-6

过了一段时间后（默认是 60 秒），Auto-Mounter 守护进程发现该目录已经没有用户使用，它就会自动卸载这个目录上的文件系统，如图 19-7 所示。可能会有读者问为什么要这样做呢？假设在公司中有一个文件服务器，公司中的员工都需要连到这台文件服务器上工作，如图 19-8 所示，因此员工在使用这台文件服务器上的文件系统时就要使用 mount 命令挂载这个文件系统。

可是许多员工使用完了所分享的文件之后并未卸载这个文件系统，因此使得公司员工的计算机与这个文件服务器一直处于连线的状态。这样就会对整个网络产生很大的负荷，因为计算机处在连线的状态时，会一直相互传送封包以确保与对方的连接，如图 19-9 所示。所以可以在客户端使用 Auto-Mounter 守护进程来监控文件服务器上分享出来的目录，让闲置超过一定时间（默认是 60 秒）的 nfs 文件系统自动卸载，这样就可以减轻网络不必要的负荷，如图 19-10 所示。

图　19-7　　　　　　　　　　　　　图　19-8

图　19-9　　　　　　　　　　　　　图　19-10

在介绍如何设定 Auto-Mounter 之前，为了使后面的操作简单，先使用例 19-66 的 mkdir 命令在/mnt 目录中创建一个子目录 nfs。

【例 19-66】

[root@boydog ~]# mkdir /mnt/nfs

系统执行完以上 mkdir 命令之后不会有任何提示信息，因此需要使用带有-1 选项的 ls 命令再次列出/mnt 目录的详细信息，以确认所需的目录创建成功。接下来，使用例 19-67 的 vi 命令开启/etc/auto.master 文件，这个文件是 Auto-Mounter 守护进程的主要配置文件。

【例 19-67】

```
[root@boydog ~]# vi /etc/auto.master
# $Id: auto.master,v 1.3 2003/09/29 08:22:35 raven Exp $
……
/mnt/nfs            /etc/auto.nfs --timeout=90
```

在这个文件的最后添加上/mnt/nfs　/etc/auto.nfs --timeout=90 这一行（可以通过使用 yy 命令复制以#/misc 开始的第 1 行的设定，之后使用 p 命令粘贴到以#/net 开始的那一行之下的方式来快速完成以上设定），修改完成之后存盘退出。

这里需要对所添加的设定解释一下，其中第 1 列/mnt/nfs 为 Auto-Mounter 守护进程所要监控的目录；第 2 列/etc/auto.nfs 是挂载设定的配置文件；第 3 列--timeout=90 是允许所挂载的文件系统可以空闲 90 秒即 1.5 分钟，如果空闲时间超过 90 秒，Auto-Mounter 守护进程就会自动卸载所监控的文件系统。

紧接着就要设置/etc/auto.nfs 配置文件了。默认系统中并没有/etc/auto.nfs 这个配置文件，但是有一个名为/etc/auto.misc 的模板文件，因此可以使用例 19-68 的 cp 命令，通过复制这个模板文件的方式来生成/etc/auto.nfs 文件。当确认/etc/auto.nfs 文件已经生成之后，应该使用例 19-69 的 vi 命令开启/etc/auto.nfs 文件。

【例 19-68】

[root@boydog ~]# cp /etc/auto.misc /etc/auto.nfs

【例 19-69】

[root@boydog ~]# vi /etc/auto.nfs
$Id: auto.misc,v 1.2 2003/09/29 08:22:35 raven Exp $
……
#removable   -fstype=ext2   :/dev/hdd
girlwolf   -ro,soft,intr   192.168.177.138:/home/dog

在这个文件的最后添加上 girlwolf   -ro,soft,intr   192.168.177.138:/home/dog 这一行，修改完成之后存盘退出。

这里需要对所添加的设定解释一下，其中第 1 列 girlwolf 为共享文件系统的名称，既可以是服务器名，也可以是自定义的名称；第 2 列中的-ro 是以只读的方式挂载这个文件系统，soft 是当 nfs 服务器发生故障时（如当机）会传回错误信息给使用者，intr 是允许中断；第 3 列为要分享资源的服务器的 IP 和所要分享的目录。

随后，为了使后面的操作方便，可以使用 cd 命令将当前的工作目录切换到/mnt/nfs。接下来，试着使用例 19-70 的 cd 命令进入 girlwolf 目录。其显示结果会使你大失所望，因为系统的提示信息告诉我们根本就没有 girlwolf 这个文件或目录。

【例 19-70】

[root@boydog nfs]# cd girlwolf
-bash: cd: girlwolf: No such file or directory

实际上，我们在配置完所有 Auto-Mounter 守护进程所需的配置文件之后还少做一件非常重要的事情，那就是启动 Auto-Mounter 守护进程。为此，要使用例 19-71 的 service 命令启动这个守护进程。

【例 19-71】

[root@boydog nfs]# service autofs restart
Stopping automount: OK   ]
Starting automount: OK   ]

确认 Auto-Mounter 守护进程启动之后，使用例 19-72 的 cd 命令试着再次进入 girlwolf 目录。其显示结果同样会使你吃惊不小，因为系统还是找不到 girlwolf 这个文件或目录。

【例 19-72】

[root@boydog nfs]# cd girlwolf
-bash: cd: girlwolf: No such file or directory

其实，完全没有必要担心，你根本没有做错任何事。其原因是 girlwolf 服务器上的 nfs 服务停了（因为重新启动过这台服务器）。于是，首先切换到这个服务器，之后使用例 19-73 的 service 命令启动这台服务器上的 nfs 服务。

【例 19-73】

```
[root@girlwolf ~]# service nfs start
Starting NFS services:        OK   ]
Starting NFS quotas:          OK   ]
Starting NFS daemon:          OK   ]
Starting NFS mountd:          OK   ]
```

当确认 nfs 服务启动之后切换回 boydog 服务器，使用例 19-74 的 cd 命令再次进入当前目录下的 girlwolf 子目录。

【例 19-74】

```
[root@boydog nfs]# cd girlwolf
```

这次就可以进入 girlwolf 目录了，并且系统没有产生任何错误信息。接下来，可以使用例 19-75 的带有-l 选项的 ls 命令列出当前目录中所有的内容。这次终于看到极为珍贵的文件 ancestor 了。使用例 19-76 的 cat 命令列出其存有的详细信息。

【例 19-75】

```
[root@boydog girlwolf]# ls -l
total 4
-rw-rw-r--   1 dog dog 136 May 26 10:46 ancestor
```

【例 19-76】

```
[root@boydog girlwolf]# cat ancestor
The first girl wolf for the dog project.
She will be the ancestor of all puppies in this project !!!
She will be a great dog mother !!!
```

看到了全部信息之后可以放心了，因为这一切已经证明 girlwolf 服务器中所分享出来的目录已经被自动地挂载到/mnt/nfs 目录上。为了进一步证明所分享出来的 nfs 文件系统已经自动挂载，还可以使用例 19-77 的 mount 命令列出目前系统中所有挂载的文件系统。

【例 19-77】

```
[root@boydog girlwolf]# mount
/dev/sda2 on / type ext3 (rw)
……
192.168.177.138:/home/dog on /mnt/nfs/girlwolf type nfs (ro,soft,intr,   addr=192.168.177.138)
```

在例 19-77 显示结果的最后一行可以看到，IP 地址为 192.168.177.138 的主机上的/home/dog 目录已经被自动挂载在本机的/mnt/nfs/girlwolf 目录下，而且文件系统的类型是 nfs。接下来，使用例 19-78 的 cd 命令返回到 root 用户的家目录。

【例 19-78】

```
[root@boydog girlwolf]# cd ~
[root@boydog ~]#
```

等 90 秒之后，可以使用 mount 命令再次列出目前系统中所有挂载的文件系统。你会发现，在 boydog 系统上已经再也找不到任何 girlwolf 服务器所分享出来的目录了，因为那么长时间没人使用，已经被 boydog 系统的 Auto-Mounter 守护进程自动卸载了。

19.8 练 习 题

1．观察以下 server1 共享出来的 NFS 的设置：

[root@server1 ~]$ cat /etc/exports
/data .example.com(ro,root_squash)

以 root 用户登录 station1 并试着访问 server1 上的以 NFS 方式共享的/data 目录。请问，在如下的相关叙述中，哪一个是正确的？

    A．对 NFS 共享目录的访问将被拒绝

    B．将以 nobody 权限访问 NFS 共享目录

    C．将以 root 用户权限访问 NFS 共享目录

    D．将以 nfsnobody 权限访问 NFS 共享目录

2．你已经对公司的一个 Linux 系统进行了如下的网络配置（静态 IP 地址）：

USERCTL=yes
DEVICE=eth0
BOOTPROTO=static
ONBOOT=yes
IPADDR=192.168.0.1
NETMASK=255.255.255.0
ETHTOOL_OPTS="speed 100 duplex full autoneg off"

请问，以上这个系统的网络设置意味着什么？（选择两个正确的答案）

    A．系统或网卡重启之后系统的 IP 地址保持不变

    B．系统或网卡重启之后 ethtool 的限制（约束）保持不变

    C．普通用户可以使用 ifconfig 命令修改静态 IP 地址

    D．因为在这个配置文件中没有配置默认的网关（gateway），所以该系统不能访问在同一网络中的其他系统

3．你已经将 Linux 服务器 supercat 上的/home 文件系统通过 NFS 分享出去了。最近重新安装了一个工作站上的 Linux 操作系统，现在想把这个工作站设置为可以自动挂载和卸载 supercat 上的/home 文件系统。请问，在这台工作站上应该通过编辑哪些默认配置文件才能完成这一工作？

    A．编辑/etc/fstab 文件

    B．编辑/etc/inittab 文件

    C．只编辑/etc/auto.nfs（在一些版本中为/etc/auto.home）文件

    D．只编辑/etc/auto.master 文件

E．编辑/etc/auto.nfs 和/etc/auto.master 文件

4．请问，在以下关于 AutoFS，即 Auto-Mounter 守护进程的描述中，哪一个是正确的？

A．只有 root 用户可以触发 AutoFS 的挂载

B．由 AutoFS 照看的文件系统在需要时挂载而在不需要时卸载

C．AutoFS 根据需要自动挂载所监控的文件系统，但是需要手工卸载

D．AutoFS 需要手工地挂载所监控的文件系统，但是可以在没有用户干预的情况下卸载这一文件系统

第 20 章　用户管理及维护

作为一名 Linux（UNIX）操作系统管理员，在制定管理用户的规则（政策）时，必须考虑以下的这些因素：

（1）系统的访问（量），这包括了系统上文件和其他资源的访问量，以及是否需要限制系统的使用者必须在特定的时间和特定的地点才能登录系统等。

（2）用户的账号和密码的有效期限，即是否需要强制用户定期变更他们的密码。

（3）硬件设备的现状，其中包括了硬盘空间、内存的容量以及 CPU 的处理能力，并以此为依据来决定是否需要限制每个用户使用 CPU 或内存资源的总量，以及是否需要启用磁盘配额以限制每个用户所使用的磁盘空间总量。

20.1　/etc/passwd 文件与 finger 和 chfn 命令

在 Linux（UNIX）系统中有一个对于用户管理至关重要的系统文件，那就是/etc/passwd 文件，这个文件也被称为用户账户数据库。这个文件在本书的第 7 章中做过比较详细的介绍，在本章中只是对没有提及到的有关用户管理的内容进行一些补充。如果读者已经忘记了之前讲过的内容，请重新阅读第 7 章 7.2 节的相关内容。

/etc/passwd 文件中记录了所有用户登录系统时需要用到的账户信息，而其他系统服务和应用程序使用的系统账户信息也被存放在这个文件中。在这个文件中，每个用户都会占用一行记录，并且使用冒号分隔出 7 个字段（列）。

为了后面的讲解方便，使用例 20-1 的 more 命令分页显示/etc/passwd 文件中的内容。为了节省篇幅，这里对显示结果做了相应的裁剪。

【例 20-1】

在/etc/passwd 文件中每一行的第 3 个字段记录的是这个用户的 uid，其中 root 用户的 uid 一定是 0，而 1～499 的 uid 是保留给系统服务或应用程序所使用的系统账号，我们自己建立的用户 uid 会从 500 开始。每一个用户都会有一个唯一的 uid。

第 5 个字段记录的是有关这个用户的注释信息，也叫 finger information，如用户的全名、电话、地址等信息。可以使用 finger 命令来显示用户的这一部分及相关的信息，如可以使用例 20-2 的 finger 命令显示 dog 用户的注释信息。

【例 20-2】

```
[root@boydog ~]# finger dog
Login: dog                              Name: boy dog
Directory: /home/dog                    Shell: /bin/bash
On since Sat May 29 09:04 (NZST) on pts/2 from 192.168.177.1
No mail.
No Plan.
```

从例 20-2 的显示结果可以看出 finger 命令所显示的用户信息主要来自/etc/passwd 文件中的第 1、第 5、第 6 和第 7 个字段（列）。这个命令显示的结果要比/etc/passwd 文件中的记录更容易阅读。

Linux 系统提供了一个修改 finger information 的命令，这个命令是 chfn（应该是 change finger information 的缩写），在这个命令中使用频率较高的参数有如下几个。

- -f 或--full-name：设定用户的全名（真实名字）。
- -o 或--office：设定用户办公室的信息，如地址或房间号等。
- -p 或--office-phone：设定用户办公室的电话号码。

接下来，使用例 20-3 的 chfn 命令修改 dog 用户的 finger information，其中全名改为 Father Dog，办公室地址改为 Hong Kong，办公室的电话号码改为 81683163。

【例 20-3】

```
[root@boydog ~]# chfn -f "Father Dog" -o "Hong Kong" -p 81683163 dog
Changing finger information for dog.
Finger information changed.
```

当以上命令执行完之后，应该使用例 20-4 的 finger 命令再次列出 dog 用户的 finger information 以确认以上的修改准确无误。

【例 20-4】

```
[root@boydog ~]# finger dog
Login: dog                              Name: Father Dog
Directory: /home/dog                    Shell: /bin/bash
Office: Hong Kong, 81683163
On since Sat May 29 09:04 (NZST) on pts/2 from 192.168.177.1
No mail.
No Plan.
```

在例 20-4 的显示结果中使用方框框起来的部分就是你所做的修改，看了这个显示结果你的心应该踏实了吧？其实，这些修改的信息都会写回到/etc/passwd 文件中。可以使用例 20-5 的 tail 命令重新列出/etc/passwd 文件的最后 3 行以验证这些信息是否已经被写回到这个文件中。

【例 20-5】

```
[root@boydog ~]# tail -3 /etc/passwd
postgres:x:26:26:PostgreSQL Server:/var/lib/pgsql:/bin/bash
fax:x:78:78:mgetty fax spool user:/var/spool/fax:/sbin/nologin
dog:x:500:500:Father Dog,Hong Kong,81683163:/home/dog:/bin/bash
```

例 20-5 的显示结果清楚地表明使用 chfn 命令对 dog 用户的 finger information 所做的修改都已经写回到 dog 用户记录的第 5 个字段中。

☞指点迷津：

如果读者阅读过其他的 Linux 或 UNIX 的书，不少书在介绍这部分内容时是使用 cat 命令来显示系统文件的内容。建议读者最好使用 tail（如果要显示文件开始的内容可使用 head）命令，因为在进行系统管理时有一个原则：就是只操作你应该操作的部分，在显示信息时就是只显示你需要的信息。这样做的好处一是安全，二是有时可以提高工作效率，而且看上去专业。

在/etc/passwd 文件中的最后一个字段（列）记录的是这个用户登录后第 1 个要执行的进程（Linux 系统默认为/bin/bash），也就是当用户登录 Linux 系统之后，第 1 个执行的程序就是 shell。如果这一列中记录的是/sbin/nologin，例如，在例 20-1 的显示结果中由方框框起来的 ftp 用户的记录，就表示这个用户的账户只能使用应用程序（ftp）登录到 Linux 系统中。可能有读者还是没能完全理解这段话的"内涵"（一些 Linux 的书就是这样解释的，往往一句话的内涵总是太深奥了令人无法理解）。

下面就通过一个实例来详细地解释这段话的"内涵"。为此，首先使用 service 命令检查一下在你的 Linux 系统中 ftp 服务是否已经启动。如果 ftp 没有启动，需要使用例 20-6 的 service 命令启动 ftp 服务（也就是启动 vsftpd 进程）。

【例 20-6】

```
[root@boydog ~]# service vsftpd start
Starting vsftpd for vsftpd:    OK   ]
```

由于我们并不知道 ftp 用户的密码，所以为了后面的操作方便，可以使用例 20-7 的 passwd 命令修改 ftp 用户的密码。为了简单起见，这里使用了 ftp 作为这个用户的密码。

【例 20-7】

```
[root@boydog ~]# passwd ftp
Changing password for user ftp.
New UNIX password:                          # 输入 ftp 作为新的密码
BAD PASSWORD: it's WAY too short
Retype new UNIX password:                   # 再次输入 ftp 确认新的密码
passwd: all authentication tokens updated successfully.
```

当确认修改了 ftp 用户的密码之后，切换到 Linux 系统的图形登录界面，在 Username

文本框中输入 ftp（用户名），如图 20-1 所示。之后在 Password 文本框中输入 ftp（密码），当按 Enter 键之后系统会出现你的账户已经被禁止的提示信息，如图 20-2 所示。这就表示 ftp 这个用户无法使用 shell 与 Linux 系统进行交互。

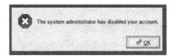

图　20-1　　　　　　　　　　　　　　　　图　20-2

切换到微软系统并开启一个 DOS 窗口，之后使用例 20-8 的 ftp 命令与你的 Linux 主机进行 ftp 的连接。其中，方框框起来的部分是你要输入的。

【例 20-8】

```
C:\Documents and Settings\Ming>ftp 192.168.177.38
Connected to 192.168.177.38.
220 (vsFTPd 2.0.1)
User (192.168.177.38:(none)): ftp          # 输入 ftp 作为用户名
331 Please specify the password.
Password:                                   # 输入 ftp（ftp 用户的密码）
230 Login successful.
ftp> pwd                                    # 输入 pwd 命令确认当前工作目录
257 "/"                                      # 这里的/是 ftp 的当前目录
ftp> ls                                     # 输入 ls 命令列出当前用户中的全部内容
200 PORT command successful. Consider using PASV.
150 Here comes the directory listing.
Pub                                         # 这是系统自动设置的, 主要是为了安全
226 Directory send OK.
ftp: 5 bytes received in 0.01Seconds 0.33Kbytes/scc.
```

通过以上这些操作，现在你应该彻底理解"如果第 7 列中记录的是/sbin/nologin，就表示这个用户的账户只能使用应用程序（ftp）登录到 Linux 系统中。"这段话的真正含义了吧！

如果第 7 列中记录的是/sbin/false，例如，在例 20-1 的显示结果中由方框框起来的 ldap 用户的记录，就表示不能使用这个用户的账户来登录 Linux 系统。可能有读者还是没能完全理解这段话的"内涵"。

没理解也没有关系，通过下面这个实例来进一步解释其中的奥秘。为了安全起见，要使用例 20-9 的 cp 命令为/etc/passwd 这个十分重要的系统文件做一个备份。

【例 20-9】

```
[root@boydog ~]# cp /etc/passwd passwd.bak
```

系统执行完以上复制命令之后不会有任何显示信息，因此应该使用 ls 命令列出当前目录中的所有内容以确认 passwd.bak 文件已经生成。当确认/etc/passwd 的备份文件已经存在之后，使用例 20-10 的 vi 命令编辑/etc/passwd 文件。将 ftp 用户记录的最后一个字段（列）改为/sbin/false（为了将来改回原来的设置方便，这里保留了原来的记录并在之前加上了注

释符号）。为了节省篇幅，这里只给出了相关的显示输出结果。

【例 20-10】

```
[root@boydog ~]# vi /etc/passwd
root:x:0:0:root:/root:/bin/bash
bin:x:1:1:bin:/bin:/sbin/nologin
#ftp:x:14:50:FTP User:/var/ftp:/sbin/nologin
ftp:x:14:50:FTP User:/var/ftp:/sbin/false
nobody:x:99:99:Nobody:/:/sbin/nologin
```

修改之后存盘退出。之后切换到 Linux 系统的图形登录界面，在 Username 文本框中输入 ftp（用户名），如图 20-3 所示。之后在 Password 文本框中输入 ftp（密码），当按 Enter 键之后系统会出现系统错误的提示信息，如图 20-4 所示。

图 20-3　　　　　　　　　　　图 20-4

通过以上这些操作，现在在你应该对"如果第 7 列中记录的是/sbin/false，就表示不能使用这个用户的账户来登录 Linux 系统。"这段话的含义清楚点了吧！做完了以上的操作之后，别忘了将/etc/passwd 文件中 ftp 用户记录改回原来的设置（只要将新的 ftp 记录行删除，之后去掉原有 ftp 记录行最前面的#就行了）。

要保证 Linux 系统正常工作，/etc/passwd 这个文件的权限就必须是 rw-r--r--。这是因为每个用户在登录 Linux 系统时都必须读取/etc/passwd 这个文件中有关自己的记录，所以必须将这个文件的读权限开放给系统中的每个用户。

接下来还是通过一个实例来进一步解释其中的原委。为此，需要使用例 20-11 带有-l 选项的 ls 命令来获取/etc/passwd 文件的使用权限的信息。

【例 20-11】

```
[root@boydog ~]# ls -l /etc/passwd
-rw-r--r--  1 root root 2740 May 29 12:38 /etc/passwd
```

确认目前这个文件的权限确实是 rw-r--r--之后，切换回 root 用户所在的终端窗口，使用例 20-12 的 chmod 命令去掉/etc/passwd 上同组用户和其他用户的所有权限（包括读权限）。

【例 20-12】

```
[root@boydog ~]# chmod 600 /etc/passwd
```

系统执行完以上 chmod 命令之后不会有任何显示信息，因此应该使用带有-l 的 ls 命令再次获取/etc/passwd 文件的使用权限以确认所做的修改已经成功。确认已经去掉了/etc/passwd 上所有其他用户的一切权限之后，切换到微软 DOS 所在的终端窗口，使用例 20-13 的 telnet 命令连接 Linux 系统主机，并以普通用户 dog 登录 Linux 系统。为了节省篇幅，这里省略了 telnet 命令本身。

【例 20-13】

```
Enterprise Linux Enterprise Linux AS release 4 (October Update 4)
Kernel 2.6.9-42.0.0.0.1.ELhugemem on an i686
login: dog                                              # dog 是你输入的
Password:                                               # 输入 dog 用户的密码
Last login: Sat May 29 12:47:56 from 192.168.177.1
id: cannot find name for user ID 500
id: cannot find name for user ID 500
[I have no name!@boydog ~]$
```

例 20-13 的显示结果表明现在 Linux 系统无法找到 user ID 为 500 的用户的信息，这是因为 dog 这个普通用户无法读取/etc/passwd 文件中的信息造成的。看来这攻击一个计算机系统也蛮简单的，只使用了一条 chmod 命令就可以让系统上的所有用户都惊出一身冷汗来！是不是觉得自己也成了一位武林高手了？也有了在 IT 这个大江湖上混饭吃的本事了？

当做完了以上惊险的操作之后，一定要使用例 20-14 的 chmod 命令将/etc/passwd 文件的权限恢复为最初的状态。系统执行完该命令之后不会有任何显示信息，因此应该使用带有-l 的 ls 命令再次获取/etc/passwd 文件的使用权限以确认所做的复原操作已经成功。

【例 20-14】

[root@boydog ~]# chmod 644 /etc/passwd

20.2　怎样在 Linux 系统中添加一个新的用户账户

在 Linux 系统上新增一个用户的命令是 useradd，这个命令很简单，其最简单的语法格式如下：

useradd 用户名

当使用 useradd 这个命令在 Linux 系统中创建一个新用户时，系统要操作/etc/passwd、/etc/shadow 和/etc/group 这 3 个系统文件并且完成以下的操作：

（1）在/etc/passwd 这个文件中新增一条这个用户账号的记录。

（2）将这个用户的密码及相关的信息存入/etc/shadow 这个文件。

（3）在/etc/group 文件中新增一个与这个用户账号同名的私有群组。

（4）为这个用户创建一个家目录。

（5）变更这个用户的家目录的权限和属主（即目录的所有者）。

接下来还是通过一些例子来演示怎样在 Linux 系统中添加一个新用户的具体操作。首先，要使用 tail 命令分别列出/etc/passwd、/etc/shadow 和/etc/group 这 3 个文件中最后的 3 行内容（也可以再多几行）。

接下来，使用例 20-15 带有-l 选项的 ls 命令列出/home 目录中的详细内容。Linux 默认将普通用户的家目录放（创建）在/home 目录下，所以在例 20-15 的显示结果中可以看到

dog 的家目录 dog。

【例 20-15】

```
[root@boydog ~]# ls -l /home
total 20
drwx------    4 dog     dog     4096 May 20 18:26 dog
drwx------    2 root    root   16384 May 21 04:38 lost+found
```

随后，使用例 20-16 带有-al 选项的 ls 命令列出/home/dog 目录中所有的文件和目录（其中也包括隐藏文件）。从该命令的显示结果可以看出 dog 家目录中的隐藏文件还真不少，不过这些隐藏文件都是 Linux 系统自动生成的（将在后面介绍）。

【例 20-16】

```
[root@boydog ~]# ls -al /home/dog
total 56
drwx------    4 dog     dog    4096 May 20 18:26 .
drwxr-xr-x    4 root    root   4096 May 20 17:06 ..
-rw-------    1 dog     dog     335 May 29 12:52 .bash_history
-rw-r--r--    1 dog     dog      24 May 20 17:06 .bash_logout
……
```

做完了以上准备工作之后，接下来就要干正事了，使用例 20-17 的 useradd 命令在系统中新增一个 fox（狐狸）用户。系统中就一条狗，这狗友也太孤单了，所以帮它找一位狐朋以免生活太寂寞了。

【例 20-17】

```
[root@boydog ~]# useradd fox
```

系统执行完以上 useradd 命令之后不会有任何显示信息，因此应该使用例 20-18 的 tail 命令再次列出/etc/passwd 文件中最后的 3 行内容以确认 fox 用户已经创建成功。

【例 20-18】

```
[root@boydog ~]# tail -3 /etc/passwd
fax:x:78:78:mgetty fax spool user:/var/spool/fax:/sbin/nologin
dog:x:500:500:Father Dog,Hong Kong,81683163:/home/dog:/bin/bash
fox:x:501:501::/home/fox:/bin/bash
```

例 20-18 的显示结果表明在/etc/passwd 文件中最后一行确实多出来一条有关 fox 用户的记录，这就表明你已经成功地创建了 fox 用户。接下来，使用例 20-19 的 tail 命令再次列出/etc/shadow 文件中最后的 3 行内容。

【例 20-19】

```
[root@boydog ~]# tail -3 /etc/shadow
fax:!!:14749:0:99999:7:::
dog:$1$OOiuXfFs$cmoVp/fy.mQCM1wA1i94o.:14749:0:99999:7:::
fox:!!:14758:0:99999:7:::
```

例 20-19 的显示结果表明在/etc/shadow 文件中最后一行也多出来一条有关 fox 用户密码的记录，这也再一次证明你已经成功地创建了 fox 用户。接下来，使用例 20-20 的 tail 命令再次列出/etc/group 文件中最后的 3 行内容。

【例 20-20】

```
[root@boydog ~]# tail -3 /etc/group
fax:x:78:
dog:x:500:
fox:x:501:
```

例 20-20 的显示结果表明在/etc/group 文件中最后一行确实多出来一条与 fox 用户同名的私有群组记录。接下来，使用例 20-21 带有-1 选项的 ls 命令再次列出/home 目录中的详细内容。

【例 20-21】

```
[root@boydog ~]# ls -l /home
total 24
drwx------    4 dog     dog     4096 May 20 18:26 dog
drwx------    4 fox     fox     4096 May 29 15:32 fox
drwx------    2 root    root   16384 May 21 04:38 lost+found
```

例 20-21 的显示结果清楚地表明在/home 目录中确实已经有一个名为 fox 的子目录了，这个/home/fox 目录就是 fox 的家目录。随后，使用例 20-22 带有-al 选项的 ls 命令列出/home/fox 目录中所有的文件和目录（其中也包括隐藏文件）。

【例 20-22】

```
[root@boydog ~]# ls -al /home/fox
total 52
drwx------    4 fox     fox     4096 May 29 15:32 .
drwxr-xr-x    5 root    root    4096 May 29 15:32 ..
-rw-r--r--    1 fox     fox       24 May 29 15:32 .bash_logout
......
```

虽然 fox 的家目录才刚刚建立，但是从例 20-22 的显示结果可以看出与 dog 的家目录一样，在 fox 的家目录中同样也有不少以.开始的隐藏文件，这是 Linux 系统在创建一个用户的家目录之后自动生成的。

可能有读者问：这些文件又是从哪里来的呢？为了回答这一问题，使用例 20-23 的带有-al 选项的 ls 命令列出/etc/skel 目录中的所有内容。

【例 20-23】

```
[root@boydog ~]# ls -al /etc/skel
total 100
drwxr-xr-x     4 root root    4096       May 20 16:54 .
drwxr-xr-x   110 root root   12288       May 29 15:32 ..
```

```
-rw-r--r--      1 root root      24 Oct   7   2006 .bash_logout
……
```

比较例 20-22 和例 20-23 的显示结果就可以发现，确实这两个目录中所有以.开始的隐藏文件都是一样的，不但文件名就连文件的大小都相同。其实 Linux 系统在创建一个用户的家目录之后就自动地将/etc/skel 目录中的这些以.开始的隐藏文件复制到这个新创建的用户的家目录中。这里需要指出的是，useradd 命令在复制这些文件之后就会将这些文件的所有者变更成这个新创建的用户，同时还要将这些文件所属的群组变更成这个新用户的私有群组。这些隐藏的系统文件存放了一些用户的个人设定信息和环境变量。

虽然已经成功地创建了 fox 用户，但是还无法使用 fox 用户登录 Linux 系统，因为还不知道这个用户的密码（其实根本就没有设密码）。可以使用例 20-24 的带有-S 选项的 passwd 命令查看目前 fox 用户的密码状态。

【例 20-24】

```
[root@boydog ~]# passwd -S fox
Password locked.
```

例 20-24 的显示结果表明 fox 用户的密码被锁住了。随后，使用例 20-25 的 tail 命令列出/etc/shadow 的最后 3 行以检验 fox 用户的密码设定。

【例 20-25】

```
[root@boydog ~]# tail -3 /etc/shadow
fax:!!:14749:0:99999:7:::
dog:$1$OOiuXfFs$cmoVp/fy.mQCM1wA1i94o.:14749:0:99999:7:::
fox:!!:14758:0:99999:7:::
```

注意在例 20-25 的显示结果中 fox 用户的第 2 个字段与 dog 用户的第 2 个字段确实不同，fox 用户的第 2 个字段只是两个惊叹号。接下来，使用例 20-26 的 passwd 命令修改 fox 用户的密码。在这里为了方便起见，在 New UNIX password 处输入 wang 作为密码，在看到"差劲的密码：密码太短"的提示信息时，不要管它，在 Retype new UNIX password 处继续输入 wang 来完成 fox 用户的密码设定。

【例 20-26】

```
[root@boydog ~]# passwd fox
Changing password for user fox.
New UNIX password:
BAD PASSWORD: it is too short
Retype new UNIX password:
passwd: all authentication tokens updated successfully.
```

当修改了 fox 用户的密码之后，应该使用例 20-27 的带有-S 选项的 passwd 命令再次查看目前 fox 用户的密码状态。

【例 20-27】

```
[root@boydog ~]# passwd -S fox
Password set, MD5 crypt.
```

从例 20-27 的显示结果可以看出 fox 用户密码状态的变化,目前 fox 用户使用的是 MD5 加密技术加密的密码。之后,使用例 20-28 的 tail 命令再次列出/etc/shadow 的最后 3 行以检验 fox 用户新的密码设定。

【例 20-28】

```
[root@boydog ~]# tail -3 /etc/shadow
fax:!!:14749:0:99999:7:::
dog:$1$OOiuXfFs$cmoVp/fy.mQCM1wA1i94o.:14749:0:99999:7:::
fox:$1$092VLd82$6qtzPzEiMZmWP1Ql20W8o0:14758:0:99999:7:::
```

例 20-28 的显示结果表明 fox 用户的密码设定字段已经从两个惊叹号变成了与 dog 用户第 2 个字段类似的以1开始的字符串,这就是使用 MD5 技术(算法)加密后的密码。

20.3 使用 newusers 命令一次创建一批(多个)用户

随着公司业务的迅速膨胀,使用公司计算机系统的人数也不断地攀升。操作系统管理员经常需要在很短的时间内在系统中创建许多个用户,现在所面临的问题是既要保证管理员在规定的时间内完成工作又不能使管理员的工作压力过大(别因为工作压力过大而跳槽甚至跳楼了,那可太有损公司在公众面前的形象了)。Linux 的 newusers 命令就可以解决这个问题,使用 newusers 命令可以一次创建一批用户。

为了便于管理,公司决定为每一窝新生的小狗都指定一个专人来照料以保证每一个小狗都能茁壮成长,因为公司中的所有人的荣华富贵和美好未来全都来自这些小狗。现在作为公司的操作系统管理员,你将在 Linux 操作系统上创建相应的 Linux 用户。为了简单起见,这些用户名分别使用 babydog1、babydog2 等。以下就是使用 newusers 命令一次创建所有这些用户的实例。

首先,要创建一个正文文件并将所有要创建用户的信息都存放在这个文件中(每个用户记录占一行)。为此,使用例 20-29 的 vi 命令创建一个名为 dogs 的正文文件,并在这个文件中输入要创建的用户记录信息,记录信息的格式与/etc/passwd 文件中的完全相同,其中的第 2 个字段为用户的密码,如 baby1 和 baby2。在这个例子中为了区分之前创建的用户,我们将新的小狗用户的 uid 和 gid 都设置为从 601 开始。可以利用 vi 的编辑器的 yy 复制命令和 p 粘贴命令来加快你的输入操作。这里一共输入了 6 条用户的记录,当输入完成之后存盘退出。

【例 20-29】

```
[root@boydog ~]# vi dogs
babydog1:baby1:601:601::/home/babydog1:/bin/bash
babydog2:baby2:602:602::/home/babydog2:/bin/bash
babydog3:baby3:603:603::/home/babydog3:/bin/bash
babydog4:baby4:604:604::/home/babydog4:/bin/bash
babydog5:baby5:605:605::/home/babydog5:/bin/bash
babydog6:baby6:606:606::/home/babydog6:/bin/bash
```

之后，应该使用 cat 命令验证一下输入的用户信息是否准确无误。当确认 dogs 文件中的用户信息准确无误之后，就可以使用例 20-30 的 newusers 命令一次创建所有这些小狗用户了。

【例 20-30】

[root@boydog ~]# newusers dogs

系统执行完以上 newusers 命令之后不会有任何显示信息，因此应该使用例 20-31 的 tail 命令列出/etc/passwd 文件中最后的 7 行内容以确认 6 个狗崽子用户都已经创建成功了。

【例 20-31】

```
[root@boydog ~]# tail -7 /etc/passwd
fox:x:501:501::/home/fox:/bin/bash
babydog1:x:601:601::/home/babydog1:/bin/bash
babydog2:x:602:602::/home/babydog2:/bin/bash
babydog3:x:603:603::/home/babydog3:/bin/bash
babydog4:x:604:604::/home/babydog4:/bin/bash
babydog5:x:605:605::/home/babydog5:/bin/bash
babydog6:x:606:606::/home/babydog6:/bin/bash
```

例 20-31 的显示结果清楚地表明在/etc/passwd 文件中确实多出来你刚刚创建的 6 个小狗崽子用户的记录信息。接下来，要使用例 20-32 的 tail 命令列出/etc/shadow 文件中最后的 7 行内容以确认 6 个小狗用户的密码信息是否已经写入这个文件，即密码是否设定好。

【例 20-32】

```
[root@boydog ~]# tail -7 /etc/shadow
fox:$1$092VLd82$6qtzPzEiMZmWP1Ql20W8o0:14758:0:99999:7:::
babydog1:mAky.0f02Obog:14758:0:99999:7:::
babydog2:x9hNtO9jn4P1w:14758:0:99999:7:::
babydog3:DitpDax/n9NXs:14758:0:99999:7:::
babydog4:3g34.M4bPHo56:14758:0:99999:7:::
babydog5:P6CrF7QrZmRVU:14758:0:99999:7:::
babydog6:HHcLNeV/VQmWM:14758:0:99999:7:::
```

之后，要使用例 20-33 的 tail 命令列出/etc/group 文件中最后的 7 行内容以确认 6 个小狗用户的私有群组是否已经创建成功。

【例 20-33】

```
[root@boydog ~]# tail -7 /etc/group
fox:x:501:
babydog1:x:601:babydog1
babydog2:x:602:babydog2
babydog3:x:603:babydog3
babydog4:x:604:babydog4
babydog5:x:605:babydog5
babydog6:x:606:babydog6
```

接下来，使用例 20-34 带有-l 选项的 ls 命令列出/home 目录中的详细内容以确认系统是否已经为这 6 个小狗用户创建了它们的家目录。

【例 20-34】

```
[root@boydog ~]# ls -l /home
total 48
drwx------   2 babydog1 babydog1       4096 May 30 10:24 babydog1
drwx------   2 babydog2 babydog2       4096 May 30 10:24 babydog2
drwx------   2 babydog3 babydog3       4096 May 30 10:24 babydog3
drwx------   2 babydog4 babydog4       4096 May 30 10:24 babydog4
drwx------   2 babydog5 babydog5       4096 May 30 10:24 babydog5
drwx------   2 babydog6 babydog6       4096 May 30 10:24 babydog6
drwx------   4 dog      dog            4096 May 20 18:26 dog
drwx------   4 fox      fox            4096 May 29 21:04 fox
drwx------   2 root     root          16384 May 21 04:38 lost+found
```

例 20-34 的显示结果表明 6 个小狗用户的家目录都已经创建成功。随后，使用例 20-35 带有-al 选项的 ls 命令列出/home/babydog3 目录中所有的文件和目录（也可以是其他小狗用户的家目录）。

【例 20-35】

```
[root@boydog ~]# ls -al /home/babydog3
total 12
drwx------    2 babydog3 babydog3 4096 May 30 10:24 .
drwxr-xr-x   11 root     root     4096 May 30 10:24 ..
```

例 20-35 的显示结果表明这个目录中是空空如也，并没有哪些名字以.开始的隐藏文件，这是因为使用 newusers 命令创建用户时，系统并不会将/etc/skel 目录中那些系统配置文件自动复制到所创建用户的家目录中。如果想复制这些文件到用户的家目录中，可以使用 cp 命令手动复制这些文件。

由于没有这些用来设定用户局部变量和环境变量的隐藏系统配置文件，这些用户的工作方式会与使用 useradd 命令创建的用户有所不同。可以使用例 20-36 利用 telnet 连接你的这个 Linux 主机（也可以再开启一个终端窗口），之后使用 babydog3 用户登录 Linux 系统（也可以使用其他的小狗用户登录），在 Password 处输入 baby3（密码）。

【例 20-36】

```
Enterprise Linux Enterprise Linux AS release 4 (October Update 4)
Kernel 2.6.9-42.0.0.0.1.ELhugemem on an i686
login: babydog3                                    # 你要输入的小狗用户名
Password:                                          # 你要输入的小狗用户的密码
-bash-3.00$                                         # 系统提示信息
```

当按 Enter 键之后会出现-bash-3.00$的系统提示符，这是因为在这个用户的家目录中没有那些系统配置文件，因此也就无法设置这个用户的局部变量和环境变量。

20.4　用户的私有群组以及群组的管理

用户私有群组（User Private Group）是 Red Hat Linux（Oracle Linux）引入的一种特殊机制，也叫 UPG 机制。这种机制的工作原理是这样的：当 Linux 系统创建一个用户账号时，系统就会自动创建一个与这个用户同名的私有群组，并且要将这个用户的账号加入到这个私有群组中，这样所有这个用户新增的文件（和目录）就都会属于这个私有群组。

那么这样做有什么好处呢？当然有，这样做可以防止用户新增的文件属于公共群组（任何用户都可以访问的群组）。在 Red Hat Linux（Oracle Linux）中，创建一个新用户的操作步骤如下：

（1）系统首先创建这个所需的账号，如 dog。

（2）之后，UPG 机制就会为这个用户产生一个同名的私有群组。

（3）将这个用户加入到该私有群组中。

（4）之后将用户家目录的权限改为 rwx------。

（5）如果没有做其他的设定，这个用户所创建的文件（或目录）都将属于该私有群组。

但是在其他的 UNIX 或 Linux 系统上并没有私有群组（UPG）这种机制，如在 SUN 公司（现为 Oracle 公司）的 Solaris 系统中，当系统创建一个新用户时，系统默认会将这个用户加入到 other 这个群组中。other 这个群组也就是所称的公共群组，即所有（其他）用户都可以访问的群组。从这一点上看 Red Hat Linux 系统引入私有群组会使得系统变得更安全。但是事物都是一分为二的，如果一个系统很大，上面的用户很多，这样每一个用户都有一个私有群组势必会造成管理负担的增加。

Linux 系统会将所有群组（group）的信息存放在/etc/group 这个系统文件中，该文件也被称为群组数据库。有关这个文件的详细介绍读者可以回顾一下第 7 章的 7.4 节，这里就不再重复了。可以通过直接修改这个文件中的内容来管理和维护系统中的群组，但是并不推荐使用这种方法来进行用户群组的管理和维护，因为这样做，如果操作失误可能会对系统造成灾难性的后果。

一般都是使用命令来进行群组的管理和维护的。Linux 系统提供以下 3 个群组管理和维护的命令。

（1）groupadd：创建一个新的群组账户。

（2）groupmod：修改一个群组账户的信息。

（3）groupdel：删除一个群组账户。

在使用这些群组操作命令之前，应该先使用 tail 命令列出/etc/group 这个群组数据库中的最后几行。接下来，使用例 20-37 的 groupadd 命令在系统中新增加一个名为 boydogs 的群组。

【例 20-37】

[root@boydog ~]# groupadd boydogs

系统执行完以上 groupadd 命令之后不会有任何显示信息，因此应该使用例 20-38 的 tail

命令列出/etc/group 文件中最后的 3 行内容以确认该群组是否创建成功。

【例 20-38】

```
[root@boydog ~]# tail -3 /etc/group
babydog5:x:605:babydog5
babydog6:x:606:babydog6
boydogs:x:607:
```

例 20-38 的显示结果清楚地表明 boydogs 的群组已经创建成功。经过公司员工们的精心呵护这些小狗们终于各个都长成了英俊潇洒的狗小伙子了。接下来，可以使用例 20-39 的 groupmod 命令将群组 boydogs 改名为 daddogs。

【例 20-39】

```
[root@boydog ~]# groupmod -n daddogs boydogs
```

系统执行完以上 groupmod 命令之后不会有任何显示信息，因此应该使用例 20-40 的 tail 命令再次列出/etc/group 文件中最后的 3 行内容以确认这个名为 boydogs 的群组已经确实被修改成了 daddogs。

【例 20-40】

```
[root@boydog ~]# tail -3 /etc/group
babydog5:x:605:babydog5
babydog6:x:606:babydog6
daddogs:x:607:
```

例 20-40 的显示结果清楚地表明 boydogs 的群组已经被成功地改为 daddogs 了。原来这些狗小伙子们已经成家立业为人之父了。随后，可以使用例 20-41 的 groupdel 命令将 daddogs 这一群组从/etc/group 文件中删除。

【例 20-41】

```
[root@boydog ~]# groupdel daddogs
```

系统执行完以上 groupdel 命令之后也不会有任何显示信息，因此应该使用例 20-42 的 tail 命令再次列出/etc/group 文件中最后的 3 行内容以确认这个名为 daddogs 的群组确实已经被删除了。

【例 20-42】

```
[root@boydog ~]# tail -3 /etc/group
babydog4:x:604:babydog4
babydog5:x:605:babydog5
babydog6:x:606:babydog6
```

例 20-42 的显示结果清楚地表明 daddogs 的群组已经不见了。这一地区前一段时间流行狗流感，为了防止这种致命的狗病毒传染给没有免疫力的人类，公司在公众舆论的压力下不得不捕杀了所有疑似染上狗流感的全部狗只。

20.5 使用 usermod 命令修改用户账户

通过之前的学习，读者应该已经知道了每个用户的账户信息都存放在/etc/passwd 这个系统文件中。因此可以通过手动修改/etc/passwd 文件中内容的方法来修改用户的账户信息，但是并不建议使用这种方法。取而代之的是使用 Linux 系统的 usermod（user modify 的缩写）命令来修改用户的账户信息。usermod 的语法格式如下：

usermod [选项] 用户名

下面通过一个修改 babydog4 用户家目录的实例来演示 usermod 命令的具体用法。在修改这个用户之前，应该使用例 20-43 的 id 命令确认 babydog4 这个用户的存在。可能会有读者想：如果记不清用户的名字了又该怎么办？也不要着急，还记得 tail 命令吗？可以使用 tail /etc/passwd 命令列出所需用户的相关内容。

【例 20-43】

```
[root@boydog ~]# id babydog4
uid=604(babydog4) gid=604(babydog4) groups=604(babydog4)
```

接下来，就可以使用例 20-44 带有-d 选项的 usermod 命令来修改 babydog4 用户的家目录了。这里-d 的 d 是 directory（目录）的第 1 个字母，而/home/babies 是修改后 babydog4 用户新的家目录。

【例 20-44】

```
[root@boydog ~]# usermod -d /home/babies babydog4
```

系统执行完以上 usermod 命令之后也不会有任何显示信息，因此应该使用例 20-45 的 tail 命令再次列出/etc/passwd 文件中最后的 3 行内容以确认 babydog4 用户的家目录确实已经是/home/babies。

【例 20-45】

```
[root@boydog ~]# tail -3 /etc/passwd
babydog4:x:604:604::/home/babies:/bin/bash
babydog5:x:605:605::/home/babydog5:/bin/bash
babydog6:x:606:606::/home/babydog6:/bin/bash
```

例 20-45 的显示结果清楚地表明 babydog4 用户目前的家目录确实已经是/home/babies 了。之后，要使用例 20-46 带有-l 选项的 ls 命令列出/home 目录中的详细内容以确认/home/babies 目录是否存在。

【例 20-46】

```
[root@boydog ~]# ls -l /home
total 48
drwx------   2 babydog1 babydog1   4096 May 30 10:24 babydog1
```

......
drwx------   2 root   root   16384 May 21 04:38 lost+found

看了例 20-46 的显示结果，是不是感到有些失望？因为在/home 目录中根本就找不到这个/home/babies 目录。这是因为 usermod 命令只修改/etc/passwd 文件中用户的相关信息而并不创建这个目录。因此，必须使用例 20-47 的 mkdir 命令手工创建这个/home/babies 目录。

【例 20-47】

[root@boydog ~]# mkdir /home/babies

当确认这个目录创建成功之后，还要使用例 20-48 的 chown 命令将这个目录的所有者改为 babydog4，同时也要将它的所属群组改为这个用户的私有群组 babydog4。

【例 20-48】

[root@boydog ~]# chown babydog4.babydog4 /home/babies

系统执行完以上 chown 命令之后同样不会有任何显示信息，因此应该使用例 20-49 带有-l 选项的 ls 命令列出/home 目录中的详细内容以确认/home/babies 目录的存在以及目录的所有者和所属群组是否正确。

【例 20-49】

[root@boydog ~]# ls -l /home
total 52
drwxr-xr-x   2 babydog4 babydog4   4096 May 31 09:40 babies
......
drwx------   2 root   root   16384 May 21 04:38 lost+found

看到例 20-49 的显示结果之后，终于可以确定你已经真正而且彻底地完成了将 babydog4 的家目录修改成/home/babies 的所有操作。

除了修改一个用户的家目录之外，还可以使用 usermod 命令将一个用户加入到一个指定的群组中。为了演示这一用法，首先使用例 20-50 的 tail 命令列出/etc/group 文件中的最后 3 行。

【例 20-50】

[root@boydog ~]# tail -3 /etc/group
babydog4:x:604:babydog4
babydog5:x:605:babydog5
babydog6:x:606:babydog6

从例 20-50 的显示结果可以看出目前只有一个名为 babydog6 的用户属于 babydog6 这个群组。接下来，使用例 20-51 带有-G 选项的 usermod 命令将 babydog4 这个用户添加到 babydog6 这一群组中。这里-G 中的 G 是 Group（群组）的第 1 个字母。

【例 20-51】

[root@boydog ~]# usermod -G babydog6 babydog4

系统执行完以上 usermod 命令之后同样也不会有任何显示信息，因此应该使用例 20-52 的

tail 命令再次列出/etc/group 文件中最后的 3 行内容以确认 babydog4 这个用户是否已经被添加到 babydog6 群组中。

【例 20-52】

```
[root@boydog ~]# tail -3 /etc/group
babydog4:x:604:
babydog5:x:605:babydog5
babydog6:x:606:babydog6,babydog4
```

从例 20-52 显示结果的最后一行可知，在 babydog6 群组中，除了原来的 babydog6 用户之外，又多了一个名为 babydog4 的用户。这就表明使用 usermod 命令将 babydog4 用户添加到 babydog6 群组中的操作已经成功。也可以使用例 20-53 的 id 命令列出 babydog4 用户与所属群组相关的信息。

【例 20-53】

```
[root@boydog ~]# id babydog4
uid=604(babydog4) gid=604(babydog4) groups=604(babydog4),606(babydog6)
```

例 20-53 的显示结果表明，现在 babydog4 这个用户不仅属于它的私有群组 babydog4，而且还同时属于 babydog6 这个群组。

另外，还可以使用带有-g 选项的 usermod 命令更改一个用户的主要群组，也就是这个用户的 gid。如使用例 20-54 带有-g 选项的 usermod 命令将 babydog4 这个用户的主要群组，也就是 gid 变更为 dog 群组。

【例 20-54】

```
[root@boydog ~]# usermod -g dog babydog4
```

系统执行完以上 usermod 命令之后同样也不会有任何显示信息，因此应该使用例 20-55 的 id 命令重新列出 babydog4 用户与所属群组相关的信息。

【例 20-55】

```
[root@boydog ~]# id babydog4
uid=604(babydog4) gid=500(dog) groups=500(dog),606(babydog6)
```

例 20-55 的显示结果清楚地表明 babydog4 用户主要群组已经变成了 dog，而且它的私有群组也跟着变成了 dog 群组。还可以使用例 20-56 的 tail 命令列出/etc/passwd 文件的最后 3 行来观察 babydog4 用户记录中的变化。

【例 20-56】

```
[root@boydog ~]# tail -3 /etc/passwd
babydog4:x:604:500::/home/babies:/bin/bash
babydog5:x:605:605::/home/babydog5:/bin/bash
babydog6:x:606:604::/home/babydog6:/bin/bash
```

例 20-56 的显示结果清楚地表明目前 babydog4 用户的主要群组的 gid 已经变成了 500 即 dog 群组。

20.6　使用 usermod 命令锁住用户及将用户解锁

usermod 命令还有另一个功能，那就是可以使用 usermod 命令来锁住一个用户的账号，当然也可以使用这个命令将一个锁定的用户账号解锁。为了演示 usermod 命令的这种功用，可以试着使用例 20-57 的 telnet 命令连接 Linux 主机并以 babydog6 登录。

【例 20-57】

```
Enterprise Linux Enterprise Linux AS release 4 (October Update 4)
Kernel 2.6.9-42.0.0.0.1.ELhugemem on an i686
login: babydog6                                              # babydog6 为要输入的用户名
Password:                                                    # 输入 baby6（该用户的密码）
Last login: Mon May 31 14:35:58 from 192.168.177.1
-bash-3.00$
```

例 20-57 的显示结果表明可以使用 babydog6 这个用户账号登录 Linux 系统。接下来，还可以使用例 20-58 的 tail 命令列出/etc/shadow 文件的最后 3 行中用户密码记录中的信息。

【例 20-58】

```
[root@boydog ~]# tail -3 /etc/shadow
babydog4:3g34.M4bPHo56:14758:0:99999:7:::
babydog5:P6CrF7QrZmRVU:14758:0:99999:7:::
babydog6:HHcLNeV/VQmWM:14758:0:99999:7:::
```

随后，要使用例 20-59 带有-L 的 usermod 命令（L 为 Lock 的第一个字符）将 babydog6 用户的账号锁住。可能的原因是：作为操作系统管理员你怀疑 babydog6 这个用户在系统中做了他不应该做的事，也可能是这个账号的密码被别有用心的人破解了，而这个人正在使用这个用户的账号获取他不应该获取的信息。在没有确定问题之前，也许最稳妥的办法就是先将这个用户的账号锁住，这样如果真的有问题，也不会使问题进一步蔓延。

【例 20-59】

```
[root@boydog ~]# usermod -L babydog6
```

以上 usermod 命令执行之后同样也不会有任何显示信息，因此应该使用例 20-60 的 tail 命令再次列出/etc/shadow 文件中最后的 3 行内容来观察 babydog6 用户密码记录中的变化。

【例 20-60】

```
[root@boydog ~]# tail -3 /etc/shadow
babydog4:3g34.M4bPHo56:14758:0:99999:7:::
babydog5:P6CrF7QrZmRVU:14758:0:99999:7:::
babydog6:!HHcLNeV/VQmWM:14758:0:99999:7:::
```

注意在例 20-60 显示结果中的最后一行的第 2 个字段的最前面多了一个!，这表示这个用户的密码已经锁住了。此时，也可以使用例 20-61 带有-S 的 passwd 命令列出 babydog6

这个用户的密码状态。

【例 20-61】

[root@boydog ~]# passwd -S babydog6
Password locked.

例 20-61 的显示结果清楚地表明 babydog6 这个用户的密码已经被锁住。现在将无法再使用 babydog6 用户登录 Linux 系统了。接下来，可以使用例 20-62 带有-U 的 usermod 命令将 babydog6 用户的账号解锁。

【例 20-62】

[root@boydog ~]# usermod -U babydog6

系统执行完以上 usermod 命令之后同样也不会有任何显示信息，因此应该使用例 20-63 的 tail 命令重新列出/etc/shadow 文件中最后的 3 行内容以再次观察 babydog6 用户密码记录中的变化。

【例 20-63】

[root@boydog ~]# tail -3 /etc/shadow
babydog4:3g34.M4bPHo56:14758:0:99999:7:::
babydog5:P6CrF7QrZmRVU:14758:0:99999:7:::
babydog6:HHcLNeV/VQmWM:14758:0:99999:7:::

注意在例 20-63 显示结果中的最后一行的第 2 个字段的最前面的！已经不见了，又恢复到原来的状态，这表示这个用户的密码已经解锁了。此时，也可以使用例 20-64 带有-S 的 passwd 命令再次列出 babydog6 这个用户的密码状态。

【例 20-64】

[root@boydog ~]# passwd -S babydog6
Password set, DES crypt.

例 20-64 的显示结果清楚地表明 babydog6 这个用户的密码已经解锁了。现在又可以使用 babydog6 这个用户登录 Linux 系统了。

20.7 使用 userdel 命令删除用户账号

当一个用户不再需要使用系统时（可能是这个员工跳槽或被炒鱿鱼了），就可以将这个用户从 Linux 系统中删除。可以使用手动的方法来删除这个用户，使用手动方法删除用户时，要分别删除/etc/passwd 文件中用户账号的记录，/etc/shadow 文件中这个用户账号的密码记录，以及/etc/group 文件中相关群组的信息，最后还要删除/var/spool/mail/用户名所对应的邮件文件，这样才可以彻底删除这个用户的信息。是不是太麻烦了？

所以不建议使用这种手动的方法来删除一个用户，而是使用 userdel 命令来删除一个不需要的用户。userdel 命令的语法格式如下：

userdel　[-r] 用户名

在删除一个用户之前最好先浏览一下/etc/passwd、/etc/shadow 和/etc/group 这 3 个文件。由于之前已经浏览了许多遍，为了节省篇幅，这里就省略这些操作了，但在实际工作中最好不要偷懒。接下来，要使用例 20-65 带有-l 选项的 ls 命令列出所有用户的邮箱文件。

【例 20-65】

```
[root@boydog ~]# ls -l /var/spool/mail
total 28
-rw-rw----   1 dog      mail        0 May 20 17:06 dog
-rw-rw----   1 fox      mail        0 May 29 15:32 fox
-rw-------   1 root     root    28473 May 31 09:48 root
```

从例 20-65 的显示结果可以知道 Linux 系统并没有为使用 newusers 命令所创建的用户建立相应的邮箱（文件），这也是 newusers 命令的另外一个不足之处。

下面就可以使用例 20-66 带有-r 选项的 userdel 命令删除 babydog6 这个不再需要的用户。

【例 20-66】

```
[root@boydog ~]# userdel -r babydog6
```

系统执行完以上 userdel 命令之后不会有任何显示信息，因此应该使用例 20-67 的 tail 命令重新列出/etc/passwd 文件中最后的 3 行内容以观察该用户的记录是否已经被删除。

【例 20-67】

```
[root@boydog ~]# tail -3 /etc/passwd
babydog3:x:603:603::/home/babydog3:/bin/bash
babydog4:x:604:500::/home/babies:/bin/bash
babydog5:x:605:605::/home/babydog5:/bin/bash
```

在例 20-67 的显示结果中再也看不到 babydog6 用户的身影了。接下来，还应该使用例 20-68 的 tail 命令重新列出/etc/shadow 文件中最后的 3 行内容以观察 babydog6 用户的密码记录是否已经被删除。

【例 20-68】

```
[root@boydog ~]# tail -3 /etc/shadow
babydog3:DitpDax/n9NXs:14758:0:99999:7:::
babydog4:3g34.M4bPHo56:14758:0:99999:7:::
babydog5:P6CrF7QrZmRVU:14758:0:99999:7:::
```

在例 20-68 的显示结果中同样也找不到有关 babydog6 用户密码的记录了。最后，还应该使用例 20-69 的 tail 命令重新列出/etc/group 文件中最后的 3 行内容以观察其中的变化。

【例 20-69】

```
[root@boydog ~]# tail -3 /etc/group
babydog4:x:604:
```

babydog5:x:605:babydog5
babydog6:x:606:babydog4

从例 20-69 的显示结果可知，删除用户的 userdel 命令并未更改/etc/group 文件中相关的内容，这是因为尽管删除了这个用户，但是这个用户的私有群组仍然可能被其他用户所使用。如果要删除这个群组，就要使用 groupdel 命令来删除它。

例 20-66 中所删除的用户 babydog6 是使用 newusers 命令所创建的，因此没有邮箱，所以我们也无法观察到带有-r 选项的 userdel 命令对用户邮箱的影响。为此，可以使用例 20-70 带有-r 选项的 userdel 命令删除 fox 用户。

【例 20-70】

[root@boydog ~]# userdel -r fox

系统执行完以上 userdel 命令之后不会有任何显示信息，因此应该使用例 20-71 带有-l 选项的 ls 命令列出/var/spool/mail 目录中的全部内容（即所有用户邮箱）。

【例 20-71】

[root@boydog ~]# ls -l /var/spool/mail
total 28
-rw-rw---- 1 dog   mail   0 May 20 17:06 dog
-rw------- 1 root root 28473 May 31 09:48 root

例 20-71 的显示结果清楚地表明 fox 用户的邮箱已经被删除了。其他 3 个文件的测试与例 20-67～例 20-69 几乎相同，为了节省篇幅这里就不重复了。

那么带有-r 与不带-r 选项的 userdel 命令之间有什么不同呢？为了回答这个问题，使用例 20-72 的不带-r 选项的 userdel 命令删除 babydog5 用户。

【例 20-72】

[root@boydog ~]# userdel babydog5

系统执行完以上 userdel 命令之后不会有任何显示信息，因此可以使用例 20-73 带有-l 选项的 ls 命令列出/home 目录中的全部内容。

【例 20-73】

[root@boydog ~]# ls -l /home
total 44
......
drwx------ 2   605 babydog5   4096 May 30 10:24 babydog5
drwx------ 4 dog   dog   4096 May 20 18:26 dog
drwx------ 2 root   root   16384 May 21 04:38 lost+found

从例 20-73 的显示结果可以看出使用不带-r 选项的 userdel 命令所删除的 babydog5 用户的家目录依然存在，而使用带有-r 选项的 userdel 命令删除的两个用户的家目录却不见了。

如果在 userdel 命令中使用了-r 选项，系统会在删除一个用户的同时删除这个用户的家目录及其邮箱。可能会有读者问这样的区别有什么实际意义吗？在有些情况下相当有用，如一个用户的家目录中的一些文件已经分享给许多其他用户，但是由于某种原因必须删除这个用户，此时就可以使用不带-r 选项的 userdel 命令删除这个用户，这样其他用户还可以继续使用他的家目录中的那些分享文件。是不是很方便？

20.8　用户账户密码的管理

用户账户密码的管理，也有人称为密码使用时间规则（策略），主要是指一个用户账号的密码可以使用多长时间，即过了这么长时间之后用户必须变更密码以防止密码被心怀不轨的人破译。

Linux 系统默认用户账号的密码都不会过期，但是如果一个系统有比较高的安全要求，就应该强制设置用户密码的使用期限以防止由于密码使用时间过长而泄密的情况发生，也就是要强迫用户每过多长时间必须变更他们的密码。可以通过修改/etc/login.defs 文件中的设置来修改密码默认的有效期限。也可以使用 Linux 的 chage 命令来更改系统上一个现有用户密码的有效期限，chage 为 change age 的缩写，chage 命令的语法格式如下：

chage　[选项] 用户名

为了详细地介绍 chage 这个命令，要使用例 20-74 的 tail 命令列出/etc/shadow 文件中的最后 6 行记录。

【例 20-74】

```
[root@boydog ~]# tail -6 /etc/shadow
fax:!!:14749:0:99999:7:::
dog:$1$OOiuXfFs$cmoVp/fy.mQCM1wA1i94o.:14749:0:99999:7:::
babydog1:mAky.0f02Obog:14758:0:99999:7:::
babydog2:x9hNtO9jn4P1w:14758:0:99999:7:::
babydog3:DitpDax/n9NXs:14758:0:99999:7:::
babydog4:3g34.M4bPHo56:14758:0:99999:7:::
```

接下来进一步解释这个文件中相关字段（列）的具体含义。由于第 1 和第 2 个字段在本书之前的章节特别是第 7 章的 7.3 节中已经详细地介绍过，这里就不再重复了。以下是其他字段的具体含义：

- ➥　第 3 个字段——是上一次密码变更的日期，这个日期是以 1970 年 1 月 1 日为起点，每过一天加 1。
- ➥　第 4 个字段——密码至少要使用几天才可以变更密码，如果为 0 表示不限制，即用户可以随时变更密码。
- ➥　第 5 个字段——密码最长可以使用多少天就必须变更密码，如果这个字段（列）的值为 99999 是不限制用户密码的有效期限，即可以永远都不变更密码。
- ➥　第 6 个字段——密码要到期前几天必须通知用户变更密码，例如，babydog4 的密码到期7天（一周）之前就必须通知这个用户更改他的密码。

➡ 第7个字段——密码过期几天后如果用户还没有更改他的密码，系统就要锁住这个用户账号。

➡ 第8个字段——是密码期限的到期日，即到了这一天就锁住这个用户，这个日期也是以1970年1月1日为起点，每过一天加1。

➡ 第9个字段——也就是最后一个字段是系统保留的字段，留作以后系统开发出新的功能时使用。

下面通过一系列的例子来演示怎样使用 chage 命令修改和查看一个用户密码的信息，以及观察/etc/shadow 文件中相应记录栏位的变化。为了操作方便，在后面的例子中使用/etc/shadow 文件中的最后一行的 babydog4 用户。注意 babydog4 用户记录的第3个字段，也就是上一次密码变更的日期为14758。首先使用例 20-75 带有-l 选项的 chage 命令列出 babydog4 用户密码的全部信息，这里-l 中的 l 应该是 list 的第1个字母。

【例 20-75】

```
[root@boydog ~]# chage -l babydog4
```

Minimum:	0
Maximum:	99999
Warning:	7
Inactive:	-1
Last Change:	May 29, 2010
Password Expires:	Never
Password Inactive:	Never
Account Expires:	Never

例 20-75 显示结果中使用方框框起来的部分清楚地表明 babydog4 最后一次修改密码的日期为 2010 年 5 月 29 日。接下来，使用例 20-76 带有-d 选项的 chage 命令将 babydog4 最后一次修改密码的日期改为 2010 年 6 月 1 日。这里-d 中的 d 是指 lastday，日期的格式为 YYYY-MM-DD。

【例 20-76】

```
[root@boydog ~]# chage -d 2010-06-01 babydog4
```

系统执行完以上 chage 命令之后不会有任何显示信息，因此应该使用例 20-77 带有-l 选项的 chage 命令再次列出 babydog4 用户密码的全部信息。

【例 20-77】

```
[root@boydog ~]# chage -l babydog4
```

Minimum:	0
......	
Last Change:	Jun 01, 2010
......	

例 20-77 显示结果中使用方框框起来的部分清楚地表明 babydog4 最后一次修改密码的

日期已经变更为 2010 年 6 月 1 日。随后，还可以使用例 20-78 的 tail 命令列出/etc/shadow 文件中的最后 3 行记录以观察最后一行中第 3 个字段的变化。

【例 20-78】

```
[root@boydog ~]# tail -3 /etc/shadow
babydog2:x9hNtO9jn4P1w:14758:0:99999:7:::
babydog3:DitpDax/n9NXs:14758:0:99999:7:::
babydog4:3g34.M4bPHo56:14761:0:99999:7:::
```

注意例 20-78 显示结果的最后一行中第 3 个字段的值已经由 14758 变为 14761，而从 2010 年 5 月 29 日变到 2010 年 6 月 1 日正好需要增加 3 天。

例 20-77 显示结果中的第 1 行和例 20-78 显示结果的最后一行中第 4 个字段的值都是 0，这表示 babydog4 这个用户可以随时变更密码。但是这样的设置在有时可能会有问题，例如，某个用户可能有些神经质，总是担心自己的密码泄密，别人偷看他的见不得人的信息。所以经常修改他的密码，有时一天修改几次，可能的结果是最后连自己都记不住自己的密码了。为了减少这种情况的发生，可以通过设置密码至少要使用几天才可以变更密码的方式来避免用户过于频繁地变更密码。如可以使用例 20-79 带有-m 选项的 chage 命令将 babydog4 最少的密码变更期限变为 3 天，这里-m 中的 m 是指 mindays。

【例 20-79】

```
[root@boydog ~]# chage -m 3 babydog4
```

系统执行完以上 chage 命令之后不会有任何显示信息，因此应该使用例 20-80 带有-l 选项的 chage 命令再次列出 babydog4 用户密码的全部信息。

【例 20-80】

```
[root@boydog ~]# chage -l babydog4
Minimum:        3
Maximum:        99999
......
```

例 20-80 显示结果中第 1 行使用方框框起来的部分清楚地表明 babydog4 最少的密码变更期限已经变为 3 天。随后，还可以使用例 20-81 的 tail 命令列出/etc/shadow 文件中的最后 3 行记录以观察最后一行中第 4 个字段的变化。

【例 20-81】

```
[root@boydog ~]# tail -3 /etc/shadow
babydog2:x9hNtO9jn4P1w:14758:0:99999:7:::
babydog3:DitpDax/n9NXs:14758:0:99999:7:::
babydog4:3g34.M4bPHo56:14761:3:99999:7:::
```

注意例 20-81 显示结果的最后一行中第 4 个字段的值已经由 0 变为 3，即这个用户的密码至少要使用 3 天之后才能修改。

例 20-80 显示结果中的第 2 行和例 20-81 显示结果的最后一行中第 5 个字段的值都是

99999，这表示 babydog4 这个用户可以永远都不变更密码。如果长期使用相同的密码，很容易造成密码的泄密，所以可以使用例 20-82 带有-M 选项的 chage 命令设定 babydog4 用户的密码最长使用 30 天（约 1 个月）之后就必须变更密码，这里-M 中的 M 是指 maxdays。

【例 20-82】

[root@boydog ~]# chage -M 30 babydog4

系统执行完以上 chage 命令之后还是不会有任何显示信息，因此应该使用例 20-83 带有-l 选项的 chage 命令再次列出 babydog4 用户密码的全部信息。

【例 20-83】

[root@boydog ~]# chage -l babydog4

Minimum:	3
Maximum:	30
Warning:	7
Inactive:	-1
Last Change:	Jun 01, 2010
Password Expires:	Jul 01, 2010
Password Inactive:	Never
Account Expires:	Never

例 20-83 显示结果中第 2 行使用方框框起来的部分清楚地表明 babydog4 用户的密码最长使用期限已经变成了 30 天。此时的 Password Expires 也变成了 2010 年 7 月 1 日，正好是 2010 年 6 月 1 日之后的一个月。随后，还可以使用例 20-84 的 tail 命令列出/etc/shadow 文件中的最后 3 行记录以观察最后一行中第 5 个字段的变化。

【例 20-84】

[root@boydog ~]# tail -3 /etc/shadow
babydog2:x9hNtO9jn4P1w:14758:0:99999:7:::
babydog3:DitpDax/n9NXs:14758:0:99999:7:::
babydog4:3g34.M4bPHo56:14761:3:30:7:::

注意例 20-84 显示结果的最后一行中第 5 个字段的值已经由 99999 变为 30，即这个用户的密码最长可以使用 30 天之后就必须变更密码。

如果读者注意过一些收费的系统：这些系统为了吸引客户，可能会给客户 1 个月的试用期，在试用期客户可以免费使用这个系统提供的服务，过了试用期（1 个月）客户就必须交费了，否则就不能再使用这个系统提供的服务了。这样的系统的用户管理就可以通过使用例 20-82 中所介绍的 chage 命令来实现，原来看上去很深奥的东西，实际上却如此的简单，只用一条 Linux 命令就搞定了。

例 20-83 显示结果中的第 3 行和例 20-84 显示结果的最后一行中第 6 个字段的值都是 7，这表示 babydog4 这个用户密码在过期之前 7 天（一周）就要开始警告这个用户变更他的密码。如果觉得一周太长了，可以使用例 20-85 带有-W 选项的 chage 命令设定 babydog4 用户的密码警告天数为 5 天，这里-W 中的 W 是指 warndays。

【例 20-85】

[root@boydog ~]# chage -W 5 babydog4

系统执行完以上 chage 命令之后还是不会有任何显示信息，因此应该使用例 20-86 带有-l 选项的 chage 命令再次列出 babydog4 用户密码的全部信息。

【例 20-86】

[root@boydog ~]# chage -l babydog4

Minimum:	3
Maximum:	30
Warning:	5
Inactive:	-1
Last Change:	Jun 01, 2010
Password Expires:	Jul 01, 2010
Password Inactive:	Never
Account Expires:	Never

例 20-86 显示结果中第 3 行使用方框框起来的部分清楚地表明 babydog4 用户的密码警告天数已经改为 5 天。随后，还可以使用例 20-87 的 tail 命令列出/etc/shadow 文件中的最后 3 行记录以观察最后一行中第 6 个字段的变化。

【例 20-87】

[root@boydog ~]# tail -3 /etc/shadow
babydog2:x9hNtO9jn4P1w:14758:0:99999:7:::
babydog3:DitpDax/n9NXs:14758:0:99999:7:::
babydog4:3g34.M4bPHo56:14761:3:30:5:::

注意例 20-87 显示结果的最后一行中第 6 个字段的值已经由 7 变为 5，即系统会在这个用户的密码到期前 5 天开始警告这个用户变更其密码。为了讲解的方便，下面先解释/etc/shadow 文件中的第 8 个字段。

例 20-86 显示结果中的最后一行的 Account Expires 为 Never，而在例 20-87 显示结果的最后一行中第 8 个字段的值是空，这表示 babydog4 这个用户没有设置密码期限的到期日。如果想要设置这个账号在 2010 年 6 月 1 日过期，可以使用例 20-88 带有-E 选项的 chage 命令设定 babydog4 用户的账号在指定的日期过期，这里-E 中的 E 是指 expiredate。

【例 20-88】

[root@boydog ~]# chage -E 2010-06-01 babydog4

系统执行完以上 chage 命令之后还是不会有任何显示信息，因此应该使用例 20-89 带有-l 选项的 chage 命令再次列出 babydog4 用户密码的全部信息。

【例 20-89】

[root@boydog ~]# chage -l babydog4

Minimum:	3

Maximum:	30
Warning:	5
Inactive:	-1
Last Change:	Jun 01, 2010
Password Expires:	Jul 01, 2010
Password Inactive:	Never
Account Expires:	Jun 01, 2010

例 20-89 显示结果中最后一行使用方框框起来的部分清楚地表明 babydog4 用户的账号将在 2010 年 6 月 1 日过期。随后，还可以使用例 20-90 的 tail 命令列出/etc/shadow 文件中的最后 3 行记录以观察最后一行中第 8 个字段的变化。

【例 20-90】

```
[root@boydog ~]# tail -3 /etc/shadow
babydog2:x9hNtO9jn4P1w:14758:0:99999:7:::
babydog3:DitpDax/n9NXs:14758:0:99999:7:::
babydog4:3g34.M4bPHo56:14761:3:30:5::14761:
```

注意例 20-90 显示结果的最后一行中第 8 个字段的值已经由空变为 14761，正好与第 3 个字段的值相同（也是 2010 年 6 月 1 日）。

目前的时间是 2010 年 6 月 2 日，显然 babydog4 用户的账号已经过期了。切换到微软系统，开启一个 DOS 窗口，使用例 20-91 的 telnet 命令与 Linux 主机建立连接，之后，使用 babydog4 用户登录 Linux 系统，在 Password 处输入 baby4（这个用户的密码）。

【例 20-91】

```
Enterprise Linux Enterprise Linux AS release 4 (October Update 4)
Kernel 2.6.9-42.0.0.0.1.ELhugemem on an i686
login: babydog4                                          # 输入用户名 babydog4
Password:                                                # 输入密码 baby4
Last login: Wed Jun  2 11:53:22 from 192.168.177.1
-bash-3.00$
```

之后，会发现你依旧可以使用 babydog4 这个用户登录 Linux 系统。可是我们不是已经设置了 babydog4 用户的账号在一天前就过期了吗？这 Linux 系统又在耍什么花招呢？

问题出在/etc/shadow 文件中第 7 个字段上，在例 20-89 显示结果中的第 4 行的 Inactive 为-1，而在例 20-90 显示结果的最后一行中第 7 个字段的值是空，这表示 babydog4 这个用户没有启用账号期限过期这一特性。如果想将 Inactive 设置为 5，可以使用例 20-92 带有-I 选项的 chage 命令设定 babydog4 用户的账号在指定的日期过期，这里-I 中的 I 是指 inactive。

【例 20-92】

```
[root@boydog ~]# chage -I 5 babydog4
```

系统执行完以上 chage 命令之后还是不会有任何显示信息，因此应该使用例 20-93 带有-l 选项的 chage 命令再次列出 babydog4 用户密码的全部信息。

【例 20-93】

```
[root@boydog ~]# chage -l babydog4
Minimum:        3
Maximum:        30
Warning:        5
Inactive:       5
Last Change:            Jun 01, 2010
Password Expires:       Jul 01, 2010
Password Inactive:      Jul 06, 2010
Account Expires:        Jun 01, 2010
```

例 20-93 显示结果中第 4 行使用方框框起来的部分清楚地表明 babydog4 用户的账号的 inactive 的值已经变成了 5。随后，还可以使用例 20-94 的 tail 命令列出/etc/shadow 文件中的最后 3 行记录以观察最后一行中第 7 个字段的变化。

【例 20-94】

```
[root@boydog ~]# tail -3 /etc/shadow
babydog2:x9hNtO9jn4P1w:14758:0:99999:7:::
babydog3:DitpDax/n9NXs:14758:0:99999:7:::
babydog4:3g34.M4bPHo56:14761:3:30:5:5:14761:
```

注意例 20-94 显示结果的最后一行中第 7 个字段的值已经由空变为 5。重新切换到微软系统，开启一个 DOS 窗口，使用例 20-95 的 telnet 命令与 Linux 主机建立连接，之后，使用 babydog4 用户登录 Linux 系统，在 Password 处输入 baby4（这个用户的密码）。

【例 20-95】

```
Enterprise Linux Enterprise Linux AS release 4 (October Update 4)
Kernel 2.6.9-42.0.0.0.1.ELhugemem on an i686
login: babydog4                                         # 输入用户名 babydog4
Password:                                               # 输入密码 baby4
Your account has expired; please contact your system administrator
User account has expired
Connection to host lost.
C:\Documents and Settings\Ming>
```

例 20-95 的显示结果表明：你的账号已经过期，请与系统管理员联系。之后显示你的连接已经断开的信息。其实，即使你在例 20-92 的命令中将 5 改为 0，babydog4 用户也同样无法登录 Linux 系统。有兴趣的读者可以自己试一下。

20.9　练　习　题

1. 在 superfox 服务器上的 root 用户正在试图切换到普通用户的账号 girlfox 以测试某些权限，但是却收到了如下的错误信息：

```
[root@superfox ~]# su - girlfox
This account is currently not available
[root@superfox ~]#
```

请问，从以上的错误信息能推导出什么样的结论？

    A．用户 girlfox 的账号被锁住了

    B．用户 girlfox 的登录 shell 被设置成了 /bin/false

    C．用户 girlfox 被赋予了低于 500 的 UID

    D．用户 girlfox 的账号已经到了过期的日子

    E．用户 girlfox 的登录 shell 被设置成了 /sbin/nologin

    F．用户 girlfox 没有一个由系统授权的有效 UID

2．在 server1 上的 smith 用户执行了如下命令：

```
[smith@server1 ~]$ groups
apps smith sysgroup admins scott
[smith@server1 ~]$ touch file1 newfile
[smith@server1 ~]$ mkdir dir1 dir2
[smith@server1 ~]$ ls
dir1 dir2 file1 newfile
```

请问，在以下群组中，哪一个是 smith 用户在 server1 上所创建的文件和目录的默认群组？

    A．scott   B．apps   C．smith   D．admins   E．sysgroup

3．在系统上创建了一个普通用户 wuda。在创建了这个账号之后，你发出了命令 chage -M 90 -d 1 wuda。在以下有关这个命令的叙述中，哪两个是正确的？

    A．该命令在一天之后将禁止 wuda 用户的账号

    B．该命令配置 wuda 账号的密码，其目的是该用户必须在第一次登录时就修改密码

    C．该命令为 wuda 账号的密码设置了时效，因此需要每 90 天必须修改密码

    D．该命令为 wuda 账号的密码设置了时效，其目的是该用户不能在 90 天内修改他的密码

4．作为一位 Linux 操作系统管理员，在系统上执行了如下命令：

```
[root@server1 ~]# useradd -g red smith
[root@server1 ~]# id smith
uid=513(smith) gid=515(red) groups=515(red)
[root@server1 ~]# groupadd -o -g 515 readers
[root@server1 ~]# groupadd -o -g 512 writers
[root@server1 ~]# usermod -G readers,writers,apps smith
[root@server1 ~]# su - smith
[smith@server1 ~]$ touch file1 file2
[smith@server1 ~]$ logout
[root@server1 ~]# usermod -g apps smith
[root@server1 ~]# groupdel red
```

请问，在以上所有命令执行之后文件 file1 和 file2 应该属于哪一个群组？

A．red B．apps C．smith D．writers E．readers

5．作为一位 Linux 操作系统管理员，你使用 newusers 命令从 dogs 正文文件大量地导入一组普通用户的账号。请问，在以下有关这一策略过程的描述中，哪两个是正确的？

A．默认为每一个用户创建一个私有主群组

B．/etc/passwd 和/etc/shadow 文件中的内容只能通过使用 newusers 命令来更改

C．/etc/skel 目录中的内容会被自动地复制到这些用户的家目录

D．这些用户的密码默认会以 MD5 格式存储在/etc/shadow 文件中

E．这些用户的密码默认会以密码方式存储在/etc/shadow 文件中

参 考 文 献

1．Bill B. *Sams Teach Yourself Linux in 24 Hours, Second Edition*. USA: Sams Publishing, 1999

2．Compaq Computer Corporation. *Tru64 UNIX V5.0 Basic Networking Skills: Student Guide*. USA: Compaq Computer Corporation, 2001

3．Compaq Computer Corporation. *Unix Shell Programming Featuring Korn Shell: Course Guide*. USA: Compaq Computer Corporation, 1999

4．Compaq Information Technologies Group. *Tru64 UNIX V5 Utilities and Commands: Student Guide*. USA: Compaq Information Technologies Group, 2002

5．Hewlett-Packard Company. *Fundamentals of the Unix System: Instructor Guide*. USA: Hewlett-Packard Company, 1999

6．Hewlett-Packard Company. *HP-UX System and Network Administration I: Student Workbook*. USA: Hewlett-Packard Company, 1999

7．Hewlett-Packard Company. *HP-UX System and Network Administration II: Student Workbook*. USA: Hewlett-Packard Company, 1999

8．Hewlett-Packard Company. *Tru64 UNIX V5 network Administration: Student Guide*. USA: Hewlett-Packard Company, 2002

9．Hewlett-Packard Company. *Tru64 UNIX V5 System Administration: Student Guide*. USA: Hewlett-Packard Company, 2002

10．Oracle Corporation. *Oracle Database 10g: Managing Oracle on Linux for DBAs*. USA: Oracle Corporation, 2007

11．Oracle Corporation. *Oracle Database 10g: Managing Oracle on Linux for System Administrators*. USA: Oracle Corporation, 2007

12．Oracle Corporation. *Oracle Database 11g: Real Application Clusters*. USA: Oracle Corporation, 2007

13．Oracle Corporation. *Oracle Enterprise Linux: Linux Fundamentals*. USA: Oracle Corporation, 2007

14．Peiris, D. A., & He, Q. Y. *Incorporating Game Simulation in a Cognitive Online Learning Recommender System*. Conference paper presented at the 3rd Annual Conference of the Indian Subcontinent Decision Sciences Institute Region (ISDSI), Hyderabad, India, 2009

15．Red Hat, Inc. *RH033 - Red Hat Linux Essentials for Red Hat Enterprise Linux 5*. USA: Red Hat, Inc, 2009

16．Red Hat, Inc. *RH033 - Red Hat Linux Essentials for Red Hat Enterprise Linux 4*. USA:

Red Hat, Inc, 2003

17. Red Hat, Inc. *RH133 - Red Hat Enterprise Linux System Administration for Red Hat Enterprise Linux 4*. USA: Red Hat, Inc, 2003

18. Red Hat, Inc. *RH133 - Red Hat Linux System Administration for Red Hat Enterprise Linux 5*. USA: Red Hat, Inc, 2009

19. Red Hat, Inc. *RH253 - Red Hat Enterprise Linux Network and Security Administration for Red Hat Enterprise Linux 5*. USA: Red Hat, Inc, 2009

20. Red Hat, Inc. *RH253 - Red Hat Network Services and Security Administration for Red Hat Enterprise Linux 4*. USA: Red Hat, Inc, 2003

21. Ric D. & James S. *Managing Oracle on Linux: Student Guide*. USA: Oracle Corporation, 2003

22. Sun Microsystems, *Inc. Advanced System Administration for the Solaris 10 Operating System: Student Guide*. USA: Sun Microsystems, Inc, 2005

23. Sun Microsystems, Inc. *Advanced System Administration for the Solaris 9 Operating System: Student Guide*. USA: Sun Microsystems, Inc, 2002

24. Sun Microsystems, Inc. *Fundamentals of Solaris 8 Operating Environment for System Administrators: Student Guide*. USA: Sun Microsystems, Inc, 2000

25. Sun Microsystems, Inc. *Intermediate System Administration for the Solaris 10 Operating System: Student Guide*. USA: Sun Microsystems, Inc, 2005

26. Sun Microsystems, Inc. *Intermediate System Administration for the Solaris 9 Operating System: Student Guide*. USA: Sun Microsystems, Inc, 2002

27. Sun Microsystems, Inc. *Network System Administration for the Solaris 10 Operating System: Student Guide*. USA: Sun Microsystems, Inc, 2005

28. Sun Microsystems, Inc. *Network System Administration for the Solaris 9 Operating System: Student Guide*. USA: Sun Microsystems, Inc, 2002

29. Sun Microsystems, Inc. *Shell Programming for System Administrators: Student Guide*. USA: Sun Microsystems, Inc, 2000

30. Sun Microsystems, Inc. *Solaris 8 Operating Environment System Administration I: Student Guide*. USA: Sun Microsystems, Inc, 2000

31. Sun Microsystems, Inc. *Solaris 8 Operating Environment System Administration II: Student Guide*. USA: Sun Microsystems, Inc, 2000

32. Sun Microsystems, Inc. *Solaris Operating Environment TCP/IP Netwok Administration: Student Guide*. USA: Sun Microsystems, Inc, 2000

33. Sun Microsystems, Inc. *UNIX Essentials Featuring the Solaris 10 Operating System: Student Guide*. USA: Sun Microsystems, Inc, 2005

34. Sun Microsystems, Inc. *UNIX Essentials Featuring the Solaris 9 Operating System: Student Guide*. USA: Sun Microsystems, Inc, 2002

35．Terry C. & Kurt W. *Red Hat Linux Networking and System Administration*. New York, USA: Redhat Press, 2002

36．Warren G. *Linux Socket Programming by Example*. Indiana, USA: QUE, 2000

37．何明. Oracle DBA 培训教程——从实践中学习 Oracle 数据库管理与维护. 第 2 版. 北京：清华大学出版社，2009

38．何明，何茜颖. Oracle SQL 培训教程——从实践中学习 Oracle SQL 及 Web 快速应用开发. 北京：清华大学出版社，2010

39．何明，何茜颖. Oracle 快速 Web 应用开发——从实践中学习 Oracle Application Express. 北京：清华大学出版社，2010